全国计算机技术与软件专业技术资格（水平）考试指定用书

信息系统项目管理师与系统集成项目管理工程师历年试题分析与解答

(2009–2010)

全国计算机专业技术资格考试办公室组编

清华大学出版社
北京

内 容 简 介

信息系统项目经理资质的高级（资格）职称和中级（资格）职称的考试，是所有IT从业人员最关心的考试，也是全国计算机技术与软件专业技术资格（水平）考试报考人数最多的两门考试。本书汇集了2009年至2010年所有的信息系统项目管理师与系统集成项目管理工程师试题和权威的解析，参加考试的考生，认真研读本书的内容后，将会更加了解近年考题的内容和要点，对提升自己考试通过率的信心会有极大的帮助。

图书在版编目（CIP）数据

信息系统项目管理师与系统集成项目管理工程师历年试题分析与解答（2009—2010）/全国计算机专业技术资格考试办公室组编. —北京：清华大学出版社，2011.9
（全国计算机技术与软件专业技术资格（水平）考试指定用书）
ISBN 978-7-302-26663-1

Ⅰ. ①信… Ⅱ. ①全… Ⅲ. ①信息系统–项目管理–工程技术人员–资格考试–题解②系统集成技术–项目管理–工程技术人员–资格考试–题解 Ⅳ. ①G202-44②TP311.5-44

中国版本图书馆CIP数据核字（2011）第180323号

责任编辑：柴文强
责任校对：徐俊伟
责任印制：李红英
出版发行：清华大学出版社
http://www.tup.com.cn
社 总 机：010-62770175
地 址：北京清华大学学研大厦A座
邮 编：100084
邮 购：010-62786544
投稿与读者服务：010-62795954,jsjjc@tup.tsinghua.edu.cn
质 量 反 馈：010-62772015,zhiliang@tup.tsinghua.edu.cn
印 装 者：清华大学印刷厂
经 销：全国新华书店
开 本：185×230 **印 张**：29 **防伪页**：1 **字 数**：671千字
版 次：2011年9月第1版 **印 次**：2011年9月第1次印刷
印 数：1～4000
定 价：49.00元

产品编号：043843-01

序　言

软件产业是信息产业的核心之一，是经济社会发展的基础性、先导性和战略性产业，在推进信息化与工业化融合、促进发展方式转变和产业结构升级、维护国家安全等方面有着重要作用。党中央、国务院高度重视软件产业发展，先后出台了 18 号文件、47 号文件等一系列政策措施，营造了良好的发展环境。近年来，我国软件产业进入快速发展期。2007 年销售收入达到 5834 亿元，出口 102.4 亿美元，软件从业人数达 148 万人。全国共认定软件企业超过 1.8 万家，登记备案软件产品超过 5 万个。软件技术创新取得突破，国产操作系统、数据库、中间件等基础软件相继推出并得到了较好的应用。软件与信息服务外包蓬勃发展，软件正版化工作顺利推进。

随着软件产业的快速发展，软件人才需求日益迫切。为适应产业发展需求、规范软件专业人员技术资格，20 余年前全国计算机软件考试创办，率先执行了以考代评政策。近年来，考试作了很多积极的探索，进行了一系列改革，考试名称、考试内容、专业类别、职业岗位也作了相应的变化。目前，考试名称已调整为计算机技术与软件专业技术资格（水平）考试，涉及 5 个专业类别、3 个级别层次共 27 个职业岗位，采取水平考试的形式，执行资格考试政策，并扩展到高级资格，取得了良好效果。20 余年来，累计报考人数近 200 万，影响力不断扩大。程序员、软件设计师、系统分析师、网络工程师、数据库系统工程师的考试标准已与日本相应考试级别实现互认，程序员和软件设计师的考试标准与韩国实现互认。通过考试，一大批软件人才脱颖而出，为加快培育软件人才队伍、推动软件产业健康发展起到了重要作用。

最近，工业和信息化部电子教育与考试中心组织了一批具有较高理论水平和丰富实践经验的专家编写了这套全国计算机技术与软件专业技术资格（水平）考试教材和辅导用书。按照考试大纲的要求，教材和辅导用书全面介绍相关知识与技术，帮助考生学习备考，将为软件考试的规范和完善起到积极作用。

我相信，通过社会各界共同努力，全国计算机技术与软件专业技术资格（水平）考试将更加规范、科学，培养出更多专业技术人才，为加快发展信息产业、推动信息化与工业化融合做出积极贡献。

工业和信息化部副部长　娄勤俭

前　言

根据国家有关的政策性文件，全国计算机技术和软件专业资格（水平）考试（以下简称“计算机软件考试”）已经成为计算机软件、计算机网络、计算机应用、信息系统、信息服务领域高级工程师、工程师、助理工程师、技术员国家职称资格考试。而且，根据信息技术人才年轻化的特点和要求，报考这种资格考试不限学历与资历条件，以不拘一格选拔人才。现在，软件设计师、程序员、网络工程师、数据库系统工程师、系统分析师、系统架构设计师和信息系统项目管理师等资格的考试标准已经实现了中国与日本国互认，程序员和软件设计师等资格的考试标准已经实现了中国和韩国互认。

计算机软件考试规模发展很快，年报考规模已近 30 万人，二十年来，累计报考人数约 300 万人。

计算机软件考试已经成为我国著名的 IT 考试品牌，其证书的含金量之高已得到社会的公认。计算机软件考试的有关信息见网站 www.rkb.gov.cn 中的资格考试栏目。

对考生来说，学习历年试题分析与解答是理解考试大纲的最有效、最具体的途径。

为帮助考生复习备考，全国软考办对考生人数较多的考试级别，汇集了近几年来的试题分析与解答印刷出版，以便于考生测试自己的水平，发现自己的弱点，更有针对性、更系统地学习。

计算机软件考试的试题质量高，包括了职业岗位所需的各个方面的知识和技术，不但包括技术知识，还包括法律法规、标准、专业英语、管理等方面的知识；不但注重广度，而且还有一定的深度；不但要求考生具有扎实的基础知识，还要具有丰富的实践经验。

这些试题中，包含了一些富有创意的试题，一些与实践结合得很好的佳题，一些富有启发性的题，具有较高的社会引用率，对学校教师、培训指导者、研究工作者都是很有帮助的。

由于作者水平有限，时间仓促，书中难免有错误和疏漏之处，诚恳地期望各位专家和读者批评指正，对此，我们将深表感激。

编者

2011 年 8 月

目　录

第1章　2009上半年信息系统项目管理师上午试题分析与解答

试题（1）

安全审计是保障计算机系统安全的重要手段之一，其作用不包括__（1）__。

（1）A．检测对系统的入侵

B．发现计算机的滥用情况

C．发现系统入侵行为和潜在的漏洞

D．保证可信网络内部信息不外泄

试题（1）分析

安全审计是指对主体访问和使用客体的情况进行记录和审查，以保证安全规则被正确执行，并帮助分析安全事故产生的原因。安全审计是落实系统安全策略的重要机制和手段，通过安全审计识别与防止计算机网络系统内的攻击行为、追查计算机网络系统内的泄密行为。

入侵检测是从信息安全审计派生出来的，随着网络和信息系统应用的推广普及而逐渐成为一个信息安全的独立分支，但彼此涉及的内容、要达到的目的以及采用的方式、方法都非常接近。如果要说出它们的不同，就在于信息安全审计更偏向业务应用系统的范畴，而入侵检测更偏向"入侵"的、业务应用系统之外的范畴。有专家预言，随着业务应用系统的规范化，安全防范需求更高，市场空间扩大，研究和实践的机会更多，信息安全审计与入侵检测将合二为一，并形成一个完整的信息安全防范体系。

安全审计的作用如下：

（1）检测对系统的入侵，对潜在的攻击者起到震慑或警告作用。

（2）发现计算机的滥用情况，对于已经发生的系统破坏行为提供有效的追纠证据。

（3）为系统安全管理员提供有价值的系统使用日志，从而帮助系统安全管理员及时发现系统入侵行为或潜在的系统漏洞。

（4）为系统安全管理员提供系统运行的统计日志，使系统安全管理员能够发现系统性能上的不足或需要改进与加强的地方。

而为了保护高安全度网络环境而产生的、可以确保把有害攻击隔离在可信网络之外、并保证可信网络内部信息不外泄的前提下，完成网间信息的安全交换的技术属于安全隔离技术。

参考答案

（1）D

试题（2）、（3）

网络安全包含了网络信息的可用性、保密性、完整性和真实性。防范Dos攻击是提高__（2）__的措施，数字签名是保证__（3）__的措施。

（2）A．可用性　　B．保密性　　C．完整性　　D．真实性

（3）A．可用性　　B．保密性　　C．完整性　　D．真实性

试题（2）、（3）分析

DoS（Denial of Service）是一种利用合理的服务请求占用过多的服务资源，从而使合法用户无法得到服务响应的网络攻击行为。通俗地讲，Dos攻击就是拒绝服务的意思，会导致网络系统不可用。

数字签名可以确保电子文档的真实性并可以进行身份验证，以确认其内容是否被篡改后伪造。数字签名是确保电子文档真实性的技术手段。

参考答案

（2）A　（3）D

试题（4）

防火墙把网络划分为几个不同的区域，一般把对外提供网络服务的设备（如WWW服务器、FTP服务器）放置于__（4）__区域。

（4）A．信任网络　　B．非信任网络

C．半信任网络　　D．DMZ（非军事化区）

试题（4）分析

传统边界防火墙主要有以下4种典型的应用：

（1）控制来自因特网对内部网络的访问。

（2）控制来自第三方局域网对内部网络的访问。

（3）控制局域网内部不同部门网络之间的访问。

（4）控制对服务器中心的网络访问。

而其中的第一项应用“控制来自因特网对内部网络的访问”是一种应用最广，也是最重要的防火墙应用环境。在这种应用环境下，防火墙主要保护内部网络不遭受因特网用户（主要是指非法的黑客）的攻击。在这种应用环境中，一般情况下防火墙网络可划分为三个不同级别的安全区域：

（1）内部网络。这是防火墙要保护的对象，包括全部的企业内部网络设备及用户主机。这个区域是防火墙的可信区域（这是由传统边界防火墙的设计理念决定的）。

（2）外部网络。这是防火墙要防护的对象，包括外部因特网主机和设备。这个区域为防火墙的非可信网络区域（同样也是由传统边界防火墙的设计理念决定的）。

（3）DMZ（非军事区）。它是从企业内部网络中划分的一个小区域，在其中就包括内部网络中用于公众服务的外部服务器，如Web服务器、邮件服务器、FTP服务器和外

部 DNS 服务器等，它们都是为因特网提供某种信息服务。

具有三个不同级别安全区域的网络结构如下图所示：

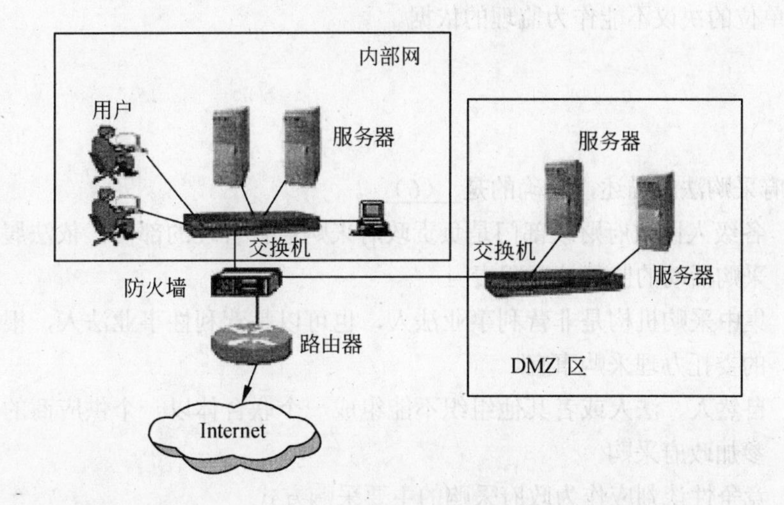

在以上三个区域中，用户需要对不同的安全区域采取不同的安全策略。虽然内部网络和 DMZ 区都属于企业内部网络的一部分，但它们的安全级别（策略）是不同的。对于要保护的大部分内部网络，一般情况下禁止所有来自因特网用户的访问；而由企业内部网络划分出去的 DMZ 区，因需为因特网应用提供相关的服务，因此允许任何人对诸如 Web 服务器进行正常的访问。

参考答案

（4）D

试题（5）

下列不能作为监理依据的是<u>（5）</u>。

（5）A．现行国家、各省、市、自治区的有关法律、法规

B．国际、国家 IT 行业质量标准

C．业主单位和承建单位的合同

D．承建单位的决议

试题（5）分析

监理单位实施信息系统工程监理的依据有：

（1）各级政府部门有关的政策、法律、法规和行业规范；质量法、中华人民共和国标准化法（简称标准化法）、中华人民共和国计量法（简称计量法）、中华人民共和国产品质量法以及合同法、公司法、招投标法等。

（2）软件工程方面的行业标准。

（3）信息安全方面的行业标准。

（4）建设单位和监理单位签订的委托监理合同。

（5）建设单位和承包开发单位的信息系统工程开发合同。

而承建单位的决议不能作为监理的依据。

参考答案

（5）D

试题（6）

关于政府采购法的描述，正确的是__（6）__。

（6）A．各级人民政府财政部门是负责政府采购监督管理的部门，依法履行对政府采购活动的监督管理职责

B．集中采购机构是非营利事业法人，也可以是营利性事业法人，根据采购人的委托办理采购事宜

C．自然人、法人或者其他组织不能组成一个联合体以一个供应商的身份共同参加政府采购

D．竞争性谈判应作为政府采购的主要采购方式

试题（6）分析

在下文中简称《中华人民共和国政府采购法》为采购法。

依据采购法第十三条的如下规定：

各级人民政府财政部门是负责政府采购监督管理的部门，依法履行对政府采购活动的监督管理职责。

各级人民政府其他有关部门依法履行与政府采购活动有关的监督管理职责。

因此，选项A是正确的。

而选项B根据采购法的第十六条如下规定：“集中采购机构为采购代理机构。设区的市、自治州以上人民政府根据本级政府采购项目组织集中采购的需要设立集中采购机构。”“集中采购机构是非营利事业法人，根据采购人的委托办理采购事宜。”可知，选项B不正确。

依据采购法第二十四条的规定：“两个以上的自然人、法人或者其他组织可以组成一个联合体，以一个供应商的身份共同参加政府采购。”可知，选项C不正确。

依据采购法第二十六条的规定：“公开招标应作为政府采购的主要采购方式。”因此，选项D也不正确。

参考答案

（6）A

试题（7）

合同可以变更，但是当事人对合同变更的内容约定不明确的，推定为__（7）__。

（7）A．未变更　　B．部分变更　　C．已经变更　　D．变更为可撤销

试题（7）分析

依据《中华人民共和国合同法》第七十八条的如下规定："当事人对合同变更的内容约定不明确的，推定为未变更。"可知，选项A是正确的。

参考答案

（7）A

试题（8）

两个以上法人或者其他组织组成联合体投标时，若招标文件对投标人资格条件有规定的，则联合体＿（8）＿。

（8）A．各方的加总条件应符合规定的资格条件

B．有一方应具备规定的相应资格条件即可

C．各方均应具备规定的资格条件

D．主要一方应具备相应的资格条件

试题（8）分析

依据《中华人民共和国招标投标法》第三十一条的如下规定："两个以上法人或者其他组织可以组成一个联合体，以一个投标人的身份共同投标。联合体各方均应当具备承担招标项目的相应能力；国家有关规定或者招标文件对投标人资格条件有规定的，联合体各方均应当具备规定的相应资格条件。由同一专业的单位组成的联合体，按照资质等级较低的单位确定资质等级。"可知，选项C是正确的。

参考答案

（8）C

试题（9）

在我国境内进行的工程建设项目，可以不进行招标的环节是＿（9）＿。

（9）A．监理　　B．可研　　C．勘察设计　　D．施工

试题（9）分析

依据《中华人民共和国招标投标法》第三条的如下规定：

在中华人民共和国境内进行下列工程建设项目包括项目的勘察、设计、施工、监理以及与工程建设有关的重要设备、材料等的采购，必须进行招标：

（一）大型基础设施、公用事业等关系社会公共利益、公众安全的项目；

（二）全部或者部分使用国有资金投资或者国家融资的项目；

（三）使用国际组织或者外国政府贷款、援助资金的项目。

前款所列项目的具体范围和规模标准，由国务院发展计划部门会同国务院有关部门制定，报国务院批准。

法律或者国务院对必须进行招标的其他项目的范围有规定的，依照其规定。

可研不在该条要求的招标范围内。

参考答案

（9）B

试题（10）

关于项目收尾与合同收尾关系的叙述，正确的是__（10）__。

（10）A．项目收尾与合同收尾无关

B．项目收尾与合同收尾等同

C．项目收尾包括合同收尾和管理收尾

D．合同收尾包括项目收尾和管理收尾

试题（10）分析

项目收尾过程涉及项目管理计划的项目收尾部分的执行，包括合同收尾和管理收尾。

管理收尾覆盖整个项目，并且在每个阶段完成时规划和准备阶段的收尾。管理收尾详述了在项目和任何阶段执行管理收尾时涉及到的所有的活动、交互、项目团队成员和其他项目干系人的相关角色和职责。

合同收尾涉及结算和关闭任何项目所建立的合同、采购或买进协议，也定义了为支持项目的正式管理收尾所需的与合同相关的活动。

参考答案

（10）C

试题（11）

企业将某些业务外包，可能会给发包企业带来一些风险，这些风险不包括__（11）__。

（11）A．与客户联系减少进而失去客户　　B．企业业务转型

C．企业内部知识流失　　D．服务质量降低

试题（11）分析

外包是企业利用外部的专业资源为己服务，从而达到降低成本、提高效率、充分发挥自身核心竞争力乃至增强自身应变能力的一种管理模式，同时也是现代社会非常重要的一种商业模式。企业将业务外包利弊并存。

企业实施外包后带来的主要利益包括降低服务成本、专注于核心服务、品质改善和专业知识获取等。

外包带来的不总是正面利益，其负面影响主要表现在：

- 无法达到预期的成本降低目标。
- 以前内部自行管理领域的整体品质降低。
- 未和服务供应商达成真正的合作关系。
- 无法借机开拓出满足客户新层次需求和符合弹性运作需求的机会。
- 企业内部知识流失。

参考答案

（11）B

试题（12）

关于活动资源估算正确的叙述是__（12）__。

（12）A．进行活动排序时需要考虑活动资源估算问题

B．活动资源估算过程与费用估算过程无关

C．活动资源估算的目的是确定实施项目活动所需的资源数量

D．企业基础设施资源信息可以用于活动资源估算

试题（12）分析

活动资源估算包括决定需要什么资源（人力，设备，原料）和每一样资源应该用多少，以及何时使用资源来有效地执行项目活动。它必须和成本估算相结合。

活动排序在活动资源估算过程之前，进行活动排序时需要考虑活动之间顺序问题而不是资源估算问题。

而依靠组织的过程资产以及估算软件等企业基础设施的强大能力，可以定义资源可用性、费率以及不同的资源日历，从而有助于活动资源的估算。

参考答案

（12）D

试题（13）

假设需要把 25 盒磁带数据（每盒磁带数据量 40GB）从甲地转送到乙地，甲、乙相距 1km，可以采用的方法有汽车运输和 TCP/IP 网络传输，网络传输介质可选用双绞线、单模光纤、多模光纤等。通常情况下，采用__（13）__介质，所用时间最短。

（13）A．汽车　　B．双绞线　　C．多模光纤　　D．单模光纤

试题（13）分析

25 盒磁带数据（每盒磁带数据量 40GB），所需传输的数据总量为：

25×40GB = 1000GB = 1TB

从甲地转送到乙地的方案有“有线传输”和“汽车运输”两个。

方案 1：有线传输

此方案需要读磁带，目前最好的磁盘机要将一盘数据读出就需要 2 个小时，所以即使同时使用 25 台磁盘机来操作，并且忽略传输时间，也需要 2 小时以上。

有线传输介质传输参数表如下：

线缆名称	传输距离	传输速度	成本	安装	1TB 最快所需时间
屏蔽双绞线	100m	10～1000Mb/s	较低	容易	2 小时 13 分钟
非屏蔽双绞线	100m	10～1000Mb/s	最低	最容易	2 小时 13 分钟
多模光纤	2km	51～1000Mb/s	次贵	最难	2 小时 13 分钟
单模光纤	2～10km	1～10Gb/s	最贵	最难	13 分钟

方案 2：汽车运输

汽车传输无须读磁带、转换磁带。假定汽车的时速为 30KM/h，汽车运输所需的总时间为 2 分钟。

参考答案

（13）A

试题（14）

某项目的时标网络图如下（时间单位：周），在项目实施过程中，因负责实施的工程师误操作发生了质量事故，需整顿返工，造成工作 4—6 拖后 3 周，受此影响，工程的总工期会拖延__（14）__周。

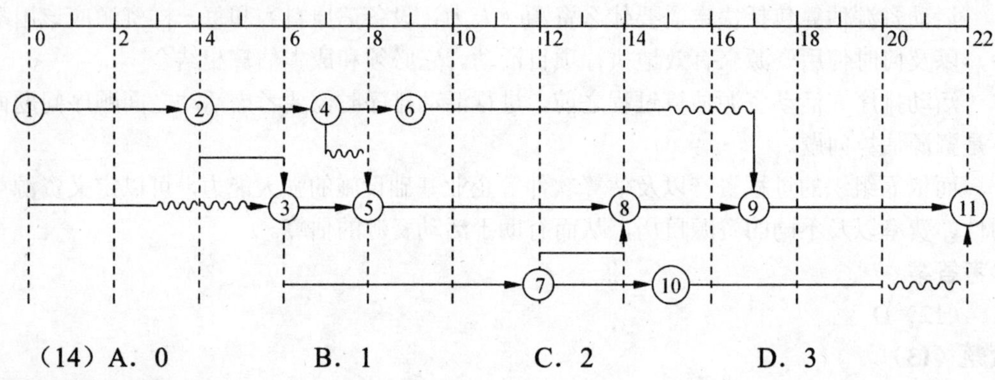

（14）A．0　　　　B．1　　　　C．2　　　　D．3

试题（14）分析

本题计划的网络图中关键路径长度为 22 周，“工作 4—6”不在关键路径上。

在项目实施过程中，“工作 4—6”拖后 3 周后，此时它用掉“工作 6—9”2 周的自由时差，还引起整个项目工期 1 周的延期，此时关键路径长度为 23 周。

参考答案

（14）B

试题（15）

关于活动历时估算的说法不正确的是__（15）__。

（15）A．活动历时估算不是进行活动排序时首要考虑的问题

B．活动历时估算的准确性不依赖于项目团队成员对项目的熟悉程度

C．活动历时估算内容包括确定实施项目活动必须付出的工作努力、所需的资源数量、工作时间

D．活动历时估算可采用三点估算法

试题（15）分析

活动历时估算过程要对项目的工作时间做出客观、合理的估计，要在综合考虑各种资源、人力、物力、财力的情况下，确定实施项目活动必须付出的工作努力、所需的资源数量、工作时间。

在对活动进行时间估计时，可以选择项目队伍中最熟悉具体活动性质的个人或团体来完成估计。

而活动排序过程依据活动清单、活动清单属性、项目范围说明书和里程碑清单，首先确定项目各活动之间的顺序。活动历时估算过程在活动排序过程之后进行。

活动历时估算的工具、技术和方法有：

（1）专家判断

（2）类比估算法

（3）基于定额的历时

（4）历时的三点估算

（5）预留时间

（6）最大活动历时

参考答案

（15）B

试题（16）

创建 WBS 的输入包括__（16）__。

（16）A．项目管理计划　　B．成本估算

C．WBS 模板　　D．项目范围管理计划

试题（16）分析

创建 WBS 过程的输入包括组织过程资产、项目范围说明书、项目范围管理计划和已批准的变更请求。

参考答案

（16）D

试题（17）

__（17）__不是 WBS 的正确分解方法或结构。

（17）A．把主要的项目可交付物和子项目作为第一层

B．在同一 WBS 层上采用不同的分解方法

C．在不同 WBS 层上可采用不同的分解方法

D．把项目生命期作为第一层，项目交付物作为第二层

试题（17）分析

创建 WBS 的工具和技术有工作分解结构模板、分解和 WBS 编码设计。

而分解 WBS 结构的方法至少有如下 3 种：

（1）使用项目生命周期的阶段作为分解的第一层，而把项目可交付物安排在第二层。

（2）把项目重要的可交付物作为分解的第一层。

（3）把子项目安排在第一层，再分解子项目的 WBS。

工作结构分解应把握的原则如下：

（1）在各层次上保持项目的完整性，避免遗漏必要的组成部分；

（2）一个工作单元只能从属于某个上层单元，避免交叉从属；

（3）相同层次的工作单元应用相同性质；

（4）工作单元应能分开不同的责任者和不同工作内容；

（5）便于项目管理计划、控制的管理需要；

（6）最低层工作应该具有可比性，是可管理的，可定量检查的；

（7）应包括项目管理工作（因为是项目具体工作的一部分），包括分包出去的工作。

参考答案

（17）B

试题（18）

<u>（18）</u>不属于项目章程的组成内容。

（18）A．工作说明书　　　　B．指定项目经理并授权

C．项目概算　　　　D．项目需求

试题（18）分析

项目章程是正式批准一个项目的文档。项目章程应当由项目组织以外的项目发起人或投资人发布，其在组织内的级别应能批准项目，并有相应的为项目提供所需资金的权力。项目章程为项目经理使用组织资源进行项目活动提供了授权。

项目章程可以直接描述或引用其他文档来描述以下信息：

（1）项目必须满足的业务要求或产品需求。

（2）项目的目的或缘由。

（3）项目干系人的需求和期望。

（4）概要的里程碑进度计划。

（5）项目干系人的影响。

（6）职能组织。

（7）组织的、环境的和外部的假设。

（8）组织的、环境的和外部的约束。

（9）论证项目的业务方案，包括投资回报率。

（10）概要预算。

工作说明书是制定项目章程过程的输入，对项目所要提供的产品或服务的叙述性的描述，内容包括业务要求、产品范围描述和战略计划。

参考答案

（18）A

试题（19）

下面针对项目整体变更控制过程的叙述不正确的是<u>（19）</u>。

（19）A．配置管理的相关活动贯穿整体变更控制始终

B．整体变更控制过程主要体现在确定项目交付成果阶段

C．整体变更控制过程贯穿于项目的始终

D．整体变更控制的结果可能引起项目范围、项目管理计划、项目交付成果的调整

试题（19）分析

项目整体变更控制过程也叫综合变更控制过程，该过程在整个项目过程中贯彻始终，并且应用于项目的各个阶段。由于极少有项目能完全按照原来的项目安排计划运行，因而变更控制就必不可少。对项目范围说明书、项目管理计划和其他项目可交付物必须持续不断地管理变更，或是拒绝变更或批准变更，被批准的变更将被并入一个修订后的项目部分。

带有变更控制系统的配置管理系统为在项目中集中管理变更提供了一个标准、有效和高效的过程。具有变更控制的配置管理包括识别、记录、控制项目基线内可交付物的变更。配置管理的相关活动贯穿整体变更控制始终。

参考答案

（19）B

试题（20）

在项目中实施变更应以<u>（20）</u>为依据。

（20）A．项目干系人的要求　　B．项目管理团队的要求

C．批准的变更请求　　D．公司制度

试题（20）分析

整体变更控制过程的输入如下：

（1）项目管理计划

（2）申请的变更

（3）工作绩效信息

（4）建议的预防措施

（5）建议的纠正措施

（6）建议的缺陷修复

（7）可交付物

然后依据整体变更流程，并经变更控制委员会批准或拒绝，整体变更控制过程的输出如下：

（1）已批准的变更申请。在项目中实施变更应以“已批准的变更申请”为根据，更新相应基准计划，执行已批准的纠正措施即可。

（2）被拒绝的变更申请。

（3）项目管理计划（已批准更新）。

（4）项目范围说明书（已批准更新）。

（5）已批准的纠正措施。

（6）已批准的预防措施。

（7）已批准的缺陷修复。

（8）可交付物（已批准的）。

参考答案

（20）C

试题（21）

有关项目团队激励的叙述正确的是＿（21）＿。

（21）A．马斯洛需求理论共分为 4 个层次，即生理、社会、受尊重和自我实现

B．X 理论认为员工是积极的，在适当的情况下员工会努力工作

C．Y 理论认为员工只要有可能就会逃避为公司付出努力去工作

D．海兹伯格理论认为影响人们工作行为的因素有两种，一是保健因素，二是激励因素

试题（21）分析

所谓激励，就是如何发挥员工的工作积极性的方法。典型的激励理论有马斯洛需要层次理论、赫茨伯格的双因素理论和期望理论。

马斯洛 5 层需要层次理论包括生理需要、安全需要、社会交往的需要、自尊的需要和自我实现的需要。

X 理论认为员工是懒散的、消极的、不愿意为公司付出劳动，主要体现了独裁型管理者对人性中消极成分占主导的基本判断，例如 X 理论假定“一般人天性好逸恶劳，只要有可能就会逃避工作”。因此崇尚 X 理论的领导者认为，在领导工作中必须对员工采取强制、惩罚和解雇等手段，强迫员工努力工作，对员工应当严格监督、控制和管理。

Y 理论认为员工是积极的，当在适当的环境下员工会努力工作，尽力完成公司的任务就像自己在娱乐和玩一样努力，从工作中得到满足感和成就感。

赫茨伯格的双因素理论认为有两种完全不同的因素影响着人们的工作行为。第一类是保健因素，这些因素是与工作环境或条件有关的、能防止人们产生不满意感的一类因素；第二类是激励因素，这些因素是与员工的工作本身或工作内容有关的、能激励人们努力地工作。

参考答案

（21）D

试题（22）

把产品技能和知识带到项目团队的恰当方式是＿（22）＿。

（22）A．让项目经理去学校学习三年，获得一个项目管理硕士学位，这样就能保证他学到项目管理的所有知识

B．找一个项目团队，其成员具备的知识与技能能够满足项目的需要

C．让项目团队在项目的实际工作中实习

D．找到可以获得必要的技能和知识的来源

试题（22）分析

注意到项目的特殊性和一次性，没有一个人拥有完成项目所需的一切知识和技能，尤其是对大型项目来说。项目越复杂，就越需要更多的技术高手参与项目。项目经理必须知道使项目顺利完成需要哪些技能，但是项目团队没有必要拥有所有技能，只要找到可以获得必要的技能和知识的来源以完成项目就可以了。

参考答案

（22）D

试题（23）

人力资源计划编制的输出不包括__（23）__。

（23）A．角色和职责　　B．人力资源模板

C．项目的组织结构图　　D．人员配备管理计划

试题（23）分析

人力资源计划编制的输出包括角色和职责、项目的组织结构图和人员配备管理计划。

人力资源模板不是人力资源计划编制的输出。

参考答案

（23）B

试题（24）

下列工程项目风险事件中，__（24）__属于技术性风险因素。

（24）A．新材料供货不足　　B．设计时未考虑施工要求

C．索赔管理不力　　D．合同条款表达有歧义

试题（24）分析

为了深入、全面地认识项目风险，并有针对性地进行管理，有必要将风险分类。下图是用风险分解结构（RBS）表现项目风险的一种常用的分类方法。

其中技术的风险包括项目的技术、质量和性能方法等方面可能存在的风险，例如包括需求、技术、复杂性和界面、绩效和可靠性以及质量等方面的风险。

“新材料供货不足”属于“外部的”风险中的“市场”风险。

“设计时未考虑施工要求”属于“技术的”风险中的“技术”风险。

“索赔管理不力”属于“外部的”风险中的“法律”风险。

“合同条款表达有歧义”属于“外部的”风险中的“客户”风险。

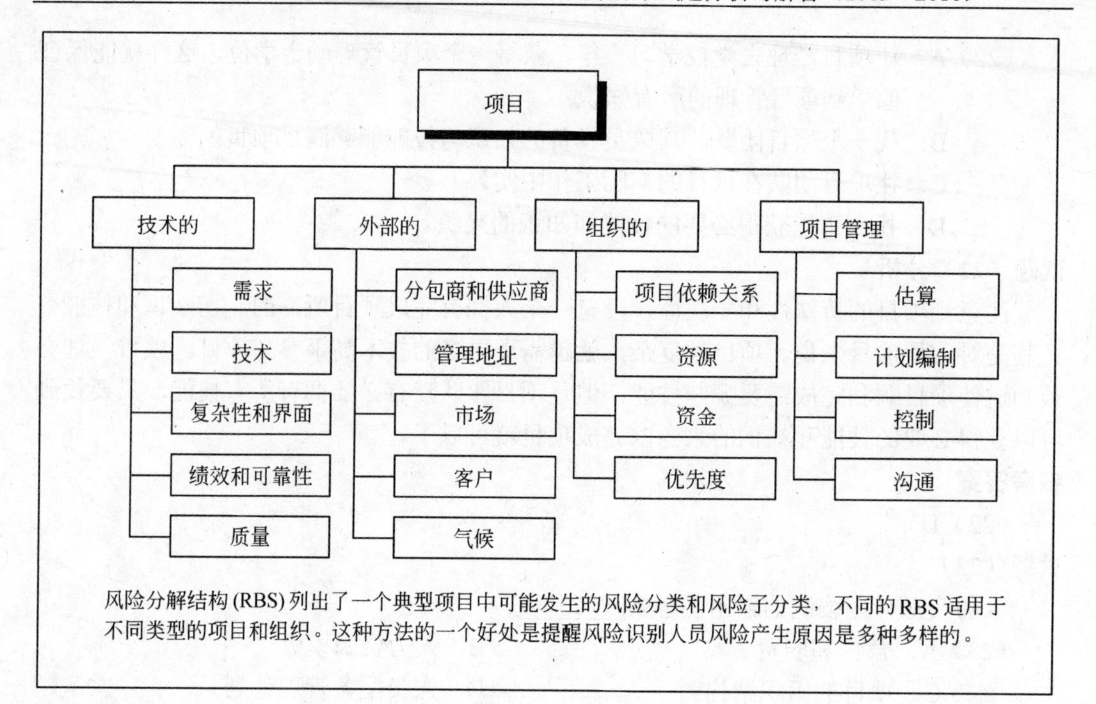

参考答案

（24）B

试题（25）

确定哪些风险会影响项目并记录风险的特性，这个过程称为＿（25）＿。

（25）A．风险识别　　B．风险处理　　C．经验教训学习　　D．风险分析

试题（25）分析

风险识别过程负责判断哪些风险会影响项目，并以书面形式记录其特点。

参考答案

（25）A

试题（26）

＿（26）＿能最准确地计算活动的历时（AD）。

（26）A．AD=工作量 / 人员生产率

B．AD=工作量 / 人力资源数量

C．AD=（最乐观时间 +4 最可能时间 + 最悲观时间）/ 6

D．AD=人员生产率×项目规模

试题（26）分析

活动历时估算过程估计完成各项计划活动所需的纯的工作时间。活动历时估算时要在综合考虑各种资源、人力、物力和财力的情况，从而把完成项目各项活动所需的纯的

工作时间估计出来。

在已估算出完成活动所需的工作量（例如 30 人天）、已有的人力资源数量（如 5 人）后，就可以根据下列公式估算出该活动的历时：

AD＝ 工作量 / 人力资源数量

＝30 人天 / 5 人

＝6 天

参考答案

（26）B

试题（27）

正在开发的产品和组织的整体战略之间通过__（27）__联系在一起。

（27）A．项目发起人的要求　　B．项目计划

C．产品质量　　D．产品描述

试题（27）分析

一个组织在发展自己的业务时，首先制定组织的整体战略并据此构思支持业务发展的产品，通过系统分析明确定义未来产品的目标，确定为了满足用户的需求和业务发展的需求待开发的产品必须做什么，应具备什么特征、功能和性能，然后把系统分析的结果明确为产品范围以描述产品。

总之，首先根据组织的整体战略对待开发的产品进行描述，然后通过项目来开发这一产品，进而实现组织整体战略的要求。

参考答案

（27）D

试题（28）

某电子政务信息化建设项目的项目经理得知一项新的政府管理方面的要求将会引起该项目范围的变更，为此，项目经理应该首先__（28）__。

（28）A．召集一次变更控制委员会会议

B．改变工作分解包，项目时间表和项目计划以反映该管理要求

C．准备变更请求

D．制定新的项目计划并通知项目干系人

试题（28）分析

要进行范围变更控制，基本步骤如下：

（1）要事前定义或引用范围变更的有关流程。它包括必要的书面文件（如变更申请单）、纠正行动、跟踪系统和授权变更的批准等级。变更控制系统与其他系统相结合，如配置管理系统来控制项目范围。当项目受合同约束时，变更控制系统应当符合所有相关合同条款。

（2）当有人提出变更时，应以书面的形式提出并按事前定义的范围变更有关流程

处理。

虽然上述步骤给出了变更处理的原则，但“新的政府管理方面的要求将会引起该项目范围的变更”属于强制变更，为此项目经理应首先说明变更的原因及其影响并“准备变更请求”。

参考答案

（28）C

试题（29）

以下关于变更控制委员会（CCB）的描述错误的是＿（29）＿。

（29）A．CCB 也称为配置控制委员会，是配置项变更的监管组织。

B．CCB 任务是对建议的配置项变更作出评价、审批以及监督已批准变更的实施

C．CCB 组织可以只有一个人

D．对于所有项目，CCB 包括的人员一定要面面俱到，应涵盖变更涉及的所有团体，才能保证其管理的有效性

试题（29）分析

变更控制委员会（Change Control Board，CCB）也称为配置控制委员会（Configuration Control Board），是配制项变更的监管组织。其任务是对建议的配制项变更做出评价，审批以及监督已批准变更的实施。

变更控制委员会的成员可以包括项目经理、用户代表、项目质量控制人员、配置控制人员。这个组织不必是常设机构，包括的人员也不必面面俱到，完全可以根据工作的需要组成，例如按变更内容和变更请求的不同，组成不同的 CCB。小的项目 CCB 可以只有 1 人，甚至只是兼职人员。

如果 CCB 不只是控制变更，而是负有更多的配置管理任务，那就应该包括基线的审定、标识的审定以及产品的审定。并且可能根据工作的实际需要分为项目层、系统层和组织层来组建，使其完成不同层面的配置管理任务。

参考答案

（29）D

试题（30）

下列关于项目整体管理的表述中，正确的是＿（30）＿。

（30）A．项目绩效评价就是指项目建成时的成果评价

B．整体管理强调的是管理的权威性，沟通只能作为辅助手段

C．工作绩效信息是形成绩效报告的重要依据

D．项目绩效评价就是对项目经济效益的评价

试题（30）分析

项目整体绩效指的是项目的实际时间、成本、质量和范围。拿项目实际的绩效与计

划的相应值比较，以评价项目的状态，达到对项目及时监控的目的。

绩效报告过程收集并分发有关项目绩效的信息包括状态报告、进展报告和预测。

绩效报告的依据如下：

（1）工作绩效信息；

（2）项目管理计划；

（3）预测；

（4）已批准的变更请求；

（5）可交付物。

参考答案

（30）C

试题（31）

__（31）__属于项目财务绩效评估的基本方法。

（31）A．动态分析法　　B．预期效益分析法

C．风险调整贴现率法　　D．因果图

试题（31）分析

对项目的投资效果进行经济评价的方法，有静态分析法和动态分析法。

静态分析法对若干方案进行粗略评价，或对短期投资项目作经济分析时，不考虑资金的时间价值。此法简易实用，包括投资收益率法、投资回收期法、追加投资回收期法和最小费用法。

动态分析法也叫贴现法，它考虑了资金的时间价值，较静态分析法更为实际、合理。其中包括净现值法、内部收益率法、净现值比率法和年值投资回收期等方法。

参考答案

（31）A

试题（32）

监理工程师可以采用多种技术手段实施信息系统工程的进度控制。下面__（32）__不属于进度控制的技术手段。

（32）A．图表控制法　　B．网络图计划法

C．ABC 分析法　　D．“香蕉”曲线图法

试题（32）分析

进度控制的基本思路是比较实际进度和计划进度之间的差异，如需要就做出必要的调整使项目按计划进度实施，其目的是确保项目“时间目标”的实现。

进度控制的技术手段有：

（1）图表控制法，包括甘特图和工程进度曲线；

（2）网络控制计划法，包括双代号网络图和单代号网络图；

（3）“香蕉”曲线图法。

香蕉曲线图法是工程项目施工进度控制的方法之一，"香蕉"曲线是由两条以同一开始时间、同一结束时间的S型曲线组合而成。其中，一条S型曲线是工作按最早开始时间安排进度所绘制的S型曲线，简称ES曲线；而另一条S型曲线是工作按最迟开始时间安排进度所绘制的S型曲线，简称LS曲线。除了项目的开始和结束点外，ES曲线在LS曲线的上方，同一时刻两条曲线所对应完成的工作量是不同的。在项目实施过程中，理想的状况是任一时刻的实际进度在这两条曲线所包区域内。

ABC分析法就是PARETO分析法，是找到主要矛盾的方法。ABC分析法源自于Pareto定律或称80/20原理，即占人口比例很少的一部分人（只占总人口的不到20%），却占了社会财富的大部分（占有社会总财富的80%左右）。80/20原理简单的说法就是：重要的少数，不重要的多数，就是社会及自然现象中，往往是"重要的少数方"是影响整个项目成败的主要因素。

更进一步细分，占人口比例很少的一部分人（只占总人口的不到15%，把这类人称之为A类因素）却占了社会财富的大部分（占有社会总财富的70%～80%）；占人口比例在20%～30%的一部分人（把这类人称之为B类因素）占有社会财富15%左右；占人口比例在60%～80%的一部分人（把这类人称之为C类因素）只占有社会财富10%左右。

ABC分析法的基本原理，可概括为"区别主次，分类管理"。它将管理对象分为A、B、C三类，以A类作为重点管理对象。其关键在于区别一般的多数和极其重要的少数。

参考答案

（32）C

试题（33）

旁站是信息工程监理控制工程质量、保证项目目标必不可少的重要手段之一，适合于＿（33）＿方面的质量控制。

（33）A．网络综合布线、设备开箱检验、机房建设等

B．首道工序、上下道工序交接环节、验收环节等

C．网络系统、应用系统、主机系统等

D．总体设计、产品设计、实施设计等

试题（33）分析

旁站监理是监理单位控制工程质量的重要手段。旁站监理是指在关键部位或关键工序施工过程中，由监理人员在现场进行的监督活动。对于信息系统工程，旁站监理主要在网络综合布线、设备开箱检验和机房建设等过程中实施。

根据对隐蔽工程的监理要求，也应该对隐蔽工程实行旁站监理，以加强对项目实施过程的监督。旁站监理可以把问题消灭在过程之中，以避免后期返工造成的重大经济损失和时间延误。

因"网络综合布线、设备开箱检验、机房建设等"项目活动中涉及隐蔽工程、关键部位或关键工序，所以应对这些活动进行旁站监理以保证这些活动的过程质量。

参考答案

（33）A

试题（34）

依据《计算机软件保护条例》，对软件的保护包括__（34）__。

（34）A．计算机程序，但不包括用户手册等文档

B．计算机程序及其设计方法

C．计算机程序及其文档，但不包括开发该软件所用的思想

D．计算机源程序，但不包括目标程序

试题（34）分析

依据《计算机软件保护条例》中的下列条款：

第二条　本条例所称的计算机软件是指计算机程序及其有关文档。

第六条　本条例对软件著作权的保护不延及开发软件所用的思想、处理过程、操作方法或者数学概念等。

可知，C为正确选项。

参考答案

（34）C

试题（35）

以ANSI冠名的标准属于__（35）__。

（35）A．国家标准　B．国际标准　C．行业标准　D．项目规范

试题（35）分析

以ANSI（American National Standard Institute，美国国家标准学会）冠名的标准属于美国国家标准。

参考答案

（35）A

试题（36）

需求工程帮助软件工程师更好地理解要解决的问题。下列活动中，不属于需求工程范畴的是__（36）__。

（36）A．理解客户需要什么，分析要求，评估可行性

B．与客户协商合理的解决方案，无歧义地详细说明方案

C．向客户展现系统的初步设计方案，并得到客户的认可

D．管理需求以至将这些需求转化为可运行的系统

试题（36）分析

把所有与需求直接相关的活动通称为需求工程。需求工程的活动可分为两大类，一类属于需求开发；另一类属于需求管理。

需求开发的目的是通过调查与分析，获取用户需求并定义产品需求。需求开发包括

需求获取、需求分析、需求定义和需求验证 4 个过程。

而需求管理的目的是确保各方对需求的一致理解；管理和控制需求的变更；从需求到最终产品的双向跟踪。

“需求管理”与“需求开发”密切合作。“需求开发”涉及到把项目关系人的需要转换成产品需求和决定如何在各个产品构件之间安排或分配需求。在“需求管理”中，要收集需求的变更和变更的理由，并且维持对原有需求和所有产品及产品构件需求的双向跟踪。

而“向客户展现系统的初步设计方案，并得到客户的认可”则是范围确认的任务。

参考答案

（36）C

试题（37）

Web Service 体系结构中包括服务提供者、__（37）__和服务请求者三种角色。

（37）A．服务认证中心　　B．服务注册中心

C．服务协作中心　　D．服务支持中心

试题（37）分析

Web Service（Web 服务）是一个组件或应用程序，它向外界暴露出一个能够通过 Web 进行调用的 API，该 API 被调用后提供相应的服务。

简单地讲，Web 服务是一个 URL 资源，客户端可以通过编程方式请求得到它的服务，而不需要知道所请求的服务是怎样实现的，这一点与传统的分布式组件对象模型不同。

Web 服务的体系结构是基于 Web 服务提供者、Web 服务请求者、Web 服务注册中心三个角色以及发布、发现、绑定三个动作构建的。简单地说，Web 服务提供者就是 Web 服务的拥有者，它耐心等待为其他服务和用户提供自己已有的功能；Web 服务请求者就是 Web 服务功能的使用者，它利用 SOAP 消息向 Web 服务提供者发送请求以获得服务；服务注册中心的作用是把一个 Web 服务请求者与合适的 Web 服务提供者联系在一起，它充当管理者的角色，一般是 UDDI 。这三个角色是根据逻辑关系划分的，在实际应用中，角色之间很可能有交叉：一个 Web 服务既可以是 Web 服务提供者，也可以是 Web 服务请求者，或者二者兼而有之。显示了 Web 服务角色之间的关系：其中“发布”是为了让用户或其他服务知道某个 Web 服务的存在和相关信息；“查找（发现）”是为了找到合适的 Web 服务；“绑定”则是在提供者与请求者之间建立某种联系。Web 服务角色的相互关系如下图所示。

实现一个完整的 Web 服务包括以下步骤：

（1）Web 服务提供者设计实现 Web 服务，并将调试正确后的 Web 服务通过服务注册中心发布，并在 UDDI 注册中心注册。（发布）

（2）Web 服务请求者向服务注册中心请求特定的服务，服务注册中心根据请求查询

UDDI 注册中心，为请求者寻找满足请求的服务。（发现）

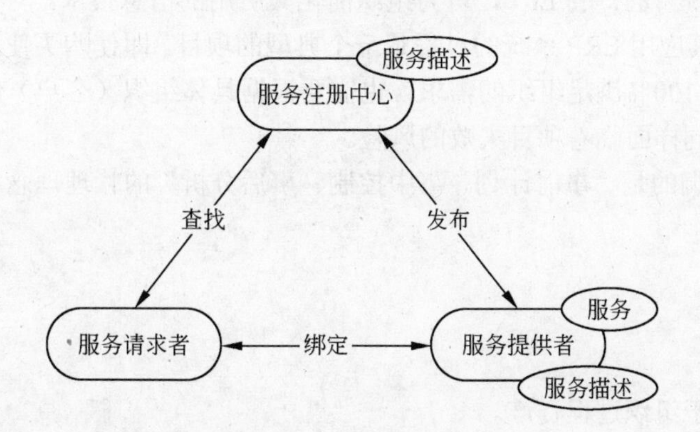

（3）服务注册中心向 Web 服务请求者返回满足条件的 Web 服务描述信息，该描述信息用 WSDL 写成，各种支持 Web 服务的机器都能阅读。（发现）

（4）利用从服务注册中心返回的描述信息生成相应的 SOAP 消息，发送给 Web 服务提供者，以实现 Web 服务的调用。（绑定）

（5）Web 服务提供者按 SOAP 消息执行相应的 Web 服务，并将服务结果返回给 Web 服务请求者。（绑定）

参考答案

（37）B

试题（38）

下面关于企业资源规划（ERP）的叙述，不正确的是__（38）__。

（38）A．ERP 为组织提供了升级和简化其所用的信息技术的机会

B．购买使用一个商业化的 ERP 软件，转化成本高，失败的风险也很大

C．除了制造和财务，ERP 系统可以支持人力资源、销售和配送

D．ERP 的关键是事后监控企业的各项业务功能，使得诸如质量、有效性、客户满意度、工作成果等可控

试题（38）分析

企业资源计划（ERP）用来识别和规划企业资源，对采购、生产、成本、库存、销售、运输、财务和人力资源等进行规划和优化，从而达到最佳资源组合，使企业利润最大化。

典型的 ERP 系统一般包括系统管理、生产数据管理、生产计划管理、作业计划管理、车间管理、质量管理、动力管理、总账管理、应收账管理、固定资产管理、工资管理、现金管理、成本核算、采购管理、销售管理、库存管理、分销管理、设备管理、人力资源、办公自动化、领导查询、运输管理、工程管理和档案管理等基本功能模块。企业可

以根据自身情况灵活地选择和集成这些模块，提高管理和运营效率。

因此，使用统一的一套ERP，可为组织简化其所用的信息技术。

一个组织，其应用ERP系统的过程是一个典型的项目。即使购买使用一个商业化的ERP软件也不能100%满足组织的需求，也需要根据具体组织（客户）的需求进行二次客户化的开发，同样面临着项目失败的风险。

ERP软件强调的是“事前计划、事中控制、事后分析”的管理理念和及时调整的管理策略。

参考答案

（38）D

试题（39）

__（39）__属于组织过程资产。

（39）A．基础设施　　B．组织的经验学习系统
　　C．组织劳务关系标准　　D．招聘、培养、使用和解聘的指导方针

试题（39）分析

“现有的设施和固定资产等基础设施”、“实施单位现有的人力资源、人员的专业和技能，人力资源管理政策如招聘和解聘的指导方针、员工绩效评估和培训记录等”、“当时的市场状况”和“国标或行业标准”属于环境的和组织的因素。

组织过程资产包含项目实施组织的企业计划、政策方针、规程、指南和管理系统，实施项目组织的知识和经验教训。“组织的经验学习系统”属于组织过程资产。

参考答案

（39）B

试题（40）

下列有关广域网的叙述中，正确的是__（40）__。

（40）A．广域网必须使用拨号接入
　　B．广域网必须使用专用的物理通信线路
　　C．广域网必须进行路由选择
　　D．广域网都按广播方式进行数据通信

试题（40）分析

广域网（Wide Area Network，WAN）连接地理范围较大，常常是一个国家或是一个省，其目的是为了让分布较远的各局域网互连，所以它的结构又分为末端系统（末端的用户集合）和通信系统（中间链路）两部分。通信系统是广域网的关键，它主要有以下几种：

（1）公共电话网（Public Switched Telephone Network，PSTN）；

（2）综合业务数字网（Integrated Service Digital Network，ISDN）；

（3）专线（Leased Line），在中国称为DDN；

（4）X.25 网，有冗余纠错功能，可靠性高，但速度慢，延迟大；

（5）帧中继（Frame Relay）可实现一点对多点的连接；

（6）异步传输模式（Asynchronous Transfer Mode，ATM），是一种信元交换网络，最大的特点是速率高、延迟小、传输质量有保障，但成本也很高。

广域网必须进行路由选择。广域网的常用设备有：

（1）路由器（Router）。广域网通信过程根据地址来寻找到达目的地的路径，这个过程在广域网中称为“路由（Routing）”。路由器负责在各段广域网和局域网间根据地址建立路由，将数据送到最终目的地。

（2）调制解调器（Modem）。作为终端系统和通信系统之间信号转换的设备，是广域网中必不可少的设备之一。

广域网与局域网计算机交换数据要通过路由器或网关的 NAT（网络地址转换）进行。一般来说，局域网内计算机发起的对外连接请求，路由器或网关都不会加以阻拦，但来自广域网对局域网内计算机连接的请求，路由器或网关在绝大多数情况下都会把关。

参考答案

（40）C

试题（41）

作为乙方的系统集成项目经理与其单位高层领导沟通时，使用频率最少的沟通工具是 __（41）__。

（41）A．状态报告　　B．界面设计报告　　C．需求分析报告　　D．趋势报告

试题（41）分析

状态报告作为反映项目当前绩效状态的文档，需要周期性地向单位高层领导报告。趋势报告作为预测项目走势的文档，也需要周期性地向单位高层领导报告。需求分析是整个项目的基础性工作，需求分析报告也用于向单位高层领导汇报需求分析工作之用。而界面设计作为细节性的技术工作为用户所关心，关心界面的是用户。细节性的、成熟的界面设计在与单位高层领导沟通时较少使用。

参考答案

（41）B

试题（42）

国际标准化组织在 ISO/IEC 12207－1995 中将软件过程分为三类，其中不包括 __（42）__。

（42）A．基本过程　　B．支持过程　　C．组织过程　　D．管理过程

试题（42）分析

软件生存周期过程的国际标准 ISO/IEC 12207 将软件过程分为基本过程组、支持过程组和组织过程组三类。

基本过程组包括获取过程、供应过程、开发过程、运行过程和维护过程。

支持过程组包括文档编制过程、配置管理过程、质量保证过程、验证过程、确认过程、联合评审过程、审计过程以及问题解决过程。

组织过程组包括管理过程、基础设施过程、改进过程和培训过程。

管理过程是组织过程的4个子过程之一。

参考答案

（42）D

试题（43）

以下不具有“完成 — 开始”关系的两个活动是__（43）__。

（43）A．系统设计，设计评审　　B．系统分析，需求评审

C．需求评审，周例会　　D．确定项目范围，制定WBS

试题（43）分析

两个活动之间的“完成 — 开始”关系是指前序活动结束后，后续活动才能开始。因周例会是一个周期性的管理活动，它与需求评审没有固定的“完成 — 开始”关系。本题的其他三项选择中的活动都有“完成 — 开始”关系。

值得注意的是，甲乙双方首先在项目的交付物层面上达成一致，才能确定项目范围。然后再对完成项目交付物的工作进一步分解，才能制定项目的WBS。

参考答案

（43）C

试题（44）

某项目的主要约束是质量，为了不让该项目的项目团队感觉时间过于紧张，项目经理在估算项目活动历时的时候应采用__（44）__，以避免进度风险。

（44）A．专家判断　　B．定量历时估算

C．设置备用时间　　D．类比估算

试题（44）分析

项目活动历时估算过程估计完成项目各项活动所需的大致工作时间，其使用的工具和技术如下：

（1）专家判断；

（2）类比估算法；

（3）基于定额的历时（即定量历时估算）；

（4）历时的三点估算；

（5）预留时间（即设置备用时间）；

（6）最大活动历时。

项目经理在组织项目活动历时估算时，可以在总的项目进度表中以“预留时间”、“应急时间”、“备用时间”或“缓冲时间”为名称增加一些时间，用这种做法来避免进度风险。备用时间的长短可由活动持续时间估算值的某一百分比来确定，或某一固定长短

的时间，或根据定量风险分析的结果确定。备用时间可能全部用完，也可能只使用一部分，还可能随着项目更准确的信息增加和积累而到后来减少或取消。这样的备用时间应当连同其他有关的数据和假设一起形成文件。

参考答案

（44）C

试题（45）

某软件公司欲开发一个图像处理系统，在项目初期开发人员对需求并不确定的情况下，采用＿（45）＿方法比较合适。

（45）A．瀑布式　　B．快速原型　　C．协同开发　　D．形式化

试题（45）分析

快速原型法从需求收集开始，开发者和客户在一起定义软件的总体目标，标识出已知的需求，并规划出需要进一步定义的区域。然后是“快速设计”，即集中于软件中那些对用户/客户可见的部分的表示。快速创建原型后，由用户/客户评估并进一步精化待开发软件的需求。逐步调整原型使其满足客户的要求，而同时也使开发者对将要做的事情有更好的理解。这个过程是迭代的，其流程从听取客户意见开始，随后是建造/修改原型、客户测试运行原型，然后往复循环，直到客户对原型满意为止。

快速原型法适用于对需求并不确定的情况。

在需求明确和稳定前提下，才能使用瀑布式模型开发项目。本题的其他两个选项为干扰项。

参考答案

（45）B

试题（46）、（47）

螺旋模型是一种演进式的软件过程模型，结合了原型开发方法的系统性和瀑布模型可控性特点。它有两个显著特点，一是采用＿（46）＿的方式逐步加深系统定义和实现的深度，降低风险；二是确定一系列＿（47）＿，确保项目开发过程中的相关利益者都支持可行的和令人满意的系统解决方案。

（46）A．逐步交付　　B．顺序　　C．循环　　D．增量

（47）A．实现方案　　B．设计方案　　C．关键点　　D．里程碑

试题（46）、（47）分析

螺旋模型将瀑布模型和快速原型模型结合起来，强调了其他模型所忽视的风险分析，特别适合于大型复杂的系统。

螺旋模型采用一种周期性的方法来进行系统开发，这会导致开发出众多的中间版本。使用该模型，项目经理在早期就能够为客户实证某些概念。该模型基于快速原型法，以进化的开发方式为中心，在每个项目阶段使用瀑布模型法。这种模型的每一个周期都包括需求定义、风险分析、工程实现和评审 4 个阶段，由这 4 个阶段进行迭代。软件开

发过程每迭代一次，软件开发又前进一个层次。因此，螺旋模型的特点之一是循环反复。

在螺旋模型演进式的过程中，确定一系列的里程碑，以确保项目朝着正确的方向前进，同时降低风险。

参考答案

（46）C （47）D

试题（48）～（50）

软件质量强调三个方面的内容：__（48）__是测试软件质量的基础；__（49）__定义了一组用于指导软件开发方式的准则；__（50）__间接定义了用户对某些特性的需求。

（48）A．软件需求 B．软件分析 C．软件设计 D．软件实现

（49）A．开发文档 B．开发标准 C．维护手册 D．用户手册

（50）A．功能需求 B．非功能需求 C．期望需求 D．质量属性需求

试题（48）～（50）分析

测试就是检查软件是否正确、是否满足需求，而需求包含功能需求、性能需求以及质量需求等成分，因此软件需求是测试软件质量的基础，而软件分析、软件设计和软件实现是为了实现软件需求而做的技术工作。

开发标准为软件开发提供了指南并为技术行为规定了准则，开发文档记录了开发成果，维护手册为软件投入运行后提供维护指导，用户手册为用户提供操作软件的指南。

功能需求、非功能需求和质量属性需求直接定义了用户的需求。需求分急切的（need）、稍缓的（wish）和目前来说是额外的（want），期望需求（wish）定义了用户的某些稍缓的、期望的需求。期望需求间接定义了用户对某些特性的需求。

参考答案

（48）A （49）B （50）C

试题（51）

系统组织结构与功能分析中，可以采用多种工具，其中__（51）__描述了业务和部门的关系。

（51）A．组织/业务关系图 B．业务功能一览图

C．组织结构图 D．物资流图

试题（51）分析

在对信息系统项目进行分析时，可以用组织/业务关系图描述业务和部门之间的关系。

在管理项目时，如编制人力资源计划时，可以用层次结构图、矩阵图、文本格式的工具和技术来描述组织结构图和职位。

传统的组织结构图能够以一种图形的形式从上至下地描述团队中的角色和关系。

工作分解结构（WBS）主要是解决项目可交付物如何分解成工作包，目前也可以用来描述不同层次的职责。

组织分解结构（OBS）看上去和工作分解结构（WBS）很相似，但是它不是根据项目的交付物进行分解，而是根据组织的部门、单位或团队进行分解。项目的活动和工作包被列在每一个部门下面。通过这种方式，某个部门只要看自己部门那部分 OBS 就可以了解所有该做的事情。

资源分解结构（RBS）是另一种层次结构图，它用来分解项目中各种类型的资源。

职责分配矩阵（RAM）被用来表示需要完成的工作和团队成员之间的联系。

在对信息系统项目进行分析时，可用业务功能一览图描述业务功能。物资流图可用来描述物资流向。

参考答案

（51）A

试题（52）、（53）

关键路径法是多种项目进度分析方法的基础。__（52）__将关键路径法分析的结果应用到项目日程表中；__（53）__是关键路径法的延伸，为项目实施过程中引入活动持续期的变化。

（52）A．PERT 网络分析　　B．甘特图
　　C．优先日程图法　　D．启发式分析法

（53）A．PERT 网络分析　　B．甘特图
　　C．优先日程图法　　D．启发式分析法

试题（52）、（53）分析

关键路径法（Critical Path Method，CPM）用于确定项目进度网络中各种逻辑网络路线上进度安排灵活性的大小（时差大小），进而确定项目总持续时间最短的一种网络分析技术。使用该法沿着项目进度网络图进行正向与反向分析，从而计算出所有计划活动理论上的最早开始与完成日期、最迟开始与完成日期，也能找到项目的关键路线，不考虑任何资源限制。

甘特图（Gantt Chart），也叫横道图或条形图（Bar Chart），它以横线来表示每项活动的起止时间，是一种能有效显示活动时间计划编制的方法，主要用于项目计划和项目进度安排。

对（52）题而言，只有甘特图是表示项目进度计划的详细形式，只有甘特图能够反映项目日程表。

在 PERT 网络计划中，某些活动或全部工序的持续时间实现不能准确确定，适用于不可预知因素较多的，过去未曾做过的新项目或复杂项目，或研制新产品的工作中。PERT 技术的理论基础是假设项目持续时间以及整个项目完成时间是随机的，且服从某种概率分布。PERT 可以估计整个项目在某个时间内完成的概率。

参考答案

（52）B　（53）A

试题（54）

关于项目管理办公室（PMO）的叙述，__（54）__是错误的。

（54）A．PMO 可以为项目管理提供支持服务

B．PMO 应该位于组织的中心区域

C．PMO 可以为项目管理提供培训、标准化方针及程序

D．PMO 可以负责项目的行政管理

试题（54）分析

项目管理办公室（PMO）是在所辖范围内集中、协调地管理项目的组织单元。PMO 也被称为“项目办公室”、“大型项目管理办公室” 或“大型项目办公室”。项目管理办公室的主要功能和作用可以分为两大类：日常职能和战略职能。日常职能包括但不限于此：

（1）在所有 PMO 管理的项目之间共享和协调资源；

（2）明确和制定项目管理方法、最佳实践和标准；

（3）负责制定项目方针、流程、模板和其他共享资料；

（4）为所有项目进行集中的配置管理；

（5）对所有项目集中的共同风险和独特风险加以管理；

（6）项目工具（如企业级项目管理软件）的实施和管理中心；

（7）项目之间的沟通管理协调中心，通常在企业级对所有 PMO 管理的项目的时间基线和预算进行集中监控；

（8）对项目经理进行指导的平台；

（9）在项目经理和任何内部或外部的质量人员或标准化组织之间协调整体项目质量标准。

PMO 的战略职能包括项目组合管理、提高组织项目管理水平。

PMO 可以负责项目的行政管理，但没有必要“位于组织的中心区域”。

参考答案

（54）B

试题（55）

关于系统建设项目成本预算，下列说法中不正确的是__（55）__。

（55）A．成本总计、管理储备、参数模型和支出合理化原则用于成本预算

B．成本基准计划是用来衡量差异和未来项目绩效的

C．成本预算过程对现在的项目活动及未来的运营活动分配资金

D．成本基准计划计算的是项目的预计成本

试题（55）分析

成本预算过程将总的项目成本估算分配到各项活动和工作包上，来建立一个成本的基线。成本预算是一个计划过程，并不为未来的运营活动分配资金。

本题的 A、B、C 三项是对的，选项 C 是不正确的。

参考答案

（55）C

试题（56）

下述有关项目质量保证和项目质量控制的描述不正确的是（56）。

（56）A．项目管理班子和组织的管理层应关注项目质量保证的结果

B．测试是项目质量控制的方法之一

C．帕累托图通常被作为质量保证的工具或方法，而一般不应用于质量控制方面

D．项目质量审计是项目质量保证的技术和方法之一

试题（56）分析

为了有效地实施质量控制活动，人们使用工具：直方图、控制图、因果图、帕累托图、散点图、核对表和趋势分析等，此外在项目质量管理中，还用到检查、统计分析等方法。

在 IT 项目中，常用的质量控制的工具与技术有检查、测试和评审。

查找造成质量问题原因的两个主要工具是因果图和流程图。

找出造成质量问题主要原因的两个工具是帕雷托图和直方图。

分析质量问题趋势的主要技术是趋势分析。

监控过程质量的工具是控制图。

质量保证是一项管理职能，包括所有的有计划的系统地为保证项目能够满足相关的质量标准而建立的活动，质量保证应该贯穿于整个项目生命期。质量保证一般由质量保证部门或者类似的相关部门完成。

质量审计是对其他质量管理活动的结构性的审查，是决定一个项目质量活动是否符合组织政策、过程和程序的独立的评估。项目质量审计是实施项目质量保证的一种常见方法。

参考答案

（56）C

试题（57）、（58）

某工程包括 A、B、C、D、E、F、G、H 八个作业，各个作业的紧前作业、所需时间和所需人数如下表所示（假设每个人均能承担各个作业）：

作业	A	B	C	D	E	F	G	H
紧前作业	—	—	A	B	C	C	D, E	G
所需时间（周）	2	1	1	1	2	1	2	1
所需人数	8	4	5	4	4	3	7	8

该工程的工期应为＿（57）＿周。按此工期，整个工程至少需要＿（58）＿人。

（57）A．8　　B．9　　C．10　　D．11

（58）A．8　　B．9　　C．10　　D．11

试题（57）、（58）分析

（57）题计算的是工程工期，该题比较简单，关键是将网络图画对，无论是双代号、单代号都可以。可直观地看出关键路径，将此路径上活动历时相加得出工期。

为了计算（57）题，依据给定条件画出双代号网络图，再加时标，并对该网络图进行调整，形成时标网络图。如下图所示：

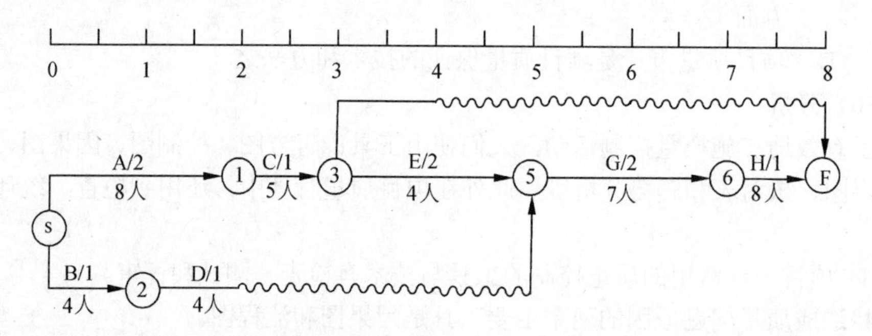

从上图可以直观地看出，关键路径为ACEGH，工程工期为2+1+2+2+1=8。

（58）题计算的是工程使用资源的最小值。本题可依据时标网络图进行分析。依据时标网络图可以清晰体现某一时间段哪些活动必须同时进行，哪些活动或路径上存在可利用的机动时间，即自由时差或总时差。

对上面的时标图进行分析，调整活动B、D、F的执行时间，使同一时间段内使用的资源最少。如下图所示：

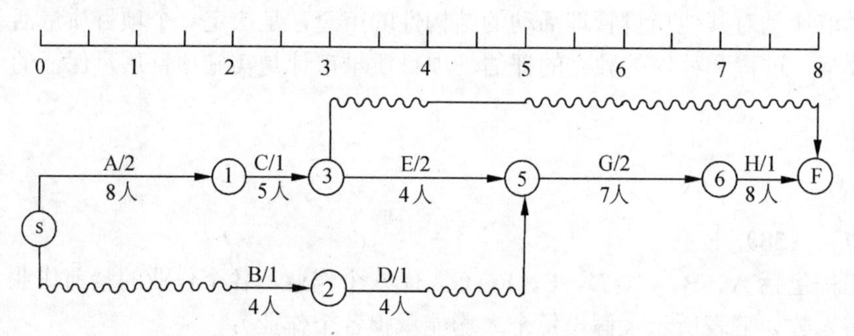

可见，第3周时活动B、C并行，共需要9人，其余时间段所需人数均少于9人。

参考答案

（57）A　（58）B

试题（59）

某IT企业计划对一批新招聘的技术人员进行岗前脱产培训，培训内容包括编程和测试两个专业，每个专业要求在基础知识、应用技术和实际训练三个方面都得到提高。根据培训大纲，每周的编程培训可同时获得基础知识 3 学分、应用技术 7 学分以及实际训练 10 学分；每周的测试培训可同时获得基础知识 5 学分、应用技术 2 学分以及实际训练 7 学分。企业要求这次岗前培训至少能完成基础知识 70 学分，应用技术 86 学分，实际训练 185 学分。以上说明如下表所示：

	编程（学分/周）	测试（学分/周）	学分最低要求
基础知识	3	5	70
应用技术	7	2	86
实际训练	10	7	185

那么这样的岗前培训至少需要__（59）__周时间才能满足企业的要求。

（59）A．15　　B．18　　C．20　　D．23

试题（59）分析

本题属于运筹学的内容，考查运筹学中线性规划方法解决管理中复杂问题的处理方法。

理论的模型如下。

设编程需要 x 周，测试需要 y 周，则下列方程式成立：

基础知识：$3x + 5y = 70$

应用技术：$7x + 2y = 86$

实际训练：$10x + 7y = 185$

解上述方程式，得出的 $x=15$、$y=5$ 之和 20 就是需要的值。

参考答案

（59）C

试题（60）

载重量限 24 吨的某架货运飞机执行将一批金属原料运往某地的任务。待运输的各箱原料的重量、运输利润如下表所示。

箱号	1	2	3	4	5	6
重量（吨）	8	13	6	9	5	7
利润（千元）	3	5	2	4	2	3

经优化安排，该飞机本次运输可以获得的最大利润为__（60）__千元。

（60）A．11　　B．10　　C．9　　D．8

试题（60）分析

本题属于运筹学的内容，考查运筹学中运输问题。在给定有限集的所有具备某些条件（总载重≤24 吨）的子集中，按某种目标找出一个最优子集（总利润最大）。因待运输的箱子有限，因此在实际工作中，可以用工具软件来解决此类问题或自己编程解决。针对本题而言，因箱子的数量只有6个，因此用手工处理方法，按利润从高到低进行排列即可找到总利润最大的一种组合。在满足载重量要求的前提下，具体的几个方案如下：

箱子2利润最大为5，但其重量为13，因此凡是与箱子2组合的箱子余重不超过11，由上表可以看出，任何两个箱子的重量之和都超过了11，因此与箱子2的组合最高的总利润为9。

箱子4利润最大为4，但其重量为9，因此凡是与箱子4组合的箱子余重不超过15，由上表可以看出，箱子4、1、6组合利润为10；箱子4的其他组合利润均低于10。

剩余的其他组合利润均小于9。

参考答案

（60）B

试题（61）

某公司希望举办一个展销会以扩大市场，选择北京、天津、上海、深圳作为候选会址。获利情况除了会址关系外，还与天气有关。天气可分为晴、多云、多雨三种。通过天气预报，估计三种天气情况可能发生的概率为0.25、0.50、0.25，其收益（单位：人民币万元）情况见下表。使用决策树进行决策的结果为<u>（61）</u>。

选址 \ 收益 \ 天气	晴（0.25）	多云（0.50）	多雨（0.25）
北京	4.5	4.4	1
天津	5	4	1.6
上海	6	3	1.3
深圳	5.5	3.9	0.9

（61）A．北京　　B．天津　　C．上海　　D．深圳

试题（61）分析

本题考查用决策树方法计算项目收益。

北京：4.5×0.25+4.4×0.5+1×0.25=1.125+2.2+0.25=3.575

天津：5×0.25 +4×0.50 + 1.6×0.25=1.25+2+0.4=3.65

上海：6×0.25 + 3×0.5 + 1.3×0.25=1.5+1.5+0.325=3.325

深圳：5.5×0.25 + 3.9×0.5 + 0.9×0.25=1.375+1.95+0.225=3.55

参考答案

（61）B

试题（62）

关于大型及复杂项目的描述，下列说法不正确的是（62）。

（62）A．大型及复杂项目的项目经理日常职责更集中于管理职责

B．大型及复杂项目的管理与一般项目管理的方法有质的变化

C．大型及复杂项目的管理模式以间接管理为主

D．大型及复杂项目的管理是以项目群的方式进行

试题（62）分析

大型或复杂项目与普通项目之间界限并不明确，或许合同额、团队规模以及涉及到的合作方多少可以作为衡量是否为大型或复杂项目的标准。虽然把大型或复杂项目首先分解成多个中小项目或简单项目（即项目群）来管理，但从项目管理的角度来说，如果这些因素不导致所采用的项目管理方法有根本的变化，则仅仅是“量变”而不是“质变”。

对于大型及复杂项目，一般有如下特征：

（1）项目周期较长；

（2）项目规模较大，目标构成复杂；

（3）项目团队构成复杂；

（4）大型项目经理的日常职责将更集中于管理职责。

同时，由于大型项目大多数是以项目群的方式进行，而大型项目经理面临更多的将是“间接管理”的挑战。

参考答案

（62）B

试题（63）

关于大型及复杂项目的计划过程的描述正确的是＿（63）＿。

（63）A．大型及复杂项目的计划主要关注项目的活动计划

B．大型及复杂项目必须建立以活动为基础的管理体系

C．大型及复杂项目建立单独的过程规范不会增加成本

D．大型及复杂项目的计划必须先考虑项目的过程计划

试题（63）分析

一般项目的计划主要关注的是项目活动的计划。但是对大型及复杂项目来说，制定活动计划之前，必须先考虑项目的过程计划，也就是必须先确定什么方法和过程来完成项目。

所谓过程，就是通过系统的方法和步骤来实现一个预定的目标。过程最根本的目的和益处就在于：当你遵循一个预定义的过程时，具有较高的可能性来实现预定的目标和结果。

对于大型和复杂项目来说，则必须建立以过程为基础的管理体系。因为对大型和复杂项目来说，协作的效率要远远高于个体的效率，也会有力地保证项目质量。

参考答案

（63）D

试题（64）

当一个大型及复杂项目在__（64）__确定后，就需要制定项目计划。

（64）A．需求定义　　B．活动计划　　C．项目过程　　D．项目团队

试题（64）分析

一般项目的计划主要关注的是项目活动的计划。但是对大型及复杂项目来说，制定活动计划之前，必须先考虑项目的过程计划，也就是必须先确定什么方法和过程来完成项目。

当确定了项目过程后，就需要制定项目计划。一个项目的计划是最终表述如何实现项目目标的具体过程。

在明确项目过程后，在进行“产品工程过程”时，应该认识到大型IT项目都是在需求不十分清晰的情况下开始的。所以项目就自然分成了两个主要的阶段：需求定义阶段和需求实现阶段。这两个阶段所要求完成的任务性质并不一致，前者往往要求对业务领域有深刻的理解；后者则主要放在对技术领域的精通上。

项目进入需求定义阶段之前往往需求很粗糙，随着项目进行，需求逐步清晰的时候，应该对先前的项目计划进行一次较大的详细的修订。这也体现了项目的渐进明细特点。

参考答案

（64）C

试题（65）

大型及复杂项目因其复杂性和多变性使得范围管理尤为重要，其中应遵循的基本原则不包括__（65）__。

（65）A．通过分解结构对项目进行管理

B．包含了一系列子过程，用以确保能够实现项目目标所必需的工作

C．项目过程的持续改进

D．对项目变更应该统一控制

试题（65）分析

在制定大型及复杂项目的计划时，例如在明确大型及复杂项目的范围时，所用的工具和一般项目相同也是“分解结构”，即按照项目组织结构、产品结构和生命周期3个层次制定分解结构。

大型及复杂项目项目计划应明确实现项目目标的一系列子过程，因此制定大型及复杂项目项目计划时，该计划首先应明确项目的范围，即项目要完成的工作是什么；然后明确项目的质量要求、进度要求和成本要求等。

大型项目中，由于涉及到多方的共同协调，对变更需要统一的控制，否则会直接导致项目执行中的大量混乱。

与项目的计划过程不同，过程改进过程聚焦于工作的不同优化和进步，过程改进过程描述如何在项目进行当中不断地改进，同时也会把改进的建议作为组织过程资产沉淀下来。

参考答案

（65）C

试题（66）

一般来说，多项目管理从项目目标上看项目可能是孤立无关的，但是这些项目都是服务于组织的产品布局和战略规划，项目的协作管理不包括__（66）__。

（66）A．共享和协调资源　　B．项目进行集中的配置管理

C．统一收集和汇总项目信息　　D．与甲方的技术主管部门的沟通

试题（66）分析

虽然从项目目标和执行层面上看，一个组织内的多个项目之间好像是孤立的、无关联的。但实际上这些项目都是服务于组织的产品布局和战略规划，它们存在着以下这些共有的特性：

（1）这些项目的最终目标都是支撑企业既定战略的实现，为企业创造利润；

（2）这些项目共享组织的资源，资源的调配会在项目之间产生影响；

（3）共享项目的最佳实践将会提高整个组织实施项目的能力；

（4）这些项目需进行集中的配置管理；

（5）在组织的层面上，需统一收集和汇总这些项目的信息。

而“与甲方的技术主管部门的沟通”属于单个项目的任务，不属于多项目之间的协作。

参考答案

（66）D

试题（67）

投资大、建设周期长、专业复杂的大型项目最好采用__（67）__的组织形式或近似的组织形式。

（67）A．项目型　　B．职能型　　C．弱矩阵型　　D．直线型

试题（67）分析

投资大、建设周期长、专业复杂的大型项目有如下特点：

（1）战略意义重大。

（2）规模大。

（3）需要跨组织的资源协作、团队构成复杂。

（4）需要跨领域业务协作。

（5）创新成份多，项目风险较大。

（6）持续时间长，含有运营成分。

这些特点表明，要想使大型项目成功，必须对项目的资源进行严格的控制，而不能有来自组织内各部门的干扰，因此项目型就成为大型项目最好的组织形式。

参考答案

（67）A

试题（68）

大型复杂项目各子项目由于目标相同而存在，以下关于子项目的描述不恰当的是＿（68）＿。

（68）A．需明确各子项目之间相互依赖、相互配合和相互约束的关系

B．为每一个子项目的绩效测量制定明确的基准

C．一个子项目的变更不会引起其他子项目范围的巨大的变动

D．各子项目也应确定明确的范围、质量、进度、成本

试题（68）分析

对大型复杂项目的管理，一般来讲首先把它们分解成一个个独立的而又相互联系的子项目来管理。但需明确这些子项目之间相互依赖、相互配合和相互约束的关系。因子项目也是项目，因此应为每一个子项目的绩效测量制定明确的基准，如范围、质量、进度和成本等方面的基准。

因为大型复杂项目的子项目之间相互依赖、相互配合和相互约束，所以一个子项目的变更通常会引起其他子项目范围的相应变动。

参考答案

（68）C

试题（69）

经济计量分析的工作程序依次是＿（69）＿。

（69）A．设定模型、检验模型、估计模型、改进模型

B．设定模型、估计参数、检验模型、应用模型

C．估计模型、应用模型、检验模型、改进模型

D．搜集资料、设定模型、估计参数、应用模型

试题（69）分析

经济计量分析是用统计推论方法对经济变量之间的关系作出数值估计的一种数量分析方法。它首先把经济理论表示为可计量的数学模型即经济计量模型，然后用统计推论方法加工实际资料，使这种数学模型数值化。计量经济研究分为模型设定、参数估计、模型检验和模型应用 4 个步骤。

参考答案

（69）B

试题（70）

超出项目经理控制的成本增加因素，除了存款利率、贷款利息和税率外，还包括（70）。

（70）A．项目日常开支的速度和生产率　　B．项目日常开支的速度和工期拖延
C．项目补贴和加班　　D．原材料成本和运输成本

试题（70）分析

超出项目经理控制的成本增加因素，除了存款利率、贷款利息和税率外，还包括原材料成本和运输成本。这是因为项目处在一个比实施组织更大的自然、社会（包括市场）和政治环境之中。这些环境因素是项目经理无法控制的，如原材料成本和运输成本。但是项目日常开支、项目补贴和加班等项目管理范围内的因素是项目经理可以控制的。

参考答案

（70）D

试题（71）～（75）

Many of the activities performed during the preliminary investigation are still being conducted in （71）, but in much greater depth than before. During this phase, the analyst must become fully aware of the （72） and must develop enough knowledge about the （73） and the existing systems to enable an effective solution to be proposed and implementeD. Besides the （74） for process and data of current system, the deliverable from this phase also includes the （75） for the proposed system.

（71）A. analysis phase　　B. design phase
C. implementation phase　　D. maintenance phase

（72）A. main symptom　　B. root problem
C. final blueprint　　D. data specification

（73）A. hardware environment　　B. testing environment
C. software environment　　D. business environment

（74）A. logical models　　B. physical models
C. design models　　D. implementation models

（75）A. hardware and software specification　　B. system performance specification
C. formal requirements definition　　D. general problem statement

参考译文

在初步调研时完成的许多活动在分析阶段还要继续进行，只是比以前更深入地去做。在这个分析阶段，系统分析师一定要充分注意到问题的根源，并且充分掌握关于业务环境和现行系统的知识，以提交和实施一个有效的解决方案。除了提交现行系统的过程和数据的逻辑模型外，这一分析阶段的交付物还包括推荐系统的正式需求定义。

参考答案

（71）A　（72）B　（73）D　（74）A　（75）C

第 2 章　2009 上半年信息系统项目管理师下午试卷 I 试题分析与解答

试题一（25 分）

阅读下列说明，针对项目的启动，计划制定和执行过程中存在的部分问题，回答问题 1 至问题 3，将解答填入答题纸的对应栏内。

【说明】

2007 年 3 月系统集成商 BXT 公司承担了某市电子政务三期工程，合同额为 5000 万元，全部工期预计 6 个月。

该项目由 BXT 公司执行总裁涂总主管，小刘作为项目经理具体负责项目的管理，BXT 公司总工程师老方负责项目的技术工作，新毕业的大学生小吕负责项目的质量保证。项目团队的其他 12 个成员分别来自公司的软件产品研发部、网络工程部。来自研发部的人员负责项目的办公自动化软件平台的开发，来自网络工程部的人员负责机房、综合布线和网络集成。

总工程师老方把原来类似项目的解决方案直接拿来交给了小刘，而 WBS 则由小刘自己依据以往的经验进行分解。小刘依据公司的计划模板，填写了项目计划。因为项目的验收日期是合同里规定的，人员是公司配备的，所以进度里程碑计划是从验收日期倒推到启动日期分阶段制定的。在该项目计划的评审会上，大家是第一次看到该计划，在改了若干错别字后，就匆忙通过了该计划。该项目计划交到负责质量保证的小吕那里，小吕看到计划的内容，该填的都填了，格式也符合要求，就签了字。

在需求分析时，他们制作的需求分析报告的内容比合同的技术规格要求更为具体和细致。小刘把需求文档提交给了甲方联系人审阅，该联系人也没提什么意见。

在项目启动后的第二个月月底，甲方高层领导来到开发现场听取项目团队的汇报并观看系统演示，看完后甲方领导很不满意，具体意见如下：

- 系统演示出的功能与合同的技术规格要求不一致，最后的验收应以合同的技术规格要求为准。
- 进度比要求落后 2 周，应加快进度赶上计划。
- ……

【问题 1】（8 分）

你认为造成该项目的上面所述问题的原因是什么？

【问题 2】（7 分）

项目经理小刘应该如何科学地制定该项目的 WBS（说明 WBS 的制定过程）？如何

在项目的执行过程中监控项目的范围（说明 WBS 的监理过程）？

【问题 3】（10 分）

项目经理小刘应该如何科学地检查及控制项目的进度执行情况？

试题一分析

本题聚焦在过程管理、人员的组织、WBS 的制定以及项目的监控。

【问题 1】

要考生分析出现问题的可能原因是什么。在回答这个问题之前，先要根据本题的说明来分析，根据说明里提供的线索顺藤摸瓜，例如说明里提到：

"该项目由 BXT 公司执行总裁涂总主管，小刘作为项目经理具体负责项目的管理，BXT 公司总工程师老方负责项目的技术工作，新毕业的大学生小吕负责项目的质量保证"，就暗示项目的团队管理面临挑战，负责项目质量保证的人员可能不符合要求。

"总工程师老方把原来类似项目的解决方案直接拿来交给了小刘，而 WBS 则由小刘自己依据以往的经验进行分解"，说明缺乏一些必要的技术评审等质量管理环节。

"在该项目计划的评审会上，大家是第一次看到该计划，在改了若干错别字后，就匆忙通过了该计划"，暗示评审会流于形式、走过场，没有起到应有的作用。

……

【问题 2】

考核考生如何科学地制定该项目的 WBS、如何监控项目的范围。考生可参考《信息系统项目管理师教程》第 2 版"6.3.3 创建 WBS 的工具和技术"、"6.4 范围确认"等相关内容。

【问题 3】

考核考生如何科学地检查及控制项目的进度执行情况，考生可参考《信息系统项目管理师教程》第 2 版"7.7 进度控制"和《系统集成项目管理工程师教程》"第 8 章 项目进度管理"等相关内容。

参考答案

【问题 1】

可能原因如下：

1．项目经理小刘和负责质量保证的小吕的问题：无论需求确认、对项目计划的评审还是质量保证人员的把关，都存在走过场问题，没有深入地评审。

2．BXT 公司的问题：项目管理流程形同虚设，没有深入切实的检查。

3．BXT 公司的问题：用人不当，不应选新毕业生做质量保证。

4．项目经理小刘的问题：需求分析闭门造车、项目计划一手包办。

5．项目经理小刘的问题：没有进行干系人分析，没有请对确认需求分析说明书的项目干系人。

【问题 2】

WBS 的制定过程如下：

1．需求分析结果需要关键干系人认可。

2．依据需求分析结果和《技术规格要求》分解 WBS，而且要关键干系人认可。

WBS 的监控过程如下：

在项目的执行过程中，定时收集项目实际完成的工作，这些工作应得到关键干系人认可，再与 WBS 进行比较。如果一致，则说明项目范围在可控范围内；如果不一致，则分析原因，然后采取相应的措施，例如变更项目的范围。

【问题 3】

1．科学地制定进度计划，设置恰当监控点。

2．进行恰当的工作记录。

3．绩效测量和报告。

4．偏差分析。

5．制定相应的进度控制手段，比如资源调配、赶工等。

试题二（25 分）

阅读下列说明，回答问题 1 至问题 3，将解答填入答题纸的对应栏内。

【说明】

A 公司组织结构属于弱矩阵结构，该公司的项目经理小刘正在接手公司售后部门转来的一个项目，要为某客户的企业管理软件实施重大升级。小刘的项目组由 5 个人组成，项目组中只有资深技术人员 M 参加过该软件的开发，主要负责研发该软件最难的核心模块。根据公司与客户达成的协议，需要在一个月之内升级完成 M 原来开发过的核心模块。

M 隶属于研发部，由于他在日常工作中经常迟到早退，经研发部经理口头批评后仍没有改善，研发部经理萌生了解雇此人的想法。但是 M 的离职会严重影响项目的工期，因此小刘提醒 M 要遵守公司的有关规定，并与研发部经理协商，希望给 M 一个机会，但 M 仍然我行我素。项目开始不久，研发部经理口头告诉小刘要解雇 M，为此，小刘感到很为难。

【问题 1】（6 分）

从项目管理的角度，请简要分析造成小刘为难的主要原因。

【问题 2】（9 分）

请简要叙述面对上述困境应如何妥善处理。

【问题 3】（10 分）

请简要说明该公司和项目经理应采取哪些措施以避免类似情况的发生。

试题二分析

本题考查的是项目的弱矩阵结构下的人力资源管理问题。在弱矩阵结构下，项目团队成员接受多头领导，项目经理对成员的影响弱于部门经理，项目经理权力受限，对项目团队成员的管理、考核、监控等有一定局限性。同时从本题的说明可以看出，A 公司不注重组织过程资产的积累，软件过程成熟度低，不能重复与成功旧项目类似的新项目的成功。A公司沟通不畅，没有搞清M的问题真正出在哪里。A公司没有充分发挥激励机制，没有做好人才培养、传帮带等工作，以至于项目的成功与否依赖于某个人，而非一个组织。案例的分析步骤如下。

【问题1】

要求考生分析项目经理小刘在使用资深技术人员M时遇到挑战的主要原因，从本题的说明提供的背景来分析，可以推断如下的可能原因：

“A公司组织结构属于弱矩阵结构”，这暗示项目经理小刘对项目团队成员的影响力要弱于部门经理。

“只有资深技术人员M参加过该软件的开发”，这说明M是一个完成项目的关键干系人。

“M隶属于研发部，由于他在日常工作中经常迟到早退”、“研发部经理萌生了解雇此人的想法”，这提醒项目经理小刘可能要发生冲突。但由于项目需要还要倚重M，由此小刘陷入困境。

【问题2】

要考生面对上述困境，结合理论与自己的实际经验给出妥善的处理方案。在问题1找到的原因基础上，分别给出相应的解决方案即可。

【问题3】

要考生简要说明该公司和项目经理应采取哪些措施以避免类似情况的发生。因此对问题3的回答，应从公司层面以及项目经理的立场来论述，例如公司的组织架构向有利于项目管理的方向优化、建立健全项目管理的规章制度、加强沟通并强化对项目经理的培养。

参考答案

【问题1】

1．弱矩阵型组织内项目经理对资源的影响力弱于部门经理，多头领导，项目经理对员工难以监测、管理、考核；

2．M本身的问题，迟到早退且我行我素。

【问题2】

1．与M沟通以改善M的劳动纪律；

2．与研发部部门经理协商如何保障项目顺利进行；

3．制定应对此人流失的风险应对措施，如引进与M技术相当的人员与M协同工作、加强文档和过程管理、改进技术方案、外包、与客户协商等。

【问题3】

1．应注意资源和知识的积累，保障资源的可用性，如通过培训、设置A角B角等办法，解决关键技术人员的后备问题，以应对关键人员流失的风险；

2．针对组织现状制定有效的项目考核和奖惩制度；

3．与职能部门明确关键资源的保障机制；

4．及早发现问题的苗头，并及时与公司管理层沟通和协商；

5．加强团队建设，创建一个分工协作，能够互相补位的团队。

试题三（25 分）

阅读下述说明，回答问题 1 至问题 3，将解答填入答题纸的对应栏内。

【说明】

A 公司是从事粮仓自动通风系统开发和集成的企业，公司内的项目管理部作为研发与外部的接口，在销售人员的协助下完成与客户的需求沟通。

某日，销售人员小王给项目管理部提交了一条信息，说客户甲要求对“JK 型产品的 P1 组件更换为另外型号的组件”的可行性进行技术评估。项目经理接到此信息后，发出正式通知让研发部门修改 JK 型产品并进行了测试，再把修改后的产品给客户试用。但客户甲对此非常不满，因为他们的意图并不是要单一改变 JK 产品的这个 P1 组件，而还要求把 JK 产品的 P1 组件放到其他型号产品的外壳中，上述技术评估只是他们需求的一个方面。

经项目管理部了解，销售部其实知道客户的目的，只是认为 P1 组件的评估是最关键的，所以只向项目经理提到这个要求，而未向项目经理说明详细情况。

【问题 1】（8 分）

请分析上案例中 A 公司在管理中主要存在哪些问题导致客户非常不满。

【问题 2】（5 分）

请简要叙述需求管理流程的主要内容。

【问题 3】（12 分）

请简要叙述上述案例中，项目经理在接到销售部的信息后应如何处理。

试题三分析

本题考核的是需求管理、配置管理与沟通管理的问题。

【问题 1】

要求考生分析案例中 A 公司导致客户非常不满的问题有哪些。考生从本题的说明中可以发现：

“公司内的项目管理部作为研发与外部的接口，在销售人员的协助下完成与客户的需求沟通”，说明 A 公司的沟通机制可能存在沟通不良问题。

“经项目管理部了解，销售部其实知道客户的目的，只是认为 P1 组件的评估是最关键的，所以只向项目经理提到这个要求，而未向项目经理说明详细情况”，说明 A 公司的项目管理存在一些问题，导致销售部以自己的想象代替客户需求。

至此，客户的不满也是可想而知的了。

【问题 2】

CMMI 在总结了 IT 行业优秀经验的基础上，为过程的持续改进和组织成熟度的不断提高指明了方向，需求管理作为 CMMI 2 级过程域之一，对其流程进行了归纳总结，是指导我们做好需求管理的最佳途径。问题 2 要求考生简要描述需求管理流程的主要内容，对此考生可参考《信息系统项目管理师教程》第 2 版“第 17 章 需求管理”的相关内容。

【问题 3】

结合需求管理流程，考虑相关责任、分工和流程等，说明作为项目经理在接到销售部的信息后应如何做。问题 3 考察考生如何处理客户的此类不满，此时项目经理应根据“发现问题、寻找原因、制定解决方案、执行解决方案、跟踪事件处理的过程与结果、不断改进与提高”的处理原则，及时了解客户不满的原因、找到不满的根源、提出解决方案，然后跟踪反馈，不断改进。同时注意与销售部和客户进行沟通协调。

参考答案

【问题 1】

1. 未获得用户确认就实施了需求变更；
2. 分工不明确或者虽有分工但没有落实；
3. 项目管理部没有履行自己的全部职责；
4. 销售部门未能将正确的客户需求传递给研发部门；
5. 没有建立完善的需求管理的相关流程。

【问题 2】

需求管理流程包括制定需求管理计划，求得对需求的理解，求得对需求的承诺，管理需求变更，维护对需求的双向跟踪性，识别项目工作与需求之间的不一致性 6 大部分。

【问题 3】

项目经理的处理方法如下：

1. 需要和销售部门作清晰的确认；
2. 明确和销售部门的分工和权限，真正承担对外接口的角色；
3. 需要和客户进行细节的澄清和确认；
4. 将确认的需求正确地传递给研发部门；
5. 管理产品的需求变更；
6. 与研发部门进行验证，确保产品符合客户需求。

第3章　2009上半年信息系统项目管理师下午试卷II写作要点

试题一　论软件项目质量管理及其应用

软件工程的目标是生产出高质量的软件。ANSI/IEEE Std 729—1983对软件质量的定义是“与软件产品满足规定的和隐含的需求能力有关的特征或特性的全体”，实际上反映了三方面的问题：

（1）软件需求是度量软件质量的基础。

（2）只满足明确定义的需求，而没有满足应有的隐含需求，软件质量也无法保证。

（3）不遵循各种标准定义的开发规则，软件质量就得不到保证。

软件质量管理贯穿于软件生命周期，极为重要。软件质量管理过程包括软件项目质量计划、软件质量保证和软件质量控制。质量管理的关键是预防重于检查，应事前计划好质量，而不只是事后检查，这有助于降低软件质量管理成本。

请围绕“软件项目质量管理及其应用”论题，分别从以下三个方面进行论述。

1．概要叙述你参与管理和开发的软件项目以及你在其中担任的主要工作。

2．详细论述在该项目中进行质量保证和质量控制时所实施的活动，并论述二者之间的关系。

3．分析并讨论你所参与的项目中的质量管理成本，并给出评价。

写作要点

1．考生应介绍软件项目的概况，如名称、客户、项目交付的系统构成、项目的质量管理特点，介绍自己担任的工作。

2．考生应结合软件项目的质量管理过程的实例来说明，重点讲述如何对该软件项目进行质量保证和质量控制的，进行了哪些质量保证和质量控制活动，并论述二者之间的关系。具体如下：

（1）结合软件项目的实际，论述质量保证。质量保证是为了使项目将会达到有关质量标准而开展的有计划、有组织的工作活动。软件质量保证的目的是验证在软件开发过程中是否遵循了合适的过程和标准。

（2）质量保证的主要活动是项目产品审计和项目执行过程审计。

（3）结合软件项目的实际，论述质量控制。质量控制可以确定项目结果是否与质量标准相符，同时确定消除不符的原因和方法，控制产品的质量，及时纠正缺陷。

（4）质量控制的主要活动是技术评审（包括同行技术评审）、代码走查、代码评审、单元测试、集成测试、压力测试、系统测试、验收测试和缺陷追踪等。

（5）质量保证与质量控制的关系如下：

① 质量保证的焦点在于过程，而质量控制的焦点在于交付产品（包括阶段性产品）前的质量把关。

② 质量保证是一种通过采取组织、程序、方法和资源等各种手段的保证来得到高质量软件的过程，属于管理职能；质量控制是直接对项目工作结果的质量进行把关的过程，属于检查职能。

③ 质量保证的关键点是确保正确地做；质量控制的关键点是检查做得是否正确。

④质量保证和质量控制有共同的目标，有一组既可用于质量保证，也可用于质量控制的方法、技术和工具。

考生应该结合自己的实际经验进行论述，并对取得的效果进行说明，同时论述质量保证和质量控制的关系。

3．分析并讨论在该项目中的质量管理成本，并给出评价。

质量成本是为了取得产品或服务的质量而付出的所有有关努力的总成本，它包括预防成本、评估成本、缺陷成本和测量测试设备成本等。

考生应清晰地论述项目质量活动中的成本，对成本组成予以中肯的评价。

试题二　论大型信息系统项目的风险管理

项目风险管理应贯穿项目的整个过程，成功的风险管理会大大增加项目成功的概率。对信息系统项目进行有效的风险管理，使用合理的方法、工具，针对不同风险采取相应的防范、化解措施，及时有效地对风险进行跟踪与控制，是减少项目风险损失的重要手段。大型项目具有规模大、周期长、复杂度高等特点，一旦出现问题，造成的损失更是难以预料，所以针对大型项目进行有效的风险管理尤为重要。

请围绕“大型信息系统项目的风险管理”论题，分别从以下三个方面进行论述：

1．结合你参与管理过的大型信息系统项目，概要叙述项目的背景（发起单位、目的、项目周期、交付产品等）以及你在其中承担的工作。

2．简要描述你承担的大型信息系统项目中可能存在的风险因素以及采取的应对措施。

3．结合你所在组织的情况，论述组织应如何实施大型信息系统项目的风险管理。

写作要点

1．考生应介绍大型项目情况，如项目的背景、发起单位、目的、项目周期、交付产品等、项目的风险管理特点，还要介绍自己担任的工作。

2．这一部分考查考生对所承担的大型信息系统项目中可能存在风险因素的识别以及采取的应对措施，考生应结合的实际项目，给出实际的风险识别及应对方法。一些典型的风险如下表所示：

序号	项目风险	原因	应对措施
（1）	目标、范围不明确	合同、工作任务书中没有明确规定	事前：采用标准合同、工作任务书模板。 事中（即事情发生时）：签订补充协议、说明、备忘录
（2）	技术风险	选用了未经验证的新技术	使用原型、强化技术评审、测试、备份等手段降低化解该风险
（3）	人员流失风险	工作调动、缺乏激励措施、个人原因等、项目持续时间长、压力大	加强团队建设和团队管理。健全项目组成员的激励措施。 事中：发生人员变动前及早安排其他人员接替工作，离开时办理工作交接
（4）	计划不周	没有科学地制定计划	制定计划时，其依据应建立在科学的基础上，制定计划时尽量考虑全面，留有余地
（5）	计划执行不力	多方面原因	事前： 1．计划落实责任到人。 2．得到客户高层的支持和推动。 3．遇到问题及时沟通，在问题进一步恶化前得到解决。 事中：及时调整下一步工作计划，并将计划调整原因形成备忘录，提交客户确认。如涉及到工作量的增加，考虑是否追加实施费用
（6）	组织协调的风险	沟通不畅	事前：制定沟通计划。 事中：坚持例会、碰头会制定，及时巡查、及时发现问题、及时解决问题
（7）	客户没有如期付款	合同和工作任务书定义的付款条件模糊、客户信用问题、项目实施存在问题、催款力度不够	事前：对客户信用的事先调查、规范合同，明确付款条件。 事中：加强催款力度，和销售人员协同、必要时可以向公司高层报告，让双方高层协调
（8）	需求、实施范围的变更	客户经营战略、业务、组织机构、关键负责人等发生变化；需求调研不彻底；没有建立变更制度	事前：实施范围在工作任务书中明确定义、需求调研结果的确认。 事中：需求、实施范围的调整必须执行项目变动控制程序、考虑是否追加实施费用、签订补充协议
（9）	成本超支	项目经理成本管理存在问题、对客户要求不加控制，造成人员投入的浪费。 客户恶意欠款，素质较低，计划延期，人员，需求、方案的频繁变动	事前：合同对成本的约定明确。 事中：工作确认，即完成工作就让客户进行确认，避免客户事后不认帐。控制客户需求、减少对实施人员的过分依赖。 在预算范围内控制支出。 事后：协商追加实施费用或分担部分费用
10）	客户不满意	实施人员经验、服务水平不高、问题解决不及时、方案设计不完善	事前：实行顾问认证上岗制度，提高咨询顾问的素质和工作能力；对项目实施质量管理，由高级顾问对方案进行审核。 事中：及时更换咨询顾问、由高级顾问对方案进行优化调整

续表

序号	项目风险	原　因	应对措施
（11）	市场风险	项目失败（对客户：时间延期、投入浪费、没有达到预期效果）	事前：提供合适的、稳定的产品，按实施方法论规范实施，合同、工作任务书的目标、范围、客户方的责任等定义明确。 事后：宣传成功案例，抵消项目失败的负面影响；总结教训

考生应在论述中反映自己的大型项目实施风险管理经验，例如，能提出分解大项目风险（方法之一是将大项目分解成为若干个相对独立而项目目标又相互关联的子项目，而后分而治之），能清楚区分风险因素对项目风险的影响，陈述问题得当、符合常理等。

3．结合考生单位的实际情况，可分别介绍：

（1）项目风险管理的主要内容，以及风险管理计划的编制。

（2）对项目风险进行识别与分析。

（3）项目风险的应对计划、风险规避和转移的措施。

（4）项目风险的监控。

考生在结合实际论述时，必须有实际的风险管理计划或类似的计划文件。以上过程根据考生的实际项目可以合并，但至少应有编制风险管理计划、风险识别与分析、制定风险应对计划和风险监控 4 个过程。

无论是试题一还是试题二，下午的论文写作从内容上都要求考生理论联系实际，解决项目管理的实际问题，要求考生具有丰富的实践经验并善于总结提高；从形式上都要求论文结构完整、逻辑清晰、表达严谨、文字流畅、条理分明和卷面清晰等。

第4章　2009下半年信息系统项目管理师上午试题分析与解答

试题（1）、（2）

一般可以将信息系统的开发分成5个阶段，即总体规划阶段、系统分析阶段、系统设计阶段、系统实施阶段、系统运行和评价阶段，在各个阶段中工作量最大的是__（1）__。在每个阶段完成后都要向下一阶段交付一定的文档，__（2）__是总体规划阶段交付的文档。

（1）A．总体规划阶段　　B．系统分析阶段

　　C．系统设计阶段　　D．系统实施阶段

（2）A．系统方案说明书　　B．系统设计说明书

　　C．用户说明书　　D．可行性研究报告

试题（1）、（2）分析

为了有效地进行系统的开发和管理，根据系统生命周期的概念，一般可以将信息系统的开发分成5个阶段，即总体规划阶段、系统分析阶段、系统设计阶段、系统实施阶段、系统运行和评价阶段。每个阶段都有其明确的任务，任务完成后都将交付给下一阶段一定规格的文档，作为下一阶段开发的依据。这种开发过程在直观上就像一级一级的瀑布，所以系统开发生命周期也称为“瀑布模型”。总体规划阶段向系统分析阶段提交可行性研究报告，系统分析阶段根据可行性研究报告，进一步对系统的功能进行分析和逻辑设计，并提交系统方案说明书。

有调查数据显示，系统生命周期中各个阶段的工作量大致为：总体规划阶段占9%，系统分析阶段占15%，系统设计阶段占20%，系统实施阶段占50%，系统运行和评价阶段占6%。可以看出，系统实施阶段的工作约占总工作量的一半，是各个阶段中工作量最大的。

参考答案

（1）D　（2）D

试题（3）

结构化系统分析和设计的主导原则是__（3）__。

（3）A．自底向上　　B．集中

　　C．自顶向下　　D．分散平行

试题（3）分析

结构化系统分析和设计方法的基本思想是用系统的思想、系统工程的方法，按用户

至上的原则，结构化、模块化、自上而下对信息系统进行分析和设计。主要指导原则有以下几点。

（1）请用户共同参与系统的开发。

（2）在为用户编写有关文档时，要考虑到他们的专业技术水平，以及阅读与使用资料的目的。

（3）使用适当的画图工具做通信媒介，尽量减少与用户交流意见时发生问题的可能性。

（4）在进行系统详细设计工作之前，就建立一个系统的逻辑模型。

（5）采用“自上而下”方法进行系统分析和设计，把主要的功能逐级分解成具体的、比较单纯的功能。

（6）采用“自顶向下”方法进行系统测试，先从具体功能一级开始测试，解决主要问题，然后逐级向下测试，直到对最低一级具体功能测试完毕为止。

（7）在系统验收之前，就让用户看到系统的某些主要输出，把一个大的、复杂的系统逐级分解成小的、易于管理的系统，使用户能够尽早看到结果，及时提出意见。

（8）对系统的评价不仅是指开发和运行费用评价，而且还将是对整个系统生存过程的费用和收益的评价。

其中涉及系统分析和设计的主导原则是“自顶向下”，所以正确答案为C。

参考答案

（3）C

试题（4）

根据信息服务对象的不同，企业中的管理专家系统属于__（4）__。

（4）A．面向决策计划的系统　　　　B．面向管理控制的系统

C．面向作业处理的系统　　　　D．面向具体操作的系统

试题（4）分析

一个企业在发展过程中，按不同的发展阶段和管理工作的实际需要，信息系统在某个时期可能侧重于支持某一两个层次的管理决策或管理业务活动。根据信息服务对象的不同，企业中的信息系统可以分为三类。

（1）面向作业处理的系统。是用来支持业务处理，实现处理自动化的信息系统。主要有：

① 办公自动化系统（OAS）。它为各种类型的文案工作提供支持。

② 事务处理系统（TPS）。应用信息技术支持企业最基本的、日常的业务处理活动，例如工资核算、销售订单处理、原材料出库和费用支出报销等。

③ 数据采集与监测系统（DAMS）。安装于生产现场的自动化在线系统。它将生产过程中的产量、质量、故障信息转换为数字电信号，自动传送给计算机。在此基础上建立的信息系统，保证原始数据的正确性和及时性，省去大量人工录入数据的工作，大大

提高了管理效率。

（2）面向管理控制的系统。是辅助企业管理，实现管理自动化的信息系统。主要有：

① 电子数据处理系统（EDPS）。是支持企业作业运行层日常操作的主要系统，主要用来进行日常业务的记录、汇总、综合和分类。

② 知识工作支持系统（KWSS）。支持工程师、建筑师、科学家、律师和咨询专家等知识工作者的工作。

③ 计算机集成制造系统（CIMS）。不仅具有信息采集和处理功能，而且还具有各种控制功能，并且集成于一个系统中，将产品的订货、设计、制造、管理和销售过程通过计算机网络综合在一起，达到企业生产全过程整体化的目的。

（3）面向决策计划的系统。主要有：

① 决策支持系统（DSS）。是支持决策者解决半结构化决策问题的具有智能作用的人机系统。该系统能够为决策者迅速而准确地提供决策所需的数据、信息和背景材料，帮助决策者明确目标，建立或修改决策模型，提供各种备选方案，对各种方案进行评价和优选，通过人机对话进行分析、比较和判断，为正确决策提供有力支持。

② 战略信息系统（SIS）。主要功能是支持企业形成竞争策略，使企业获得或保持竞争优势。

③ 管理专家系统（MES）。专家系统是人工智能与信息系统应用相结合的产物，其任务是研究怎样使计算机模拟人脑所从事的推理、学习、思考与规划等思维活动，解决需要人类专家才能处理的复杂问题，如医疗诊断、气象预报、运输调度和管理决策等问题。管理专家系统是用专家系统技术解决管理决策中的非结构化问题。管理专家系统把某个或几个管理决策专家解决某类管理决策问题的经验知识整理成计算机可表示的形式的知识，组织到知识库中，用人工智能程序模拟专家解决这类问题的推理过程，组成推理机，从而能在与管理人员的会话中像管理专家一样工作，提出高水平的可供选择的决策方案。

综上，管理专家系统属于面向决策计划的系统。

参考答案

（4）A

试题（5）

在信息系统中，信息的处理不包括__（5）__。

（5）A．信息的输入　　B．信息的删除
　　C．信息的修改　　D．信息的统计

试题（5）分析

从技术角度来看，信息系统是为了支持组织决策和管理而进行信息收集、处理。储存和传递的一组相互关联的部件组成的系统，包括三项活动：

（1）输入活动：从组织或外部环境中获取或收集原始数据。

（2）处理活动：将输入的原始数据转换为更有意义的形式。

（3）输出活动：将处理后形成的信息传递给人或需要此信息的活动。

由此可以看出，信息的输入和信息的处理是各自相对独立的活动，不构成包含关系，而信息的删除、修改、统计都属于信息的处理。

参考答案

（5）A

试题（6）

下表是关于 ERP 的典型观点，综合考虑该表中列出的各种因素，选项<u>（6）</u>代表的观点是正确的。

观点 / 考虑的因素	观点 1	观点 2
ERP 选型	①通用性产品	②专业性产品
跟 ERP 供应商的关系	③项目实施	④产品购买
ERP 部署	⑤分步实施	⑥一步到位
ERP 定位	⑦管理变革	⑧技术革新

（6）A. ①、③、⑤、⑦　　B. ②、④、⑥、⑧

C. ①、③、⑥、⑧　　D. ②、③、⑤、⑦

试题（6）分析

ERP（Enterprise Resource Planning，企业资源计划）是指建立在信息技术基础上，以系统化的管理思想为企业决策层及员工提供决策运行手段的管理平台。ERP 系统集信息技术与先进的管理思想于一身，成为现代企业的运行模式，反映信息时代对企业合理调配资源，最大化地创造社会财富的要求，成为企业在信息时代生存、发展的基石。

当今的社会发展中，电子工业发展得最快，特别是以计算机为核心的 IT 行业发展更为突出，IT 行业的管理和其他行业存在很大差别，比其他传统行业复杂得多。返修折款，返点、价保、折扣、对发、代发货、代收货、代收款、税点计算、库存实时性、多店管理、分部门和人员的考核体系等，这些都是 IT 行业的特性，所以很多公司都在寻找最适合自己的专业化软件。

ERP 的核心管理思想就是实现对整个供应链的有效管理，主要体现在以下三个方面：

（1）体现对整个供应链资源进行管理的思想

在知识经济时代，仅靠自己企业的资源不可能有效地参与市场竞争，还必须把经营过程中的有关各方如供应商、制造工厂、分销网络和客户等纳入一个紧密的供应链中，才能有效地安排企业的产、供、销活动，满足企业利用全社会一切市场资源快速高效地进行生产经营的需求，以期进一步提高效率和在市场上获得竞争优势。换句话说，现代企业竞争不是单一企业与单一企业间的竞争，而是一个企业供应链与另一个企业供应链之间的竞争。ERP 系统实现了对整个企业供应链的管理，适应了企业在知识经济时代市场竞争的需要。

（2）体现精益生产、同步工程和敏捷制造的思想

ERP 系统支持对混合型生产方式的管理，其管理思想表现在两个方面：一是“精益生产（Lean Production，LP）”的思想。它是由美国麻省理工学院（MIT）提出的一种企业经营战略体系，即企业按大批量生产方式组织生产时，把客户、销售代理商、供应商和协作单位纳入生产体系，企业同其销售代理、客户和供应商的关系已不再是简单的业务往来关系，而是利益共享的合作伙伴关系，这种合作伙伴关系组成了一个企业的供应链，这即是“精益生产”的核心思想。二是“敏捷制造（Agile Manufacturing）”的思想。当市场发生变化，企业遇有特定的市场和产品需求时，企业的基本合作伙伴不一定能满足新产品开发生产的要求，这时，企业会组织一个由特定的供应商和销售渠道组成的短期或一次性供应链，形成“虚拟工厂”，把供应和协作单位看成是企业的一个组成部分，运用“同步工程（SE）”组织生产，用最短的时间将新产品打入市场，时刻保持产品的高质量、多样化和灵活性，这即是“敏捷制造”的核心思想。

（3）体现事先计划与事中控制的思想

ERP 系统中的计划体系主要包括主生产计划、物料需求计划、能力计划、采购计划、销售执行计划、利润计划、财务预算和人力资源计划等，而且这些计划功能与价值控制功能已完全集成到整个供应链系统中。

另一方面，ERP 系统通过定义事务处理（Transaction）相关的会计核算科目与核算方式，以便在事务处理发生的同时自动生成会计核算分录，保证了资金流与物流的同步记录和数据的一致性，从而实现了根据财务资金现状，可以追溯资金的来龙去脉，并进一步追溯所发生的相关业务活动，改变了资金信息滞后于物料信息的状况，便于实现事中控制和实时做出决策。

此外，计划、事务处理、控制与决策功能都在整个供应链的业务处理流程中实现，要求在每个流程业务处理过程中最大限度地发挥每个人的工作潜能与责任心，流程与流程之间则强调人与人之间的合作精神，以便在有机组织中充分发挥每个人的主观能动性与潜能。实现企业管理从“高耸式”组织结构向“扁平式”组织机构的转变，提高企业对市场动态变化的响应速度。总之，借助 IT 技术的飞速发展与应用，ERP 系统得以将很多先进的管理思想变成现实中可实施应用的计算机软件系统。

综上，选项 D 中的观点是正确的。

参考答案

（6）D

试题（7）

在软件需求分析过程中，分析员要从用户那里解决的最重要的问题是＿（7）＿。

（7）A．要求软件做什么　　B．要给软件提供哪些信息
C．要求软件工作效率如何　　D．要求软件具有什么样的结构

试题（7）分析

软件需求分析的目标是深入描述软件的功能和性能，确定软件设计的约束和软件同其他系统元素的接口细节，定义软件的其他有效性需求。

需求分析阶段研究的对象是软件项目的用户要求。一方面，必须全面理解用户的各项要求，但又不能全盘接受所有的要求；另一方面，要准确地表达被接受的用户要求。只有经过确切描述的软件需求才能成为软件设计的基础。

通常软件开发项目是要实现目标系统的物理模型。作为目标系统的参考，需求分析的任务就是借助于当前系统的逻辑模型导出目标系统的逻辑模型，解决目标系统“做什么”的问题。

参考答案

（7）A

试题（8）

在描述复杂关系时，图形比文字叙述优越得多，下列四种图形工具中，不适合在需求分析阶段使用的是__（8）__。

（8）A．层次方框图　　B．用例图
C．IPO 图　　D．N_S 图

试题（8）分析

在描述复杂关系时，图形比文字叙述优越得多，在需求分析阶段可以使用层次方框图、Warnier 图、用例图和 IPO 图。而 N_S 图是一种逻辑图，是编程过程中常用的一种分析工具，不是需求分析阶段的图形工具。

参考答案

（8）D

试题（9）

以下关于数据库设计中范式的叙述，不正确的是__（9）__。

（9）A．范式级别越高，数据冗余程度越小
B．随着范式级别的提高，在需求变化时数据的稳定性越强
C．范式级别越高，存储同样的数据就需要分解成更多张表
D．范式级别提高，数据库性能（速度）将下降

试题（9）分析

设计范式（范式，数据库设计范式，数据库的设计范式）是符合某一种级别的关系模式的集合。构造数据库必须遵循一定的规则，在关系数据库中，这种规则就是范式。关系数据库中的关系必须满足一定的要求，即满足不同的范式。满足最低要求的范式是第一范式（1NF）。在第一范式的基础上进一步满足更多要求的称为第二范式（2NF），

其余范式依此类推。一般来说，数据库只需满足第三范式（3NF）即可。

范式级别越高，存储同样数据就需要分解成更多张表。

随着范式级别的提高，数据的存储结构与基于问题域的结构间的匹配程度也随之下降。

随着范式级别的提高，在需求变化时数据的稳定性将变差。

随着范式级别的提高，需要访问的表增多，性能（速度）将下降。

参考答案

（9）B

试题（10）

__（10）__表达的不是类之间的关系。

（10）A．关联　　B．依赖　　C．创建　　D．泛化

试题（10）分析

UML 中有 4 种关系：依赖、关联、泛化和实现。

（1）依赖。依赖是指两个事物间的语义关系，其中一个事物（独立事物）发生变化会影响另一个事物（依赖事物）的语义。

（2）关联。关联是一种结构关系，它描述了一组链、链式对象之间的连接。聚集是一种特殊类型的关联，描述了整体和部分间的结构关系。

（3）泛化。泛化是一种特殊/一般关系，特殊元素（子元素）的对象可替代一般元素（父元素）的对象。用这种方法，子元素共享了父元素的结构和行为。

（4）实现。实现是类元之间的语义关系，其中一个类元指定了由另一个类元保证执行的契约。在两种地方要遇到实现关系：一种是在接口和实现它们的类或构件之间；另一种是在用例和实现它们的协作之间。

“创建”表达的不是类之间的关系。

参考答案

（10）C

试题（11）

以下关于 UML 的叙述，错误的是__（11）__。

（11）A．UML 是一种面向对象的标准化的统一建模语言

B．UML 是一种图形化的语言

C．UML 不能独立于系统开发过程

D．UML 还可以处理与软件的说明和文档相关的问题，如需求说明等

试题（11）分析

统一建模语言（UML）是面向对象软件的标准化建模语言。由于其简单、统一又能够表达软件设计中的动态和静态信息，目前已经成为可视化建模语言事实上的工业标准。

UML 的目标是以面向对象图的方式来描述任何类型的系统，具有很宽的应用领域。其中最常用的是建立软件系统的模型，但它同样可以用于描述非软件领域的系统，如机械系统、企业机构或业务过程，以及处理复杂数据的信息系统、具有实时要求的工业系统或工业过程等。总之，UML 是一个通用的标准建模语言，可以对任何具有静态结构和动态行为的系统进行建模。

此外，UML 适用于系统开发过程中从需求规格描述到系统完成后测试的不同阶段。在需求分析阶段，可以用用例来捕获用户需求。通过用例建模，描述对系统感兴趣的外部角色及其对系统（用例）的功能要求。分析阶段主要关心问题域中的主要概念（如抽象、类和对象等）和机制，需要识别这些类以及它们相互间的关系，并用 UML 类图来描述。为实现用例，类之间需要协作，这可以用 UML 动态模型来描述。在分析阶段，只对问题域的对象（现实世界的概念）建模，而不考虑定义软件系统中技术细节的类（如处理用户接口、数据库、通信和并行性等问题的类）。这些技术细节将在设计阶段引入，因此设计阶段为构造阶段提供更详细的规格说明。

参考答案

（11）C

试题（12）

根据《GB/T 16680—1996 软件文档管理指南》的描述，软件文档的作用不包括__（12）__。

（12）A．管理依据　　　　B．任务之间联系的凭证

C．历史档案　　　　D．记录代码的工具

试题（12）分析

《GB/T 16680—1996 软件文档管理指南》是为那些对软件或基于软件的产品的开发负有职责的管理者提供软件文档的管理指南。根据此标准的描述，对于软件文档的作用有：

（1）管理依据。

（2）任务之间联系的凭证。

（3）质量保证。

（4）培训和参考。

（5）软件维护支持。

（6）历史档案。

软件文档并不是记录代码的工具。

参考答案

（12）D

试题（13）

《GB/T 16260—1996 信息技术 软件产品评价 质量特性及其使用指南》中对软件的

质量特性做出了描述，以下描述错误的是＿（13）＿。

（13）A．可靠性是指与在规定的时间和条件下，软件维持其性能水平的能力有关的一组属性

B．易用性是指与一组规定或潜在的用户为使用软件所需作的努力和对这样的使用所作的评价有关的一组属性

C．可移植性是指与进行指定的修改所需作的努力有关的一组属性

D．效率是指与在规定的条件下，软件的性能水平与所使用资源量之间关系有关的一组属性

试题（13）分析

根据《GB/T 16260—1996 信息技术 软件产品评价 质量特性及其使用指南》的描述，软件质量可用功能性、可靠性、易用性、效率、维护性和可移植性来评价。

功能性是指与一组功能及其指定的性质有关的一组属性。这里的功能是指满足明确或隐含需求的那些功能。

可靠性是指与在规定的时间和条件下，软件维持其性能水平的能力有关的一组属性。

易用性是指与一组规定或潜在的用户为使用软件所需作的努力和对这样的使用所作的评价有关的一组属性。

效率是指与在规定的条件下，软件的性能水平与所使用资源量之间关系有关的一组属性。

维护性是指与进行指定的修改所需的努力有关的一组属性。

可移植性是指与软件可从某一环境转移到另一环境的能力有关的一组属性。

参考答案

（13）C

试题（14）

根据《GB/T 12504—90 计算机软件质量保证计划规范》的规定，为了确保软件的实现满足需求，需要的基本文档不包括＿（14）＿。

（14）A．软件需求规格说明书　　B．软件界面设计说明书

C．软件验证和确认报告　　D．用户文档

试题（14）分析

根据《GB/T 12504—90 计算机软件质量保证计划规范》的规定，为了确保软件的实现满足需求，至少需要下列基本文档：

（1）软件需求规格说明书。

（2）软件设计说明书。

（3）软件验证与确认计划。

（4）软件验证和确认报告。

（5）用户文档。

软件界面设计说明书不包含在需要的基本文档中，所以选择B。

参考答案

（14）B

试题（15）

"需要时，授权实体可以访问和使用的特性"指的是信息安全的__（15）__。

（15）A．保密性　　B．完整性　　C．可用性　　D．可靠性

试题（15）分析

所有的信息安全技术都是为了达到一定的安全目标，其核心包括保密性、完整性、可用性、可控性和不可否认性5个安全目标。

保密性是指阻止非授权的主体阅读信息。它是信息安全一诞生就具有的特性，也是信息安全主要的研究内容之一。更通俗地讲，就是说未授权的用户不能够获取敏感信息。对纸质文档信息，只需要保护好文件，不被非授权者接触即可。而对计算机及网络环境中的信息，不仅要阻止非授权者对信息的阅读，还要阻止授权者将其访问的信息传递给非授权者，以致信息被泄漏。

完整性是指防止信息被未经授权地篡改。它是保护信息保持原始的状态，使信息保持其真实性。如果这些信息被蓄意地修改、插入和删除等，形成虚假信息将带来严重的后果。

可用性是指授权主体在需要信息时能及时得到服务的能力。可用性是在信息安全保护阶段对信息安全提出的新要求，也是在网络化空间中必须满足的一项信息安全要求。

可控性是指对信息和信息系统实施安全监控管理，防止非法利用信息和信息系统。

不可否认性是指在网络环境中，信息交换的双方不能否认其在交换过程中发送信息或接收信息的行为。

参考答案

（15）C

试题（16）

__（16）__不是超安全的信息安全保障系统（S^2-MIS）的特点或要求。

（16）A．硬件和系统软件通用

B．PKI/CA安全保障系统必须带密码

C．业务应用系统在实施过程中有重大变化

D．主要的硬件和系统软件需要PKI/CA认证

试题（16）分析

在实施信息系统的安全保障系统时，应严格区分信息安全保障系统的三种不同架构：MIS+S（初级信息安全保障系统）、S-MIS（标准信息安全保证系统）和S^2-MIS（超

安全的信息安全保障系统）。S^2-MIS 是建立在“绝对的”安全的信息安全保障系统，它不仅使用全世界都公认的 PKI/CA 标准，同时硬件和系统软件都使用“专用的安全”产品。可以说，这样的系统是集当今所有安全、密码产品之大成。这种系统的特点如下：

（1）硬件和系统软件都专用。

（2）PKI/CA 安全保障系统必须带密码。

（3）应用系统必须根本改变（实施过程中有重大变化）。

（4）主要的硬件和系统软件需要 PKI/CA 认证。

S^2-MIS 要求硬件和系统软件都专用，所以选项 A 中所叙述的硬件和系统软件通用是错误。

参考答案

（16）A

试题（17）

信息安全从社会层面来看，反映在＿（17）＿这三个方面。

（17）A．网络空间的幂结构规律、自主参与规律和冲突规律

B．物理安全、数据安全和内容安全

C．网络空间中的舆论文化、社会行为和技术环境

D．机密性、完整性、可用性

试题（17）分析

信息安全从社会层面的角度来看，反映网络空间的舆论文化、社会行为、技术环境三个方面。

（1）舆论文化：互联网的高度开放性，使网络信息得以迅速而广泛的传播，且难以控制，使传统的国家舆论管制的平衡被轻易打破，进而冲击着国家安全。境内外敌对势力、民族分裂组织利用信息网络，不断散布谣言、制造混乱，推行与我国传统道德相违背的价值观。有害信息的失控会在意识形态、道德文化等方面造成严重后果，导致民族凝聚力下降和社会混乱，直接影响到国家现行制度和国家政权的稳固。

（2）社会行为：有意识或针对信息及信息系统进行违法犯罪的行为，包括网络窃密、泄密、散播病毒、信息诈骗、为信息系统设置后门、攻击各种信息系统等违法犯罪行为；控制或致瘫基础信息网络和重要信息系统的网络恐怖行为；国家间的对抗行为——网络信息战。

（3）技术环境：由于信息系统自身存在的安全隐患，而难以承受所面临的网络攻击，或不能在异常状态下运行。主要包括系统自身固有的技术脆弱性和安全功能不足；构成系统的技术核心、关键装备缺乏自主可控制；对系统的宏观与微观管理的技术能力薄弱等。

参考答案

（17）C

试题（18）

在X.509标准中，数字证书一般不包含__（18）__。

（18）A．版本号　　B．序列号

C．有效期　　D．密钥

试题（18）分析

在PKI/CA架构中，拥有一个重要的标准就是X.509标准，数字证书就是按照X.509标准制作的。本质上，数字证书是把一个密钥对（明确的是公钥，而暗含的是私钥）绑定到一个身份上的被签署的数据结构。整个证书有可信赖的第三方签名。目前，X.509有不同的版本，但都是在原有版本（X.509V1）的基础上进行功能的扩充，其中每一版本必须包含下列信息。

- 版本号：用来区分X.509的不同版本号。
- 序列号：由CA给每一个证书分配唯一的数字型编号。
- 签名算法标识符：用来指定用CA签发证书时所使用的签名算法。
- 认证机构：即发出该证书的机构唯一的CA的X.500名字。
- 有效期限：证书有效的时间。
- 主题信息：证书持有人的姓名、服务处所等信息。
- 认证机构的数字签名：以确保这个证书在发放之后没有被改过。
- 公钥信息：包括被证明有效的公钥值和加上使用这个公钥的方法名称。
- 一个证书主体可以有多个证书。
- 证书主体可以被多个组织或社团的其他用户识别。
- 可按特定的应用名识别用户。
- 在不同证书政策和使用不会发放不同的证书，这就要求公钥用户要信赖证书。

密钥不在以上内容之列，所以选择D。

参考答案

（18）D

试题（19）

应用__（19）__软件不能在Windows环境下搭建Web服务器。

（19）A．IIS　　B．Serv-U

C．WebShare　　D．WebLogic

试题（19）分析

在Windows环境中，常用来搭建Web服务器的软件有：

- IIS（Internet Information Server）：是一个 World Wide Web Server，Gopher Server 和 FTP Server 全部包容在里面。它可以发布网页，并且有 ASP（Active Server Pages）、Java 和 VBScript 产生页面，有着一些扩展功能。IIS 支持一些有趣的东西，像有编辑环境的界面（FRONTPAGE）、有全文检索功能的（Index Server）、有多媒体功能的（Net Show）。
- WebShare：是 IBM 的集成软件平台。它包含了编写、运行和监视 Web 应用程序和跨平台、跨产品解决方案所需要的整个中间件基础设施，如服务器、服务和工具。
- WebLogic：是用于开发、集成、部署和管理大型分布式 Web 应用、网络应用和数据库应用的 Java 应用服务器。将 Java 的动态功能和 Java Enterprise 标准的安全性引入大型网络应用的开发、集成、部署和管理之中。

而 Serv-U 只能用来搭建 FTP 服务器，不能用来搭建 FTP 服务器。

参考答案

（19）B

试题（20）

下列接入网类型和相关技术的术语中，对应关系错误的是__（20）__。

（20）A．ADSL——对称数字用户环路

B．PON——无源光网络

C．CDMA——码分多址

D．VDSL——甚高速数字用户环路

试题（20）分析

通常将接入网分为以下几大类：基于普通电话线的 xDSL 接入；同轴电缆上的双向混合光纤同轴电缆接入传输系统 HFC；光纤接入系统和宽带接入系统等。这个网络既可以单独使用，也可以混合使用。涉及到的一些类型和技术的对应关系为：

- IDSL——ISDN 数字用户环路。
- HDSL——两对线双向对称传输 2Mb/s 的高速数字用户环路。
- SDSL——一对线双向对称传输 2Mb/s 的数字用户环路。
- VDSL——甚高速数字用户环路。
- ADSL——不对称数字用户环路。
- FDMA——频分多址。
- TDMA——时分多址。
- CDMA——码分多址。

参考答案

（20）A

试题（21）

___（21）___不属于网络存储结构或方式。

（21）A．直连式存储　　　　　　　　B．哈希散列表存储

　　　C．网络存储设备　　　　　　　D．存储网络

试题（21）分析

选取某个函数，依该函数按关键码计算元素的存储位置，并按此存放。查找时，由同一个函数对给定值 kx 计算地址，将 kx 与地址单元中元素关键码进行比较，确定查找是否成功，这就是哈希方法（杂凑法）。哈希方法中使用的转换函数称为哈希函数（杂凑函数），按这个思想构造的表称为哈希表（杂凑表）。可见，哈希散列表存储并不是网络存储结构或方式，而直连式存储、网络存储设备、存储网络都属于网络存储结构或方式。

参考答案

（21）B

试题（22）

___（22）___不是结构化综合布线的优点。

（22）A．有利于不同网络协议间的转换　　B．移动、增加和改变配置容易

　　　C．单点故障隔离　　　　　　　　　D．网络管理简单易行

试题（22）分析

在传统的布线系统中，语音、数据和图像等各线路之间互不联系、互不兼容，需要各种不同的电缆线和接插线，并分别进行设计和施工。这种各线路彼此独立的传统布线系统的弊端是可靠性差；传输速率低；难以满足终端设备替换、移位及扩充等需要；线路设计复杂、实施和更新费用高、工作量大；线路管理、维护困难，此外还影响整体环境美观。因此，传统的布线系统已不能满足现代化智能建筑的需求。

计算机网络结构化综合布线系统是美国贝尔实验室专家们经过多年研究推出的基于星型拓扑结构的模块系统。结构化布线系统提供了以太网最初开发时不可能提供的功能，它提供了一个稳定的布线设施，以支持高速局域网通信，并具有如下优点：

（1）电缆和布线系统具有可控的电气特性。

（2）星型布线拓扑结构，为每台设备提供专用介质。

（3）每条电缆都终结在放置 LAN 集线器和电缆互连设备的配线间中。

（4）移动、增加和改变配置容易。

（5）局域网技术的独立性。

（6）单点故障隔离。

（7）网络管理简单易行。

（8）网络设备安全。

是否有利于不同网络协议间的转换与是否采用结构化综合布线无关，也不被列入结构化综合布线的优点。

参考答案

（22）A

试题（23）

ADSL Modem和HUB使用双绞线进行连接时，双绞线两端的RJ45端头需要__（23）__。

（23）A．两端都按568A线序制作

B．两端都按568B线序制作

C．一端按568A线序制作，一端按568B线序制作

D．换成RJ11端头才能进行连接

试题（23）分析

双绞线的做法有两种国际标准：EIA/TIA568A和EIA/TIA568B。而双绞线的连接方法也主要有两种：直通线缆和交叉线缆。直通线缆的水晶头两端都遵循568A或568B标准，双绞线的每组线在两端是一一对应的，颜色相同的在两端水晶头的相应槽中保持一致。而交叉线缆的水晶头一端遵循568A，而另一端则采用568B标准。一些常用设备的连接方法是：

连接设备	连接方法
PC – PC	交叉线
PC – HUB	直通线
HUB –HUB 普通口	交叉线
HUB – HUB 级联口 – 级联口	交叉线
HUB – HUB 普通口 – 级联口	直通线
ADSL MODEM – HUB	交叉线

在连接ADSL MODEM和HUB时采用交叉线，即使用RJ45端头，一端按568A线序制作，一端按568B线序制作。

参考答案

（23）C

试题（24）

下列技术规范中，__（24）__不是软件中间件的技术规范。

（24）A．EJB　　B．COM

C．TPM标准　　D．CORBA

试题（24）分析

1999年10月，多家IT巨头联合发起成立可信赖运算平台联盟（Trusted Computing

Platform Alliance，TCPA），初期加入者有康柏、HP、IBM、Intel 和微软等公司，该联盟致力于促成新一代具有安全且可信赖的硬件运算平台。2003 年 3 月，诺基亚、索尼等厂家加入 TCPA，并改组为可信赖计算组织（Trusted Computing Group，TCG），希望从跨平台和操作环境的硬件和软件两方面制定可信赖计算机相关标准和规范，并提出了 TPM 规范。

TPM 标准不是软件中间件的技术规范。

参考答案

（24）C

试题（25）

以下关于.NET 的描述，错误的是＿（25）＿。

（25）A. Microsoft .NET 是一个程序运行平台

B. .NET Framework 管理和支持.NET 程序的执行

C. Visual Studio .NET 是一个应用程序集成开发环境

D. 编译.NET 时，应用程序被直接编译成机器代码

试题（25）分析

Microsoft .NET 是 Microsoft XML Web Services 平台。XML Web Services 允许应用程序通过 Internet 进行通信和共享数据，而不管所采用的是哪种操作系统、设备或编程语言。Microsoft .NET 平台提供创建 XML Web Services 并将这些服务集成在一起。

.NET Framework 是实现跨平台（设备无关性）的执行环境。Visual Studio .NET 是建立并集成 Web Services 和应用程序的快速开发工具。在编译.NET 时，应用程序是不能被直接编译成机器代码的。

参考答案

（25）D

试题（26）

形成 Web Service 架构基础的协议不包括＿（26）＿。

（26）A. SOAP　　B. DHCP

C. WSDL　　D. UDDI

试题（26）分析

Web Service 平台需要一套协议来实现分布式应用程序的创建。任何平台都有它的数据表示方法和类型系统。要实现互操作性，Web Service 平台必须提供一套标准的类型系统，用于沟通不同平台、编程语言和组件模型中的不同类型系统。在传统的分布式系统中，基于界面（Interface）的平台提供了一些方法来描述界面、方法和参数（如 COM 和 COBAR 中的 IDL 语言）。同样的，Web Service 平台也必须提供一种标准来描述 Web Service，让客户可以得到足够的信息来调用这个 Web Service。最后，还必须有一种方法来对这个 Web Service 进行远程调用。这种方法实际是一种远程过程调用协议（RPC）。

为了达到互操作性，这种 RPC 协议还必须与平台和编程语言无关。

- SOAP

Web Service 建好以后，你或者其他人就会去调用它。简单对象访问协议（SOAP）提供了标准的 RPC 方法来调用 Web Service。实际上，SOAP 在这里有点用词不当，它意味着下面的 Web Service 是以对象的方式表示的，但事实并不一定如此：完全可以把 Web Service 写成一系列的 C 函数，并仍然使用 SOAP 进行调用。SOAP 规范定义了 SOAP 消息的格式，以及怎样通过 HTTP 协议来使用 SOAP。SOAP 也是基于 XML 和 XSD 的，XML 是 SOAP 的数据编码方式。

- WSDL

要用机器能阅读的方式提供一个正式的描述文档。Web Service 描述语言（WSDL）就是这样一个基于 XML 的语言，用于描述 Web Service 及其函数、参数和返回值。因为是基于 XML 的，所以 WSDL 既是机器可阅读的，又是人可阅读的，这将是一个很大的好处。一些最新的开发工具既能根据 Web Service 生成 WSDL 文档，又能导入 WSDL 文档，生成调用相应 Web Service 的代码。

- UDDI

为加速 Web Service 的推广、加强 Web Service 的互操作能力而推出的一个计划，基于标准的服务描述和发现的规范（Specification）。

以资源共享的方式由多个运作者一起以 Web Service 的形式运作 UDDI 商业注册中心。UDDI 计划的核心组件是 UDDI 商业注册，它使用 XML 文档来描述企业及其提供的 Web Service。

- DHCP

DHCP 是动态主机分配协议，不属于 Web Service 架构基础的协议。

参考答案

（26）B

试题（27）

以下有关 Web Service 技术的示例中，产品和语言对应关系正确的是__（27）__。

（27）A．.NET Framework – C#　　　　B．Delphi6 – Pascal

　　　C．WASP – C++　　　　　　　　D．GLUE – Java

试题（27）分析

.NET Framework 是微软公司为开发应用程序而创建的一个新平台。使用.NET Framework 可以创建 Windows 应用程序、Web 应用程序、Web 服务和其他各种类型的应用程序。.NET Framework 的设计方式保证它可以用于各种语言，如 C#、C++和 VB 等。

参考答案

（27）A

试题（28）

委托开发完成的发明创造，除当事人另有约定的以外，申请专利的权利属于<u>（28）</u>所有。

（28）A．完成者　B．委托开发人

C．开发人与委托开发人共同　D．国家

试题（28）分析

《中华人民共和国专利法》第一章第八条规定，两个以上单位或者个人合作完成的发明创造、一个单位或者个人接受其他单位或者个人委托所完成的发明创造，除另有协议的以外，申请专利的权利属于完成或者共同完成的单位或者个人；申请被批准后，申请的单位或者个人为专利权人。

按照法律规定，题目中所涉及的情况，申请专利的权利属于完成者。

参考答案

（28）A

试题（29）

在投标文件的报价单中，如果出现总价金额和分项单价与工程量乘积之和的金额不一致时，应当<u>（29）</u>。

（29）A．以总价金额为准，由评标委员会直接修正即可

B．以总价金额为准，由评标委员会修正后请该标书的投标授权人予以签字确认

C．以分项单价与工程量乘积之和为准，由评标委员会直接修正即可

D．以分项单价与工程量乘积之和为准，由评标委员会修正后请该标书的投标授权人予以签字确认

试题（29）分析

在投标文件的报价单中，如果出现总价金额和分项单价与工程量乘积之和的金额不一致时，应当以分项单价与工程量乘积之和为准，由评标委员会修正后请该标书的投标授权人予以签字确认。

参考答案

（29）B

试题（30）

下列描述中，<u>（30）</u>不是《中华人民共和国招投标法》的正确内容。

（30）A．招标人采用公开招标方式的，应当发布招标公告

B．招标人采用邀请招标方式的，应当向三个以上具备承担招标项目的能力、资信良好的特定的法人或者其他组织发出投标邀请书

C．投标人报价不受限制

D．中标人不得向他人转让中标项目，也不得将中标项目肢解后分别向他人转让

试题（30）分析

《中华人民共和国招投标法》于1999年8月30日第九届全国人民代表大会常务委员会第十一次会议通过，1999年8月30日中华人民共和国主席令第二十一号公布，自2000年1月1日起施行。

《中华人民共和国招投标法》第二章第十六条规定，招标人采用公开招标方式的，应当发布招标公告。依法必须进行招标的项目的招标公告，应当通过国家指定的报刊、信息网络或者其他媒介发布。招标公告应当载明招标人的名称和地址、招标项目的性质、数量、实施地点和时间以及获取招标文件的办法等事项。

《中华人民共和国招投标法》第二章第十七条规定，招标人采用邀请招标方式的，应当向三个以上具备承担招标项目的能力、资信良好的特定的法人或者其他组织发出投标邀请书。

《中华人民共和国招投标法》第三章第三十二条规定，投标人不得相互串通投标报价，不得排挤其他投标人的公平竞争，损害招标人或者其他投标人的合法权益。投标人不得与招标人串通投标，损害国家利益、社会公共利益或者他人的合法权益。禁止投标人以向招标人或者评标委员会成员行贿的手段谋取中标。

《中华人民共和国招投标法》第四章第三十三条规定，投标人不得以低于成本的报价竞标，也不得以他人名义投标或者以其他方式弄虚作假，骗取中标。

《中华人民共和国招投标法》第四章第四十八条规定，中标人应当按照合同约定履行义务，完成中标项目。中标人不得向他人转让中标项目，也不得将中标项目肢解后分别向他人转让。中标人按照合同约定或者经招标人同意，可以将中标项目的部分非主体、非关键性工作分包给他人完成。接受分包的人应当具备相应的资格条件，并不得再次分包。中标人应当就分包项目向招标人负责，接受分包的人就分包项目承担连带责任。

可以看出，在《中华人民共和国招投标法》是对投标人的报价做出了相关限制。

参考答案

（30）C

试题（31）

项目经理为了有效管理项目需掌握的软技能不包括__（31）__。

（31）A．有效的沟通　　B．激励

C．领导能力　　D．后勤和供应链

试题（31）分析

软技能包括人际关系管理。软技能包括以下内容。

- 有效的沟通：信息交流。
- 影响一个组织："让事情办成"的能力。
- 领导能力：形成一个前景和战略并组织人员达到它。

- 激励：激励人员达到高水平的生产率并克服变革的阻力。
- 谈判和冲突管理：与其他人谈判或达成协议。
- 问题解决：问题定义和做出决策的结合。

后勤和供应链不在其列。

参考答案

（31）D

试题（32）

项目每个阶段结束时进行项目绩效评审是很重要的，评审的目标是（32）。

（32）A．决定项目是否应该进入下一个阶段

B．根据过去的绩效调整进度和成本基准

C．得到客户对项目绩效认同

D．根据项目的基准计划来决定完成该项目需要多少资源

试题（32）分析

在一个阶段末的项目绩效评审通常被称为阶段出口、阶段验收或终止点。

评审的目标是评审本阶段的任务是否已经完成，决定项目是否从当前阶段进入下一阶段，是发现和纠正错误并保证项目聚焦于它所支持的业务发展的需要。

参考答案

（32）A

试题（33）

如果一个企业经常采用竞争性定价或生产高质量产品来阻止竞争对手的进入，从而保持自己的稳定，它应该属于（33）。

（33）A．开拓型战略组织　　B．防御型战略组织

C．分析性战略组织　　D．反应型战略组织

试题（33）分析

根据一个组织在解决开创性问题、工程技术问题或行政管理问题时采用的思维方式和行为特点（即战略倾向），可以将组织分为防御型、开拓型、分析型和被动反应型 4 种类型。前三种战略组织都有其市场和能力相适应的战略，而第 4 种战略组织却是一种失败的组织类型。

（1）防御型战略组织。防御型战略组织试图在解决开创性问题过程中建立一种稳定的经营环境，生产有限的一组产品，占领整个潜在市场的一部分。在这个有限市场中，防御型组织常采用竞争性定价和生产高质量产品来阻止竞争对手的进入，从而保持自己的稳定。

（2）开拓型战略组织。与防御型组织不同，开拓型组织更适合于动态的环境，它的能力主要体现在寻找和开发新的产品和市场的机会上。对于一个开拓型组织来说，在行业中保持一个创新者的声誉比获得高额利润更重要。

（3）分析型战略组织。防御型组织有较高的组织效率但适应性差，而开拓型组织正相反，分析型组织是介于两者之间，试图以最小的风险和最大的机会获得利润。

（4）反应型战略组织。以上三种类型的组织虽然各自的形式不同，但都能适应外部环境的变化和市场的需求，并随着时间的推移，都会形成各自稳定的模式。而反应型组织在外部环境变化时却采取了一种动荡不定的调整方式，缺少灵活应变的机制。也就是说，它的适应循环会对环境变化和不确定性做出不适当的反应，并且对以后的经营行为犹豫不决，其结果总是处于不稳定的状态，所以，反应型组织是一种消极无效的组织形态。

参考答案

（33）B

试题（34）

广义理解，运作管理是对系统＿（34）＿。

（34）A．设置和运行的管理　　B．设置的管理

C．运行的管理　　D．机制的管理

试题（34）分析

所谓生产运作管理，是指为了实现企业经营目标，提高企业经济效益，对生产运作活动进行计划、组织和控制等一系列管理工作的总称。

生产运作管理有狭义和广义之分，狭义的生产运作管理仅局限于生产运作系统的运行管理，实际上是以生产运作系统中的生产运作过程为中心对象。广义的生产运作管理不仅包括生产运作系统的运行管理，而且包括生产运作系统的定位与设计管理，可以认为是选择、设计、运行、控制和更新生产运作系统的管理活动的总和。广义生产运作管理以生产运作系统整体为对象，实际上是对生产运作系统的所有要素和投入、生产运作过程、产出和反馈等所有环节的全方位综合管理。按照广义理解生产运作管理，符合现代生产运作管理的发展趋势。

广义生产运作管理的内容可分为生产运作系统的定位管理、设计管理和运行管理三大部分。

（1）生产运作系统战略决策

生产运作系统战略决策是从生产系统的产出如何很好地满足社会和用户的需求出发，根据企业营销系统对市场需求情况的分析以及企业发展的条件和限制，从总的原则方面解决“生产什么、生产多少”和“如何生产”的问题。具体地讲，生产运作系统战略决策就是从企业竞争优势的要求出发对生产运作系统进行战略定位，明确选择生产运作系统的结构形式和运行机制的指导思想。

（2）生产运作系统设计管理

根据生产运作系统战略管理关于生产运作系统的定位，具体进行生产运作系统的设计和投资建设。一般包括产品开发管理和厂房设施及机器系统购建管理两方面内容。

参考答案

（34）A

试题（35）

__（35）__不是项目成本估算的输入。

（35）A．项目进度管理计划　　B．项目管理计划
　　C．项目成本绩效报告　　D．风险事件

试题（35）分析

项目成本从直观上理解是由为了实现项目目标、完成项目活动所必需的资源和这些资源的价格决定的，因此编制项目成本估算，要以在活动资源估算阶段制定的活动资源需求和这些资源价格为基础进行估算。具体来讲，编制项目成本估算的依据主要有以下几个。

（1）项目章程

（2）项目范围说明书

（3）项目管理计划

（4）工作分解结构（WBS）和 WBS 词典

（5）进度管理计划

（6）员工管理计划

（7）风险事件

（8）环境和组织因素

（9）组织过程资产

项目成本绩效报告不是项目成本估算的输入，而是成本控制的输入。

参考答案

（35）C

试题（36）

__（36）__不是成本估算的方法。

（36）A．类比法　　B．确定资源费率
　　C．工料清单法　　D．挣值分析法

试题（36）分析

成本估算的工具和技术主要有：

（1）类比估算法，又称为“自上而下估算法”。这种方法的优点在于简单易行，花费少，尤其是当项目的详细资料难以得到时，此方法是估算项目总成本的一种行之有效的办法。但是这种方法也具有一定的局限性，进行成本估算的上层管理者根据他们对以往类似项目的经验对当前项目的总成本进行估算，但由于项目的一次性、独特性等特点，在实际生产中，根本不存在完全相同的两个项目，因此这种估算的准确性比较差。

（2）资源单价法。估算单价的个人和准备资源的小组必须清楚了解资源的单价，然

后对项目活动进行估价。在执行合同项目的情况下，标准单价可以写入合同中。如果不能知道确切的单价，也要对单价进行估计，完成成本的估算。

（3）自下而上的成本估算，也叫工料清单法。这种成本估算方法是利用项目工作分解结构图，先由基层管理人员计算出每个工作单元的生产成本，再将各个工作单元的生产成本自下而上逐级累加，汇报给项目的高层管理者，最后由高层管理者汇总得出项目的总成本。采用这种方法进行成本估算，基层管理者是项目资源的直接使用者，因此由他们进行项目成本估算，得到的结果应该十分详细，而且比其他方式也更为准确。但是这种方法实际操作起来非常耗时，成本估算工作本身也要大量的经费支持。

（4）利用计算机工具，如项目管理软件进行估算。

（5）其他的估算方法。

（6）意外事件的估算。

（7）质量成本。

挣值分析法不是用于成本估算的方法，它属于成本工具常用的工具和技术。

参考答案

（36）D

试题（37）、（38）

下图为某工程进度网络图。

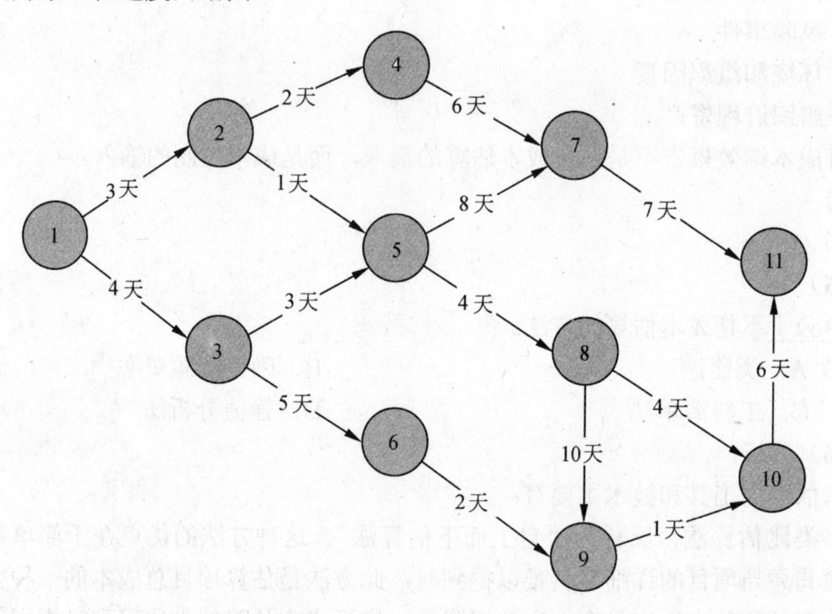

结点1为起点，结点11为终点，那么关键路径为____（37）____，此工程最快____（38）____天完成。

（37）A．1-3-5-8-9-10-11　　　　B．1-2-4-7-11

C. 1-3-5-7-11　　　D. 1-2-5-8-10-11

（38）A. 18　　　B. 28

C. 22　　　D. 20

试题（37）、（38）分析

此工程进度网络图是一个 AOE 网，在 AOE 网中，用顶点表示事件，用有向边表示活动，边上的权值表示活动的开销（如该活动持续的时间）。完成整个工程所必须花费的时间应该为源点（顶点 1）到终点（顶点 11）的最大路径长度。具有最大路径长度的路径称为关键路径。

在确定关键路径时，要求出 4 个参量数组：

（1）事件的最早发生时间 ve[k]。ve[k]是指从源点到顶点 k 的最大路径长度代表的时间。这个时间决定了所有从顶点 k 发出的有向边所代表的活动能够开工的最早时间。

（2）事件的最迟发生时间 vl[k]。vl[k]是指在不推迟整个工期的前提下，事件 vk 允许的最晚发生时间。

（3）活动的最早开始时间 e[i]。若活动 ai 是由弧<vk,vj>表示，那么 ai 的最早开始时间等于时间 vk 的最早发生时间。

（4）活动的最晚开始时间 l[i]。若活动 ai 是由弧<vk,vj>表示，则 ai 的最晚开始时间要保证事件 vj 的最迟发生时间不拖后，因此有 l[i]=vl[j]-dut(<vk,vj>)，dut(<vk,vj>)为弧<vk,vj>的权值。

按照这样的过程求解 4 个参量数组，最后比较活动 ai 的最早开始时间和最晚开始时间，两者相同的即为关键活动，关键活动所在的路径就是关键路径。

本题中 AOE 网的关键路径为 1-3-5-8-9-10-11，最大路径长度为 28。

参考答案

（37）A　（38）B

试题（39）

以下关于工作分解结构的叙述，错误的是__（39）__。

（39）A. 工作分解结构是项目各项计划和控制措施制定的基础和主要依据

B. 工作分解结构是面向可交付物的层次型结构

C. 工作分解结构可以不包括分包出去的工作

D. 工作分解结构能明确项目相关各方面的工作界面，便于责任划分和落实

试题（39）分析

在项目范围管理过程中，最常用，也是必须要熟悉的工作分解方法是工作分解结构（WBS）。WBS 是面向可交付物的项目元素的层次分解，它组织并定义了整个项目范围。WBS 是一个详细的项目范围说明的表示法，详细描述了项目所要完成的工作。WBS 的组成元素有助于项目干系人检查项目的最终产品。WBS 的最低层元素是能够被评估的、安排进度的和被跟踪的。项目的工作结构分解对项目管理有着重要的意义：

（1）通过工作结构分解，把项目范围分解开来，使项目相关人员对项目一目了然，能够使项目的概况和组成明确、清晰、透明、具体，使项目管理者和项目主要干系人都能通过 WBS 把握项目、了解和控制项目过程。

（2）保证了项目结构的系统性和完整性。

（3）通过工作结构分解，可以建立完整的项目保证体系。

（4）项目工作结构分解能够明确项目相关各方的工作界面，便于责任划分和落实。

（5）最终工作分解结构可以直接作为进度计划和控制的工具。

（6）为建立项目信息沟通系统提供依据，便于把握信息重点。

（7）是项目各项计划和控制措施制定的基础和主要依据。

工作结构分解应把握的原则有：

（1）在各层次上保持项目的完整性，避免遗漏必要的组成部分。

（2）一个工作单元只能从属于某个上层单元，避免交叉从属。

（3）工作单元应能分开不同责任者和不同工作内容。

（4）便于项目管理计划、控制的管理需要。

（5）最低层工作应该具有可比性，是可管理的，可定量检查的。

（6）应包括项目管理工作，包括分包出去的工作。

从上述关于工作结构分解的说明中，可以看到 A、B、D 都是正确的，只有 C 是错误的。

参考答案

（39）C

试题（40）

__（40）__描述了项目范围的形成过程。

（40）A．它在项目的早期被描述出来并随着项目的进展而更加详细

B．它是在项目章程中被定义并且随着项目的进展进行必要的变更

C．在项目早期，项目范围包含某些特定的功能和其他功能，并且随着项目的进展添加更详细的特征

D．它是在项目的早期被描述出来并随着范围的蔓延而更加详细

试题（40）分析

项目范围在项目的早期被描述出来，并且随着项目的进展变得更加详细，B、C、D 中都有叙述不准确的地方。

参考答案

（40）A

试题（41）

以下关于项目整体管理的叙述，正确的是__（41）__。

（41）A．项目整体管理把各个管理过程看成是完全独立的

B．项目整体管理过程是线性的过程

C．项目整体管理是对项目管理过程组中的不同过程和活动进行识别、定义、整合、统一和协调的过程

D．项目整体管理不涉及成本估算过程

试题（41）分析

项目整体管理是项目管理中一项综合性和全局性的管理工作。项目整体管理知识域包括保证项目各要素相互协调所需要的过程。具体地，项目整体管理知识域包括标识、定义、整合、统一和协调项目管理过程组中不同过程和活动所需要的过程和活动。因此，项目整体管理中各个管理过程并不是独立的。项目整体管理并不是一个线性的过程，而是一个迭代的过程。而成本估算过程也是项目管理中的一项过程，因此也属于项目整体管理的内容。

所以，只有 C 选项是正确的。

参考答案

（41）C

试题（42）

小王是某软件开发公司负责某项目的项目经理，该项目已经完成了前期的工作进入实施阶段，但用户提出要增加一项新的功能，小王应该__（42）__。

（42）A．立即实现该变更　　　　B．拒绝该变更

C．通过变更控制过程管理该变更　　　　D．要求客户与公司领导协商

试题（42）分析

小王是某软件开发公司负责某项目的项目经理，该项目已经完成前期的工作进入实施阶段，但用户提出要增加一项新的功能，这时小王应该通过变更控制过程管理该变更。综合变更控制过程在整个项目过程中贯彻始终，并且应用于项目的各个阶段。由于极少有项目能完全按照原来的项目安排计划运行，因而变更控制就必不可少。对项目范围说明书、项目管理计划和其他项目可交付物必须持续不断地管理变更，或是拒绝变更或批准变更，被批准的变更将被并入一个修订后的项目部分。提出的变更可能需要重新进行成本估算、进度活动排序、进度日期、资源需求、风险方案分析或其他对项目管理计划、项目范围说明书、项目可交付物的调整，或对这些内容进行修订。

因此，小王在用户提出要增加一项新的功能时，立即实现该变更或拒绝该变更都是错误的。同时，也不应该推脱责任，要求客户与公司领导协商。

参考答案

（42）C

试题（43）

一般而言，项目的范围确定后，项目的三个基本目标是__（43）__。

（43）A．时间、成本、质量标准　　　　B．时间、功能、成本

C．成本、功能、质量标准　　　　　　D．时间、功能、质量标准

试题（43）分析

对一个项目而言，项目一经确定投资实施，必定要产生一个项目的目标，而且这个目标是经过仔细分析得出的，是一个清晰的目标，尽管对于项目的不同利益方，如客户方、承包商或其他相关厂商又有不同目标和把握的重点，但其最终结果是实现项目整体目标。简单地讲，项目目标就是实施项目所要达到的期望结果，即项目所能交付的成果或服务。对一个项目而言，项目目标往往不是单一的，而是一个多目标系统，希望通过一个项目的实施实现一系列的目标，满足多方面的需求。对于实际的项目，不管是哪种类型，是大是小，总目标和子目标的最终交付成果如何，项目目标基本可以表现在三方面：时间、成本和技术性能（或质量标准）。

参考答案

（43）A

试题（44）

小王作为项目经理正在带领项目团队实施一个新的信息系统集成项目。项目团队已经共同工作了相当一段时间，正处于项目团队建设的发挥阶段，此时一个新成员加入了该团队，此时__（44）__。

（44）A．团队建设将从震荡阶段重新开始

B．团队将继续处于发挥阶段

C．团队建设将从震荡阶段重新开始，但很快就会步入发挥阶段

D．团队建设将从形成阶段重新开始

试题（44）分析

优秀团队的建设并非一蹴而就，要经历几个阶段。第一个阶段称为形成期（Forming）。团队中的个体成员转变为团队成员，开始形成共同目标。第二个阶段称为震荡期（Storming）。团队成员开始执行分配的任务，一般会遇到超出预想的困难，希望被现实打破，个体之间开始争执，互相指责，并且开始怀疑项目经理的能力。第三个阶段称为正规期（Norming）。经过一定时间的磨合，团队成员之间相互熟悉和了解，矛盾基本解决，项目经理能够确立正确的关系。第四个阶段称为发挥期（Performing）。随着相互之间的配合默契和对项目经理信任，成员积极工作，努力实现目标。这时集体荣誉感非常强，常将团队换成第一称谓。

当项目团队已经共同工作了相当一段时间，正处于项目团队建设的发挥阶段时，一个新成员加入了该团队，这个新成员和原有成员之间不熟悉，对项目目标不清晰了解，因此团队建设将从形成阶段重新开始。

参考答案

（44）D

试题（45）

冲突管理中最有效的解决冲突方法是__（45）__。

（45）A．问题解决　B．求同存异　C．强迫　D．撤退

试题（45）分析

成功的冲突管理可以大大地提高生产力并建立积极的工作关系。团队的基本规则、组织原则和项目管理经验，如沟通计划和角色定义，都可以大大地减少团队中的冲突。在正确的管理下，不同的意见是有益的，可以增加团队的创造力和做出更好的决策。当不同的意见变成负面的因素时，项目团队成员应该负责解决他们自己的冲突。如果冲突升级，项目经理应帮助团队找出一个满意的解决方案。不管冲突对项目的影响是积极的还是消极的，项目经理都有责任处理它，以避免或者减少冲突对项目的影响，增加对项目积极有利的一面。冲突管理的方法有：

（1）问题解决。问题解决就是双方一起积极地定义问题、收集问题的信息、开发并且分析解决方案，最后直到选择一个最合适的方法来解决问题。如果双方能够找到一个合适的方法来解决问题的话，双方都会满意，也就是说双赢，它是冲突管理中最有效的一种方法。

（2）妥协。妥协就是双方协商并且寻找一种能够使矛盾双方都有一些程度的满意，双方没有任何一方完全满意，是一种都做一些让步的解决方法。这种方法是除问题解决方法之外比较好的一种冲突解决方法。

（3）求同存异。求同存异的方法就是双方都关注他们一致同意的观点，而避免不同的观点。一般求同存异要求保持一种友好的氛围，避免了解决冲突的根源，也就是让大家都冷静下来，先把工作做完。

（4）撤退。撤退就是把眼前的问题放下，等以后再解决，也就是大家以后再处理这个问题。

（5）强迫。强迫就是专注于一个人的观点，而不管另一个人的观点，最终导致一方赢一方失败。一般不推荐这样做，除非是没有办法的时候，因为这样一般会导致另一个冲突的发生。

参考答案

（45）A

试题（46）

某公司定期组织公司的新老员工进行聚会，按照马斯洛的需求层次理论，该行为满足的是员工的__（46）__。

（46）A．生理需求　B．安全需求　C．社会需求　D．受尊重需求

试题（46）分析

马斯洛建立了一个需求层次理论。该理论以金字塔的形式表示人们的行为受到一系

列需求的引导和刺激，需求的5个层次是生理、安全、社会、受尊重和自我实现。只有在满足了人的基本需求以后，人们才可能去追求更高层次的需求。某公司定期组织公司的新老员工进行聚会，可以使他们有归属感，满足他们的社会需求。

参考答案

（46）C

试题（47）

在质量规划中，__（47）__是一种统计分析技术，可用来帮助人们识别并找出哪些变量对项目结果的影响最大。

（47）A．成本/效益分析　　B．基准分析

C．实验设计　　D．质量成本

试题（47）分析

在进行质量计划编制时，可以使用的主要方法有：

（1）成本/效益分析。在质量计划编制的过程中，必须权衡成本与效益之间的关系。质量计划编制的目标是努力使获得的收益远远超过实施过程中所消耗的成本。

（2）基准分析。基准分析就是将实际实施过程中或计划之中的项目做法同其他类似项目的实际做法进行比较，通过比较来改善与提高目前项目的质量管理，以达到项目预期的质量或其他目标。

（3）实验设计。实验设计是一种统计分析技术，可用来帮助人们识别并找出哪些变量对项目结果的影响最大。

（4）质量成本。质量成本是指为了达到产品或服务质量而进行的全部工作所发生的所有成本。包括为确保与要求一致而做的所有工作叫做一致成本，以及由于不符合要求所引起的全部工作叫做不一致成本。

参考答案

（47）C

试题（48）

以下有关质量保证的叙述，错误的是__（48）__。

（48）A．质量保证主要任务是识别与项目相关的各种质量标准

B．质量保证应该贯穿整个项目生命期

C．质量保证给质量的持续改进过程提供保证

D．质量审计是质量保证的有效手段

试题（48）分析

制定一项质量计划和确保一个项目的质量是一回事，确保实际交付高质量的产品和服务则是另一回事。质量保证是一项管理职能，包括所有有计划地、系统地为保证项目

能够满足相关的质量标准而建立的活动，质量保证应该贯穿于整个的项目生命期。质量保证还给另一个重要的质量过程——持续改进过程提供保证。持续过程改进提供了一个持续改进整个质量过程的方法。质量审计是对其他质量管理活动的结构性的审查，是决定一个项目质量活动是否符合组织政策、过程和程序的独立评估。质量审计的主要目的是通过对其他质量管理活动的审查来得出一些经验教训，从而提高该项目以及实施项目的组织内其他项目的质量，是质量保证的有效手段。而识别与项目相关的各种质量标准则是质量计划编制阶段的任务。

参考答案

（48）A

试题（49）

下列选项中，不属于质量控制工具的是__（49）__。

（49）A．甘特图　　B．趋势分析　　C．控制图　　D．因果图

试题（49）分析

趋势分析、控制图、因果图都属于质量控制工具，而甘特图则属于进度控制的工具。

参考答案

（49）A

试题（50）

下列选项中，有关项目组合和项目组合管理的说法错误的是__（50）__。

（50）A．项目组合是项目或大项目和其他工作的一个集合

B．组合中的项目或大项目应该是相互依赖或相关的

C．项目组合管理中，资金和支持可以依据风险/回报类别来进行分配

D．项目组合管理应该定期排除不满足项目组合的战略目标的项目

试题（50）分析

项目组合是项目或大项目和其他工作的一个集合。项目组合管理是一个保证组织内所有项目都经过风险和收益分析、平衡的方法论。任何组织如果只在高风险的项目上全力以赴，将会使组织陷入困境。项目组合管理从风险和收益的角度出发，它要求每一个项目都有存在的价值。如果一个项目风险过大或是收益太小，它就不能在组织内通过立项。项目组合管理要求对组织内部的所有项目都进行风险评估和收益分析，并随着项目的进展，持续地跟踪项目的风险和收益变化，以掌握这些项目的状态。在项目组合管理中，资金和支持可以依据风险/回报类别进行分配，应该定期排除不满足项目组合的战略目标的项目。但项目组合中的项目或大项目不一定是相互依赖或相关的。

参考答案

（50）B

试题（51）

项目组合管理可以将组织战略进一步细化到选择哪些项目来实现组织的目标，其选择的主要依据在于__（51）__。

（51）A．交付能力和收益　　　　B．追求人尽其才
　　　C．追求最低的风险　　　　D．平衡人力资源专长

试题（51）分析

项目组合管理可以将组织战略进一步细化到选择哪些项目来实现组织的目标，其选择的主要依据在于交付能力和收益。

参考答案

（51）A

试题（52）

下列各图描述了 DIPP 值随着项目进行时间的变化，其中正确的是__（52）__。

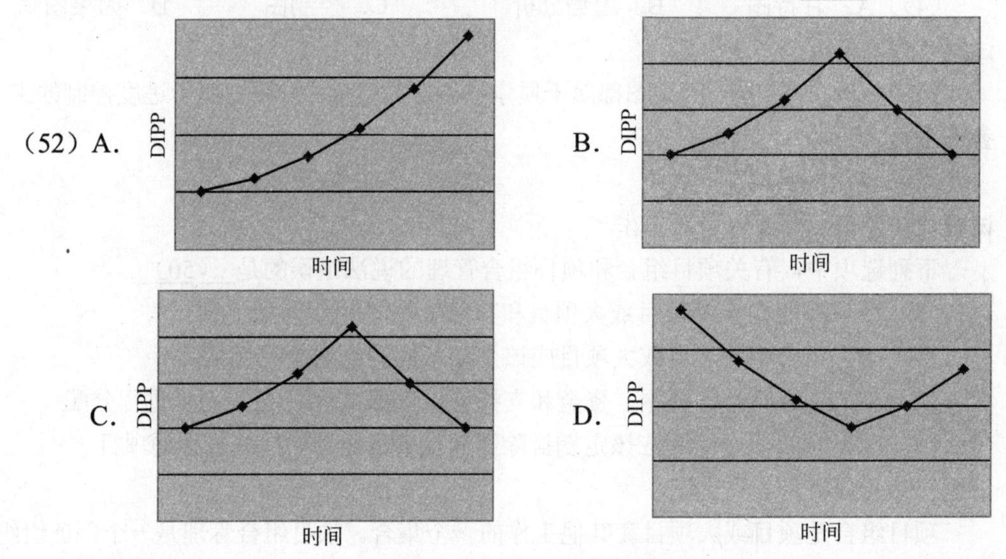

试题（52）分析

$$DIPP=\frac{EMV\text{（截止到当前时间）}}{ETC\text{（估算到完成时的成本）}}$$

EMV 是指项目的期望货币值。ETC 是完工尚需成本，指从当前时间点开始计算，估计到项目结束时仍然要花费的成本。在项目开始时，ETC 值就是项目的总预算值。随着项目的实施，项目的 ETC 值会逐渐减少。项目的未来收益就是 EMV 值减去 ETC 值。DIPP 值实际是指从当前的时间点上对未来进行预测，项目未来产生的收益与花费的成本之比。从单个项目的时间纵向来看，随着时间的推移，越接近项目的结束，DIPP 值越高，也就越会受益于项目完成后的收益。从多个项目的横向比较来看，DIPP 值更好地给出了各个项目对组织的有利情况。很显然，一个未来收益很高的项目，其初期 DIPP 值要低

于一个接近结束的项目的 DIPP 值，因为后者只需要投入较少的资源就可以获得收益。

只有 A 图示的 DIPP 值随着项目的进行不断增加，符合 DIPP 的定义。

参考答案

（52）A

试题（53）

项目经理小丁负责一个大型项目的管理工作，目前因人手紧张只有 15 个可用的工程师，因为其他工程师已经被别的项目占用。这 15 个工程师可用时间不足所需时间的一半，并且小丁也不能说服管理层改变这个大型项目的结束日期。在这种情况下，小丁应该＿（53）＿。

（53）A．与团队成员协调必要的加班，以便完成工作

B．告诉团队成员他们正在从事一项很有意义的工作，以激发他们的积极性

C．征得管理层同意，适当削减工作范围，优先完成项目主要工作

D．使用更有经验的资源，以更快地完成工作

试题（53）分析

小丁不能说服管理层改变这个大型项目的结束日期，而这 15 个工程师可用时间不足所需时间的一半。项目人手紧张，不能抽调有经验的资源。可用时间和所需时间相差太多，因此不能简单地通过加班和激发积极性来完成，必须征得管理层同意，适当削减工作范围，优先完成项目主要工作。

参考答案

（53）C

试题（54）

以下有关行业集中度的说法，错误的是＿（54）＿。

（54）A．计算行业集中度要考虑该行业中企业的销售额、职工人数、资产额等因素

B．行业集中度较小则表明该行业为竞争型

C．计算行业集中度要涉及该行业的大多数企业

D．稳定的集中度曲线表明市场竞争结构相对稳定

试题（54）分析

行业集中度也叫行业集中率，是指规模最大的前几位企业的有关数值 X（销售额、增加值、职工人数和资产额等）占整个行业的份额。行业集中度较小表明该行业为竞争型，行业集中度较大则表明该行业为寡占型。集中度曲线上升迅速表明行业竞争激烈，而稳定的集中度曲线则表明市场竞争结构相对稳定。

参考答案

（54）C

试题（55）

在实际沟通中，＿（55）＿更有利于被询问者表达自己的见解和情绪。

（55）A．封闭式问题　　B．开放式问题
C．探询式问题　　D．假设式问题

试题（55）分析

在实际沟通中，询问不同类型的问题可以取得不同的效果。问题的类型有：

（1）封闭式问题：用来确认信息的正确性。

（2）开放式问题：鼓励应征者详细回答，表达情绪。

（3）探询式问题：用来澄清之前谈过的主题与信息。

（4）假设式问题：用来了解解决问题的方式。

因此，开放式问题更有利于被询问者表达自己的见解和情绪。

参考答案

（55）B

试题（56）

项目沟通中不恰当的做法是__（56）__。

（56）A．对外一致，一个团队要用一种声音说话
B．采用多样的沟通风格
C．始终采用正式的沟通方式
D．会议之前将会议资料发给所有参会人员

试题（56）分析

项目沟通中，一个团队应该对外一致，用一种声音说话；应该采用多样的沟通风格，认识到项目干系人不同的沟通风格，用别人喜欢被对待的方式来对待他们，可以顺利地达到沟通的目标，即获得双赢局面；会议是项目沟通的一种重要形式，为了提高会议的效率，应在会议之前将会议资料发给所有参会人员；在正式场合，说话正规、书面，自我保护意识也强烈一些，而在私下场合，人们的语言风格可能是非正规和随意的，反倒能获得更多的信息，采用一些非正式的沟通方式可能更有利于关系的融洽。

参考答案

（56）C

试题（57）

下列选项中，项目经理进行成本估算时不需要考虑的因素是__（57）__。

（57）A．人力资源　　B．工期长短
C．风险因素　　D．盈利

试题（57）分析

成本估算是指对完成项目各项活动所必需的各种资源的成本做出近似的估算。成本估算需要根据活动资源估算中所确定的资源需求（包括人力资源、设备和材料等）以及市场上各种资源的价格信息来进行。

具体来讲，项目成本的大小同项目所耗用资源的数量、质量和价格有关；同项目的

工期长短有关（项目所消耗的各种资源包括人力、物力和财力等都有自己的时间价值）；同项目的质量结果有关（因质量不达标而返工时需要花费一定的成本）；同项目范围的宽度和深度有关（项目范围越宽越深，项目的成本就越大；反之，项目成本越小）。项目成本估算同项目造价是两个既有联系又有区别的概念。项目造价中不仅包括项目成本，还包括项目组织从事项目而获取的盈利，即项目造价=项目成本+盈利。

参考答案

（57）D

试题（58）

项目甲、乙、丙、丁的工期都是三年，在第二年末其挣值分析数据如下表所示，按照趋势最早完工的应是＿（58）＿。

项　目	预算总成本	PV	EV	AC
甲	1400	1200	1000	900
乙	1400	1200	1100	1200
丙	1400	1200	1250	1300
丁	1400	1200	1300	1200

（58）A．甲　　B．乙　　C．丙　　D．丁

试题（58）分析

挣值管理可以在项目某一特定时间点上，从范围、时间和成本三项目标上评价项目所处的状态。状态报告中将项目计划作为基准衡量已经完成多少工作？花费了多少时间？是否延迟？花费了多少成本？是否超出？

挣值分析是测量绩效最常用的方法。挣值涉及计算每个活动的 4 个关键值：

（1）计划值（PV）。是计划在规定时间点之前在活动上花费的获得成本估算部分的总价值。即根据批准认可的进度计划和预算到某一时间点应当完成的工作所需投入的资金。

（2）实际成本（AC）。是在规定时间内，完成活动内工作发生的成本总额，即到某一时点已完成的工作所实际花费或消耗的成本。

（3）挣值（EV）。是实际完成工作的预算价值。

（4）剩余工作的成本估算（ETC）。完成项目剩余工作预计还需要花费的成本。

项目甲、乙、丙、丁的预算总成本都是 1400，计划值（PV）都是 1200。计划值表示在当前时间点应当完成的工作所需投入的资金。挣值（EV）是实际完成工作的预算价值。EV–PV>0 表示项目实施超过计划进度，EV–PV<0 表示项目实施落后于计划进度，EV–PV 越大，表示项目实施超过计划进度越多。

项目丁的 EV–PV 值最大，因此按照趋势应最早完工。

参考答案

（58）D

试题（59）

某项目成本偏差（CV）大于 0，进度偏差（SV）小于 0，则该项目的状态是 __（59）__。

（59）A．成本节省、进度超前　　B．成本节省、进度落后

C．成本超支、进度超前　　D．成本超支、进度落后

试题（59）分析

挣值管理可以在项目某一特定时间点上，从范围、时间和成本三项目标上，评价项目所处的状态。状态报告中将项目计划作为基准衡量已经完成多少工作？花费了多少时间，是否延迟？花费了多少成本，是否超出？

挣值分析是测量绩效最常用的方法。挣值涉及计算每个活动的 4 个关键值：

- 计划值（PV），是计划在规定时间点之前在活动上花费的获得成本估算部分的总价值。即根据批准认可的进度计划和预算到某一时间点应当完成的工作所需投入的资金。
- 实际成本（AC），是在规定时间内，完成活动内工作发生的成本总额，即到某一时点已完成的工作所实际花费或消耗的成本。
- 挣值（EV），是实际完成工作的预算价值。
- 剩余工作的成本估算（ETC），完成项目剩余工作预计还需要花费的成本。

CV（CV=EV–AC>0，表明项目实施处于成本节省状态；CV<0，表明项目实施处于成本超支状态。

SV（SV=EV–PV>0，表明项目实施超过计划进度；SV<0，表明项目实施落后于计划进度。

该项目的 CV 大于 0，SV 小于 0，因此该项目的状态是“成本节省、进度落后”。

参考答案

（59）B

试题（60）

下列选项中，属于变更控制委员会主要任务的是 __（60）__。

（60）A．提出变更申请　　B．评估变更影响

C．评价、审批变更　　D．实施变更

试题（60）分析

软件开发活动中公认变更控制委员会或 CCB 为最好的策略之一。变更控制委员会可以由一个小组担任，也可由多个不同的组担任，负责做出决定，究竟将哪一些已建议需求变更或新产品特征付诸应用。

因此，选项 C 属于变更控制委员会的主要任务，其他选项并不是变更控制委员会的任务。

参考答案

（60）C

试题（61）

某软件开发项目在项目的最后阶段发现对某个需求的理解与客户不一致，产生该问题最可能的原因是__（61）__工作不完善。

（61）A．需求获取　B．需求分析　C．需求定义　D．需求验证

试题（61）分析

需求开发的目的是通过调查与分析，获取用户需求并定义产品需求。需求开发的过程有 4 个主要活动：

（1）需求获取。积极地与用户进行交流，捕捉、分析和修正用户对目标系统的需求，并提炼出符合解决问题的用户需求，产生《用户需求说明书》。

（2）需求分析。需求分析的目的是对各种需求信息进行分析并抽象描述，为目标系统建立一个概念模型。

（3）需求定义。需求定义的目标是根据需求调查和需求分析的结果，进一步定义准确无误的产品需求，产生《需求规格说明书》。

（4）需求验证。需求验证是指开发方和用户共同对需求文档评审，经双方对需求达成共识后做出书面承诺，使需求文档具有商业合同效果。

因此，在项目的最后阶段发现对某个需求的理解与客户不一致，产生该问题最可能的原因是需求验证工作不完善，双方没有对需求达成正确共识。

参考答案

（61）D

试题（62）

在信息系统开发某个阶段工作结束时，应将工作产品及有关信息存入配置库的（62）。

（62）A．受控库　B．开发库　C．产品库　D．知识库

试题（62）分析

配置库也称配置项库，是配置管理的有力工具。配置库的主要作用表现在：

（1）记录与配置相关的所有信息，其中存放受控的软件配置项是很重要的内容。

（2）利用库中的信息可评价变更的后果，这对变更控制有着重要的意义。

（3）从库中可提取各种配置管理过程的管理信息，可利用库中的信息查询回答许多配置管理问题。

配置库有三类：

（1）开发库。存放开发过程中需要保留的各种信息，供开发人员个人专用。库中的信息可能有较为频繁地修改，只要开发库的使用者认为有必要，无须对其做任何限制。

因为这通常不会影响到项目的其他部分。

（2）受控库。在信息系统开发的某个阶段工作结束时，将工作产品存入或将有关信息存入。存入的信息包括计算机可读的以及人工可读的文档资料。应该对库内信息的读写和修改加以控制。

（3）产品库。在开发的信息系统产品完成系统测试之后，作为最终产品存入库内，等待交付用户或现场安装。库内的信息也应加以控制。

知识库不属于配置管理中的配置库。在信息系统开发某个阶段工作结束时，应将工作产品及有关信息存入配置库的受控库。

参考答案

（62）A

试题（63）

以下有关基线的叙述，错误的是 (63) 。

（63）A．基线由一组配置项组成

B．基线不能再被任何人任意修改

C．基线是一组经过正式审查并且达成一致的范围或工作产品

D．产品的测试版本不能被看作基线

试题（63）分析

基线（Baseline）由一组配置项组成，这些配置项构成了一个相对稳定的逻辑实体，是一组经过正式审查并且达成一致的范围或工作产品。基线中的配置项被“冻结”了，不能再被任何人随意修改。基线通常对应于开发过程中的里程碑，一个产品可以有多个基线，也可以只有一个基线。产品的测试版本可以作为一个基线。

参考答案

（63）D

试题（64）

某个配置项的版本由1.0变为2.0，按照配置版本号规则表明 (64) 。

（64）A．目前配置项处于正式发布状态，配置项版本升级幅度较大

B．目前配置项处于正式发布状态，配置项版本升级幅度较小

C．目前配置项处于正在修改状态，配置项版本升级幅度较大

D．目前配置项处于正在修改状态，配置项版本升级幅度较小

试题（64）分析

版本管理的目的是按照一定的规则保存配置项的所有版本，避免发生版本丢失或混淆等现象，并且可以快速准确地查找到配置项的任何版本。配置项的状态有三种：“草稿”、“正式发布”和“正在修改”。

配置项的版本号与配置项的状态紧密相关：

（1）处于“草稿”状态的配置项的版本号格式为：0.YZ。

（2）YZ 数字范围为 01～99。

（3）随着草稿的不断完善，YZ 的取值应递增。YZ 的初值和增幅由开发者自己把握。

（4）处于“正式发布”状态的配置项的版本号格式为：X.Y。

（5）X 为主版本号，取值范围为 1～9。Y 为次版本号，取值范围为 1～9。

（6）配置项第一次“正式发布”时，版本号为 1.0。

（7）如果配置项的版本升级幅度比较小，一般只增大 Y 值，X 值保持不变。只有当配置项版本升级幅度比较大时，才允许增大 X 值。

（8）处于“正在修改”状态的配置项的版本号格式为：X.YZ。

（9）在修改配置项时，一般只增大 Z 值，X.Y 值保持不变。

因此，某个配置项的版本由 1.0 变为 2.0，按照配置版本号规则表明“目前配置项处于正式发布状态，配置项版本升级幅度较大”。

参考答案

（64）A

试题（65）

下列选项中，不属于配置审核的作用是__（65）__。

（65）A．防止向用户提交不适合的产品

B．确保项目范围的正确

C．确保变更遵循变更控制规程

D．找出各配置项间不匹配的现象

试题（65）分析

配置审核的任务便是验证配置项对配置标识的一致性。配置审核的实施是为了确保项目配置管理的有效性，体现配置管理的最根本要求，不允许出现任何混乱现象，如：

（1）防止出现向用户提交不适合的产品，如交付了用户手册的不正确版本。

（2）发现不完善的实现，如开发出不符合初始规格说明或未按变更请求实施变更。

（3）找出各配置项间不匹配或不相容的现象。

（4）确认配置项已在所要求的质量控制审查之后作为基线入库保存。

（5）确认记录和文档保持着可追溯性。

因此，选项 B 是错误的，其属于项目范围管理的内容。

参考答案

（65）B

试题（66）、（67）

某工厂生产甲、乙两种产品，生产 1 公斤甲产品需要煤 9 公斤、电 4 度、油 3 公斤，生产 1 公斤乙产品需要煤 4 公斤、电 5 度、油 10 公斤。该工厂现有煤 360 公斤、电 200 度、油 300 公斤。已知甲产品每公斤利润为 7 千元，乙产品每公斤利润为 1.2 万元，为了获取最大利润应该生产甲产品__（66）__公斤，乙产品__（67）__公斤。

（66）A．20　　B．21　　C．22　　D．23

（67）A．22　　B．23　　C．24　　D．25

试题（66）、（67）分析

该问题用线性规划模型求解，为求解上述问题，设 x_1 为甲产品生产量，x_2 为乙产品生产量。对该问题求解最优方案可以由下列数学模型描述：

$$\max z=7x_1+12x_2$$

$$\begin{cases} 9x_1+4x_2 \leqslant 360 \\ 4x_1+5x_2 \leqslant 200 \\ 3x_1+10x_2 \leqslant 300 \\ x_1 \geqslant 0, x_2 \geqslant 0 \end{cases}$$

求解得 $x_1=20$，$x_2=24$。

参考答案

（66）A　（67）C

试题（68）

某厂需要购买生产设备生产某种产品，可以选择购买四种生产能力不同的设备，市场对该产品的需求状况有三种（需求量较大、需求量中等、需求量较小）。厂方估计四种设备在各种需求状况下的收益由下表给出，根据收益期望值最大的原则，应该购买（68）。

（单位：万元）

设备 / 收益 / 需求状况概率	设备 1	设备 2	设备 3	设备 4
需求量较大概率为 0.3	50	30	25	10
需求量中等概率为 0.4	20	25	30	10
需求量较小概率为 0.3	–20	–10	–5	10

（68）A．设备 1　　B．设备 2　　C．设备 3　　D．设备 4

试题（68）分析

设备 1 收益期望值为：0.3×50+0.4×20–0.3×20=17

设备 2 收益期望值为：0.3×30+0.4×25–0.3×10=16

设备 3 收益期望值为：0.3×25+0.4×30–0.3×5=18

设备 4 收益期望值为：0.3×10+0.4×10+0.3×10=10

因此，根据收益期望值最大的原则，应该购买设备 3。

参考答案

（68）C

试题（69）

某公司新建一座 200 平方米的厂房，现准备部署生产某产品的设备。该公司现空闲生产该产品的甲、乙、丙、丁四种型号的设备各 3 台，每种型号设备每天的生产能力由下表给出。在厂房大小限定的情况下，该厂房每天最多能生产该产品＿（69）＿个。

	甲	乙	丙	丁
占地面积（平方米）	40	20	10	5
每天生产能力（个）	100	60	20	8

（69）A．500　　B．520　　C．524　　D．530

试题（69）分析

设备甲每平方米的生产能力为 100/40=2.5 个

设备乙每平方米的生产能力为 60/20=3 个

设备丙每平方米的生产能力为 20/10=2 个

设备丁每平方米的生产能力为 8/5=1.6 个

在有限的厂房和设备的情况下，为了生产最多的产品，应该按照设备乙、甲、丙、丁的顺序使用设备。所以，先安排 3 个设备乙，占用 60 平方米，每天能生产 180 个产品；再安排 3 个设备甲，占用 120 平方米，每天能生产 300 个产品；最后安排 2 个设备丙，占用 20 平方米，每天能生产 40 个产品。

该厂房每天最多能生产该产品 520 个。

参考答案

（69）B

试题（70）

根据企业内外环境的分析，运用 SWOT 配比技术就可以提出不同的企业战略。S-T 战略是＿（70）＿。

（70）A．发挥优势、利用机会　　B．利用机会、克服弱点

C．利用优势、回避威胁　　D．减小弱点、回避威胁

试题（70）分析

SWOT 分析代表分析企业优势（Strength）、劣势（Weakness）、机会（Opportunity）和威胁（Threats）。因此，SWOT 分析实际上是对企业内外部条件各方面内容进行综合和概括，进而分析组织的优劣势、面临的机会和威胁的一种方法。

根据企业内外环境的分析，运用 SWOT 配比技术就可以提出不同的企业战略：

- S-O 战略：发出优势，利用机会。
- W-O 战略：利用机会，克服弱点。
- S-T 战略：利用优势，回避威胁。
- W-T 战略：减小弱点，回避威胁。

参考答案

（70）C

试题（71）

The （71） process ascertains which risks have the potential of affecting the project and documenting the risks' characteristics.

（71）A．Risk Identification　　B．Quantitative Risk Analysis

C．Qualitative Risk Analysis　　D．Risk Monitoring and Control

试题（71）分析

项目风险管理主要包括风险管理计划编制、风险识别、定性风险分析、定量风险分析、风险应对计划编制和风险监控。

其中，风险识别过程是确定哪些风险可能会对项目产生影响，并将这些风险的特征形成文档。选项A是风险识别，选项B是定量风险分析，选项C是定性风险分析，选项D是风险监控。

参考答案

（71）A

试题（72）

The strategies for handling risk comprise of two main types: negative risks, and positive risks. The goal of the plan is to minimize threats and maximize opportunities. When dealing with negative risks, there are three main response strategies – （72） , Transfer, Mitigate.

（72）A．Challenge　　B．Exploit

C．Avoid　　D．Enhance

试题（72）分析

风险应对策略包括两种类型：负面风险的应对策略和正向风险的应对策略。风险应对计划的目标是最小化威胁，并且最大化机会。处理负面风险有三种典型的战略：回避、转移和减轻。

选项A是挑战，选项B是开发，选项C是避免，选项D是提高。

参考答案

（72）C

试题（73）

（73） is a property of object-oriented software by which an abstract operation may be performed in different ways in different classes.

（73）A．Method　　B．Polymorphism

C．Inheritance　　D．Encapsulation

试题（73）分析

多态是面向对象的特征之一，它提供了一个抽象操作，在不同的类中能够执行不同的方法。

选项A是方法，选项B是多态，选项C是继承，选项D是封装。

参考答案

（73）B

试题（74）

The Unified Modeling Language is a standard graphical language for modeling object-oriented software. （74） can show the behavior of systems in terms of how objects interact with each other.

（74）A．Class diagram　　B．Component diagram
C．Sequence diagram　　D．Use case diagram

试题（74）分析

统一建模语言是为面向对象软件建模的一种标准图形语言。顺序图可以根据对象间如何交互来展示系统的行为。

选项 A 是类图，选项 B 是组件图，选项 C 是顺序图，选项 D 是用例图。

参考答案

（74）C

试题（75）

The creation of a work breakdown structure (WBS) is the process of （75） the major project deliverables.

（75）A．subdividing　　B．assessing
C．planning　　D．integrating

试题（75）分析

创建工作分解结构是分解项目可交付物的过程。

选项 A 是分解，选项 B 是估算，选项 C 是计划，选项 D 是整合。

参考答案

（75）A

第5章　2009下半年信息系统项目管理师下午试卷I试题分析与解答

试题一（25分）

阅读下列说明，回答问题1至问题3，将解答填入答题纸的对应栏内。

【说明】

某市电力公司准备在其市区及各县实施远程无线抄表系统，代替人工抄表。经过考察，电力公司指定了国外的S公司作为远程无线抄表系统的无线模块提供商，并选定本市F智能电气公司作为项目总包单位，负责购买相应的无线模块，开发与目前电力运营系统的接口，进行全面的项目管理和系统集成工作。F公司的杨经理是该项目的项目经理。

在初步了解用户的需求后，F公司立即着手系统的开发与集成工作。5个月后，整套系统安装完成，通过初步调试后就交付用户使用。但从系统运行之日起，不断有问题暴露，电力公司要求F公司负责解决。可其中很多问题，比如数据实时采集时间过长、无线传输时数据丢失，甚至有关技术指标不符合国家电表标准等等，均涉及到无线模块。于是杨经理同S公司联系并要求解决相关技术问题，而此时S公司因内部原因退出中国大陆市场。因此，系统不得不面临改造。

【问题1】

请用300字以内文字指出F公司在项目执行过程中有何不妥。

【问题2】

风险识别是风险管理的重要活动。请简要说明风险识别的主要内容并指出选用S公司无线模块产品存在哪些风险？

【问题3】

请用400字以内文字说明项目经理应采取哪些办法解决上述案例中的问题。

试题一分析

本题考查项目风险管理相关理论与实践，主要涉及对风险的识别、分析与应对措施。在进行项目风险管理时首先要进行风险的识别。只有认识到风险因素才可能加以防范和控制，辨识风险是整个风险管理系统的基础，找出各种重要的风险来源，推测与其相关联的各种合理的可能性，重点找出影响项目质量、进度、安全和投资等目标顺利实现的主要风险。题目分析的步骤如下。

【问题 1】

要求指出项目执行过程中有哪些不妥的情况。根据题目说明可以分析出以下几种情况：

（1）由于项目采用国外公司的产品，并由国内一家公司进行系统集成，因此存在对产品不能进行充分调研的风险，尤其是在用户实际的运营环境中的应用情况。

（2）题目提到“在初步了解用户的需求后”，说明 F 公司没有详细了解用户需求。

（3）由于“S 公司是国外无线模块提供商”，在项目实施时，没有进行有效的风险管理，没有考虑相应运行风险和防范措施。

【问题 2】

要求考生简要说明风险管理中风险识别的主要内容及选用国外公司产品存在的风险，可以参考《信息系统项目管理师教程》第 12 章项目风险管理有关内容分析。

【问题 3】

要求回答作为项目经理应该采取哪些应对措施来防范和解决项目实施中的风险。考生可以通过对问题 1 和问题 2 的分析结果，给出相应的解决措施。例如：

（1）建立有效的风险管理机制。

（2）进行充分的用户需求分析，详细了解国家标准和用户实际运行指标。

（3）进行充分的产品调研。

（4）对新的提供商进行充分地考察，规避运行风险。

参考答案

【问题 1】

主要不妥是：

（1）F 公司没有对 S 公司无线模块产品进行充分调研和熟悉，没有在用户环境中对无线模块进行充分测试。

（2）没有充分了解用户需求。

（3）F 公司没有实施有效的风险管理。

【问题 2】

风险识别的主要内容：

（1）识别并确定项目有哪些潜在的风险。

（2）识别引起这些风险的主要因素。

（3）识别项目风险可能引起的后果。

存在的风险：

（1）技术风险。无线模块提供商 S 公司的产品和技术是否满足用户的需求，能否提供相应的技术支持以解决出现的问题。

（2）运行风险。S 公司退出中国大陆市场，甚至可能会倒闭。

【问题 3】

（1）对原有方案进行充分评估，进行系统改造的可行性分析。

（2）对新采用的无线模块提供商从技术、政策、运行等多方面进行调研和评估。

（3）与客户充分沟通，详细了解用户的需求，特别是重要的技术指标，对于不能满足的需求或者技术指标，向客户详细说明。

（4）在项目进行过程中，将风险管理纳入日常工作，建立风险预警机制。

试题二（25 分）

阅读下列说明，回答问题 1 至问题 3，将解答填入答题纸的对应栏内。

【说明】

某系统集成商 A 公司承担了某科研机构的信息系统集成项目，建设内容包括应用软件开发、软硬件系统的集成等工作。

在项目建设过程中，由于项目建设单位欲申报科技先进单位，需将此项目成果作为申报的重要内容之一，在合同签订后 30 天内，建设单位向 A 公司要求总工期由 10 个月压缩到 6 个月，同时增加部分功能点。

由于此客户为 A 公司的重要客户，为维护客户关系，A 公司同意了建设单位的要求。为了完成项目建设任务，A 公司将应用软件分成了多个子系统，并分别组织开发团队突击开发，为提高效率，尽量采用并行的工作方式，在没有全面完成初步设计的情况下，有些开发组同时开始详细设计与部分编码工作；同时新招聘了 6 名应届毕业生加入开发团队。

在项目建设过程中，由于客户面对多个开发小组，觉得沟通很麻烦，产生了很多抱怨，虽然 A 公司采取了多种措施来满足项目工期和新增功能的要求，但项目还是频繁出现设计的调整和编码工作的返工，导致项目建设没有在约定的 6 个月工期内完成，同时在试运行期间系统出现运行不稳定情况和数据不一致的情况，直接影响到建设单位科技先进单位的申报工作；并且项目建设单位对 A 公司按合同规定提出的阶段验收申请不予回应。

【问题 1】

请简要分析 A 公司没有按期保质保量完成本项目的原因。

【问题 2】

结合本试题所述项目工期的调整，请简述 A 公司应按照何种程序进行变更管理。

【问题 3】

公司重新任命王工为该项目的项目经理，负责项目的后续工作。请指出王工应采取哪些措施使项目能够进入验收阶段。

试题二分析

本题主要考查项目需求变更控制管理的理论和应用。

很多系统项目实施失败的原因是在项目实施过程当中没有进行有效的需求变更管

理的问题。实施信息系统项目具有实施周期长、对业务的依赖性强的特点，在开发过程中常常出现一些需求不稳定、需求变更、项目范围失控的现象，如果没有一个很好的控制，那么项目将失去可控性，随之而来的是项目的风险和成本无法控制，更严重的是导致项目的滞后和失败。

【问题 1】

就是考查考生分析项目未按时完成的原因。根据题目说明找出由于用户需求的变化，造成项目失败的主要原因。如为了提高效率，“采用并行工作模式”、“在没有全面完成初步设计的情况下，有些开发组同时开始详细设计与部分编码工作”、“新招聘了 6 名应届毕业生加入开发团队”；由于没有统一的规范和接口，使得出现需求变更时，“客户面对多个开发小组，觉得沟通很麻烦，产生了很多抱怨”；等等。

【问题 2】

需要给出具体的项目变更管理的过程。考生可参阅《信息系统项目管理师教程》17.4 节和 5.6 节相关内容。

【问题 3】

考生可针对问题 1 分析的结果以及变更管理的过程提出相应的解决措施。

参考答案

【问题 1】

（1）没有对变更进行充分地论证和评估，没有采取合适的方案。

（2）缺乏与客户清晰的、统一的接口，与客户沟通不是很有效。

（3）变更的实施过程缺少有效的监控。

（4）在压缩工期的情况下，没有考虑新增加开发人员的可用性。

（5）项目没有完成整体设计的同时就开始详细设计和编码，没有考虑到并行工作带来的风险。

（6）子系统的划分不恰当，或者缺少有效的（数据）整合，或者缺少有效数据规划、设计。

【问题 2】

（1）受理变更申请。

（2）对变更进行审核。

（3）变更方案论证。

（4）提交上级部门（变更管理委员会）审查批准。

（5）实施变更。

（6）对变更的实施进行监控。

（7）对变更效果评估。

【问题 3】

（1）召集应用软件各个子系统的负责人，了解项目存在的问题，并提出解决问题的技术方案。

（2）安排公司管理层、项目负责人与客户的管理层、项目负责人进行交流，就项目的后续进度等事宜达成一致，妥善处理前期项目变更措施不当对用户产生的影响。

（3）根据新的进度要求，按照变更程序实施变更。

（4）加强文档管理，妥善保存变更产生的相关文档，确保其完整、及时、准确和清晰，适当的时候可以引入配置管理工具。

（5）对变更过程进行有效的监控。

（6）加强与客户的沟通，确保各个子系统对用户的需求理解一致。

（7）加强各个子系统的项目负责人之间的沟通，确保子系统的同步。

试题三（25分）

阅读下列说明，回答问题1至问题3，将解答填入答题纸的对应栏内。

【说明】

M公司是由3个大学同学共同出资创建的一家信息系统开发公司，经过近2年时间的磨砺，公司的业务逐步达到了一定规模。公司成员也从最初的3人发展为近30人，公司的组织机构也逐渐完善。

为了适应业务发展需要，逐渐摆脱作坊式开发状态，公司决定实施项目管理制度。随后公司成立了项目管理部，并聘请了计算机专业博士生小王作为项目管理部经理。小王上任后，首先用了半天的时间对公司成员介绍项目管理相关理念，然后参考项目管理教材和国外一些大型项目管理经验制定了一系列相关规定以及奖惩措施，针对正在开发的项目分别指定了技术骨干作为项目的项目经理。

但是由于公司承担的业务大多是时间紧任务重的项目，每个人可能同时承担着多个项目，开发人员对项目管理不是很热心，认为"公司规模小没有必要进行项目管理"，与其花费大量时间开会、写文档，不如几个人碰碰头说说就可以了。实际开发工作中总是以开发任务重等原因不按照规定履行项目管理程序。

小王根据自己制定的规定，对公司一些员工进行了处罚。公司员工对此有不满情绪，使得某些项目没有按期完成，公司也因此受到了一定的损失。

【问题1】

请用200字以内的文字指出M公司在实行项目管理制度的过程中存在的问题。

【问题2】

针对"公司规模小没有必要进行项目管理"的说法，请用200字以内的文字谈谈你的看法。

【问题3】

请用300字以内的文字说明小王应该采取哪些措施来摆脱目前面临的困境。

试题三分析

本题主要考查考生对项目管理内涵、项目人力资源管理、项目沟通管理和项目绩效管理等方面的综合理解。

有了良好规范的管理措施，有了专业的管理人员并不一定能够实施好项目管理，尤其在小型企业中。很多企业员工认为项目管理针对大型企业项目实施能够起到很好的作用，而对于小企业中那种“短平快”的项目没有必要实施。因此在小型企业中实施项目管理遇到很大阻力甚至失败，很多时候并不是项目管理水平的问题，而是来自于公司总体管理水平，以及管理人员与被管理人员之间的相处技巧。

很多企业或者管理团队希望用“空降兵”（如本题中的小王）模式快速提高管理水平，但这些空降兵很难快速融入项目团队中。因此如何当好空降而来的项目经理，特别是在小型企业中尤为重要。

【问题 1】

要求考生根据题目说明分析公司实施项目管理中存在的问题，需要从项目管理内涵、项目人力资源管理、项目沟通管理和项目绩效管理几个方面进行综合分析，寻找答案。

【问题 2】

考生要明确项目管理的实施，不仅对大型企业和项目适用，也适合规模小的企业应用，有助于企业向正规化和规模化发展。在项目管理实施过程中，不能仅仅靠书本知识或者其他企业的经验，要根据自身企业的情况和环境，实施有自身企业特色的项目管理。

【问题 3】

根据以上分析，结合考生自己的项目管理经验，给出解决措施。

参考答案

【问题 1】

（1）聘任的项目管理部经理小王照搬国外大型项目管理理论或经验。

（2）技术骨干担任项目经理不一定合适。

（3）没有根据小企业的具体情况制定相应的管理措施。

（4）制定的奖惩制度可能不够合理。

（5）小王与企业员工缺乏灵活和有效的沟通。

（6）公司领导层的重视不够。

（7）公司其他职能部门支持或协作不够。

（8）小王缺少项目管理实践经验。

【问题 2】

（1）小规模企业也需要实施项目管理，项目管理有助于企业正规化、规模化发展，长期来看有助于企业降低生产和维护成本。

（2）实施项目管理，不可能也没必要全盘照搬其他企业的经验，需要根据自身企业的具体情况和环境，灵活运用项目管理的方法和技术。

【问题 3】

（1）根据企业的具体环境，设计一套适用于本企业的项目管理流程（规定哪些步骤，产生哪些文档，设置哪些控制点等）。由于多数项目比较小，那么项目管理方面的流程也可以设计得简单一些，抓主要矛盾。

（2）落实项目管理部的职责。（注：可具体化）

（3）多与企业员工进行正式与非正式的沟通，适当激励项目团队，以赢得大家的信任。

（4）采用灵活的工作方式。对项目进行中出现的问题，通过各种方式处理，而不是一味地按照规章制度进行相应的奖惩。

（5）寻求公司领导层支持。

第 6 章　2009 下半年信息系统项目管理师下午试卷 II 写作要点

试题一　论信息系统项目的成本管理

项目成本管理是项目管理的一个重要组成部分，它是指在项目的实施过程中，为了保证完成项目所花费的实际成本不超过其预算成本而展开的项目成本估算、项目预算编制和项目成本控制等方面的管理活动。

为保证项目能完成预定的目标，必须要加强对项目实际发生成本的控制，一旦项目成本失控，就难以在预算内完成项目，不良的成本控制会使项目处于超出预算的危险境地。在项目的实际实施过程中，项目超预算的现象还是屡见不鲜。实际上，只要在项目成本管理中树立正确思想，采用适当方法，遵循一定程序，严格做好估算、预算和成本控制工作，将项目的实际成本控制在预算成本以内是完全可能的。

请围绕“论信息系统项目的成本管理”论题，分别从以下三个方面进行论述：

1．概要叙述你参与管理和开发的信息系统项目以及你在其中担任的主要工作。

2．结合你所参与的项目，从成本估算、成本预算和成本控制三方面论述项目成本管理所应实施的活动。

3．叙述你所参与的项目的成本管理过程，并加以评价。

试题一分析

首先要明确何为信息系统项目，选择自己参与过的信息系统项目进行分析论述，而不要选择其他类型的项目。

选择好项目之后，接着根据题目要求考虑要论述的内容，确定文章结构。

撰写出摘要，摘要是全文概括，千万不要写成引言。

摘要写好后，开始撰写论文，首先介绍项目情况和所承担的主要工作；之后从成本估算、成本预算和成本控制三方面阐述项目成本管理所应该实施的活动；叙述所参与的项目在这三方面所做的工作有哪些，哪些工作没有做，造成了什么后果，哪些工作做得很成功，效果如何；最后总结此项目管理中的得失，写出自己关于信息系统项目的成本管理的体会。

注意论文要结构合理，语言流畅，字迹清晰。

注意论文撰写要始终围绕信息系统项目的成本管理，不要跑题。

写作要点

1．整篇论文陈述完整，论文结构合理、语言流畅，字迹清楚。

2．所述项目切题真实，介绍清楚。

3．从成本估算、成本预算和成本控制三方面论述在项目管理所实施的活动：

（1）成本估算。

① 成本估算的概念：编制一个为完成项目活动所需要的资源成本的近似估算。

② 成本估算的步骤：识别并分析项目成本的构成科目；根据已识别的项目成本构成科目，估算每一成本科目的成本大小；分析成本估算结果，找出各种可以相互替代的成本，协调各种成本之间的比例关系。

③ 成本估算的输入（主要依据）：企业环境因素、组织过程资产、项目范围说明书、工作分解结构（WBS）、WBS 词典和项目管理计划。

④ 成本估算的工具和技术介绍：类比估算法、确定资源费率、自上而下的成本估算、项目管理软件、卖方投标分析、准备金分析、质量成本（结合项目介绍其中所使用的工具和技术即可，不用都介绍）。

⑤ 成本估算的输出：项目成本估算结果、相关支持性细节文件和结果、请求的变更和成本管理计划（更新）。

（2）成本预算。

① 成本预算的概念：项目成本预算是进行项目成本控制的基础，是将项目的成本估算分配到项目的各项具体工作上，以确定项目各项工作和活动的成本定额，制定项目成本的控制标准，规定项目意外成本的划分与使用规则的一项项目管理工作。

② 成本预算的步骤：分摊项目总成本到项目工作分解的各个工作包中，为每一个工作包建立总预算成本，在将所有工作包的预算成本额加总时，结果不能超过项目的总预算成本；将每个工作包分配得到的成本再二次分配到工作包所包含的各项活动上；确定各项成本预算支出的时间计划以及每一时间点对应的累计预算成本，制定出项目成本预算计划（按照《系统集成项目管理工程师教程》相关章节进行论述的也可以给分）。

③ 成本预算的输入（主要依据）：项目范围说明书、工作分解结构、WBS 字典、活动成本估算、活动成本估算的支持性细节和项目进度计划。

④ 成本预算的工具和技术介绍：成本总计、管理储备、参数模型、支出的合理化原则等（结合项目介绍其中所使用的工具和技术即可，不用都介绍）。

⑤ 成本预算的输出：成本基准计划、项目资金需求、项目管理计划（更新）和请求的变更。

（3）成本控制。

① 成本控制的概念：指项目组织为保证在变化的条件下实现其预算成本，按照事先拟订的计划和标准，采用各种方法对项目实施过程中能够发生的各种实际成本与计划成本进行对比、检查、监督、引导和纠正，尽量使项目的实际成本控制在计划和预算范围内的管理过程。

② 成本控制的主要内容：识别可能引起项目成本基准计划发生变动的因素，并对这些因素施加影响，以保证该变化朝着有利的方向发展；以工作包为单位，监督成本的实

施情况，发现实际成本与预算成本之间的偏差，查找出产生偏差的原因，做好实际成本的分析评估工作；对发生成本偏差的工作包实施管理，有针对性地采取纠正措施，必要时可以根据实际情况对项目成本基准计划进行适当调整和修改，同时要确保所有相关变更都准确记录在成本基准计划中；将核准的成本变更和调整后的成本基准计划通知项目的相关人员；防止不正确、不合适的或未授权的项目变更所发生的费用被列入项目成本预算；在进行成本控制的同时，应该与项目范围变更、进度计划变更和质量控制等紧密结合，防止因单纯控制成本引起项目范围、进度和质量方面的问题，甚至出现无法接受的风险。

③ 有效控制成本的关键是经常及时地分析成本绩效，尽早发现成本差异和成本执行的无效率，以便在情况变坏之前能够及时采取纠正措施。

④ 成本控制的输入（主要依据）：成本基准、项目的资金需求、成本绩效报告、工作绩效信息、批准的变更请求、项目管理计划。

⑤ 成本控制的工具和技术介绍：成本变更控制系统、绩效测量、项目绩效评估、预测技术、项目管理软件和偏差管理（结合项目介绍其中所使用的工具和技术即可，不用都介绍）。

⑥ 成本控制的输出：成本估算（更新）、成本基线（更新）、绩效衡量、预测完工、请求的变更、建议的纠正措施、项目管理计划更新和组织过程资产（更新）。

4．根据考生对参与的项目中成本管理过程的叙述与评价，可确定他有无信息系统项目管理的经验。

试题二　论信息系统项目的需求管理

项目需求管理的目的是确保各方对需求的一致理解，管理和控制需求的变更，从需求到最终产品的双向追踪。项目的需求管理可以在很大程度上影响项目的成败。项目的需求管理流程主要包括制定需求管理计划、求得对需求的理解、求得对需求的确认、管理需求变更、维护对需求的双向跟踪、识别项目工作与需求之间的不一致等。

请围绕“论信息系统项目的需求管理”论题，分别从以下三个方面进行论述：

1．概要叙述项目的背景（发起单位、目的、项目周期、交付产品等）以及你在其中承担的工作。

2．结合你承担的项目，从制订需求管理计划、需求变更管理和需求跟踪等三方面论述需求管理应实施的活动。

3．叙述你所参与的项目的需求管理过程，并加以评价。

试题二分析

首先要明确何为信息系统项目，选择自己参与过的信息系统项目进行分析论述，而不要选择其他类型的项目。

选择好项目之后，接着根据题目要求考虑要论述的内容，确定文章结构。

撰写出摘要，摘要是全文概括，千万不要写成引言。

摘要写好后，开始撰写论文，首先介绍项目情况和所承担的主要工作；之后从制订需求管理计划、需求变更管理和需求跟踪三方面论述需求管理应实施的活动；叙述所参与的项目在这三方面所做的工作有哪些，哪些工作没有做，造成了什么后果，哪些工作做得很成功，效果如何；最后总结此项目管理中的得失，写出自己关于信息系统项目需求管理的体会。

注意论文要结构合理，语言流畅，字迹清晰。

注意论文撰写要始终围绕信息系统项目的需求管理，不要跑题。

写作要点

1．整篇论文陈述完整，论文结构合理、语言流畅，字迹清楚。

2．所述项目切题真实，介绍清楚。

3．从制定需求管理计划、需求变更管理、需求跟踪三方面论述需求管理应实施的活动：

（1）制定需求管理计划的主要步骤：建立并维护需求管理的组织方针；确定需求管理所使用的资源；分配责任；培训计划；确定需求管理的项目相关人员，并确定其介入时机；制定判断项目工作与需求不一致的准则和纠正规程；制定需求跟踪性矩阵；制定需求变更审批规程；制定审批规程。

（2）需求变更管理。

① 需求变更管理必须保证的事项：应仔细评估已建议的变更；挑选合适的人选对变更做出决定；变更应及时通知所涉及的人员；项目要按一定程序来采纳需求变更。

② 控制项目范围的扩展。

③ 变更控制过程：应该包括对变更控制策略、变更控制步骤、变更控制状态报告、变更控制工具 4 个方面的论述。

④ 变更控制委员会的组成：产品或计划管理部门；项目管理部门；开发部门；质量或质量保证部门；市场部或客户代表；制作用户文档的部门；技术支持部门；帮助桌面或用户支持热线部门；配置管理部门（以上是可能的组成人员，考生可根据其参与项目说明组成）。

⑤ 质量变更活动。

（3）需求跟踪。

① 需求跟踪的内容：从需求跟踪的目的、需求跟踪能力矩阵、需求跟踪能力工具、需求跟踪能力过程和需求跟踪能力的可行性方面进行论述。

② 变更需求代价：影响分析，从影响分析过程、影响分析报告模板两方面论述。

4．根据考生对参与的项目中需求管理流程的叙述与评价，可确定他有无信息系统项目管理的经验。

第7章　2010上半年信息系统项目管理师上午试题分析与解答

试题（1）、（2）

信息系统的生命周期大致可分成4个阶段，即系统规划阶段、系统开发阶段、系统运行与维护阶段、系统更新阶段。其中以制定出信息系统的长期发展方案、决定信息系统在整个生命周期内的发展方向、规模和发展进程为主要目标的阶段是（1）。系统调查和可行性研究、系统逻辑模型的建立、系统设计、系统实施和系统评价等工作属于（2）。

（1）A．系统规划阶段　　B．系统开发阶段
　　C．系统运行与维护阶段　　D．系统更新阶段

（2）A．系统规划阶段　　B．系统开发阶段
　　C．系统运行与维护阶段　　D．系统更新阶段

试题（1）、（2）分析

信息系统按照其生命周期进行划分大致可分成4个阶段：

1．信息系统的规划阶段

本阶段的目标是制定出信息系统的长期发展方案、决定信息系统在整个生命周期内的发展方向、规模和发展进程。

2．信息系统的开发阶段

信息系统的开发阶段是信息系统生命周期中最重要和最关键的阶段。该阶段又可分为总体规划、系统分析、系统设计、系统实施和系统验收5个阶段。

① 总体规划阶段：信息系统总体规划是系统开发的起始阶段，它的基础是需求分析。本阶段将：

- 明确信息系统在企业经营战略中的作用和地位。
- 指导信息系统的开发。
- 优化配置和利用各种资源，包括内部资源和外部资源。
- 通过规划过程规范企业的业务流程。

一个比较完整的总体规划，应当包括信息系统的开发目标、信息系统的总体架构、信息系统的组织结构和管理流程、信息系统的实施计划、信息系统的技术规范等。

② 系统分析阶段：目标是为系统设计阶段提供系统的逻辑模型，内容包括组织结构及功能分析、业务流程分析、数据和数据流程分析、系统初步方案等。

③ 系统设计阶段：根据系统分析的结果设计出信息系统的实施方案。内容包括系统架构设计、数据库设计、处理流程设计、功能模块设计、安全控制方案设计、系统组织和队伍设计、系统管理流程设计等。

④ 系统实施阶段：将设计阶段的结果在计算机和网络上具体实现，也就是将设计文本变成能在计算机上运行的软件系统。由于系统实施阶段是对以前的全部工作的检验，因此，系统实施阶段用户的参与特别重要。

⑤ 系统验收阶段：通过试运行，系统性能的优劣、是否做到了用户友好等问题都会暴露在用户面前，这时就进入了系统验收阶段。

3．信息系统运行维护阶段

当信息系统通过验收，正式移交给用户以后，系统就进入了运行阶段。长时间的运行是检验系统质量的试金石。

4．信息系统更新阶段（消亡阶段）

开发好一个信息系统，并想着让它一劳永逸地运行下去，是不现实的。企业的信息系统经常会不可避免地遇到系统更新改造、功能扩展，甚至是报废重建的情况。对此，企业在信息系统建设的初期就要注意系统的消亡条件和时机，以及由此而花费的成本。

参考答案

（1）A （2）B

试题（3）

在国家信息化体系六要素中，（3）是国家信息化的核心任务，是国家信息化建设取得实效的关键。

（3）A．信息技术和产业　　B．信息资源的开发和利用

C．信息人才　　D．信息化政策法规和标准规范

试题（3）分析

国家信息化体系包括信息技术应用、信息资源、信息网络、信息技术和产业、信息化人才、信息化法规政策和标准规范6个要素。其中信息技术应用是信息化体系六要素中的龙头，是国家信息化建设的主阵地，集中体现了国家信息化建设的需求与利益；信息资源的开发利用是国家信息化的核心任务，是国家信息化建设取得实效的关键，也是我国信息化的薄弱环节；信息网络是信息资源开发利用和信息技术应用的基础，是信息传输、交换、共享的必要手段；信息技术和产业是我国进行信息化建设的基础；信息化人才是国家信息化成功之本，对其他各要素的发展速度和质量起着决定性的影响，是信息化建设的关键；信息化政策法规和标准规范用于规范和协调信息化体系六要素之间关系，是国家信息化快速、持续、有序、健康发展的根本保障。可见B是正确答案。

参考答案

（3）B

试题（4）

近年来，电子商务在我国得到了快速发展，很多网站能够使企业通过互联网直接向消费者销售产品和提供服务。从电子商务类型来说，这种模式属于（4）模式。

（4）A．B2B　　B．B2C　　C．C2C　　D．G2B

试题（4）分析

电子商务按照交易对象的不同，分为企业与企业之间的电子商务（B2B）、商业企业与消费者之间的电子商务（B2C）、消费者与消费者之间的电子商务（C2C），以及政府部门与企业之间的电子商务（G2B）4 种。故本题目中的模式属于 B2C。

参考答案

（4）B

试题（5）

电子商务是网络经济的重要组成部分。以下关于电子商务的叙述中，（5）是不正确的。

（5）A. 电子商务涉及信息技术、金融、法律和市场等众多领域

B. 电子商务可以提供实体化产品、数字化产品和服务

C. 电子商务活动参与方不仅包括买卖方、金融机构、认证机构，还包括政府机构和配送中心

D. 电子商务使用互联网的现代信息技术工具和在线支付方式进行商务活动，因此不包括网上做广告和网上调查活动

试题（5）分析

电子商务使用基于互联网的现代信息技术工具和在线支付方式进行商务活动，电子数据交换是连接原始电子商务和现代电子商务的纽带。现代电子商务包括：

① 以基于因特网的现代信息技术、工具为操作平台。

② 商务活动参与方增多，不仅包括买卖方、金融机构、认证机构，还包括政府机构和配送中心。

③ 商务活动范围扩大，活动内容包括货物贸易、服务贸易和知识产权交易等，活动形态包括网上销售、网上客户服务，以及网上做广告和网上调查等。

电子商务是一门综合性的新兴商务活动，涉及面相当广泛，包括信息技术、金融、法律和市场等众多领域，这就决定了与电子商务相关的标准体系十分庞杂，几乎涵盖了现代信息技术的全部标准范围及尚待进一步规范的网络环境下的交易规则。

综上所述 D 是不正确的。

参考答案

（5）D

试题（6）

CRM 是基于方法学、软件和因特网的，以有组织的方法帮助企业管理客户关系的信息系统。以下关于 CRM 的叙述中，（6）是正确的。

（6）A. CRM 以产品和市场为中心，尽力帮助实现将产品销售给潜在客户

B. 实施 CRM 要求固化企业业务流程，面向全体用户采取统一的策略

C. CRM 注重提高用户满意度，同时帮助提升企业获取利润的能力

D. 吸引新客户比留住老客户能够获得更大利润是CRM的核心理念

试题（6）分析

① CRM以信息技术为手段，是一种以客户为中心的商业策略，CRM注重的是与客户的交流，企业的经营是以客户为中心，而不是传统的以产品或市场为中心。

② CRM在注重提高用户满意度的同时，一定要把帮助提升企业获取利润的能力作为重要指标。

③ CRM的实施要求企业对其业务功能进行重新设计，并对工作流程进行重组，将业务的中心转移到客户，同时要针对不同的客户群体有重点地采取不同的策略。可见C是正确的。

参考答案

（6）C

试题（7）

软件需求可以分为功能需求、性能需求、外部接口需求、设计约束和质量属性等几类。以下选项中，<u>（7）</u>均属于功能需求。

① 对特定范围内修改所需的时间不超过3秒。

② 按照订单及原材料情况自动安排生产排序。

③ 系统能够同时支持1000个独立站点的并发访问。

④ 系统可实现对多字符集的支持，包括GBK、BIG5和UTF-8等。

⑤ 定期生成销售分析报表。

⑥ 系统实行同城异地双机备份，保障数据安全。

（7）A. ①②⑤　　B. ②⑤　　C. ③④⑤　　D. ③⑥

试题（7）分析

《计算机软件需求说明编制指南》GB/T 9385中定义了需求的具体内容，包括：

（1）功能需求：指描述软件产品的输入怎样变换成输出即软件必须完成的基本动作。对于每一类功能或者有时对于每一个功能需要具体描述其输入、加工和输出的需求。

（2）性能需求：从整体来说本条应具体说明软件或人与软件交互的静态或动态数值需求。

① 静态数值需求可能包括：

- 支持的终端数
- 支持并行操作的用户数
- 处理的文卷和记录数
- 表和文卷的大小

② 动态数值需求：

可包括欲处理的事务和任务的数量，以及在正常情况下和峰值工作条件下一定时间周期中处理的数据总量。所有这些需求都必须用可以度量的术语来叙述。例如，95%的事务必须在小于1s时间内处理完，不然操作员将不等待处理的完成。

（3）设计约束：设计约束受其他标准、硬件限制等方面的影响。

（4）属性：在软件的需求之中有若干个属性如可移植性、正确性、可维护性及安全性等。

（5）外部接口需求：包括用户接口、硬件接口、软件接口、通信接口。

（6）其他需求：根据软件和用户组织的特性等某些需求放在数据库、用户要求的常规的和特殊的操作、场合适应性需求中描述。

由此可知：

① 对特定范围内修改所需的时间不超过 3 秒——性能需求。

② 按照订单及原材料情况自动安排生产排序——功能需求。

③ 系统能够同时支持 1000 个独立站点的并发访问——性能需求。

④ 系统可实现对多字符集的支持，包括 GBK、BIG5 和 UTF-8 等——设计约束。

⑤ 定期生成销售分析报表——功能需求。

⑥ 系统实行同城异地双机备份，保障数据安全——设计约束。

可见 B 的内容属于功能需求。

参考答案

（7）B

试题（8）

在软件测试中，假定 X 为整数，$10 \leqslant X \leqslant 100$，用边界值分析法，那么 *X* 在测试中应该取<u>（8）</u>边界值。

（8）A．*X*=9，*X*=10，*X*=100，*X*=101　　B．*X*=10，*X*=100

C．*X*=9，*X*=11，*X*=99，*X*=101　　D．*X*=9，*X*=10，*X*=50，*X*=100

试题（8）分析

边界值分析是一种黑盒测试方法，是对等价类划分方法的补充。人们从长期的测试工作经验得知，大量的错误是发生在输入或输出范围的边界上，而不是在输入范围的内部。因此针对各种边界情况设计测试用例，可以查出更多的错误。使用边界值方法设计测试用例，应当选取正好等于、刚刚大于或刚刚小于边界的值作为测试数据。即测试时，针对 X=9、X=10、X=100、X=101 的情况都要进行测试。

参考答案

（8）A

试题（9）

软件公司经常通过发布更新补丁的方式，对已有软件产品进行维护，并在潜在错误成为实际错误前，监测并更正它们，这种方式属于<u>（9）</u>。

（9）A．更正性维护　　B．适应性维护

C．完善性维护　　D．预防性维护

试题（9）分析

软件维护指在软件运行/维护阶段对软件产品所进行的修改。要求进行软件维护的原因可归纳为 3 种类型：

① 改正在特定的使用条件下暴露出来的一些潜在程序错误或设计缺陷。

② 因在软件使用过程中数据环境发生变化或处理环境发生变化，对软件进行的修改。

③ 用户和数据处理人员在使用时常提出改进现有功能、增加新的功能，以及改善总体性能的要求，为了满足这些要求需要进行软件修改。

与上述原因相对应，可将维护活动归纳为：改正性维护、适应性维护和完善性维护。

除了上述 3 类维护外，还有一类维护活动叫预防性维护。

④ 预防性维护是为了提高软件的可维护性、可靠性等，为以后进一步改进软件打下良好基础的维护活动。预防性维护可定义为："把今天的方法用于昨天的系统以满足明天的需要"。即本题中的方式属于预防性维护。

参考答案

（9）D

试题（10）

项目管理过程中执行过程组的主要活动包括＿（10）＿。

① 实施质量保证 ②风险识别 ③项目团队组建 ④询价 ⑤合同管理 ⑥卖方选择

（10）A. ①②③④⑥　　B. ①③④⑤⑥　　C. ②③④⑥　　D. ①③④⑥

试题（10）分析

项目管理过程中的执行过程组是由为完成在项目管理计划中定义的工作，以达成项目目标所必需的过程组成。这个项目过程组涉及协调人员和资源，整合并完成项目或阶段的活动以保持与项目管理计划的一致性。这个项目过程组还会涉及到在项目范围陈述中定义的范围，以及经批准的对范围的变更。

执行时产生的偏差通常会导致重新进行规划。这些偏差包括活动工期、资源的生产率和可用性以及未测到的错误等。这些变更不一定影响项目管理计划，并且可能需要对其进行技术性能分析。分析的结果可能会引发变更申请。如果申请被批准，就需要修订项目管理计划并建立新的项目基线。执行这些过程会花费大部分的项目预算。

执行过程组包括：

（1）指导和管理项目执行

这一过程用于指导存在于项目中不同的技术和组织接口，执行项目管理计划所定义的活动。执行项目管理计划所定义的工作过程的结果就是各项可交付物。收集关于可交付物的完成状态和哪些工作已经完成的信息是项目执行部分的工作，这些信息会被反馈到绩效报告过程。

（2）执行质量保证

这一过程是指应用已计划好的，系统性的质量活动如审核和同行评审来确保项目使用了为满足所有项目干系人的期望所必需的所有过程。

（3）项目团队建设

这一过程用于培育个人和团队的能力以提升项目绩效。

（4）信息发布

这一过程用于及时向项目干系人传送他们所需的信息。

（5）获取供方响应（询价）

这一过程指导如何恰当地发布信息、报价、投标、出价或提交建议书。

（6）选择供方

这一过程用于评标、选择潜在供方以及与供方协商并签订合同。

可见本题目中的①③④⑥属于执行过程组的范畴。

参考答案

（10）D

试题（11）

软件能力成熟度（CMM）模型提供了一个框架，将软件过程改进的进化步骤组织成5个成熟等级，为过程不断改进奠定了循序渐进的基础。由低到高5个等级命名为__（11）__。

（11）A．初始级、可重复级、已定义级、已管理级、优化级

B．初始级、已定义级、可重复级、已管理级、优化级

C．初始级、可重复级、已管理级、已定义级、优化级

D．初始级、已定义级、已管理级、可重复级、优化级

试题（11）分析

美国卡内基梅隆大学软件工程研究所（SEI）提出的软件能力成熟度模型将软件过程的成熟度分为5个等级，各个等级的特征如下：

① 初始级：在这一成熟级别的组织，其软件开发过程是临时的、有时甚至是混乱的。没有几个过程是被定义的，常常靠个人的能力来取得成功。

② 可重复级：在这一成熟级别的组织建立了基本的项目管理过程来跟踪软件项目的成本、进度和功能。这些管理过程和方法可供重复使用，把过去成功的经验用于当前和今后类似的项目。

③ 已定义级：在这一级，管理活动和软件工程活动的软件过程被文档化、标准化，并被集成到组织的标准软件过程之中。在达到这一级的组织中，所有项目都使用一个经批准的、特制的标准过程版本。在具体使用这个标准过程时，可以根据项目的实际情况进行适当的剪裁。

④ 已管理级：在这一级，组织和项目为质量和过程绩效建立了量化目标，并以此作为管理过程的依据。软件过程和产品都被置于定量的掌控之中。

⑤ 持续优化级：处于这一成熟度模型的最高水平，组织能够运用从过程、创意和技术中得到的定量反馈，来对软件开发过程进行持续改进。故 A 是正确的。

注：1987 年 SEI 受美国国防部资助提出了 CMM 模型。该模型在软件行业已成为具有广泛影响的模型。在使用过程中该模型也在不断完善与升级。CMMI 模型是 CMM 模型的升级版本，CMMIV1.1 由 SEI 于 2001 年 11 月推出，CMMIV1.2 于 2006 年 8 月推出。SEI 宣布了 CMM/CMMIV1.1 已落幕，CMM/CMMIV1.1 的评估结果于 2007 年 12 月 31 日之后已失效，即目前有效的模型是 CMMIV1.2。SEI 预计 2010 年 11 月推出 CMMIV1.3，敬请及时关注相关信息。

参考答案

（11）A

试题（12）

根据《软件文档管理指南》（GB/T 16680—1996），下列关于文档质量的描述中，(12) 是不正确的。

（12）A．1 级文档适合开发工作量低于一个人月的开发者自用程序

B．2 级文档包括程序清单内足够的注释以帮助用户安装和使用程序

C．3 级文档适合于由不在一个单位内的若干人联合开发的程序

D．4 级文档适合那些要正式发行供普遍使用的软件产品关键性程序

试题（12）分析

《软件文档管理指南》（GB/T 16680—1996）中明确指出了如何确定文档的质量等级，内容如下：

仅仅依据规章、传统的做法或合同的要求去制作文档是不够的，管理者还必须确定文档的质量要求以及如何达到和保证质量要求。

质量要求的确定取决于可得到的资源、项目的大小和风险，可以对该产品的每个文档的格式及详细程度做出明确的规定。

每个文档的质量必须在文档计划期间就有明确的规定。文档的质量可以按文档的形式和列出的要求划分为 4 级。

最低限度文档（1 级文档）：1 级文档适合开发工作量低于一个人月的开发者自用程序。该文档应包含程序清单、开发记录、测试数据和程序简介。

内部文档（2 级文档）：2 级文档可用于在精心研究后被认为似乎没有与其他用户共享资源的专用程序。除 1 级文档提供的信息外，2 级文档还包括程序清单内足够的注释以帮助用户安装和使用程序。

工作文档（3 级文档）：3 级文档适合于由同一单位内若干人联合开发的程序，或可被其他单位使用的程序。

正式文档（4 级文档）：4 级文档适合那些要正式发行供普遍使用的软件产品。关键性程序或具有重复管理应用性质（如工资计算）的程序需要 4 级文档。4 级文档应遵守 GB8567 的有关规定。

质量方面需要考虑的问题既要包含文档的结构，也要包含文档的内容。文档内容可以根据正确性、完整性和明确性来判断。而文档结构由各个组成部分的顺序和总体安排的简单性来测定。要达到这 4 个质量等级，需要的投入和资源逐级增加，质量保证机构必须处于适当的行政地位以保证达到期望的质量等级。

可见本题目中只有 C 是不正确的。

参考答案

（12）C

试题（13）

根据《软件工程产品质量》（GB/T 16260.1—2006）定义的质量模型，<u>（13）</u>不属于易用性的质量特性。

（13）A．易分析性　　B．易理解性　　C．易学性　　D．易操作性

试题（13）分析

《软件工程产品质量》（GB/T 16260.1—2006）中定义了内部和外部质量的质量模型。它将软件质量划分为 6 个特性（功能性、可靠性、易用性、效率、维护性、可移植性），并进一步细分为若干个子特性。这些子特性可用内部或外部度量来测量。软件质量特性包括：

① 功能性：与一组功能及其指定的性质有关的一组属性这里的功能是指满足明确或隐含的需求的那些功能。

② 可靠性：与在规定的一段时间和条件下软件维持其性能水平的能力有关的一组属性。

③ 易用性：与一组规定或潜在的用户为使用软件所需作的努力和对这样的使用所作的评价有关的一组属性。

④ 效率：与在规定的条件下软件的性能水平与所使用资源量之间关系有关的一组属性。

⑤ 维护性：与进行指定的修改所需的努力有关的一组属性。

⑥ 可移植性：与软件可从某一环境转移到另一环境的能力有关的一组属性。

子特性的内容见下图。

可见易分析性属于维护性，易理解性 、 易学性、易操作性属于易用性。

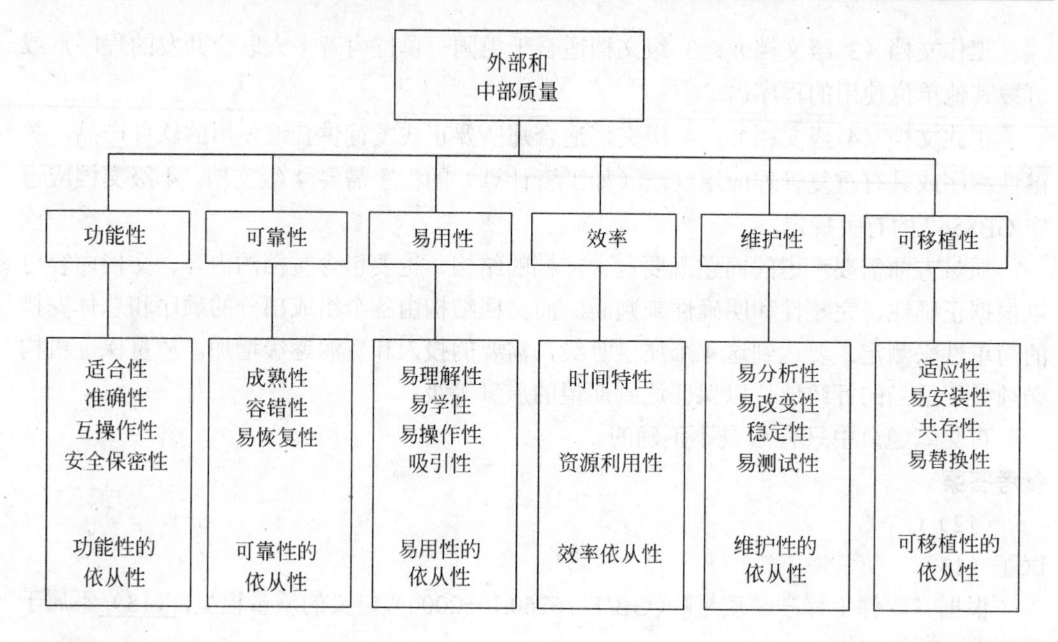

参考答案

（13）A

试题（14）

根据《GB/T 14394—2008 计算机软件可靠性和可维护性管理》，有关下列术语与定义描述中，<u>（14）</u>是错误的。

（14）A．软件可维护性，是指与进行规定的修改难易程度有关的一组属性

B．软件生存周期，是指软件产品从形成概念开始，经过开发、使用和维护，直到最后不再使用的过程

C．软件可靠性，是指在规定环境下、规定时间内软件不引起系统失效的概率

D．软件可靠性和可维护性大纲，是指为保证软件满足规定的可靠性和可维护性要求而记录的历史档案

试题（14）分析

《GB/T 14394—2008 计算机软件可靠性和可维护性管理》对下列属性进行了定义：

软件可靠性：在规定环境下、规定时间内，软件不引起系统失效的概率；或在规定的时间周期内所述条件下，程序执行所要求的功能的能力。

软件可维护性：与进行规定的修改难易程度有关的一组属性。

软件生存周期：软件产品从形成概念开始，经过开发、使用和维护，直到最后不再使用的过程。

软件可靠性和可维护性大纲：为保证软件满足规定的可靠性和可维护性要求而制定的一套管理文件。可见D是错误的。

参考答案

（14）D

试题（15）

一个密码系统，通常简称为密码体制。可由五元组（M,C,K,E,D）构成密码体制模型，以下有关叙述中，<u>（15）</u>是不正确的。

（15）A. M 代表明文空间；C 代表密文空间；K 代表密钥空间；E 代表加密算法；D 代表解密算法

B. 密钥空间是全体密钥的集合，每一个密钥 K 均由加密密钥 Ke 和解密密钥 Kd 组成，即有 K=<Ke,Kd>

C. 加密算法是一簇由 M 到 C 的加密变换，即有 C=（M, Kd）

D. 解密算法是一簇由 C 到 M 的加密变换，即有 M =（C, Kd）

试题（15）分析

如下图所示，用户 A 与 B 之间加密传输的“消息”，即实际数据，称为“明文”（用“M”表示）。M 可以是任何类型的未加密数据。因为它是“明文的”，所以使用之前不必解密。加密的消息是“密文”（用“C”表示）。

从数学角度讲，加密只是一种从 M 定义域到 C 值域的函数，解密正好是加密的反函数。实际上，大多数密码术函数的定义域和值域是相同的（也就是位或字节序列），我们用：

C＝E（M）表示加密；

M＝D（C）表示解密。

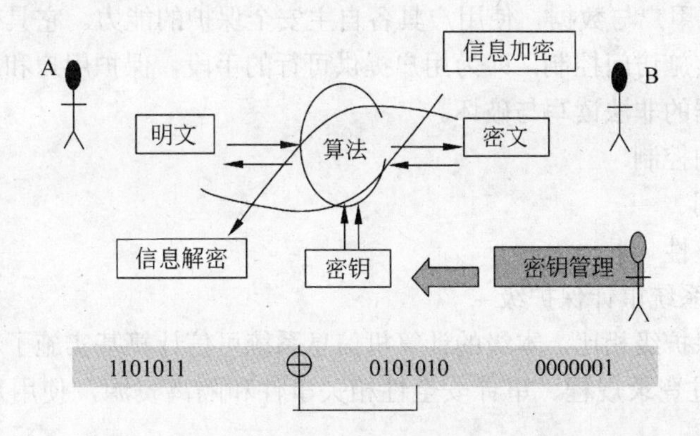

那么，M=D（E（M））将自动成立（否则将无法从密文中取回明文）。

在实际密码术中，通常不关心单独的加密和解密函数，而更关心由密钥索引的函数类，即：

C=E{k}（M）加密；（本题目中应为 C=（M, Ke））

M＝D {k}（C）解密。

则有，M=D {k}（E {k}（M））。

同样有，M≠D{kl}（E{k2}（M））。这个不等式可以很好地解决问题的。因为无权访问密钥K 的人不会知道使用什么解密函数对C 进行解密。

故C是不正确的。

参考答案

（15）C

试题（16）

某商业银行在 A 地新增一家机构，根据《计算机信息安全保护等级划分准则》，其新成立机构的信息安全保护等级属于<u>（16）</u>。

（16）A．用户自主保护级　　B．系统审计保护级

C．结构化保护级　　D．安全标记保护级

试题（16）分析

《计算机信息安全保护等级划分准则》规定了计算机系统安全保护能力的 5 个等级，即：

第一级：用户自主保护级；第二级：系统审计保护级；第三级：安全标记保护级；第四级：结构化保护级；第五级：访问验证保护级。

该标准适用计算机信息系统安全保护技术能力等级的划分。计算机信息系统安全保护能力随着安全保护等级的增高，逐渐增强。

1．第一级　用户自主保护级

本级的计算机信息系统可信计算基（trusted computing base of computer information system）通过隔离用户与数据，使用户具备自主安全保护的能力。它具有多种形式的控制能力，对用户实施访问控制，即为用户提供可行的手段，保护用户和用户组信息，避免其他用户对数据的非法读写与破坏。

（1）自主访问控制

（2）身份鉴别

（3）数据完整性

2．第二级　系统审计保护级

与用户自主保护级相比，本级的计算机信息系统可信计算基实施了粒度更细的自主访问控制，它通过登录规程、审计安全性相关事件和隔离资源，使用户对自己的行为负责。

（1）自主访问控制

（2）身份鉴别

（3）客体重用

（4）审计

（5）数据完整性

3．第三级 安全标记保护级

本级的计算机信息系统可信计算基具有系统审计保护级的所有功能。此外，还提供有关安全策略模型、数据标记以及主体对客体强制访问控制的非形式化描述；具有准确地标记输出信息的能力；消除通过测试发现的任何错误。

（1）自主访问控制

（2）强制访问控制

（3）标记

（4）身份鉴别

（5）客体重用

（6）审计

（7）数据完整性

4．第四级 结构化保护级

本级的计算机信息系统可信计算基建立于一个明确定义的形式化安全策略模型之上，它要求将第三级系统中的自主和强制访问控制扩展到所有主体与客体。此外，还要考虑隐蔽通道。本级的计算机信息系统可信计算基必须结构化为关键保护元素和非关键保护元素。计算机信息系统可信计算基的接口也必须经过明确定义，使其设计与实现能够经受更充分的测试和更完整的评审。系统具有相当的抗渗透能力。

（1）自主访问控制

（2）强制访问控制

（3）标记

（4）身份鉴别

（5）客体重用

（6）审计

（7）数据完整性

（8）隐蔽信道分析

（9）可信路径

5．第五级 访问验证保护级

本级的计算机信息系统可信计算基满足访问监控器需求。访问监控器仲裁主体对客体的全部访问。访问监控器本身是抗篡改的；必须足够小，能够分析和测试。为了满足访问监控器需求，计算机信息系统可信计算基在其构造时，排除了那些对实施安全策略来说并非必要的代码；在设计和实现时，从系统工程角度将其复杂性降低到最小程度。系统具有很高的抗渗透能力。

（1）自主访问控制

（2）强制访问控制

（3）标记

（4）身份鉴别

（5）客体重用

（6）审计

（7）数据完整性

（8）隐蔽信道分析

（9）可信路径

（10）可信恢复

商业银行新增机构的信息安全保护等级为安全标记保护级。

参考答案

（16）D

试题（17）

网吧管理员小李发现局域网中有若干台电脑有感染病毒的迹象，这时应首先（17），以避免病毒的进一步扩散。

（17）A．关闭服务器
B．启动反病毒软件查杀
C．断开有嫌疑计算机的物理网络连接
D．关闭网络交换机

试题（17）分析

当发现局域网中有若干台电脑有感染病毒迹象时，网吧管理员应该首先立即断开有嫌疑的计算机的物理网络连接，查看病毒的特征，看看这个病毒是最新的病毒，还是现有反病毒软件可以处理的。如果现有反病毒软件能够处理，只是该计算机没有安装反病毒软件或者禁用了反病毒软件，可以立即开始对该计算机进行查杀工作。如果是一种新的未知病毒，那只有求教于反病毒软件厂商和因特网，找到查杀或者防范的措施，并立即在网络中的所有计算机上实施。

参考答案

（17）C

试题（18）

在构建信息安全管理体系中，应建立起一套动态闭环的管理流程，这套流程指的是（18）。

（18）A．评估—响应—防护—评估　　B．检测—分析—防护—检测
C．评估—防护—响应—评估　　D．检测—评估—防护—检测

试题（18）分析

信息安全管理体系的建立是一个目标叠加的过程，是在不断发展变化的技术环境中

进行的，是一个动态的、闭环的风险管理过程；要想获得有效的成果，需要从评估、响应、防护，到再评估。这些都需要企业从高层到具体工作人员的参与和重视，否则只能是流于形式与过程，起不到真正有效的安全控制的目的和作用。

参考答案

（18）A

试题（19）

IEEE 802 系列规范、TCP 协议、MPEG 协议分别工作在<u>（19）</u>。

（19）A．数据链路层、网络层、表示层

B．数据链路层、传输层、表示层

C．网络层、网络层、应用层

D．数据链路层、传输层、应用层

试题（19）分析

开放式系统互联参考模型——OSI 七层模型，通过 7 个层次化的结构模型使不同的系统不同的网络之间实现可靠的通信。该模型从低到高分别为：物理层（Physical Layer）、数据链路层（Data Link Layer）、网络层（Network Layer）、传输层（Transport Layer）、会话层（Session Layer）、表示层（Presentation Layer）、应用层（Application Layer）。

（1）最典型的数据链路层协议是 IEEE 开发的 802 系列规范，在该系列规范中将数据链路层分成了两个子层：逻辑链路控制层（LLC）和介质访问控制层（MAC）。

① LLC 层：负责建立和维护两台通信设备之间的逻辑通信链路。

② MAC 层：控制多个信息复用一个物理介质。MAC 层提供对网卡的共享访问与网卡的直接通信。网卡在出厂前会被分配唯一的由 12 位十六进制数表示的 MAC 地址，MAC 地址可提供给 LLC 层来建立同一个局域网中两台设备之间的逻辑链路。

IEEE 802 规范目前主要包括以下内容。

- 802.1：802 协议概论。
- 802.2：逻辑链路控制层（LLC）协议。
- 802.3：以太网的 CSMA/CD（载波监听多路访问/冲突检测）协议。
- 802.4：令牌总线（Token Bus）协议。
- 802.5：令牌环（Token Ring）协议。
- 802.6：城域网（MAN）协议。
- 802.7：宽带技术协议。
- 802.8：光纤技术协议。
- 802.9：局域网上的语音/数据集成规范。
- 802.10：局域网安全互操作标准。
- 802.11：无线局域网（WLAN）标准协议。

（2）工作在传输层的协议有 TCP、UDP、SPX，其中 TCP 和 UDP，都属于 TCP/IP 协议族。

（3）在OSI参考模型中表示层的规范包括：（1）数据编码方式的约定；（2）本地句法的转换。各种表示数据的格式的协议也属于表示层，例如MPEG、JPEG等。

综上所述B是正确的。

参考答案

（19）B

试题（20）

一个网络协议至少包括三个要素，<u>（20）</u>不是网络协议要素。

（20）A．语法　　B．语义　　C．层次　　D．时序

试题（20）分析

网络协议三要素如下：

语法：确定通信双方"如何讲"，定义用户数据与控制信息的结构和格式。

语义：确定通信双方"讲什么"，定义了需要发出何种控制信息、完成的动作，以及作出的响应。

时序：确定通信双方"讲话的次序"，对事件实现顺序进行详细说明。

可见C不是网络协议要素。

参考答案

（20）C

试题（21）

以下网络存储模式中，真正实现即插即用的是<u>（21）</u>。

（21）A．DAS　　B．NAS　　C．open SAN　　D．智能化SAN

试题（21）分析

网络存储技术是基于数据存储的一种通用网络术语。网络存储设备提供网络信息系统的信息存取和共享服务，其主要特征体现在：超大存储容量、大数据传输率，以及高系统可用性。要实现存储设备的性能特征，采用RAID作为存储实体是所有厂家的必然选择。传统的网络存储设备都是将RAID硬盘阵列直接连接到网络系统的服务器上，这种形式的网络存储结构称为DAS（Direct Attached Storage），目前，按照信息存储系统的构成，SAN（Storage Area Network）和NAS（Network Attached Storage）是常见的两种选择，代表了网络存储的最新成果。

（1）网络附加存储NAS

在NAS存储结构中，存储系统不再通过I/O总线附属于某个特定的服务器或客户机，而是直接通过网络接口与网络直接相连，由用户通过网络访问。

NAS实际上是一个带有瘦服务器（Thin Server）的存储设备，其作用类似于一个专用的文件服务器。这种专用存储服务器不同于传统的通用服务器，它去掉了通用服务器原有的不适用的大多数计算功能，而仅仅提供文件系统功能用于存储服务，大大降低了

存储设备的成本。为方便存储服务器到网络之间以最有效的方式发送数据，专门优化了系统硬软件体系结构、多线程、多任务的网络操作系统内核特别适合处理来自网络的 I/O 请求，不仅响应速度快，而且数据传输速率也很高。

NAS 可以通过集线器或交换机方便地接入到用户网络上，是一种即插即用的网络设备。为用户提供了易于安装、易于使用和管理、可靠性高和可扩展性好的网络存储解决方案。

（2）存储区域网络 SAN

SAN 是一种类似于普通局域网的高速存储网络，SAN 提供了一种与现有局域网连接的简易方法，允许企业独立地增加它们的存储容量，并使网络性能不至于受到数据访问的影响。这种独立的专有网络存储方式使得 SAN 具有不少优势：可扩展性高，存储硬件功能的发挥不受 LAN 的影响；易管理，集中式管理软件使远程管理和无人值守得以实现；容错能力强。

Open SAN（开放式存储区域网）：是 SAN 存储技术发展的最高境界，它可以在不考虑服务器操作系统或存储设备制造商的情况下，将任何平台的服务器、存储系统完整地连接起来，完全实现 SAN 技术所承诺的一切。目前，众多高速发展的机构正密切关注 Open SAN 的进展。Open SAN 指的是在包括服务器、磁盘、磁带存储和交换机在内的各种水平的 SAN 环境中，遵循已公布的业界标准，用通用工具管理存储数据。SAN 能为任何类型的服务器、操作系统、应用与文件系统的组合提供存储的集中区域。相对于封闭的 SAN 来说，设备要由单一厂商提供且通常需要额外的软件。开放式 SAN 的优势是：它可以选择任何厂商的产品，采用最优的存储设备、服务器和应用程序以满足业务需求；保证对现存的存储设备、服务器和应用程序的投资保护；在存储和 SAN 基础结构之间有一组开放接口，便于用户应用实施。

智能化 SAN：SAN 在向智能化的方向发展，智能化的 SAN 的好处是：管理功能内嵌，使服务器和存储控制器摆脱了管理负荷，发挥最优的性能；分布式智能可以使 SAN 具有高可靠性、可用性和可伸缩性；智能化的 SAN 为实施跨异构平台环境的先进的存储管理功能奠定了基础。集成的 SAN 可以做到：智能化的基础结构与存储设备和存储管理功能的完整集成，可产生经互操作认证的 SAN 解决方案；有保证的可伸缩性、可管理性和可服务性；完整的设计、实施和支持来自同一厂家。

可见真正实现即插即用的是 NAS。

参考答案

（21）B

试题（22）

依照 EIA/TIA-568A 标准的规定，完整的综合布线系统包括（22）。

① 建筑群子系统　② 设备间子系统　③ 垂直干线子系统

④ 管理子系统　⑤ 水平子系统　⑥ 工作区子系统

（22）A．①②③④⑤⑥　　　B．①②③④⑥
　　　C．①②④⑥　　　　D．②③④⑤⑥

试题（22）分析

依照 EIA/TIA-568A 标准的规定，从功能上看，综合布线系统包括工作区子系统、水平子系统、管理子系统、垂直干线子系统、设备间子系统和建筑群子系统。

工作区子系统：工作区子系统指从由水平系统而来的用户信息插座延伸至数据终端设备的连接线缆和适配器组成。

水平布线子系统：水平子系统指从楼层配线间至工作区用户信息插座。由用户信息插座、水平电缆、配线设备等组成。

管理子系统：管理子系统设置在楼层配线房间、是水平系统电缆端接的场所，也是主干系统电缆端接的场所；由大楼主配线架、楼层分配线架、跳线、转换插座等组成。

垂直干线子系统：垂直干线子系统由连接主设备间至各楼层配线间之间的线缆构成。其功能主要是把各分层配线架与主配线架相连。

设备间子系统：设备间子系统是一个集中化设备区，连接系统公共设备，如 PBX、局域网（LAN）、主机、建筑自动化和保安系统，及通过垂直干线子系统连接至管理子系统。

建筑群子系统：建筑群子系统将一个建筑物中的线缆延伸到建筑物群的另一些建筑物中的通信设备和装置上，它由电缆、光缆和入楼处线缆上过流过压的电气保护设备等相关硬件组成，从而形成了建筑群综合布线系统其连接各建筑物之间的缆线，组成建筑群子系统。

可见完整的综合布线系统包括了本题目的全部选项。

参考答案

（22）A

试题（23）

某承建单位根据《电子信息系统机房设计规范》中电子信息系统机房 C 级标准的要求，承担了某学校机房的施工任务。在施工中，<u>（23）</u>行为是不正确的。

（23）A．在机房防火方面遵守了二级耐火等级
　　　B．在机房内设置了洁净气体灭火系统，配置了专用空气呼吸器
　　　C．将所有设备的金属外壳、各类金属管道、金属线槽、建筑物金属结构等进行等电位连结并接地
　　　D．将安全出口的门设为向机房内部开启

试题（23）分析

《电子信息系统机房设计规范》指出：

电子信息系统机房应根据使用性质、管理要求及由于场地设备故障导致网络运行中断在经济和社会上造成的损失或影响程度，将电子信息系统机房划分为 A、B、C 三级。

A 级为容错型，在系统需要运行期间，其场地设备不应因操作失误、设备故障、维护和检修而导致电子信息系统运行中断。

B 级为冗余型，在系统需要运行期间，其场地设备在冗余能力范围内，不应因设备故障而导致网络系统运行中断。

C 级为基本型，在场地设备正常运行情况下，应保证网络系统运行不中断。

在异地建立的备份机房，设计时应与原有机房等级相同。同一个机房内的不同部分可以根据实际需求，按照不同的等级进行设计。

《电子信息系统机房设计规范》从机房位置及设备布置、环境要求、建筑与结构、空气调节、电气技术、电磁屏蔽、网络布线、机房监控与安全防范、给水排水、消防等多个方面对设计规范进行说明。

建筑与结构部分“防火和疏散”中指出：电子信息系统机房的耐火等级不应低于二级；面积大于 $60m^2$ 的主机房，安全出口应不少于两个，且应分散布置，宜设于机房的两端。门应向疏散方向开启，且能自动关闭，并应保证在任何情况下都能从机房内开启。走廊、楼梯间应畅通，并应有明显的疏散指示标志。

电气技术部分“静电防护”中指出：电子信息系统机房内所有设备可导电金属外壳、各类金属管道、建筑物金属结构等均应作等电位连接，不应有对地绝缘的孤立导体。

消防部分“安全措施”中指出：凡设置洁净气体灭火的主机房，应配置专用空气呼吸器或氧气呼吸器。

可见选项 D 是不正确的。

参考答案

（23）D

试题（24）

以下关于 J2EE 多层分布式应用模型的对应关系的叙述，（24）是错误的。

（24）A．客户层组件运行在客户端机器上

B．Web 层组件运行在客户端机器上

C．业务逻辑层组件运行在 J2EE 服务器上

D．企业信息系统层软件运行在 EIS 服务器上

试题（24）分析

J2EE 平台采用了多层分布式应用程序模型。实现不同逻辑功能的应用程序被封装到不同的组件中，处于不同层次的组件被分别部署到不同的机器中。下图表示了两个多层的 J2EE 应用程序根据下面的描述被分为不同的层。其中涉及的 J2EE 应用程序的各个部分将在 J2EE 组件中给出详细描述，包括：

① 运行在客户端机器的客户层组件。

② 运行在 J2EE 服务器中的 Web 层组件。

③ 运行在 J2EE 服务器中的业务层组件。

④ 运行在 EIS 服务器中的企业信息系统（EIS）层软件。

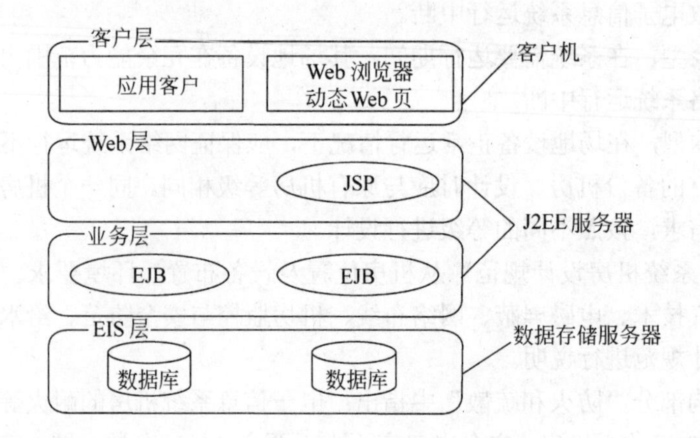

可见 B 是错误的。

参考答案

（24）B

试题（25）

以下关于.NET 的叙述，<u>（25）</u>是错误的。

（25）A．.NET 是 Microsoft XML Web services 平台

B．.NET Framework 是实现跨平台（设备无关性）的执行环境

C．编译.NET 时，应用程序被直接编译成机器代码

D．Visual Studio .NET 是一个应用程序集成开发环境

试题（25）分析

微软在 2000 年 7 月发布了新的应用平台.NET。.NET 平台中集成了一系列的技术，如 COM +、XML 等，整个.NET 平台包括四部分产品。

① .NET 开发工具：.NET 开发工具由.NET 语言（如 C#、VB.NET）、一个集成的 IDE（Visual Studio.NET）、类库和通用语言运行时（CLR）构成。

② .NET 专用服务器：.NET 专用服务器由一些.NET 企业服务器组成，如 SQL Server 2000、Exchange 2000、BizTalk 2000 等。这些企业服务器可以为数据存储、E-mail、B2B 电子商务等专用服务提供支持。

③ .NET Web 服务：.NET 为 Web Service 提供了强有力的支持。开发者使用.NET 平台可以很容易地开发 Web Service。

④ .NET 设备：.NET 还为手持设备，如手机等，提供了支持。

Microsoft .NET 是 Microsoft XML Web services 平台。XML Web services 允许应用程序通过 Internet 进行通信和共享数据，而不管所采用的是哪种操作系统、设备或编程语言。Microsoft .NET 平台提供创建 XML Web services 并将这些服务集成在一起。

.NET Framework 是实现跨平台（设备无关性）的执行环境，Visual Studio .net 是建立并集成 Web Services 和应用程序的快速开发工具。在编译.NET 时，应用程序不能被直接编译成机器代码。可见 C 是错误的。

参考答案

（25）C

试题（26）

用于信息系统开发的各类资源总是有限的，当这些有限资源无法同时满足全部应用项目的实施时，就应该对这些应用项目的优先顺序给予合理分配。人们提出了若干种用于分配开发信息系统稀少资源的方法，并对每种方法都提出了相应的决策基本标准。其中＿（26）＿的基本思想是对各应用项目不仅要分别进行评价，而且还应该把它们作为实现系统总体方案的组成部分去评价。该方法应该考虑项目的风险性、对组织的战略方向的支持等因素。

（26）A．全面评审法　　　　B．成本或效益比较法
　　　C．收费法　　　　　　D．指导委员会法

试题（26）分析

用于信息系统开发的各类资源总是有限的，当这些有限资源无法同时满足全部应用项目的实施时，就应该针对这些应用项目的优先次序给予合理分配，这就是 MIS 规划工作三阶段模型中的最后一个阶段——资源分配阶段。

通常在确定一个应用项目的优先顺序时应该依据以下 4 个方面进行分析：

① 该项目的实施预计可明显节省费用或增加利润，这是一种定量因素的分析。

② 无法定量分析其实施效果的项目。

③ 制度上的因素。

④ 系统管理方面的需要。

从上述 4 个方面出发，人们提出了若干种用于分配开发信息系统稀少资源的方法，下面分别予以介绍。

1．成本或效益比较法

每个应用项目有不同的成本-效益比，而这往往是衡量一个项目经济合理性的重要指标，成本或效益比较法就是从这一目标出发来分配资源的，投资回收率即为一种常采用的方法。通常，一个信息系统的每个应用项目都有定量的经济成本和经济效益，利用成本或效益量就可以计算出投资回收率，根据投资回收率法制定的一条决策规则是从那些可选项目中选择投资回收率最高的应用项目。但这只是理想情况，在具体应用该方法时总有一定的困难。首先，应用项目的效益往往难以数量化，其次，把握投资回收率法确定的应用项目并不能提供整套项目在风险其他方面的平衡，再次，投资回收率的计算方法是渐近的，它不能引起人们对当前应用项目的重新思考。

2．全面评审法

该方法的基本思想是：对应用项目不仅要分别进行评价，而且还应该把它们作为实现系统总体方案的全套项目的组成部分去评价，这种方法应考虑项目的风险性，对组织的战略方向的支持等因素。

以全面评审法为基础对风险的评价认识是：各种失败对应用项目所造成的风险是不一样的，主要应考虑以下三个方面的影响：项目的规模、使用技术方面的经验、项目的结构。

3．收费法

收费法是把信息系统资源的费用分摊给用户的一种会计手段。收费的手段有两种，一种是把费用直接分摊给不同用户，并让他们了解资源是如何使用的。在这种情况下，用户对费用没有任何控制权，这种方法有助于信息系统成本的内部控制，另一种方法是向用户收取信息服务费，而用户对使用信息服务的数量有自主权，可根据各自费用情况和利润情况而决定。

收费方法在它适合组织机构的具体情况时，优点较为明显，但是这种方法只是达到了局部合理性，而不是整个组织的合理性，特别是当要“购买”的项目多于信息系统能够开发的项目时，这种方法是不能解决资源分配问题的。

4．指导委员会法

资源分配的重大决策往往都是由一个总负责人或是一个由各主要职能部门的负责人所组成的指导委员会来做出的。

指导委员会法的好处是它能够行使组织机构的能力与政策。从理论上讲，它所形成的计划是组织范围内最佳的资源分配计划，它能形成对资源分配和最终计划的支持，这种方法的不足之处是指导委员会在相互协商方面消耗的时间往往过多。

可见本题目中指的是全面评审法。

参考答案

（26）A

试题（27）

在软件开发中采用工作流技术可以<u>（27）</u>。

① 降低开发风险　② 提高工作效率　③ 提高对流程的控制与管理

④ 提升开发过程的灵活性　⑤ 提高对客户响应的预见性

（27）A．①③④⑤　B．①②④⑤　C．①②③④　D．①②③⑤

试题（27）分析

随着经营业务的展开，虽然企业的物理位置可能逐渐分散，但部门间的协作却日益频繁，对决策过程的分散性也日益明显，企业日常业务活动详细信息的需求也日益提高。因此，企业要求信息系统必须具有分布性、异构性、自治性。在这种大规模的分布式应用环境下高效地运转相关的任务，并且对执行的任务进行密切监控已成为一种发展趋势。

工作流技术由此应运而生。一般来讲工作流技术具有如下作用：

① 整合所有的专门业务应用系统，使用工作流系统构建一个灵活、自动化的 EAI 平台。

② 协助涉及多人完成的任务提高生产效率。

③ 提高固化软件的重用性，方便业务流程改进。

④ 方便开发，减少需求转化为设计的工作量，简化维护，降低开发风险。

⑤ 实现的集中统一的控制，业务流程不再是散落在各种各样的系统中。

⑥ 提高对客户响应的预见性，用户可根据变化的业务进行方便的二次开发。

可见 D 是正确的。

参考答案

（27）D

试题（28）

某市政府采购采用公开招标。招标文件要求投标企业必须通过 ISO 9001 认证并提交 ISO 9001 证书。在评标过程中，评标专家发现有多家企业的投标文件没有按标书要求提供 ISO 9001 证书。依据相关法律法规，以下处理方式中，__(28)__是正确的。

（28）A．因不能保证采购质量，招标无效，重新组织招标

B．若满足招标文件要求的企业达到三家，招标有效

C．放弃对 ISO 9001 证书的要求，招标有效

D．若满足招标文件要求的企业不足三家，则转入竞争性谈判

试题（28）分析

根据《中华人民共和国政府采购法》第四条 政府采购工程进行招标投标的，适用招标投标法。

第二十六条　政府采购采用以下方式：

（一）公开招标；

（二）邀请招标；

（三）竞争性谈判；

（四）单一来源采购；

（五）询价；

（六）国务院政府采购监督管理部门认定的其他采购方式。

公开招标应作为政府采购的主要采购方式。

第三十条 符合下列情形之一的货物或者服务，可以依照本法采用竞争性谈判方式采购：

（一）招标后没有供应商投标或者没有合格标的或者重新招标未能成立的；

（二）技术复杂或者性质特殊，不能确定详细规格或者具体要求的；

（三）采用招标所需时间不能满足用户紧急需要的；

（四）不能事先计算出价格总额的。

第三十六条 在招标采购中，出现下列情形之一的，应予废标：

（一）符合专业条件的供应商或者对招标文件作实质响应的供应商不足三家的；

（二）出现影响采购公正的违法、违规行为的；

（三）投标人的报价均超过了采购预算，采购人不能支付的；

（四）因重大变故，采购任务取消的。

废标后，采购人应当将废标理由通知所有投标人。

根据《中华人民共和国招标投标法》第十九条　招标人应当根据招标项目的特点和需要编制招标文件。招标文件应当包括招标项目的技术要求、对投标人资格审查的标准、投标报价要求和评标标准等所有实质性要求和条件以及拟签订合同的主要条款。

国家对招标项目的技术、标准有规定的，招标人应当按照其规定在招标文件中提出相应要求。

招标项目需要划分标段、确定工期的，招标人应当合理划分标段、确定工期，并在招标文件中载明。

由此可见选项 B 是正确的。

参考答案

（28）B

试题（29）

X 公司中标某大型银行综合业务系统，并将电信代管托收系统分包给了 G 公司。依据相关法律法规，针对该项目，以下关于责任归属的叙述中，<u>（29）</u>是正确的。

（29）A．X 公司是责任者，G 公司对分包部分承担连带责任

B．X 公司是责任者，与 G 公司无关

C．G 公司对分包部分承担责任，与 X 公司无关

D．G 公司对分包部分承担责任，X 公司对分包部分承担连带责任

试题（29）分析

根据《中华人民共和国招标投标法》第四十八条　中标人应当按照合同约定履行义务，完成中标项目。中标人不得向他人转让中标项目，也不得将中标项目肢解后分别向他人转让。

中标人按照合同约定或者经招标人同意，可以将中标项目的部分非主体、非关键性工作分包给他人完成。接受分包的人应当具备相应的资格条件，并不得再次分包。

中标人应当就分包项目向招标人负责，接受分包的人就分包项目承担连带责任。故是正确的。

参考答案

（29）A

试题（30）

根据《中华人民共和国著作权法》，(30)是不正确的。

（30）A．创作作品的公民是作者

B．由法人或者其他组织主持，代表法人或者其他组织意志创作，并由法人或者其他组织承担责任的作品，法人或者其他组织视为作者

C．如无相反证明，在作品上署名的公民、法人或者其他组织为作者

D．改编、翻译、注释、整理已有作品而产生的作品，其著作权仍归原作品的作者

试题（30）分析

根据《中华人民共和国著作权法》第十一条 著作权属于作者，本法另有规定的除外。

创作作品的公民是作者。

由法人或者其他组织主持，代表法人或者其他组织意志创作，并由法人或者其他组织承担责任的作品，法人或者其他组织视为作者。

如无相反证明，在作品上署名的公民、法人或者其他组织为作者。

第十二条 改编、翻译、注释、整理已有作品而产生的作品，其著作权由改编、翻译、注释、整理人享有，但行使著作权时不得侵犯原作品的著作权。故D是错误的。

参考答案

（30）D

试题（31）

系统集成企业为提升企业竞争能力，改进管理模式，使业务流程合理化实施了(31)，对业务流程进行了重新设计，使企业在成本、质量和服务质量等方面得到了提高。

（31）A．BPR　　B．CCB　　C．ARIS　　D．BPM

试题（31）分析

业务流程管理（BPM）是以一种规范化地构造端到端的卓越业务流程为中心，以持续地提高组织业务绩效为目的的系统化方法。

流程管理首先保证了流程是面向客户的流程，流程中的活动是增值的活动。流程管理保证了组织的业务流程是经过精心设计的，且这种设计是可以不断地继续下去的，使得流程本身可以保持永不落伍。

流程管理与原有的 BPR 管理思想最根本的不同在于流程管理并不要求对所有的流程进行再造。构造卓越的业务流程并不是流程再造，而是根据现有流程的具体情况，对流程进行规范化的设计。流程管理包括三个方面：规范流程、优化流程和再造流程。流程管理的思想应该是包含了 BPR，但比 BPR 的概念更广泛、更适合显示的需要。

BPM 的作用在于帮助企业进行业务流程分析、监督和执行。要强调的是业务流程的管理不是在流程规划出来之后才进行的，而是在流程规划之前就要进行管理。

因此，良好的业务流程管理的步骤包括流程设计、流程执行、流程评估和流程改进，这也是一个 PDCA 闭环的管理过程，其逻辑关系为：

① 明确业务流程所欲获取的成果。

② 开发和计划系统的方法，实现以上成果。

③ 系统地部署方法，确保全面实施。

④ 根据对业务的检查和分析以及持续的学习活动，评估和审查所执行的方法。并进一步提出计划和实施改进措施。

四个候选答案 BPR、CCB、ARIS 和 BPM 的含义分别是业务流程重组、配置控制委员会、集成化信息系统架构和业务流程管理。

参考答案

（31）D

试题（32）

某系统集成企业进行业务流程重组，在实施的过程中企业发生了多方面、多层次的变化，假定该企业的实施是成功的，则<u>（32）</u>不应是该实施所带来的变化。

（32）A. 企业文化的变化　　　　　　B. 服务质量的变化

　　　C. 业务方向的变化　　　　　　D. 组织管理的变化

试题（32）分析

BPR 的产生源于对企业持久竞争力的追求，而竞争力归根结底来自两个方面，即内部效率的提高和外部客户满意度的增强。BPR 理论以"流程"为变革的核心线索，把跨职能的企业业务流程作为基本工作单元。这里的流程是指可共同为顾客创造价值的一系列相互关联的行为。它与代表系统与外界相联系和作用的功能是截然不同的概念。传统的组织结构多是按功能划分的，呈金字塔形，BPR 的实施就是要打破这种金字塔形的组织结构，创建一种面向流程的、也是跨功能的组织结构。为实现顾客满意度的明显增强，BPR 兼顾产品质量和服务质量，倡导以顾客为中心的企业文化。

显然，BPR 的实施会引起企业多方面、多层次的变化，主要包括：

① 企业文化与观念的变化。

② 业务流程的变化。

③ 组织与管理的变化。

所以业务方向的变化不应是该实施所带来的变化。

参考答案

（32）C

试题（33）

某企业经过多年的发展，在产品研发、集成电路设计等方面取得了丰硕成果，积累了大量知识财富，<u>（33）</u>不属于该企业的知识产权范畴。

（33）A. 专利权　　　B. 版图权　　　C. 商标权　　　D. 产品解释权

试题（33）分析

“知识产权是基于智力的创造性活动所产生的权利。”或“知识产权是指法律赋予智力成果完成人对其特定的创造性智力成果在一定期限内享有的专有权利”。以上这些定义都普遍地注重“权利”这个概念，因为知识产权并不是由智力活动直接创造所得，而是通过法律的形式把一部分由智力活动产生的智力成果保护起来，正是这部分由国家主管机构依法确认并赋予其创造者专有权利的智力成果才可以被称为是“知识产权”。知识产权如同某一项私有财产，拥有者具有排外的使用权。因此知识产权的定义可以表述为：在科学、技术、文化、艺术、工商等领域内，人们基于自智力创造性成果和经营管理活动中标记、信誉、经验、知识而依法享有的专有权利。

知识产权可分为两大类：第一类是创造性成果权利，包括专利权、集成电路权、版权（著作权）、软件著作权等；第二类是识别性标记权，包括商标权、商号权（厂商名称权），其他与制止不正当竞争有关的识别性标记权利（如产地名称等）。

就当前各国企业对知识产权的利用情况来看，知识产权主要包括以下3个重要的方面：专利权、商标权和版权。下面简单地介绍一下这3个方面的内容和大致类别。

（1）专利权。专利权是国家知识产权主管部门给予一项发明拥有者一个包含有效期限的许可证明。在法定期限内，这个许可证明保护拥有者的发明不被别人获得、使用或非法出卖，同时也赋予拥有者许可别人获得、使用或者出卖这项发明的权利。按照发明类型的不同，专利权分为4种类型：物质、机器、人造产品（如生物工程）和过程方法（如商业过程）。在我国专利研究的起步较晚，因此包括的内容还不是很全面。现有我国专利法规定的专利权有3种：发明专利权、实用新型权和外观设计权。

① 发明专利。发明是对特定技术问题的新的解决方案，包括产品发明（含新物质发明）、方法发明和改进发明（对已有产品、方法的改进方案）。

② 实用新型专利。指对产品的形状、构造或者其结合所提出的适于应用的新的技术方案。

③ 外观设计专利。指对产品的形状、图案、色彩或者其结合所做出的富有美感并适于工业应用的新设计。

（2）商标权。商标权是一个与公司、产品或观念联系在一起的名称，由一些与企业有关联的文字、图形或者其组合表示的具有显著特征、便于识别的标记。商标权的拥有者具有在其产品或服务上使用该商标的唯一权利，同时商标可以被用于鉴别或描述产品。商标权包括使用权、禁用权、续展权、转让权和许可使用权等。

（3）版权。版权是一种保护写出或创造出一个有形或无形的作品的个人的权利，版权也可以转换为一个组织所拥有的权利，这个组织向作品的创作者支付版权费，从而获得了该作品的所有权。随着时代的发展，版权已经渗透到各个领域的作品中，包括建筑设计、计算机软件、动画设计等。任何一种作品，只要它是原创或者是通过某一物质媒介表达出来，都可以获得版权。版权赋予所有者对其作品的专有权利，也允许其所有者以此来获得因其作品引起的价值。可见D属于一般干扰项，不属于企业的知识产权范畴。

参考答案

（33）D

试题（34）

下列关于知识管理的叙述，不确切的是（34）。

（34）A．知识管理为企业实现显性知识和隐性知识共享提供新的途径

B．知识地图是一种知识导航系统，显示不同的知识存储之间重要的动态联系

C．知识管理包括建立知识库；促进员工的知识交流；建立尊重知识的内部环境；把知识作为资产来管理

D．知识管理属于人力资源管理的范畴

试题（34）分析

知识就是它所拥有的设计开发成果、各种专利、非专利技术、设计开发能力、项目成员所掌握的技能等智力资源。这些资源不像传统的资源那样有形便于管理，知识管理就是对一个项目组织所拥有的和所能接触到的知识资源，如何进行识别、获取、评价，从而充分有效地发挥作用的过程。

项目组织内部有两种类型的知识：显性知识和隐性知识。显性知识是指有关项目组织的人员以及外部技术调查报告等表面的信息，是可以表达的、物质存在的、可确知的；即显性知识是指那些能够用正式、系统的语言表述和沟通的知识，它以产品外观、文件、数据库、说明书、公式和计算等形式体现出来。隐性知识是个人技能的基础，是通过试验、犯错、纠正的循环往复而从实践中形成的"个人的惯例"。它一般是以个人、团队和组织的经验、印象、技术诀窍、组织文化、风俗等形式存在。

知识管理是指为了增强组织的绩效而创造、获取和使用知识的过程。知识管理主要涉及4个方面：自上而下地监测、推动与知识有关的活动；创造和维护知识基础设施；更新组织和转化知识资产；使用知识以提高其价值。知识管理为企业实现显性知识和隐性知识共享提供新的途径。知识地图是一种知识（既包括显性的、可编码的知识，也包括隐性知识）导航系统，并显示不同的知识存储之间重要的动态联系。它是知识管理系统的输出模块，输出的内容包括知识的来源，整合后的知识内容，知识流和知识的汇聚。它的作用是协助组织机构发掘其智力资产的价值、所有权、位置和使用方法；使组织机构内各种专家技能转化为显性知识并进而内化为组织的知识资源；鉴定并排除对知识流的限制因素；发挥机构现有的知识资产的杠杆作用。

可见D是不确切的。

参考答案

（34）D

试题（35）、（36）

某工程包括A、B、C、D、E、F、G七项工作，各工作的紧前工作、所需时间以及

所需人数如下表所示（假设每个人均能承担各项工作）。

工作	A	B	C	D	E	F	G
紧前工作	—	A	A	B	C、D	—	E、F
所需时间（天）	5	4	5	3	2	5	1
所需人数	7	4	3	2	1	2	4

该工程的工期应为__(35)__天。按此工期，整个工程最少需要__(36)__人。

（35）A．13　　B．14　　C．15　　D．16

（36）A．7　　B．8　　C．9　　D．10

试题（35）、（36）分析

根据题意可画出带时标的双代号网络图如下：

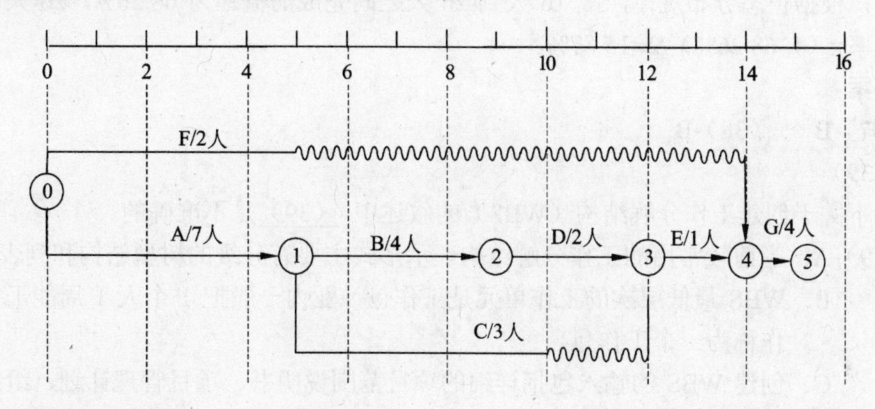

可识别出关键路径为：A-B-D-E-G，工期为 15 天。调整非关键路径上的活动，使得各路径上并行活动人数最少的方案如下图。

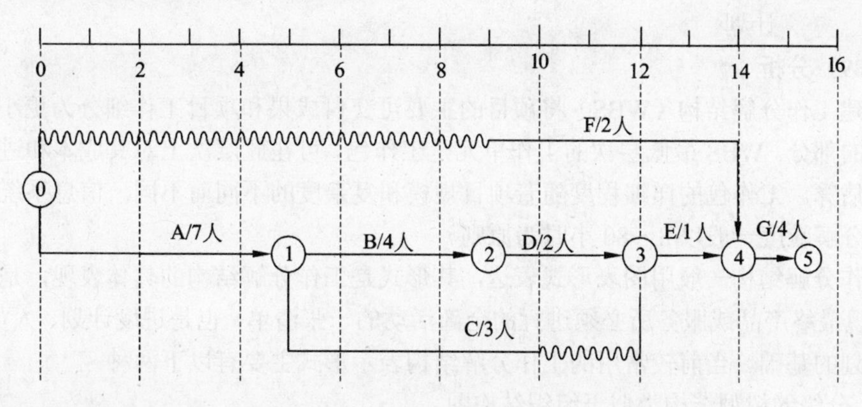

故该工程的工期应为 15 天。按此工期，整个工程最少需要 7 人。

参考答案

（35）C　　（36）A

试题（37）、（38）

完成某信息系统集成项目中的一个最基本的工作单元A所需的时间，乐观的估计需8天，悲观的估计需38天，最可能的估计需20天，按照PERT方法进行估算，项目的工期应该为<u>（37）</u>，在26天以后完成的概率大致为<u>（38）</u>。

（37）A．20　　B．21　　C．22　　D．23

（38）A．8.9%　　B．15.9%　　C．22.2%　　D．28.6%

试题（37）、（38）分析

期望工期=（8+4×20+38）/6=21

标准差=（38–8）/ 6=5

26天与21天之间为1个标准差（而非±1个标准差），16天到26天之间为±1个标准差，根据正态分布规律，故16天到26天之间完成的概率为68.26%，26天以后完成的概率=（1–68.26%）/2=15.87%。

参考答案

（37）B　（38）B

试题（39）

以下关于创建工作分解结构（WBS）的叙述中，<u>（39）</u>是不准确的。

（39）A．当前较常用的工作分解结构表示形式主要有分级的树型结构和列表

B．WBS最低层次的工作单元是工作包，业内一般把1个人1周能干完的工作称为一个工作包

C．创建WBS的输入包括详细的项目范围说明书、项目管理计划、组织过程资产

D．创建WBS的输出包括WBS和WBS字典、范围基准、更新的项目管理计划

试题（39）分析

创建工作分解结构（WBS）将项目的主要可交付成果和项目工作细分为更小、更易于管理的部分。WBS最低层次的工作单元是工作包，可在此层次上对其成本和进度进行可靠的估算。工作包的详细程度随着项目规模和复杂度的不同而不同。信息系统工程的工作包分解粒度一般以8～80小时为原则。

工作分解结构一般用图表形式表达，其形式是工作分解结构的具体表现，是实施项目、实现最终产品或服务所必须进行的全部活动的一张清单，也是进度计划、人员分配、预算计划的基础。当前较常用的工作分解结构表示形式主要有以下两种：

① 分级的树型结构类似于组织结构图。

② 表格形式类似于分级的图书目录。

范围定义后，即可创建工作分解结构，前者的输出是后者的输入，包括项目范围说明书（详细）、项目管理计划、组织过程资产、已批准的变更请求等。

创建工作分解结构的输出为工作分解结构、WBS 字典、范围基线、更新的项目管理计划、变更申请。

可见 B 是不准确的。

参考答案

（39）B

试题（40）

范围控制的目的是监控项目的状态，如“项目的工作范围状态和产品范围状态”，范围控制不涉及（40）。

（40）A．影响导致范围变更的因素
B．确保所有被请求的变更按照项目整体变更控制过程处理
C．范围变更发生时管理实际的变更
D．确定范围变更是否已经发生

试题（40）分析

范围控制涉及以下内容：影响范围变更的因素，确保所有被请求的变更按照项目整体变更控制处理，范围变更发生时管理实际的变更。范围控制与其他控制过程完全结合。未控制的变更经常被看作范围溢出。变更应当被视作不可避免的，因此要颁布一些类型的变更控制过程。

可见范围控制不涉及 D。

参考答案

（40）D

试题（41）

以下关于项目可行性研究内容的叙述，（41）是不正确的。

（41）A．技术可行性是从项目实施的技术角度，合理设计技术方案，并进行评审和评价
B．经济可行性主要是从资源配置的角度衡量项目的价值，从项目的投资及所产生的经济效益进行分析
C．可行性研究不涉及合同责任、知识产权等法律方面的可行性问题
D．社会可行性主要分析项目对社会的影响，包括法律道德、民族宗教、社会稳定性等

试题（41）分析

信息系统项目的可行性研究就是从技术、经济、社会和人员等方面的条件和情况进行调查研究，对可能的技术方案进行论证，最终确定整个项目是否可行。信息系统项目进行可行性研究包括技术可行性分析、经济可行性分析、运行环境可行性分析以及其他方面的可行性分析等。

技术可行性分析是指在当前市场的技术、产品条件限制下，能否利用现在拥有的以

及可能拥有的技术能力、产品功能、人力资源来实现项目的目标、功能、性能，能否在规定的时间期限内完成整个项目。

经济可行性分析主要是对整个项目的投资及所产生的经济效益进行分析，包括支出分析、收益分析、投资回报分析以及敏感性分析等。

信息系统项目的可行性研究除了技术、经济和运行环境可行性分析外，还包括了诸如法律可行性、社会可行性等方面的可行性分析。也会涉及到合同责任、知识产权等法律方面的可行性问题。社会可行性主要分析项目对社会的影响，包括法律道德、民族宗教、社会稳定性等。故C是不正确的。

参考答案

（41）C

试题（42）

某企业针对“新一代网络操作系统”开发项目进行可行性论证。在论证的最初阶段，一般情况下不会涉及（42）。

（42）A．调研了解新一代网络操作系统的市场需求
B．分析论证是否具备相应的开发技术
C．详细估计系统开发周期
D．结合企业财务经济情况进行论证分析

试题（42）分析

根据试题（41）分析可知，信息系统项目的可行性研究应包括技术可行性、经济可行性、运行环境可行性、法律可行性、社会可行性等方面的分析，同样也包括市场方面的可行性研究。在论证的最初阶段，一般情况下不会涉及详细估计系统开发周期。

参考答案

（42）C

试题（43）

某省级政府对一个信息系统集成项目进行招标，2010年3月1日发招标文件，定于2010年3月20日9点开标。在招投标过程中，（43）是恰当的。

（43）A．3月10日对招标文件内容做出了修改，3月20日9点开标
B．3月20日9点因一家供应商未能到场，在征得其他投标人同意后，开标时间延后半个小时
C．3月25日发布中标通知书，4月15日与中标单位签订合同
D．评标时考虑到支持地方企业发展，对省内企业要求系统集成二级资质，对省外企业要求系统集成一级资质

试题（43）分析

根据《中华人民共和国招标投标法》第三十四条　开标应当在招标文件确定的提交投标文件截止时间的同一时间公开进行；开标地点应当为招标文件中预先确定的地点。

第三十九条 评标委员会可以要求投标人对投标文件中含义不明确的内容作必要的澄清或者说明，但是澄清或者说明不得超出投标文件的范围或者改变投标文件的实质性内容。

第四十条 评标委员会应当按照招标文件确定的评标标准和方法，对投标文件进行评审和比较；设有标底的，应当参考标底。评标委员会完成评标后，应当向招标人提出书面评标报告，并推荐合格的中标候选人。

招标人根据评标委员会提出的书面评标报告和推荐的中标候选人确定中标人。招标人也可以授权评标委员会直接确定中标人。

第四十六条 招标人和中标人应当自中标通知书发出之日起三十日内，按照招标文件和中标人的投标文件订立书面合同。招标人和中标人不得再行订立背离合同实质性内容的其他协议。

招标文件要求中标人提交履约保证金的，中标人应当提交。

可见 C 是恰当的。

参考答案

（43）C

试题（44）

系统集成工程建设的沟通协调非常重要，有效沟通可以提升效率、降低内耗。以下关于沟通的叙述，（44）是错误的。

（44）A. 坚持内外有别的原则，要把各方掌握的信息控制在各方内部

B. 系统集成商经过广泛的需求调查，有时会发现业主的需求之间存在自相矛盾的现象

C. 一般来说，参加获取需求讨论会的人数控制在 5～7 人是最好的

D. 如果系统集成商和客户就项目需求沟通不够，只是依据招标书的信息做出建议书，可能会导致项目计划不合理，因而造成项目的延期、成本超出、纠纷等问题

试题（44）分析

本题的主要考查点在于项目需求沟通。系统集成项目需求分析一般都要分两个阶段进行，一是在立项初期，对项目需求的粗略沟通和确定，二是在项目启动阶段，为了制定明确的项目进度、成本等计划，对项目需求进行更加细化的分析。明确、详细的项目需求是项目成功的基础，系统集成项目中不成功的案例往往是由于系统集成商和客户就项目需求沟通得不够。

以招标项目为例，招标书中会写出客户的系统建设需求。但这些需求往往存在问题：需求是客户的业务需求，使用的业务语言，需要翻译成真正的项目需求；客户的业务模式没有明确，提出的系统建设需求针对单纯的一个点，系统需要的信息输入输出不畅，未来将会极大影响系统的效率；客户表达不清晰，客户“脑中”的实际需求和表达到“纸

面”的需求不一致等等。因此，如果系统集成商只是依据招标书的信息做出建议书、时间、成本等承诺，可能会导致项目计划不合理，因而造成项目的延期、成本超出、纠纷等问题。

与单个客户或潜在的用户组一起座谈，对业务软件包或信息管理系统（MIS）的应用来说是一种传统的需求来源。获取需求讨论会的人数大致控制在5～7人是最好的。这些人包括客户、系统设计者、开发者和可视化设计者等主要工程角色。

在信息系统项目中，为了提高沟通的效率和效果，需要把握如下一些基本原则：沟通内外有别、非正式的沟通有助于关系的融洽、采用对方能接受的沟通风格、沟通的升级原则、扫除沟通的障碍。

其中沟通内外有别指的是：团队同一性和纪律性是对项目团队的基本要求。团队作为一个整体对外意见要一致，一个团队要用一种声音说话。在客户面前出现项目组人员表现出对项目信心不足、意见不统一、争吵等都是比较忌讳的情况。沟通内外有别的原则并不是“要把各方掌握的信息控制在各方内部”。

可见A是错误的。

参考答案

（44）A

试题（45）

绩效报告的步骤包括收集并分发有关项目绩效的信息给项目干系人，这些步骤包括进度和状态报告、预测等。以下关于绩效报告的说法，<u>（45）</u>是错误的。

（45）A．状态报告介绍项目在某一特定时间点上所处的位置，要从达到的范围、时间和成本三项目标上讲明目前所处的状态

B．进度报告介绍项目组在一定时间内完成的工作

C．绩效报告通常需要提供有关范围、进度、成本和质量的信息

D．状态报告除了需要列出基本的绩效指标，同时需要分析进度滞后（或提前）和成本超出（或结余）的原因

试题（45）分析

绩效报告（Performance Reporting）是一个收集并发布项目绩效信息的动态过程，包括状态报告、进展报告和项目预测。项目干系人通过审查项目绩效报告，可以随时掌握项目的最新动态和进展，分析项目的发展趋势，及时发现项目进展过程中所存在的问题，从而有的放矢地制定和采取必要的纠偏措施，即绩效报告通常需要提供有关范围、进度、成本和质量的信息。

① 状况报告（Status Reports）描述项目在某一特定时间点所处的项目阶段。状况报告是从达到范围、时间和成本三项目标上表明项目所处的状态。

② 进展报告（Progress Reports）描述项目团队在某一特定时间段工作完成情况。信息系统项目中，一般分为周进展报告和月进展报告。项目经理根据项目团队各成员提交

的周报或月报提取工作绩效信息，完成统一的项目进展报告。

③ 项目预测（Project Forcasting）在历史资料和数据基础上，预测项目的将来状况与进展。根据当前项目的进展情况，预计完成项目还要多长时间，还要花费多少成本。

可见 D 是错误的。

参考答案

（45）D

试题（46）

以下关于项目沟通原则的叙述中，（46）是不正确的。

（46）A．面对面的会议是唯一有效地沟通和解决干系人之间问题的方法

B．非正式的沟通有利于关系的融洽

C．有效地沟通方式通常是采用对方能接受的沟通风格

D．有效利用沟通的升级原则

试题（46）分析

在信息系统项目中，为了提高沟通的效率和效果，需要把握如下一些基本原则：

① 沟通内外有别。团队同一性和纪律性是对项目团队的基本要求。团队作为一个整体对外意见要一致，一个团队要用一种声音说话。在客户面前出现项目组人员表现出对项目信心不足、意见不统一、争吵等都是比较忌讳的情况。

② 非正式的沟通有助于关系的融洽。在需求获取阶段，常常需要采用非正式沟通的方式以与客户拉近距离。在私下的场合，人们的语言风格往往是非正规和随意的，反而能获得更多的信息。

③ 采用对方能接受的沟通风格。注意肢体语言、语态给对方的感受。沟通中需要传递一种合作和双赢的态度，使双方无论在问题的解决上还是在气氛上都达到"双赢"。

④ 沟通的升级原则。需要合理把握横向沟通和纵向沟通关系，以有利于项目问题的解决。"沟通四步骤"反映了沟通的升级原则：第一步，与对方沟通；第二步，与对方的上级沟通；第三步，与自己的上级沟通，第四步，自己的上级和对方的上级沟通。

⑤ 扫除沟通的障碍。职责定义不清、目标不明确、文档制度不健全、过多使用行话等都是沟通的障碍。必须进行良好的沟通管理，逐步消除这些障碍。

故 A 是错误的。

参考答案

（46）A

试题（47）

质量计划的工具和技术不包括（47）。

（47）A．成本分析　B．基准分析　C．质量成本　D．质量审计

试题（47）分析

在制定项目质量计划时，采用的主要技术、方法如下：

（1）成本/效益分析

在制定项目质量计划的过程中，必须权衡成本与效益。质量管理要有效益，项目的各项工作以及各个交付物就要符合质量要求，这样才能降低返工率，从而生产率得以提高、成本得以降低，最终使项目干系人满意度提高。

为满足质量要求而付出的质量成本主要是支出与项目质量管理活动有关的费用，而制定项目质量计划的目标是努力使获得的收益远远超过实施过程中所消耗的成本。质量管理的基本原则是效益尽可能要高，而成本尽可能要低。

（2）基准分析

在项目实际实施过程中或计划做法，以其他类似项目的实际做法作为基准，将二者进行比较，就是基准分析。通过这样的比较来改善与提高目前项目的质量管理，以达到项目预期的质量或其他目标。作为基准的其他项目可以是执行组织内部的项目，也可以是外部的项目，可以是同一个应用领域的项目，也可以是其他应用领域的项目。

（3）实验设计

实验设计是用来确定哪些变量对项目结果的影响最大的一种统计分析技术。该技术主要用于项目产品、服务或过程优化，例如，网络的设计者可能希望通过实验确定哪一种方案更加满足客户的需求。同时实验设计也可以用于诸如平衡成本和进度以解决项目管理问题的过程。

（4）质量成本

质量成本是指为了达到产品或服务质量而进行的全部工作所发生的所有成本。包括为确保与要求一致而做的所有工作叫做一致成本，以及由于不符合要求所引起的全部工作叫做不一致成本。这些工作引起的成本主要包括三种：预防成本、评估成本和故障成本，而后者又可分解为内部成本与外部成本。其中预防成本和评估成本属于一致成本，而故障成本属于不一致成本。预防成本是为了使项目结果满足项目的质量要求，而在项目结果产生之前采取的一些活动；而评估成本是项目的结果产生之后，为了评估项目的结果是否满足项目的质量要求进行测试活动而产生的成本；故障成本是在项目的结果产生之后，通过质量测试活动发现项目结果不能满足质量要求，为了纠正其错误使其满足质量要求发生的成本。

关于质量审计：质量审计是质量保证的一个主要工具和技术。质量审计是对特定管理活动进行结构化审查，找出教训以改进现在或将来项目的实施。质量审计可以是定期的，也可以是随时的，可由公司质量审计人员或在信息系统领域有专门知识的第三方执行。在传统行业质量审计常常由行业审计机构执行，他们通常为一个项目定义特定的质量尺度，并在整个项目过程中运用和分析这些质量尺度。

可见质量计划的工具和技术不包括 D。

参考答案

（47）D

试题（48）

某企业承担一个大型信息系统集成项目，在项目过程中，为保证项目质量，采取了以下做法，其中__（48）__是不恰当的。

（48）A．项目可行性分析、系统规划、需求分析、系统设计、系统测试、系统试运行等阶段均采取了质量保证措施

B．该项目的项目经理充分重视项目质量，兼任项目QA

C．该项目的质量管理计划描述了项目的组织结构、职责、程序、工作过程以及建立质量管理所需要的资源

D．要求所有与项目质量相关的活动都要把质量管理计划作为依据

试题（48）分析

质量保证是一项管理职能，包括所有有计划地、系统地为保证项目能够满足相关的质量标准而建立的活动，质量保证应该贯穿于整个的项目生命期。质量保证一般由质量保证部门或者类似的相关部门完成。项目经理和相关质量部门做好质量保证工作，可以对项目质量产生非常重要的影响。

质量管理计划应当描述项目质量体系即组织结构、职责、程序、工作过程以及建立质量管理所需要的资源，所有和项目质量相关的活动都需要参照质量管理计划作为依据。在质量保证过程中，也同样需要考虑质量管理计划，参照管理计划来完成。

信息系统工程的企业组织结构一般是矩阵式的，设有专门的QA部门，与各业务职能部门平级。QA隶属于QA部，行政上向QA经理负责，业务上向业务部门的高级经理和项目经理汇报。QA指职责包括：负责质量保证的计划、监督、记录、分析及报告工作。项目经理不能兼职做QA。

故B是不恰当的。

参考答案

（48）B

试题（49）

某企业针对实施失败的系统集成项目进行分析，计划优先解决几个引起缺陷最多的问题。该企业最可能使用__（49）__方法进行分析。

（49）A．控制图　　B．鱼骨图　　C．帕累托图　　D．流程图

试题（49）分析

控制图：是一种带控制界限的质量管理图表，收集和分析适当的数据来说明项目的质量状态。控制图说明随着时间的推移，过程何时受特殊原因影响而使过程失效。控制图生动地回答过程变量是否在可接受的范围内。通过对控制图数据点规律的检查，可以解释波动幅度很大的过程数值，过程数值的突然变动，或偏差日益增大的趋势。通过对过程结果的监控，可有利于评估过程变更的实施是否带来预期的改进。如果过程处于正常控制范围之内，可不对其进行调整。但如果没有处在正常控制之内时，则需要对其进

行调整。控制上限和控制下限一般都设定在±3 个西格玛（标准差，1 西格玛是 1 个标准差）的位置。

因果图：也称为石川图或鱼骨图，它是寻找、分析、记录造成质量问题的原因的一种直观、有效的方法。因果图法是全球广泛采用的一项技术，该技术首先确定结果（质量问题），然后分析造成这种结果的原因。图中的每个分支（刺）都代表着可能的差错原因，用于查明质量问题可能所在和设立相应检查点。它可以帮助项目团队事先估计可能发生哪些质量问题，然后帮助制定解决这些问题的途径和方法。

帕累托图：帕累托图来自于 Pareto 定律，该定律认为绝大多数的问题或缺陷产生于相对有限的起因。就是常说的 80/20 定律，即 20%的原因造成 80%的问题。Pareto 图又叫排列图，是一种柱状图，按事件发生的频率排序而成，它显示由于某种原因引起的缺陷数量或不一致的排列顺序，是找出影响项目产品或服务质量不合格的主要因素的方法。只有找出影响项目质量的主要因素，才能有的放矢，取得良好的经济效益。本题中要先识别出引起缺陷最多的问题，然后再优先解决，因此要用此技术。

流程图：执行质量控制过程使用流程图用以分析问题发生的缘由，确定过程改进的潜在机会。所有的流程图都具有几项基本要素，即活动、决策点和过程顺序。它表明一个系统的各种要素之间的交互关系。

可见该企业最可能使用帕累托图方法进行分析。

参考答案

（49）C

试题（50）

大型及复杂项目可以按照项目的<u>（50）</u>三个角度制定分解结构。

（50）A．产品范围、可交付物、约束条件
　　　B．组织体系、需求分析、基准计划
　　　C．组织结构、产品结构、生命周期
　　　D．组织过程资产、范围说明书、范围管理计划

试题（50）分析

一般而言项目的主要组成部分是项目的主要可交付物，包括项目管理方面的可交付物和合同所要求的可交付物。在具体项目创建 WBS 时，项目主要交付成果是可以根据项目的实际管理情况而定义的。

可以按照项目生命周期的各个阶段划分第一层，为完成阶段交付成果需要的工作表示为第二层；也可以按照产品的结构划分，项目总的交付成果作为第一层，将项目管理的各个阶段表示为第二层；分解时要考虑执行组织的层次结构，以便把工作包与执行组织单元联系起来。大型及复杂项目亦同样适用，即可以按照项目的组织结构、产品结构、生命周期三个角度制定分解结构。

参考答案

（50）C

试题（51）

张工程师被任命为一个大型复杂项目的项目经理，他对于该项目的过程管理有以下认识，其中＿（51）＿是不正确的。

（51）A. 可把该项目分解成为一个个目标相互关联的小项目，形成项目群进行管理
B. 建立统一的项目过程会大大提高项目之间的协作效率，为项目质量提供有力保证
C. 需要平衡成本和收益后决定是否建立适用于本项目的过程
D. 对于此类持续时间较长并且规模较大的项目来说，项目初期所建立的过程，在项目进行过程中可以不断优化和改进

试题（51）分析

大型复杂项目具有项目规模大、目标构成复杂的特点。在这种情况下，往往把项目分解成为一个个目标相互关联的小项目，形成项目群进行统一管理。

对于大型复杂项目来说，必须建立以过程为基础的管理体系。因为这时协作的效率远远高于个体的效率。建立统一的项目过程会大大提高项目之间的协作效率，有利于保证项目质量。

每个企业一般都有自己的通用过程，但是项目的特征又使得每个项目都有其各自不同的要求。所以每个项目单独建立一套适合自己的过程是有益的，但这本身也会产生成本，需要平衡成本和收益。对于大型复杂项目来说，为项目单独建立一套合适的过程规范无疑是值得的。

通常过程是作为经验的继承，既然过程来自于最佳实践经验，也就意味着它需要不断更新和发展。所以过程本身不是一成不变的，而是可以随着经验的增加和积累，不断优化和改进。对于一个持续时间较长的规模较大的项目来说，项目初期所建立的过程，在项目进行过程中可以不断优化和改进。

故 C 是不正确的。

参考答案

（51）C

试题（52）

针对大型 IT 项目，下列选项中＿（52）＿是不正确的。

（52）A. 大型 IT 项目一般是在需求不十分清晰的情况下开始的，所以需要对项目进行阶段性分解
B. 通常由专业的咨询公司对需求进行详细的定义
C. 使用甘特图制定项目的进度计划
D. 项目需求定义和需求实现通常都是一方完成的

试题（52）分析

一般来说，大型 IT 项目一般是在需求不十分清晰的情况下开始的，所以项目就自然分解为两个主要的阶段：需求定义阶段和需求实现阶段。这两个阶段要求完成的任务性质并不一致，前者往往要求对业务领域有深刻的理解；后者则主要放在对技术领域的精通上。这种差别已被越来越多的组织所认识。故很多大型 IT 项目都采用下列项目运作模式：

第一阶段由专业的咨询公司对需求进行详细的定义，需求定义的结果作为实现阶段的输入，而第一阶段的咨询公司转变成需求实现阶段的项目监理的角色。这样分工改变了过去项目的需求定义和需求实现均由一方完成的缺陷。

大型 IT 项目在制定项目计划时所用的工具与一般项目管理无异，可使用甘特图制定项目的进度计划。对于大型复杂项目来说里程碑的设置至关重要。

可见 D 是不正确的。

参考答案

（52）D

试题（53）

大型项目可能包括一些超出单个项目范围的工作。项目范围是否完成以在<u>（53）</u>中规定的任务是否完成作为衡量标志。

① 项目管理计划 ②项目范围说明书 ③WBS ④产品验收标准 ⑤更新的项目文档 ⑥WBS 字典

（53）A. ①②③④　　B. ①②③⑥　　C. ①③④⑤　　D. ②④⑤⑥

试题（53）分析

大型项目可能包括一些超出单个项目范围的工作。项目范围是否完成以在项目管理计划、项目范围说明书、WBS 和 WBS 字典中规定的任务是否完成作为衡量标志。

参考答案

（53）B

试题（54）

某市数字城市项目主要包括 A、B、C、D、E 等五项任务，且五项任务可同时开展。各项任务的预计建设时间以及人力投入如下表所示。

任　务	预计建设时间	预计投入人数
A	51 天	25 人
B	120 天	56 人
C	69 天	25 人
D	47 天	31 人
E	73 天	31 人

以下安排中，（54）能较好地实现资源平衡，确保资源的有效利用。

（54）A．五项任务同时开工

B．待 B 任务完工后，再依次开展 A、C、D、E 四项任务

C．同时开展 A、B、D 三项任务，待 A 任务完工后开展 C 任务、D 任务完工后开展 E 任务

D．同时开展 A、B、D 三项任务，待 A 任务完工后开展 E 任务、D 任务完工后开展 C 任务

试题（54）分析

五项任务同时开工，总共需要 168 人，120 天。

待 B 任务完工后，再依次开展 A、C、D、E 四项任务，总共需要 112 人，193 天。

同时开展 A、B、D 三项任务，待 A 任务完工后开展 C 任务、D 任务完工后开展 E 任务，总共需要 112 人，120 天；此方案使用资源最少，历时最短，是正确答案。

同时开展 A、B、D 三项任务，待 A 任务完工后开展 E 任务、D 任务完工后开展 C 任务，总共需要 118 人，124 天。

参考答案

（54）C

试题（55）

以下关于项目评估的叙述中，（55）是正确的。

（55）A．项目评估的最终成果是项目评估报告

B．项目评估在项目可行性研究之前进行

C．项目建议书作为项目评估的唯一依据

D．项目评估可由项目申请者自行完成

试题（55）分析

项目评估指项目绩效评估，它是指通过项目组之外的组织或者个人对项目进行的评估，通常是指在项目的前期和项目完工之后的评估。项目前期的评估主要指的是对项目的可行性的评估；项目完工后评估是指在信息化项目结束后，依据相关的法规、信息化规划报告、合同等，借助科学的措施或手段对信息化项目的水平、效果和影响，投资使用的合同相符性、目标相关性和经济合理性所进行的评估。

可见 A 是正确的。

参考答案

（55）A

试题（56）

下列选项中，项目经理进行成本估算时不需要考虑的因素是（56）。

（56）A．企业环境因素　　　　　　B．员工管理计划
　　　C．盈利　　　　　　　　　　D．风险事件

试题（56）分析

成本估算的输入包括：企业环境因素、组织过程资产、项目范围说明书、工作分解结构、WBS 字典、项目管理计划（包括进度管理计划、员工管理计划、风险事件）。故不需要考虑盈利因素。

参考答案

（56）C

试题（57）

项目Ⅰ、Ⅱ、Ⅲ、Ⅳ的工期都是三年，在第二年末其挣值分析数据如下表所示，按照趋势最早完工的应是项目<u>（57）</u>。

项目	预算总成本	EV	PV	AC
Ⅰ	1500	1000	1200	900
Ⅱ	1500	1300	1200	1300
Ⅲ	1500	1250	1200	1300
Ⅳ	1500	1100	1200	1200

（57）A．Ⅰ　　　　B．Ⅱ　　　　C．Ⅲ　　　　D．Ⅳ

试题（57）分析

项目	预算总成本	SV=EV–PV	CV=EV–AC
Ⅰ	1500	1000–1200=–200	1000–900=100
Ⅱ	1500	1300–1200=100	1300–1300=0
Ⅲ	1500	1250–1200=50	1250–1300=–50
Ⅳ	1500	1100–1200=–100	1100–1200=–100

由计算结果可知项目Ⅱ进度提前最多，成本与计划持平。故按照趋势最早完工的应是项目Ⅱ。

参考答案

（57）B

试题（58）

已知某综合布线工程的挣值曲线如下图所示：总预算为 1230 万元，到目前为止已支出 900 万元，实际完成了总工作量的 60%，该阶段的预算费用是 850 万元。按目前的状况继续发展，要完成剩余的工作还需要<u>（58）</u>万元。

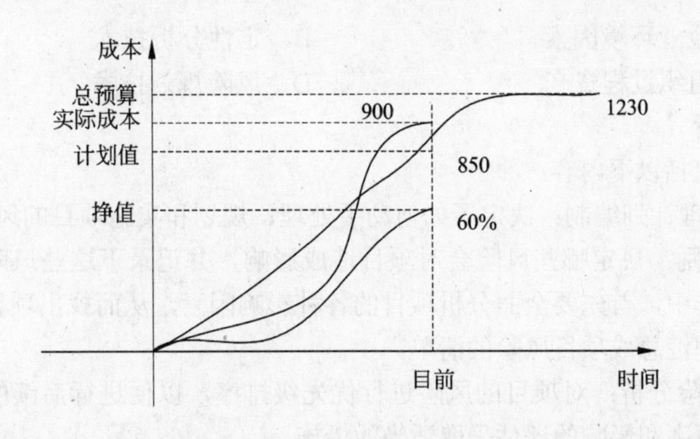

（58）A．330　　　B.492　　　C．600　　　D．738

试题（58）分析

首先分析题干，其中的关键字是“按目前的状况继续发展”，由此可判定计算的目标是按当前的 CPI 来计算剩余工作的预计完工成本。

按目前 CPI 状况继续发展，剩余工作的预计完工成本=（BAC–EV）/ CPI，其中 BAC=1 230，EV=1 230×60%=738，CPI=EV/PV=738/900=0.82。

则剩余工作的预计完工成本=（1230–738）/ 0.82= 600.24

所以选项 C 为正确答案。

参考答案

（58）C

试题（59）

对于系统集成企业而言，在进行项目核算时，一般将__（59）__列入项目生命周期间发生的直接成本。

① 可行性研究费用　② 项目投标费用　③ 监理费用　④ 需求开发费用
⑤ 设计费用　⑥ 实施费用　⑦ 验收费用

（59）A．①②④⑤⑥⑦　　B．①③④⑤⑥⑦
C．④⑤⑥⑦　　D．②④⑤⑥⑦

试题（59）分析

项目生命周期包括启动、计划、执行、收尾四个阶段。本题中这四个阶段中发生的直接成本包括需求开发费用、设计费用、实施费用、验收费用。

参考答案

（59）C

试题（60）

企业通过多年项目实施经验总结归纳出的 IT 项目可能出现的风险列表属于__（60）__范畴。

（60）A．企业环境因素　　　　　　B．定性分析技术
　　　C．组织过程资产　　　　　　D．风险规划技术

试题（60）分析

风险管理包括以下内容：

① 风险管理计划编制：决定了如何动手处理、规划和实施项目的风险管理活动。

② 风险识别：决定哪些风险会对项目造成影响，并记录下这些风险的属性。在项目风险识别工作中，首先要全面分析项目的各种影响因素，从而找出项目可能存在的各种风险，并整理汇总成项目风险的清单。

③ 定性风险分析：对项目的风险进行优先级排序，以便进行后续的深入分析，或者根据对风险概率和影响的评估采取适当的措施。

④ 定量风险分析：测量风险出现的概率和结果，并评估它们对项目目标的影响。

⑤ 风险应对计划编制：开发一些应对方案和措施以提高项目成功的机会、降低项目失败的威胁。

⑥ 风险监控：在项目的整个生命周期内，监视残余风险，识别新的风险，执行风险应对计划，以及评估这些工作的有效性。

企业环境因素（EEFS）是指环绕或影响一个项目成功的任何外部环境因素和内部环境因素。这些因素可能来自任何一个或所有参与项目的企业，并可能包括组织文化和结构、基础设施、现有的资源、商业数据库、市场条件、项目管理软件等。企业环境因素可能会限制项目管理办法，并可能对结果产生积极的或者消极的影响。

组织过程资产是指可以从组织得到用以促进项目成功的任何或全部的组织过程资产。参与项目的部分或全部组织可能必须考虑正式的和非正式的企业计划、政策方针、规程、指南和管理系统的影响。组织过程资产也代表了组织的知识和经验教训。组织过程资产依据行业的类型、组织和应用领域等几个方面的结合可以有不同的组成形式，如组织过程资产可以分成以下两类。

① 组织中指导工作的过程和程序：

- 组织的标准过程，如标准、政策（安全和健康政策；项目管理政策）、标准产品和项目生命周期、质量政策和规程。
- 标准指导方针、模板、工作指南、建议评估标准、风险模板和性能测量准则。
- 用于满足项目特定需要的修正组织中一系列标准过程的指南和标准。
- 为满足项目的特定需求，对组织标准过程集进行剪裁的准则和指南。
- 组织的沟通需求，如可以使用的特定通信技术、允许的通信媒介及保管的要求。
- 项目收尾指南和需求，如结项审计、项目评估、产品确认和验收标准指南。
- 财务控制程序，如汇报周期、必要开支、支出评审、财务编码和标准合同条款。
- 问题和缺陷管理程序，定义对问题和缺陷的控制，问题和缺陷的识别和解决，行动项的追踪。
- 调整政府或行业标准，如调整的机构规则、产品标准、质量标准和工艺标准。

- 变更控制规程，包括哪些公司正式的标准、方针、计划和规程及任何项目文件可以被调整、如何批准和确认变更。
- 风险控制规程，包括风险的分类、概率和影响定义、概率和影响矩阵。
- 作为整体过程管理信息系统的一个子集的工作授权发布规程。

② 组织的全部知识基础：

- 过程测量数据库，用于收集和利用过程和产品的测量数据。
- 经验学习系统，包括以往项目的选择决策和以往的项目绩效信息。
- 历史信息（项目文件、记录、文档和所有项目收尾信息和文档），包括来自风险管理的信息。如确定的风险，计划的响应措施和任何影响。
- 问题和缺陷管理数据库，包括问题和缺陷的状态，控制，解决方案和行动项结果。
- 配置管理知识库，包括所有的正式的公司标准、政策、程序和项目文档的各种版本和基线。
- 财务数据库，包括劳动时间、产生的费用、预算和项目超支费用等信息。

可见企业通过多年项目实施经验总结归纳出的 IT 项目可能出现的风险列表属于组织过程资产范畴。

参考答案

（60）C

试题（61）

在进行__（61）__时可以采用期望货币值技术。

（61）A．定量风险分析　　B．风险紧急度评估
C．定性风险分析　　D．SWOT 分析

试题（61）分析

定性风险分析可采用的工具技术包括风险概率及影响评估、概率及影响矩阵、风险数据质量评估、风险种类、风险紧急度评估。

定量风险分析可采用的工具技术包括访谈、专家判断、灵敏度分析、期望货币价值分析、决策树分析、建模和仿真。

SWOT 分析是风险识别的工具技术，风险识别的工具技术还包括文档评审、头脑风暴、德尔菲法、检查表、访谈、假设分析、图解技术。

可见在进行定量风险分析时可以采用期望货币值技术。

参考答案

（61）A

试题（62）

在开发的软件产品完成系统测试之后，作为最终产品应将其存入__（62）__，等待交付用户或现场安装。

（62）A．知识库　　B．开发库　　C．受控库　　D．产品库

试题（62）分析

配置管理中通常利用配置库以提高配置管理的有效性。配置库有三类：开发库、受

控库和产品库。

① 开发库：存放开发过程中需要保留的各种信息，供开发人员个人专用。库中的信息可能有较为频繁的修改，只要开发库的使用者认为有必要，无需对其做任何限制。因为这通常不会影响到项目的其他部分。

② 受控库：在信息系统开发的某个阶段工作结束时，将工作产品存入或将有关的信息存入。存入的信息包括计算机可读的以及人工可读的文档资料。应该对库内信息的读写和修改加以控制。

③ 产品库：在开发的信息系统产品完成系统测试之后，作为最终产品存入库内，等待交付用户或现场安装。库内的信息也应加以控制。

可见作为最终产品应将其存入产品库。

参考答案

（62）D

试题（63）

某软件开发项目计划设置如下基线：需求基线、设计基线、产品基线。在编码阶段，详细设计文件需要变更，以下叙述中，（63）是正确的。

（63）A．设计文件评审已通过，直接变更即可

B．设计基线已经建立，不允许变更

C．设计基线已经建立，若变更必须走变更控制流程

D．详细设计与设计基线无关，直接变更即可

试题（63）分析

软件开发分为计划、需求分析、软件设计（概要设计、详细设计）、编码（含单元测试）、测试、运行维护等几个阶段，如下图所示。

基线是一组经过正式审查并且达成一致的规范或工作产品，是开发工作的基础。对基线的更改必须遵循变更控制规程。

本题中的软件开发项目设置了需求基线、设计基线、产品基线，在编码阶段设计基线已经建立。若要对详细设计文件进行变更，必须走变更控制流程。故C是正确的。

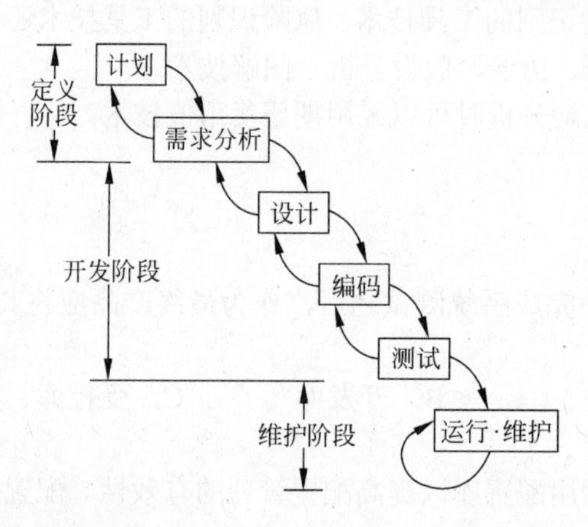

参考答案

（63）C

试题（64）

某个配置项的版本由 1.11 变为 1.12，按照配置版本号规则表明＿（64）＿。

（64）A．目前配置项处于正在修改状态，配置项版本升级幅度较大

B．目前配置项处于正在修改状态，配置项版本升级幅度较小

C．目前配置项处于正式发布状态，配置项版本升级幅度较小

D．目前配置项处于正式发布状态，配置项版本升级幅度较大

试题（64）分析

配置项的状态有三种：草稿（Draft）、正式发布（Released）和正在修改（Changing）。配置项刚建立时其状态为“草稿”，配置项经过评审或审批后，其状态变为“正在发布”。此后若更改配置项，必须依据变更控制规程执行，其状态为“正在修改”。当配置项修改完毕并重新通过评审或审批时，其状态又变为“正在发布”，如此循环。

故本题中目前配置项处于正在修改状态。

配置项的版本号与配置项的状态紧密相关。

① 处于“草稿”状态的配置项的版本号格式为 0.YZ，YZ 的取值范围为 01～99。

② 配置项第一次“正式发布”时，版本号为 1.0。

③ 处于“正式发布”状态的配置项的版本号格式为 X.Y，X 为主版本号，取值范围为 1～9；Y 为次版本号，取值范围为 1～9；如果配置项的版本升级幅度较小，一般只增大 Y 值，X 值保持不变；只有当配置项版本升级幅度较大时，才允许增大 X 值。

④ 处于“正在修改”状态的配置项的版本号格式为 X.YZ，配置项在修改时，一般只增大 Z 的取值，X.Y 的取值不变；当配置项修改完毕，状态重新成为“正式发布”时，将 Z 值设置为 0，增加 X.Y 值。

故本题中某配置项的版本由 1.11 变为 1.12，变化幅度较小。

参考答案

（64）B

试题（65）

配置审计包括物理审计和功能审计，＿（65）＿属于功能审计的范畴。

（65）A．代码走查　　　　　　B．变更过程的规范性审核

C．介质齐备性检查　　　　D．配置项齐全性审核

试题（65）分析

配置审计（或称配置审核）工作主要集中在两个方面，一是功能审计，即验证配置项的实际功效是否与其需求相一致；二是物理审计，即确定配置项是否符合预期的物理

特征（指特定的媒体形式）。变更过程的规范性审核、介质齐备性检查、配置项齐全性审核属于物理审计，代码走查属于功能审计。

参考答案

（65）A

试题（66）、（67）

在软件开发项目中，关键路径是项目事件网络中<u>（66）</u>，组成关键路径的活动称为关键活动。下图中的关键路径历时<u>（67）</u>个时间单位。

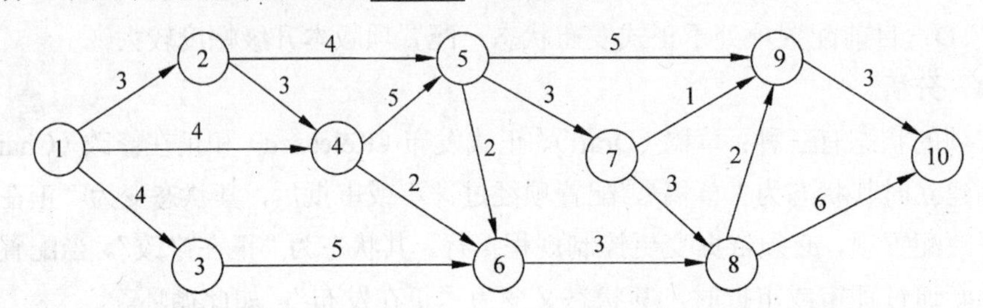

（66）A．最长的回路　　　　　　　B．最短的回路

C．源点和汇点间的最长路径　　D．源点和汇点间的最短路径

（67）A．14　　B．18　　C．23　　D．25

试题（66）、（67）分析

图论中给出了关键路径的定义，即源点到汇点的最长路径为关键路径。

关键路径的识别与计算：

方法一：通过观察法可识别出关键路径为 1-2-4-5-7-8-10，此历时最长的路径的历时为 3+3+5+3+3+6=23。

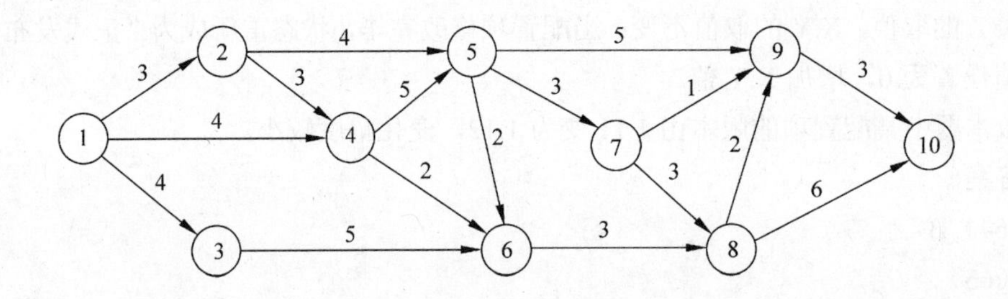

方法二：计算出此双代号网络图的六标识，即最早开始 ES、最早结束 EF、历时 DU、最迟开始 LS、最迟结束 LF、总时差 TF。用正推法计算 ES、EF，用倒推法计算 LF、LS；TF=LS–ES=LF–EF，总时差为 0 的活动一定在关键路径上。同样可识别出关键路径为 1-2-4-5-7-8-10。

识别出关键路径后，将关键路径上的活动历时相加，即可得到关键路径的历时为 23。

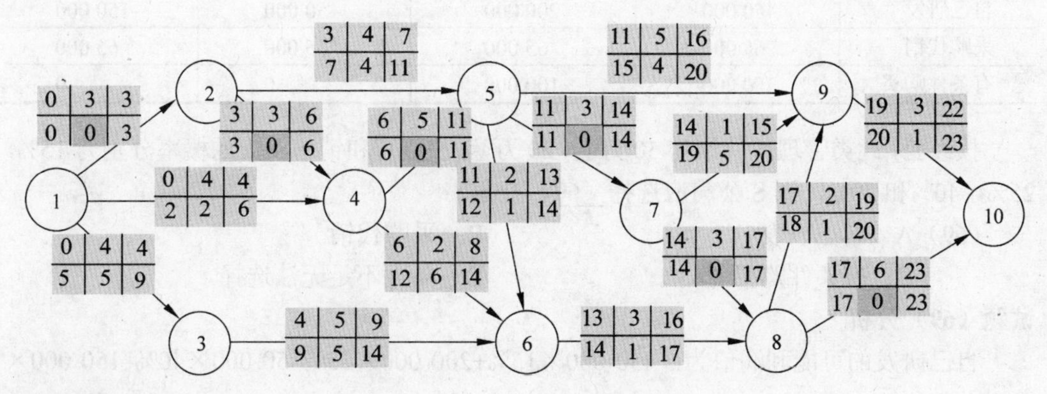

参考答案

（66）C （67）C

试题（68）

某工厂生产两种产品 S 和 K，受到原材料供应和设备加工工时的限制。单件产品的利润、原材料消耗及加工工时如下表所示。为获得最大利润，S 应生产<u>（68）</u>件。

产　品	S	K	资源限制
原材料消耗（公斤/件）	10	20	120
设备工时（小时/件）	8	8	80
利润（元/件）	12	16	

（68）A. 7　　B. 8　　C. 9　　D. 10

试题（68）分析

该问题用线性规划模型求解。设利润为 z，为了获得最大利润，S 应生产 x_1 件，K 应生产 x_2 件。对该问题求解最优方案可以由下列数学模型描述：

$$\max z=12x_1+16x_2$$

$$\begin{cases}10x_1+20x_2\leqslant 120\\8x_1+8x_2\leqslant 80\\x_1\geqslant 0, x_2\geqslant 0\end{cases}$$

求解得 x_1=8，x_2=2；故 S 应生产 8 件。

参考答案

（68）B

试题（69）

S 公司开发一套信息管理软件，其中一个核心模块的性能对整个系统的市场销售前景影响极大，该模块可以采用 S 公司自己研发、采购代销和有条件购买三种方式实现。S 公司的可能利润（单位万元）收入如下表所示。

	销售 50 万套	**销售 20 万套**	**销售 5 万套**	**卖不出去**
自己研发	450 000	200 000	–50 000	–150 000
采购代销	65 000	65 000	65 000	65 000
有条件购买	250 000	100 000	0	0

按经验，此类管理软件销售 50 万套，20 万套，5 万套和销售不出的概率分别为 15%，25%，40%和 20%，则 S 公司应选择__（69）__方案。

（69）A．自己研发　　B．采购代销

C．有条件购买　　D．条件不足无法选择

试题（69）分析

自己研发的可能利润值为：450 000×15%+200 000×25%–50 000×40%–150 000×20%=67 500

采购代销的可能利润值为：65 000×15%+65 000×25%+65 000×40%+65 000×20%=65 000

有条件购买的可能利润值为：250 000×15%+100 000×25%=62 500

因此，S 公司应选择 A 方案以获得最高可能利润。

参考答案

（69）A

试题（70）

T 和 H 分别作为系统需求分析师和软件设计工程师，参与①、②、③、④四个软件的开发工作。T 的工作必须发生在 H 开始工作之前。每个软件开发工作需要的工时如下表所示。

	①	②	③	④
需求分析	7 天	3 天	5 天	6 天
软件设计	8 天	4 天	6 天	1 天

在最短的软件开发工序中，单独压缩__（70）__对进一步加快进度没有帮助。

（70）A．①的需求分析时间　　B．①的软件设计时间

C．③的需求分析时间　　D．③的软件设计时间

试题（70）分析

设①的需求分析为活动 R1，②的需求分析为活动 R2，③的需求分析为活动 R3，④的需求分析为活动 R4；①的软件设计为活动 D1，②的软件设计为活动 D2，③的软件设计为活动 D3，④的软件设计为活动 D4。

根据题意，可画出历时最短（能并行的活动尽量并行）的带时标的双代号网络图如下。可识别出关键路径为 R2-R3-R1-D1-D4，①的需求分析、①的软件设计、③的需求分析均在关键路径上，而③的软件设计 D3 不在关键路径上。故单独压缩③的软件设计

时间对进一步加快进度没有帮助。

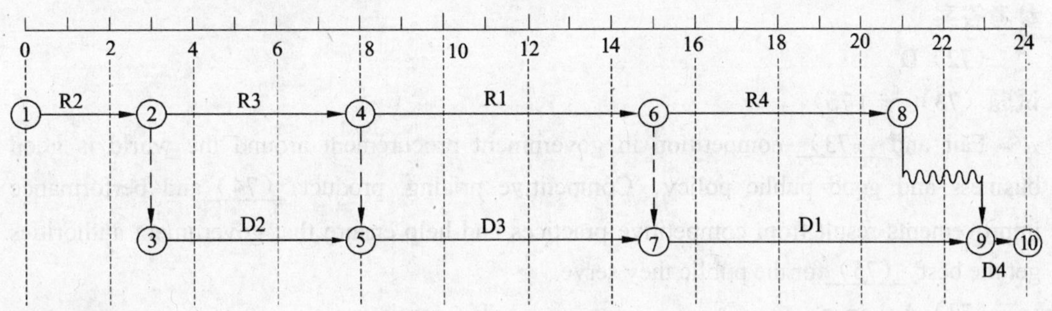

参考答案

（70）D

试题（71）

（71）assesses the priority of identified risks using their probability of occurring, the corresponding impact on project objectives if the risks do occur, as well as other factors such as the time frame and risk tolerance of the project constraints of cost, schedule, scope, and quality.

（71）A．Quantitative Risk Analysis　　B．Qualitative Risk Analysis

C．Enterprise Environmental Factors　　D．Risk Management Plan

试题（71）分析

定性风险分析利用风险发生概率、风险一旦发生对项目产生的影响以及其他因素（如时间框架和项目制约条件，即成本、进度、范围、质量的风险承受度水平），对已识别风险进行优先级的评估。

选项 A 是定量风险分析，选项 B 是定性风险分析，选项 C 是企业环境因素，选项 D 是风险管理计划。故 B 是正确的。

参考答案

（71）B

试题（72）

（72）describes, in detail, the project's deliverables and the work required to create those deliverables.

（72）A．Product scope description　　B．Project objectives

C．Stakeholder Analysis　　D．The project scope statement

试题（72）分析

项目范围说明书详细描述项目的可交付成果和为了提交这些可交付成果而必须开展的工作。

选项 A 是产品范围说明书，选项 B 是项目目标，选项 C 是干系人分析，选项 D 是项目范围说明书。故D是正确的。

参考答案

（72）D

试题（73）～（75）

Fair and （73） competition in government procurement around the world is good business and good public policy. Competitive pricing, product （74） and performance improvements result from competitive practices and help ensure that government authorities get the best （75） for the public they serve.

（73）A．open　　B．continue
　　C．dependent　　D．reliable

（74）A．recession　　B．innovation
　　C．crisis　　D．ability

（75）A．help　　B．server
　　C．value　　D．policy

试题（73）～（75）分析

在世界各地的政府采购中，采用公平、公开的竞争是良好的贸易政策和良好的公共政策。富有竞争力的价格、产品的创新和绩效的提高源于竞争性实践活动，并有助于确保政府为公众提供最有价值的服务。

试题（73）：选项A是公开的，选项B是持续的，选项C是依靠的，选项D是可靠的。故A是正确的。

试题（74）：选项A是倒退，选项B是创新，选项C是危机，选项D是能力。故B是正确的。

试题（75）：选项A是帮助，选项B是服务，选项C是价值，选项D是政策。故C是正确的。

参考答案

（73）A （74）B （75）C

第8章 2010上半年信息系统项目管理师下午试卷I试题分析与解答

试题一（25分）

阅读下列说明，回答问题1至问题3，将解答填入答题纸的对应栏内。

【说明】

某系统集成商因公司业务发展过快，项目经理人员缺口较大，因此决定从公司工作3年以上的业务骨干中选拔一批项目经理。张某原是公司的一名技术骨干，编程水平很高，在同事中有一定威信，因此被选中直接担当了某系统集成项目的项目经理。张某很珍惜这个机会，决心无论自己多么辛苦也要把这个项目做好。

随着项目的逐步展开，张某遇到很多困难。他领导的小组有2个新招聘的高校毕业生，技术和经验十分欠缺，一遇到技术难题，就请张某进行技术指导。有时张某干脆亲自动手编码来解决问题，因为教这些新手如何解决问题反而更费时间。由于有些组员是张某之前的老同事，在他们没能按计划完成工作时，张某为了维护同事关系，不好意思当面指出，只好亲自将他们未做完的工作做完或将不合格的地方修改好。该项目的客户方是某政府行政管理部门，客户代表是该部门的主任，和公司老总的关系很好。因此对于客户方提出的各种要求，张某和组内的技术人员基本全盘接受，生怕得罪了客户，进而影响公司老总对自己能力的看法。张某在项目中遇到的各种问题和困惑，也感觉无处倾诉。项目的进度已经严重滞后，而客户的新需求不断增加，各种问题纷至沓来，张某觉得项目上的各种压力都集中在他一个人身上，而项目组的其他成员没有一个人能帮上忙。

【问题1】（9分）

请问该公司在项目经理选拔与管理方面的制度是否规范？为什么？

【问题2】（10分）

请结合本案例，分析张某在工作中存在的问题。

【问题3】（6分）

请结合本案例，你作为项目经理可以向张某提出哪些建议？

试题一分析

本题考查企业在项目经理选拔与管理方面的不足，项目经理在工作中存在的问题，以及项目经理可以从哪些方面进行改进。题目分析的步骤如下：

【问题1】

要求指出该公司在项目经理选拔与管理方面的制度是否规范？为什么？根据题目说明可以分析出该公司在项目经理选拔与管理方面的制度是不规范的。从题目中可以看出其具体原因如下：

（1）企业由于项目经理人员缺口较大，就决定从公司工作3年以上的业务骨干中选拔项目经理。对项目经理的选择仅从技术角度考虑，没有考虑到其应能承担得起项目管理者和项目领导者的双重责任。

（2）张某是公司技术骨干，编程水平很高，有一定威信，因此被选中直接担当了某系统集成项目的项目经理。其实，项目经理与技术骨干是两类不同的岗位，对项目经理应该有具体要求，如广博的知识（项目管理类的、客户行业的、专业技术的等）、丰富的经历、良好的协调能力、职业道德、沟通能力、领导能力等。因技术水平高就当项目经理，没有对其进行培训，管理技能没有跟上肯定是会产生问题的。

（3）张某在项目中遇到的各种问题和困惑，也感觉无处倾诉。说明公司没有对项目经理进行监督指导，公司和项目经理之间没有建立完善的沟通渠道。

【问题2】

要求指出张某在工作中存在的问题。根据题目说明可以看出张某作为项目经理有如下不足：

（1）项目成员一遇到技术难题，就请张某进行技术指导。有时张某干脆亲自动手编码来解决问题，因为教这些新手如何解决问题反而更费时间。张某没有做好角色转变，不了解项目经理的工作重点。

（2）在项目成员没能按计划完成工作时，张某为了维护同事关系，不好意思当面指出，只好亲自将他们未做完的工作做完或将不合格的地方修改好。他计划不周、分工不明，责权不清，事必躬亲，没能提高团队的战斗力，缺乏领导者的管理能力。

（3）对于客户方提出的各种要求，基本全盘接受，生怕得罪了客户，进而影响公司老总对自己能力的看法。说明他缺乏沟通能力和沟通技巧。

（4）项目的进度已经严重滞后，而客户的新需求不断增加，各种问题纷至沓来。最终也没能控制好项目范围，导致需求蔓延。

（5）张某觉得项目上的各种压力都集中在他一个人身上，而项目组的其他成员没有一个人能帮上忙。其根源是没有做好团队建设工作，不能充分发挥团队整体效用。

【问题3】

要求向张某提出改进建议。针对张某在工作中存在的问题，可提出如下改进建议：

（1）做好角色转变，将工作重点向项目管理方面侧重，注重提高管理技能技巧。

（2）根据项目计划，进行良好的项目分工，明确工作要求，发挥团队的集体力量。

（3）对项目组成员，按岗位要求提供相应培训。

（4）对已完成工作和剩余工作进行评估，重新进行资源平衡，如有问题，应及时进行协调。

（5）在客户和管理层等项目干系人之间建立良好的沟通。

（6）对客户提出的新需求，按变更管理的流程进行调整和管理。

参考答案

【问题 1】

1．不规范。

2．原因是：

（1）公司仅从技术能力方面考察和选拔项目经理，而没有或较少考虑其管理方面的经验、能力。

（2）公司对项目经理缺乏必要的管理知识与技能方面的培训。

（3）公司对项目经理的工作缺乏指导和监督。

（4）公司和项目经理之间缺乏完善的沟通渠道。

【问题 2】

1．项目管理经验不足，未能完成从技术骨干到项目经理的角色转变。

2．计划不周、分工不明，责权不清。

3．缺乏团队领导经验，事必躬亲的做法不正确。

4．缺乏良好的沟通能力和沟通技巧。

5．没有控制好项目范围，导致需求蔓延。

6．缺乏团队合作精神，没有做好团队建设工作，不能充分发挥团队的整体效用。

【问题 3】

1．在客户和管理层等项目干系人之间建立良好的沟通。

2．根据项目计划，进行良好的项目分工，明确工作要求，发挥团队的集体力量。

3．对客户提出的新需求，按变更管理的流程管理。

4．对项目组成员，按岗位要求提供相应培训。

5．对已完成工作和剩余工作进行评估，重新进行资源平衡，如有问题，应及时进行协调。

试题二（25 分）

阅读下面说明，回答问题 1 至问题 3，将解答填入答题纸的对应栏内。

【说明】

M 公司 2009 年 5 月中标某单位（甲方）的电子政务系统开发项目，该单位要求电子政务系统必须在 2009 年 12 月之前投入使用。王某是公司的项目经理，并且刚成功地领导一个 6 人的项目团队完成了一个类似项目，因此公司指派王某带领原来的团队负责该项目。

王某带领原项目团队结合以往经验顺利完成了需求分析、项目范围说明书等前期工作，并通过了审查，得到了甲方的确认。由于进度紧张，王某又申请从公司调来了 2 个开发人员进入项目团队。

项目开始实施后，项目团队原成员和新加入成员之间经常发生争执，对发生的错误相互推诿。项目团队原成员认为新加入成员效率低下，延误项目进度；新加入成员则认为项目团队原成员不好相处，不能有效沟通。王某认为这是正常的项目团队磨合过程，没有过多干预。同时，批评新加入成员效率低下，认为项目团队原成员更有经验，要求新加入成员要多向原成员虚心请教。

项目实施两个月后，王某发现大家汇报项目的进度言过其实，进度没有达到计划目标。

【问题 1】（8 分）

请简要分析造成该项目上述问题的可能原因。

【问题 2】（9 分）

（1）写出项目团队建设所要经历的主要阶段。

（2）结合你的实际经验，概述成功团队的特征。

【问题 3】（8 分）

针对项目目前的状况，在项目人力资源管理方面王某可以采取哪些补救措施？

试题二分析

本题考查项目人力资源管理方面的知识。若不重视项目的人力资源管理会对项目的推进产生严重影响。同时考查团队建设经历的主要阶段、成功的项目团队的特征，以及本案例王某可以采取的补救措施。题目分析的步骤如下：

【问题 1】

要求指出造成该项目上述问题的可能原因。根据题目说明中描述的后果可知产生上述问题的具体原因如下：

（1）项目团队原有成员和新加入成员之间经常发生争执，对发生的错误相互推诿。表明在项目团队形成之初，王某没有对新员工的工作能力和团队合作素质进行考察，没有进行有效的团队建设和团队管理。

（2）项目团队原有成员认为新加入成员效率低下，延误项目进度；新加入成员则认为项目团队原有成员不好相处，不能有效沟通。表明在项目团队震荡阶段，王某没有进行有效的团队建设和团队管理，团队成员之间已经产生了隔阂；此外王某没有对进度进行有效控制。

（3）王某对团内发生的争执没有过多干预，同时批评新加入成员效率低下，认为项目团队原有成员更有经验，要求新加入成员要多向原有成员虚心请教。表明王某对于冲突的处理方式过于简单，同时对人员的绩效评估缺乏有效的考核手段。

（4）项目实施两个月后，王某发现大家汇报项目的进度言过其实，进度没有达到计划目标。说明由于王某对人员的绩效评估缺乏有效的考核手段，造成成员的不如实汇报，严重影响项目进度及整体目标的实现。

【问题 2】

要求指出团队建设经历的主要阶段、成功的项目团队的特征。此部分内容在项目管理师教程中有所介绍。

【问题3】

要求指出王某可以采取的补救措施。根据前面分析的问题产生的原因，针对目前项目状况可提出如下改进建议：

（1）采用合适的团队建设手段，消除团队成员间的隔阂，加强技术培训提高工作效率。

（2）明确项目团队的目标，及项目组各成员的分工，落实责任到人。

（3）建立清晰的工作流程和沟通机制，及时了解项目进展等情况。

（4）建立明确的考核评价标准，能够及时发现不足。

（5）制定有效的激励措施，鼓励大家为项目的成功努力工作。

（6）提高凝聚力，鼓励团队成员之间团结协作。

参考答案

【问题1】

问题产生的可能原因有：

1．王某对新员工的工作能力和团队合作素质没有进行考察。

2．王某没有进行有效的团队建设和团队管理。

3．王某对于冲突的处理方式过于简单。

4．王某对人员的绩效评估缺乏有效的考核手段。

5．王某没有对进度进行有效控制。

【问题2】

1．团队建设将经历形成阶段、震荡阶段、正规阶段、发挥阶段和结束阶段。

2．成功的项目团队的特征：

① 团队的目标明确，成员清楚自己工作对目标的贡献。

② 团队的组织结构清晰，岗位明确。

③ 有成文或习惯的工作流程和方法，而且流程简明有效。

④ 项目经理对团队成员有明确的考核和评价标准。

⑤ 组织纪律性强。

⑥ 相互信任，善于总结和学习。

【问题3】

1．采用合适的团队建设手段，消除团队成员间的隔阂。

2．明确项目团队的目标，及项目组各成员的分工。

3．建立清晰的工作流程和沟通机制。

4．建立明确的考核评价标准。

5．鼓励团队成员之间建立参与和分享的氛围。

6．制定有效的激励措施。

试题三（25分）

阅读下面说明，回答问题1至问题3，将解答填入答题纸的对应栏目内。

【说明】

小方是某集团信息处工作人员，承担集团主网站、分公司及下属机构子网站具体建设的管理工作。小方根据在学校学习的项目管理知识，制定并发布了项目章程。因工期紧，小方仅确定了项目负责人、组织结构、概要的里程碑计划和大致的预算，便组织相关人员开始各个网站的开发工作。

在开发过程中，不断有下属机构提出新的网站建设需求，导致子网站建设工作量不断增加，由于人员投入不能及时补足，造成实际进度与里程碑计划存在严重偏离；同时，因为与需求提出人员同属一个集团，开发人员不得不对一些非结构性的变更做出让步，随提随改，不但没有解决项目进度，质量问题也时有出现，而且工作成果的版本越来越混乱。

【问题1】（8分）

请简要分析该项目在启动及计划阶段存在的问题。

【问题2】（10分）

（1）简要叙述正确的项目启动应包含哪些步骤？

（2）针对在启动阶段存在的问题，可以采取哪些措施（包括应采用的具体工具和技术）进行补救？

【问题3】（7分）

请为该项目设计一个项目章程（列出主要栏目及核心内容）。

试题三分析

本题考查项目启动及项目计划阶段应注意的问题，项目启动应包含哪些步骤？针对在启动阶段存在的问题，可以采取的补救措施，可采用的具体工具和技术，以及项目章程内容。题目分析的步骤如下：

【问题1】

要求指出该项目在启动及计划阶段存在的问题。根据题目说明可以分析出在启动及计划阶段，该项目存在如下问题：

（1）小方根据在学校学习的项目管理知识，制定并发布了项目章程。其实，项目章程应由项目发起人发布。

（2）因工期紧，小方仅确定了项目负责人、组织结构、概要的里程碑计划和大致的预算，便组织相关人员开始各个网站的开发工作。而项目章程不完整；没有形成完善的项目计划；对需求没有进行深入的分析，对需求认识不足，资源估算不足。

（3）在开发过程中，不断有下属机构提出新的网站建设需求，导致子网站建设工作量不断增加，由于人员投入不能及时补足，造成实际进度与里程碑计划存在严重偏离。表明新需求提出后没能及时对项目管理计划、人员配备、项目实施等进行调整，造成进度滞后。

（4）因为与需求提出人员同属一个集团，开发人员不得不对一些非结构性的变更做出让步，随提随改，不但没有解决项目进度，质量问题时有出现，而且工作成果的版本越来越混乱。表明对项目变更风险认识不足；未制定变更控制流程并对变更进行有效分析控制；配置管理和版本控制没有做好。

【问题 2】

要求给出项目启动的步骤。此部分内容在一般的项目管理书中都有所介绍。同时要求针对在启动阶段存在的问题，给出可以采取的补救措施，以及可采用的具体工具和技术。针对前面的分析可提出如下改进建议：

（1）项目章程的内容应进行完善。

（2）项目章程应由单位高层正式发布。

（3）应对项目需求进行深入分析，并做好需求管理，可使用需求追踪矩阵等工具。

（4）采用项目管理方法论、项目管理信息系统和专家判断等工具和方法制定项目管理计划。

（5）应采用配置管理系统为做好变更和版本控制打下基础。

（6）应采用风险核对表、头脑风暴、概率影响矩阵等工具，做好需求变更、人员不足风险等的认识与分析，以便后续做好应对。

【问题 3】

要求给出项目章程内容。此部分内容在项目管理师教程中有所介绍。

参考答案

【问题 1】

1. 项目没有遵循正确的立项流程，例如，项目章程应由项目发起人发布。

2. 项目章程不完整。

3. 对需求估计不准确，资源估算不足，项目管理计划没有根据项目的实际情况进行调整。

4. 对项目变更风险认识不足，未制定变更控制流程。

5. 配置管理和版本控制没有做好。

【问题 2】

1. 步骤

（1）制定项目章程。

（2）制定初步项目范围说明书。

2. 解决措施

（1）完善项目章程。

（2）由项目发起人正式发布项目章程。

（3）采用项目管理方法论、项目管理信息系统和专家判断等工具和方法制定项目管理计划。

（4）应采用配置管理系统进行变更和版本控制。

（5）应采用风险核对表、头脑风暴、概率影响矩阵等工具，管理项目风险，根据项目需要重新配置项目资源。

（6）可使用需求追踪矩阵等工具管理项目需求。

【问题3】

1．项目需求，反映了干系人的要求与期望。

2．项目必须实现的商业需求、项目概述或产品需求。

3．项目的目的或论证的结果。

4．任命项目经理并授权。

5．里程碑进度计划。

6．干系人的影响。

7．组织职能。

8．组织的、环境的和外部的假设。

9．组织的、环境的和外部的约束。

10．论证项目业务方案，包括投资回报率。

11．概要预算。

第9章　2010上半年信息系统项目管理师下午试卷II写作要点

试题一　论信息系统工程项目的范围管理

项目范围管理对信息系统项目的成功具有至关重要的意义，在项目范围管理方面出现的问题，是导致项目失败的一个重要原因。要实现高水平的项目范围管理，就要做好与项目干系人的沟通，明确范围需求说明，管理好范围的变更。

请围绕“信息系统工程项目的范围管理”论题，分别从以下三个方面进行论述：

1．概要叙述你参与的信息系统项目的背景、目的、发起单位的性质、项目周期、交付的产品等相关信息，以及你在其中担任的主要工作。

2．请简要列出该信息系统项目范围说明书的主要内容，并简要论述如何依据项目范围说明书制定WBS。

3．请结合你的项目经历，简要论述做好项目范围管理的经验。

试题一分析

（1）选择自己近期参与过的信息系统项目进行分析论述，不能选择其他类型的项目。

（2）根据题目要求确定论述内容及文章结构。要用论文的写作方式展开论述，即要有论点、论据和论证步骤，同时做到首尾呼应。

（3）写摘要。论文摘要是文章的内容不加诠释和评论的简短陈述。摘要是在文章全文完成之后提炼出来的（但考虑到正文完成后有可能大家会忘记写摘要，所以建议大家确定结构并简单设计后即写出摘要），具有短、精、完整三大特点。摘要应具有独立性、自明性，即不阅读原文的全文，就能获得必要的信息。摘要中有核心信息、有结论，是一篇完整的短文。

（4）撰写论文。论述中除了要注意体现论点、论据和论证步骤，还要做到首尾呼应外，同时需要注意：

① 要有针对性地介绍项目情况和所承担的主要工作。

② 简要列出该项目范围说明书的主要内容，以及依据项目范围说明书制定WBS的过程、WBS的大致内容。

③ 叙述该项目在项目范围管理方面所做的工作，有哪些不足，造成了什么后果，哪些工作做得很好，效果如何。

④ 总结该项目管理中的得失，阐述自身关于项目范围管理的认识。

（5）注意论文结构合理，语言流畅，字迹清晰。

（6）注意论文撰写始终围绕信息系统项目的范围管理，不能跑题。

写作要点

1．整篇论文陈述完整，论文结构合理、语言流畅，字迹清楚。（5 分）

2．所述项目切题真实，介绍清楚。（5 分）

3．针对要求的两个方面展开论述，不要求全面论述，可根据论述内容是否正确，涉及其项目部分是否真实、得当，酌情给分。（45 分）

（1）详细的范围说明书包括或引用的文档有：

① 项目目标。项目目标包括衡量项目成功的可量化标准。

② 产品范围描述。产品范围描述了项目承诺交付的产品、服务或结果的特征。

③ 项目需求。项目需求描述了项目可交付物要满足合同、标准、规范或其他强制性文档所必须具备的条件或能力。

④ 项目边界。边界严格的定义了项目内包括什么和不包括什么，以免项目干系人假定某些产品或服务是项目中的一部分。

⑤ 项目的可交付物。可交付物包括项目的产品和附属产出物（例如项目管理报告和文档）。

⑥ 产品可接受的标准。定义了接受最终产品的过程。

⑦ 项目的约束条件。指具体的与项目范围相关的约束条件，它会对项目团队的选择造成限制。

⑧ 项目的假设条件。与项目相关的假设条件，以及当这些条件不成立时对项目所造成的影响。

⑨ 初始的项目组织。确定团队成员和项目干系人。

⑩ 初始风险。识别已知的风险。

⑪ 进度里程碑。客户或执行组织可以给项目团队定义里程碑，并给定一个强制性日期。

⑫ 资金限制。描述了与项目资金相关的所有限制条件，不管是总量上的，还是某一个时间段内的。

⑬ 成本估算。项目成本估算会影响项目的总成本。

⑭ 项目配置管理需求。描述了配置管理和变更控制的级别。

⑮ 项目规范。描述了项目所必须遵守的规范。

⑯ 已批准的需求。确定已批准的需求，它们可以应用于项目目标、可交付物和项目工作中。

（2）制定 WBS 的方法：项目范围说明书中定义的项目可交付物是进行 WBS 分解的基础。

在进行项目工作分解的时候，一般应遵从以下几个主要步骤：

① 识别项目交付物和相关项目工作。

② 对 WBS 的结构进行组织。

③ 对 WBS 进行分解。

④ 对 WBS 中各级工作单元分配标识符或编号。

⑤ 对当前的分解级别进行检验，以确保它们是必需的，而且是足够详细的。

（3）项目范围管理主要内容包括：

① 范围计划编制。制定一个项目范围管理计划，它规定了如何对项目范围进行定义、确认、控制，以及如何制定 WBS。

② 范围定义。开发一个详细的项目范围说明书，作为将来项目决策的基础。

③ 创建 WBS。将项目的主要可交付成果和项目工作细分为更小更易于管理的部分。

④ 范围确认。正式接受已完成的项目交付物。

⑤ 范围控制。控制项目范围变更。

（4）WBS 实例（不同项目的分解不同，仅供参考）如下图所示。

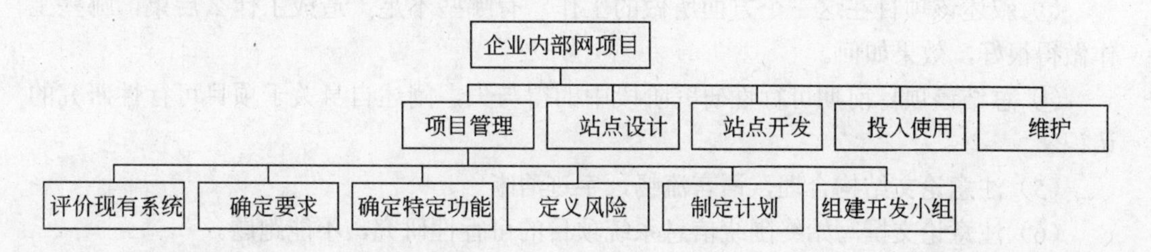

4．根据考生对参与项目范围管理的经验，可确定他有无项目范围管理的经历，酌情给分。（20 分）

试题二　论信息系统工程项目的可行性研究

项目的可行性研究是项目立项前的重要工作，需要对项目所涉及的领域、投资的额度、投资的效益、采用的技术、所处的环境、融资的措施、产生的社会效益等多方面进行全面的评价，以便能够对技术、经济和社会可行性进行研究，从而确定项目的投资价值。项目可行性研究阶段若出现失真现象，将对项目的投资决策造成严重损失。因此，必须要充分认识项目可行性研究的重要性。

请围绕“信息系统工程项目的可行性研究”论题，分别从以下三个方面进行论述：

1．结合你参与过的信息系统工程项目，概要叙述研究的背景、目的、发起单位性质、项目周期、交付产品等相关信息，以及你在其中担任的主要工作。

2．结合你所参与的项目，从可行性研究的原则、方法、内容三个方面论述可行性研究所应实施的活动。

3．叙述你所参与的项目可行性研究过程，并加以评价。

试题二分析

（1）选择自己近期参与过的信息系统项目进行分析论述，不能选择其他类型的项目。

（2）根据题目要求确定论述内容及文章结构。要用论文的写作方式展开论述，即要有论点、论据和论证步骤，同时做到首尾呼应。

（3）写摘要。论文摘要是文章的内容不加诠释和评论的简短陈述。摘要是在文章全文完成之后提炼出来的（但考虑到正文完成后有可能大家会忘记写摘要，所以建议大家确定文章结构并简单设计后即写出摘要），具有短、精、完整三大特点。摘要应具有独立性、自明性，即不阅读原文的全文，就能获得必要的信息。摘要中有最核心最重要的信息以及结论，是一篇完整的短文。

（4）撰写论文。论述中除了要注意体现论点、论据和论证步骤，还要做到首尾呼应外，同时需要注意：

① 要有针对性地介绍项目情况和所承担的主要工作。

② 从可行性研究的原则、方法、内容（步骤）等方面论述可行性研究所应实施的活动。

③ 叙述该项目在这三个方面所做的工作，有哪些不足，造成了什么后果，哪些工作做得很好，效果如何。

④ 总结该项目前期可行性研究阶段中的得与失，阐述自身关于项目可行性研究的认识。

（5）注意论文结构合理，语言流畅，字迹清晰。

（6）注意论文撰写始终围绕信息系统项目的可行性研究，不能跑题。

写作要点

1．整篇论文陈述完整，论文结构合理、语言流畅，字迹清楚，得 5 分。

2．所述项目切题真实，介绍清楚，得 5 分。

3．从可行性研究的原则、方法、内容（步骤）等方面论述在项目可行性研究过程中所实施的活动：

（1）可行性研究的原则：

① 科学性原则：要求运用科学的方法和认真的态度来收集、分析和鉴别原始的数据和资料，以确保它们的真实和可靠；要求每一项技术与经济的决定要有科学的依据，是经过认真地分析、计算而得出的。

② 客观性原则：要求承担可行性研究的单位正确地认识各种信息化建设条件；要求实事求是地运用客观的资料做出符合科学的决定和结论；可行性研究报告和结论必须是分析研究过程合乎逻辑的结果，而不参照任何主观成分。

③ 公正性原则：要求在可行性研究过程中，应该把国家和人民利益放在首位，综合考虑项目干系人的各方利益，决不为任何单位或个人而产生偏私之心。

（2）可行性研究的方法：结合可行性研究过程中所运用到的方法（方法包括经济评价法、市场预测法、投资估算法、增量净效益法），从方法定义、具体实施等方面进行论述。

（3）可行性研究的内容：

① 市场需求预测：从市场需求分析的内容、需求预测的内容、预测方法三个方面进行论述。

② 配件和投入的选择供应：从配件和投入的分类、配件投入的选择与说明、配件和投入的特点三个方面论述。

③ 信息系统结构及技术方案的确定：从技术的先进性、实用性、可靠性、连锁性以及技术后果的危害性等几个方面论述。

④ 技术与设备选择：从技术选择、设备选择两个方面论述。

⑤ 网络物理布局：从基本设施、社会经济环境、当地条件等三个方面论述。

⑥ 投资、成本估算与资金筹措：从总投资费用、资金筹措、开发成本、财务报表四个方面论述。

⑦ 经济评价及综合分析：从经济评价（包括企业经济评价和国民经济评价）、综合（包括不确定性分析、综合分析）两个方面论述。

⑧ 每个方面的论述 15 分，不要求全面论述，可根据论述内容是否正确，涉及其项目部分是否实际得当酌情给分。

（4）可行性研究的步骤：

① 确定项目规模和目标。

② 研究正在运行的系统。

③ 建立新系统的逻辑模型。

④ 导出和评价各种方案。

⑤ 推荐可行性方案。

⑥ 编写可行性研究报告。

⑦ 递交可行性研究报告。

4．根据考生对参与的项目可行性研究过程的叙述与评价，可确定他有无项目可行性研究的经验。陈述问题得当、真实，可行性研究过程正确，得 10 分，分析合理，评价得当，得 10 分。其他酌情给分。

第10章　2010下半年信息系统项目管理师上午试题分析与解答

试题（1）

管理信息系统规划的方法有很多，最常使用的方法有三种：关键成功因素法（Critical Success Factors，CSF）、战略目标集转化法（Strategy Set Transformation, SST）和企业系统规划法（Business System Planning, BSP）。U/C（Use/Create）矩阵法作为系统分析阶段的工具，主要在<u>（1）</u>中使用。

（1）A．BSP　　B．CSF　　C．SST　　D．CSF和SST

试题（1）分析

企业系统规划（Business System Planning，BSP）方法是一种能够帮助规划人员根据企业目标制定企业（MIS）战略规划的结构化方法，通过这种方法可以确定出未来信息系统的总体结构，明确系统的子系统组成和开发系统的先后顺序；对数据进行统一规划、管理和控制，明确各子系统之间的数据交换关系，保证信息的一致性。企业系统规划的系统功能规划阶段要建立数据与业务流程的关系，进一步进行系统总体逻辑结构规划，即功能规划，识别功能模块。可以采用统一建模语言（UML）和面向对象方法进行系统总体逻辑结构规划，也可以使用数据与过程的关系矩阵（U/C矩阵）对它们的关系进行综合，并通过U/C矩阵识别子系统。

关键成功因素分析法（Critical Success Factors，CSF）设计的目的是为管理者提供一个结构化的方法，帮助企业确定其关键成功因素和信息需求。CSF法通过与管理者特别是高层管理者的交流，根据企业战略决定的企业目标，识别出与这些目标成功相关的关键成功因子及其关键性能指标，CSF方法能够直观地引导高层管理者分析企业战略与信息化战略和企业流程之间的关系。CSF分析方法的缺点是，它在应用于较低层的管理时，由于不容易找到相应目标的关键成功因子及其关键指标，效率可能会比较低。

战略目标集转化法（Strategy Set Transformation，SST）把整个战略目标看成“信息集合”，由使命、目标、战略和其他战略变量组成，MIS的战略规划过程是把组织的战略目标转变为MIS战略目标的过程。

综上所述，U/C（Use/Create）矩阵法可用于企业系统规划（BSP）的系统功能规划阶段，因此应选A。

参考答案

（1）A

试题（2）

某商业银行启动核心信息系统建设，目前已完成信息系统的规划和分析，即将开展系统的设计与实施，此信息系统建设目前__（2）__。

（2）A. 处于信息系统产生阶段　　B. 处于信息系统开发阶段

C. 即将进入信息系统运行阶段　　D. 处于信息系统消亡阶段

试题（2）分析

信息系统的生命周期可以分为 4 个阶段：立项、开发、运维、消亡。

（1）立项阶段

即其概念阶段或需求阶段，这一阶段分为两个过程：一是概念的形成过程，根据用户单位业务发展和经营管理的需要，提出建设信息系统的初步构想；二是需求分析过程，即对企业信息系统的需求进行深入的调研和分析，形成《需求规范说明书》，经评审、批准后立项。

（2）开发阶段

该阶段又可分为总体规划阶段、系统分析阶段、系统设计阶段、系统实施阶段、系统验收阶段。

（3）运维阶段

信息系统通过验收，正式移交给用户以后，就进入运维阶段。

（4）消亡阶段

信息系统经常不可避免地会遇到系统更新改造、功能扩展甚至报废重建等情况。

综上所述，根据信息系统生命周期中各个阶段的定义，当完成信息系统的规划和分析，即将开展系统的设计与实施时，该信息系统建设目前处于开发阶段，因此应选 B。

参考答案

（2）B

试题（3）

某信息系统项目采用结构化方法进行开发，按照项目经理的安排，项目成员小张绘制了下图。此时项目处于__（3）__阶段。

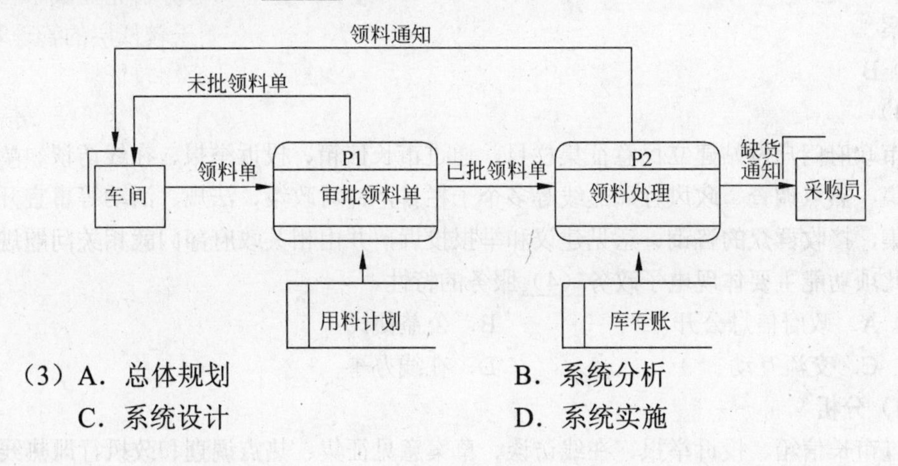

（3）A. 总体规划　　B. 系统分析

C. 系统设计　　D. 系统实施

试题（3）分析

信息系统常用的开发方法有结构化方法、原型法和面向对象方法。结构化方法是应用最广泛的一种开发方法，它是按照系统的生命周期，应用结构化系统开发方法，把整个系统的开发过程分为若干阶段，然后一步一步地一次进行，前一阶段是后一阶段的工作依据；每个阶段又划分为详细的工作步骤，顺序作业。信息系统的生命周期可以分为4个阶段：立项、开发、运维、消亡。开发阶段又可分为总体规划阶段、系统分析阶段、系统设计阶段、系统实施阶段和系统验收阶段。

（1）总体规划阶段：一个比较完整的总体规划应当包括信息系统开发目标、总体结构、管理流程、实施计划、技术规范。

（2）系统分析阶段：目标是为系统设计阶段提供系统的逻辑模型，内容包括组织结构及功能分析、业务流程分析、数据和数据流程分析及系统初步方案。

（3）系统设计阶段：根据系统分析的结果设计出信息系统的实施方案，主要内容包括系统架构设计、数据库设计、处理流程设计、功能模块设计、安全控制方案设计、系统组织和队伍设计及系统管理流程设计。

（4）系统实施阶段：是将设计阶段的成果在计算机和网络上具体实现，即将设计文本变成能在计算机上运行的软件系统。由于系统实施阶段是对以前全部工作的检验，因此用户的参与特别重要。

（5）系统验收阶段：通过试运行，系统性能的优劣及其他各种问题都会暴露在用户面前，即进入了系统验收阶段。

数据流图（Data Flow Diagram）：简称DFD，它从数据传递和加工角度，以图形方式来表达系统的逻辑功能、数据在系统内部的逻辑流向和逻辑变换过程，是结构化系统分析方法的主要表达工具及用于表示软件模型的一种图示方法。

数据流图以图形的方式描绘数据在系统中流动和处理的过程，由于它只反映系统必须完成的逻辑功能，所以是一种功能模型。因此它主要用于系统分析阶段，应选B。

参考答案

（3）B

试题（4）

某市政府门户网站建立民意征集栏目，通过市长信箱、投诉举报、在线访谈、草案意见征集、热点调查、政风行风热线等多个子栏目，针对政策、法规、活动等事宜开展民意征集，接收群众的咨询、意见建议和举报投诉，并由相关政府部门就相关问题进行答复，此项功能主要体现电子政务<u>（4）</u>服务的特性。

（4）A．政府信息公开　　B．公益便民

C．交流互动　　D．在线办事

试题（4）分析

通过市长信箱、投诉举报、在线访谈、草案意见征集、热点调查、政风行风热线等多个子栏目，针对政策、法规、活动等事宜开展民意征集，接收群众的咨询、意见建议和举报投诉，并由相关政府部门就相关问题进行答复主要体现了网民与政府有关部门的信息沟通和相互交流。因此应选 C。

参考答案

（4）C

试题（5）

2002 年，《国家信息化领导小组关于我国电子政务建设指导意见》（中办发【2002】17 号）提出我国电子政务建设的 12 项重点业务系统，后来被称为“十二金工程”。以下（5）不属于“十二金工程”的范畴。

（5）A．金关、金税　　B．金宏、金财

C．金水、金土　　D．金审、金农

试题（5）分析

“为了提高决策、监管和服务水平，逐步规范政务业务流程，维护社会稳定，要加快 12 个重要业务系统建设；继续完善已取得初步成效的办公业务资源系统、金关、金税和金融监管（含金卡）4 个工程，促进业务协同、资源整合；启动加快建设宏观经济管理、金财、金盾、金审、社会保障、金农、金质和金水 8 个业务系统工程建设。”

根据“十二金工程”的范畴，其中不包括金土工程，因此应选 C。

参考答案

（5）C

试题（6）

从信息系统的应用来看，制造企业的信息化包括管理体系的信息化、产品研发体系的信息化、以电子商务为目标的信息化。以下（6）不属于产品研发体系信息化的范畴。

（6）A．CAD　B．CAM　C．PDM　D．CRM

试题（6）分析

企业信息化建设的重要作用之一是能够促进企业的规模化生产。一方面，企业通过推广应用 CAD、CAM、CIMS、PDM 等先进电子信息技术，大幅度提升企业在产品设计、制造、检测、销售、物料供应等方面的自动化水平和生产能力，生产效率明显提高，从而实现规模化生产。过去单一企业间的竞争已转变为企业供应链之间的竞争，供应链管理已成为企业管理的一个重要内容。企业通过 ERP、CRM 等系统的开发与应用，实现了产成品的整个营销过程的管理，包括市场活动、营销过程与售后服务三大环节的管理，促进企业信息流、资金流和物流的快速流动，有利于完善企业供应链。

综上可知，CAD（计算机辅助设计）、CAM（计算机辅助制造）、CIMS（计算机集成制造）和 PDM（产品数据管理）属于产品研发体系的信息化方法及工具，而 ERP（企业资源计划）、CRM（客户关系管理）等属于营销体系的信息化方法和工具，因此应选 D。

参考答案

（6）D

试题（7）

某软件项目实施过程中产生的一个文档的主要内容如下所示，该文档的主要作用是（7）。

需求标识	需求规格说明书 V1.0	设计说明书 V1.0	源代码库 SDV1.1	测试用例库 TCV1.1
功能 R001	2.1 节 6.2 节	3.2 节 8.2 节	MainFrame.java Event.java	用例 01V1.1 用例 02V1.1
功能 R002	…	…	…	…

（7）A．工作分解　　B．测试说明

C．需求跟踪　　D．设计验证

试题（7）分析

跟踪能力是优秀需求规格说明书的一个特征。为了实现可跟踪能力，必须统一地标识出每一个需求，以便能明确地进行查阅。

表示需求和别的系统元素之间的联系链的最普遍方式是使用需求跟踪能力矩阵。下表展示了这种矩阵，这是一个“化学制品跟踪系统”实例的跟踪能力矩阵的一部分。这个表说明了每个功能性需求向后连接一个特定的使用实例，向前连接一个或多个设计、代码和测试元素。设计元素可以是模型中的对象，如数据流图、关系数据模型中的表单或对象类。代码参考可以是类中的方法、源代码文件名、过程或函数。加上更多的列项就可以拓展到与其他工作产品的关联，如在线帮助文档。包括越多的细节就越花时间，但同时很容易得到相关联的软件元素，在做变更影响分析和维护时就可以节省时间。

表 17.6　一种需求跟踪能力矩阵

用　例	功能需求量	设计元素	代　码	测试实例
UC-28	Catalog.query.sort	Cass Catalog	Catalog.sort()	Search.7 Search.8
UC-29	Catalog.query.import	Cass catalog	Catalog.import() Catalog.validate()	Search.8 Search.13 Search.14

（摘自《信息系统项目管理师教程》（第 2 版），表 17.6）

综上所述，该文档的内容实质上是一个需求跟踪能力矩阵，因此应选 C。

参考答案

（7）C

试题（8）

程序员在编程时将程序划分为若干个关联的模块。第一个模块在单元测试中没有发现缺陷，程序员接着开发第二个模块。第二个模块在单元测试中有若干个缺陷被确认。对第二个模块实施了缺陷修复后，__（8）__符合软件测试的基本原则。

（8）A．用更多的测试用例测试模块一；模块二暂时不需再测，等到开发了更多模块后再测。

B．用更多的测试用例测试模块二；模块一暂时不需再测，等到开发了更多模块后再测

C．再测试模块一和模块二，用更多的测试用例测试模块一

D．再测试模块一和模块二，用更多的测试用例测试模块二

试题（8）分析

软件测试的几个基本原则包括：

（1）软件开发人员即程序员应当避免测试自己的程序。不管是程序员还是开发小组都应当避免测试自己的程序或者本组开发的功能模块；

（2）应尽早地和不断地进行软件测试，软件修改后要及时进行回归测试；

（3）对测试用例要有正确的态度：第一，测试用例应当由测试输入数据和预期输出结果这两部分组成；第二，在设计测试用例时，不仅要考虑合理的输入条件，更要注意不合理的输入条件。

（4）要充分注意软件测试中的群集现象，也可以认为是“80-20 原则”。不要以为发现几个错误并且解决这些问题之后，就不需要测试了。这里反而是错误群集的地方，对这段程序要重点测试，以提高测试投资的效益。

（5）严格执行测试计划，排除测试的随意性，以避免发生疏漏或者重复无效的工作。

（6）应当对每一个测试结果进行全面检查。一定要全面地、仔细地检查测试结果，但这一点常常被人们忽略，导致许多错误被遗漏。

（7）妥善保存测试用例、测试计划、测试报告和最终分析报告，以备回归测试及维护之用。

综上所述，选项 A 和 B 不符合第（2）条基本原则，由于模块一和模块二是相互关联的模块，修改其中任意一个模块后都要对两个模块进行再测试；选项 C 不符合第（4）条基本原则，模块二中发现的错误比模块一多，因此模块二应该是再测试的重点。选项 D 最符合题意，因此应选 D。

参考答案

（8）D

试题（9）

下面关于软件维护的叙述中，不正确的是__（9）__。

（9）A．软件维护是在软件交付之后为保障软件运行而要完成的活动

B．软件维护是软件生命周期中的一个完整部分

C．软件维护包括更正性维护、适应性维护、完善性维护和预防性维护等几种类型

D．软件维护活动可能包括软件交付后运行的计划和维护计划，以及交付后的软件修改、培训和提供帮助资料等

试题（9）分析

软件维护是软件生命周期的一个完整部分。可以将软件维护定义为需要提供软件支持的全部活动。这些活动包括在交付前完成的活动，以及交付后完成的活动。交付前完成的活动包括交付后运行的计划和维护计划等。交付后的活动包括软件修改、培训和帮助资料等。软件维护包括如下类型：（1）更正性维护；（2）适应性维护；（3）完善性维护；（4）预防性维护。

综上可知，软件维护不仅仅是在软件交付之后为保障软件运行而要完成的活动，还包括软件交付前应该完成的活动。因此应选 A。

参考答案

（9）A

试题（10）

在软件开发项目中强调“个体和交互胜过过程和工具，可以工作的软件胜过全面的文档，客户合作胜过合同谈判，响应变化胜过遵循计划”，是__（10）__的基本思想。

（10）A．结构化方法　　B．敏捷方法

C．快速原型方法　　D．增量迭代方法

试题（10）分析

2001 年 2 月 11 日到 13 日，17 位软件开发领域的领军人物聚集在美国犹他州的滑雪胜地雪鸟（Snowbird）雪场。经过两天的讨论，“敏捷”（Agile）这个词为全体聚会者所接受，用以概括一套全新的软件开发价值观。这套价值观通过一份简明扼要的“敏捷宣言”，传递给世界，宣告了敏捷开发运动的开始。《敏捷宣言》的主要内容为：“个体和交互胜过过程和工具；可以工作的软件胜过全面的文档；客户合作胜过合同谈判；响应变化胜过遵循计划。在每对比对中，后者并非全无价值，但我们更看重前者。”

综上，正确答案应选 B。

参考答案

（10）B

试题（11）

在多年从事信息系统开发的经验基础上，某单位总结了几种典型信息系统项目生命周期模型最主要的特点，如下表所示，表中的第一列分别是__（11）__。

生命周期模型	特　点
①	软件开发是一系列的增量发布，逐步产生更完善的版本，强调风险分析
②	分阶段进行，一个阶段的工作得到确认后，继续进行下一个阶段，否则返回前一个阶段
③	分阶段进行，每个阶段都执行一次传统的、完整的串行过程，其中都包括不同比例的需求分析、设计、编码和测试等活动。

（11）A. ①瀑布模型 ②迭代模型 ③螺旋模型
B. ①迭代模型 ②瀑布模型 ③螺旋模型
C. ①螺旋模型 ②瀑布模型 ③迭代模型
D. ①螺旋模型 ②迭代模型 ③瀑布模型

试题（11）分析

典型的信息系统生命周期模型包括瀑布模型、迭代模型、螺旋模型等。

瀑布模型是一个经典的软件生命周期模型。瀑布模型中每项开发活动具有以下特点：（1）从上一项开发活动接受该项活动的工作对象为输入；（2）利用这一输入，实施该项活动应完成的工作内容；（3）给出该项活动的工作成果，作为输出给下一项开发活动；（4）对该项活动的实施工作成果进行评审，若其工作成果得到确认，则继续进行下一项开发活动；否则返回前一项，甚至更前项。

在螺旋模型中，软件开发是一系列的增量发布。在早期的迭代中，发布的增量可能是一个纸上的模型或原型；在以后的迭代中，被开发系统更加完善的版本逐步产生。螺旋模型强调了风险分析，特别适用于庞大而复杂的、高风险的系统。

在大多数传统的生命周期中，阶段是以其中的主要活动命名的：需求分析、设计、编码、测试。传统的软件开发工作大部分强调一个序列化过程，其中一个活动需要在另一个开始之前完成。在迭代式的过程中，每个阶段都包括不同比例的所有活动。

综上所述，正确答案应选C。

参考答案

（11）C

试题（12）

根据《软件文档管理指南 GB/T 16680—1996》的要求，有关正式组织需求文档的评审，不正确的是<u>（12）</u>。

（12）A. 无论项目大小或项目管理的正规化程度，需求评审是必不可少的
B. 可采用评审会的方式进行评审
C. 评审小组由软件开发单位负责人、开发小组成员、科技管理人员和标准化人员组成，必要时还可邀请外单位专家参加
D. 需求文档可能需要多次评审

试题（12）分析

根据《软件文档管理指南 GB/T 16680—1996》，关于需求文档的评审，有下列条款：

“无论项目大小或项目管理的正规化程度，需求评审和设计评审是必不可少的。需求必须说明清楚，用户和开发者双方都必须理解需求，为了能把需求转换成程序及程序成分，设计的细节须经同意并写成文档。

评审一般采用评审会的方式进行，其步骤为：

a）由软件开发单位负责人、用户代表、开发小组成员、科技管理人员和标准化人员

等组成评审小组，必要时还可邀请外单位的专家参加；

b）开会前，由开发单位负责人确定评审的具体内容，并将评审材料发给评审小组成员，要求做好评审准备；

c）由开发单位负责人主持评审会，根据文档编制者对该文档的说明和评审条目，由评审小组成员进行评议、评审，评审结束应作出评审结论，评审小组成员应在评审结论上签字。”

由上述标准原文可知，需求文档的评审须有用户代表的参加，选项C所述的评审小组中缺少用户代表，故应选C。

参考答案

（12）C

试题（13）

软件的质量需求是软件需求的一部分，根据《软件工程　产品质量 第1部分：质量模型 GB/T 16260.1—2006》，软件产品质量需求的完整描述要包括<u>（13）</u>，以满足开发者、维护者、需方以及最终用户的需要。

① 内部质量的评估准则　　② 外部质量的评估准则

③ 使用质量的评估准则　　④ 过程质量的评估准则

（13）A．①②　B．③　C．①②③　D．①②③④

试题（13）分析

软件产品质量需求一般要包括对于内部质量、外部质量和使用质量的评估准则，以满足开发者、维护者、需方以及最终用户的需要，见《软件工程　产品质量 第1部分：质量模型 GB/T 16260.1—2006》第5.1节。

因此应选C。

参考答案

（13）C

试题（14）

根据《计算机软件可靠性和可维护性管理 GB/T 14394—2008》，在软件生存周期的可行性研究和计划阶段，为强调软件可靠性和可维护性要求，需要完成的活动是<u>（14）</u>。

（14）A．编制软件可靠性和可维护性大纲

B．提出软件可靠性和可维护性目标

C．可靠性和可维护性概要设计

D．可靠性和可维护性目标分配

试题（14）分析

根据《计算机软件可靠性和可维护性管理 GB/T 14394—2008》下列原文：

“本标准按GB 8566划分软件生存周期。强调各个阶段软件可靠性和可维护性要求。

4.1.1　可行性研究与计划阶段——进行项目可行性分析。制定初步项目开发计划，

提出软件可靠性和可维护性目标、要求及经费，并列入合同（或研制任务书，下同）。

4.1.2　需求分析阶段——将合同的技术内容细化为具体产品需求。分析和确定软件可靠性和可维护性的目标，制定大纲及其实施计划。

4.1.3　概要设计阶段——进行可靠性和可维护性目标分配，进行可靠性和可维护性概要设计，并明确对相似设计的具体要求。"

（以下内容略。）

综上可知，正确答案应选 B。

参考答案

（14）B

试题（15）

在 Windows 操作系统平台上采用通用硬件设备和软件开发工具搭建的电子商务信息系统宜采用<u>（15）</u>作为信息安全系统架构。

（15）A．S2-MIS　　B．MIS+S　　C．S-MIS　　D．PMIS

试题（15）分析

在实施信息系统的安全保障系统时，应严格区分信息安全保障系统的三种不同架构：MIS+S、S-MIS 和 S2-MIS。

MIS+S（Management Information System +Security）系统被称为"初级信息安全保障系统"或"基本信息安全保障系统"。顾名思义，这样的系统是初等的、简单的信息安全保障系统。这种系统的特点如下：

- 应用基本不变。
- 硬件和系统软件通用。
- 安全设备基本不带密码。

S-MIS（Security-Management Information System）系统被称为"标准信息安全保障系统"。顾名思义，这样的系统是建立在全世界都公认的 PKI/CA 标准上的信息安全保障系统。这种系统的特点如下：

- 硬件和系统软件通用。
- PKI/CA 安全保障系统必须带密码。
- 应用系统必须根本改变。

S2-MIS（Super Security-Management Information System）系统被称为"超安全的信息安全保障系统"。顾名思义，这样的系统是"绝对"安全的信息安全保障系统。它不仅使用全世界都公认的 PKI/CA 标准，同时硬件和系统软件都使用"专用的安全"产品。可以说，这样的系统是集当今所有安全、密码产品之大成。这种系统的特点如下：

- 硬件和系统软件都专用。
- PKI/CA 安全保障系统必须带密码。
- 应用系统必须根本改变。

- 主要的硬件和系统软件需要 PKI/CA。

Windows 操作系统支持世界公认的 PKI/CA 标准的信息安全保障体系，电子商务系统属于安全保密系统。根据上述信息安全保障系统的三种不同架构的定义，在 Windows 操作系统平台上采用通用硬件设备和软件开发工具搭建的电子商务信息系统属于 S-MIS 架构的范畴，因此应选 C。

参考答案

（15）C

试题（16）

某单位在制定信息安全策略时采用的下述做法中，正确的是__（16）__。

（16）A. 该单位将安全目标定位为“系统永远不停机、数据永远不丢失、网络永远不瘫痪、信息永远不泄密”

B. 该单位采用了类似单位的安全风险评估结果来确定本单位的信息安全保护等级

C. 该单位的安全策略由单位授权完成制定，并经过单位的全员讨论修订

D. 该单位为减小未经授权的修改、滥用信息或服务的机会，对特定职责和责任领域的管理和执行功能实施职责合并。

试题（16）分析

计算机信息应用系统的“安全策略”是指：人们为保护因为使用计算机信息应用系统可能招致的对单位资产造成损失而进行保护的各种措施、手段，以及建立的各种管理制度、法规等。一个单位的安全策略决不能照搬别人的，一定是对本单位的计算机信息应用系统的安全风险（安全威胁）进行有效的识别、评估后，就如何避免单位的资产的损失所采取的一切措施、手段，以及建立的各种管理制度、法规等。

单位的安全策略由谁来定，谁来监督执行，对违反规定的人和事由谁来负责处理。由于信息系统安全的事情涉及单位（企业、党政机关）能否正常运营的大事，所以必须由单位的最高行政执行长官和部门或组织授权完成安全策略的制定，并经过单位的全员讨论修订。

现代信息系统是一个非线性的智能化人机结合的复杂大系统。由于人的能力局限性，即便有再好的愿望，出于多美好的出发点，信息系统总会存在漏洞，系统的漏洞不能禁绝，使用和管理系统的人也会犯错误。如果把信息安全目标定位于：“系统永不停机、数据永不丢失、网络永不瘫痪、信息永不泄密”，那是永远不可能的！因此，安全是相对的，是风险大小的问题。它是一个动态的过程。我们不能一厢情愿地追求所谓绝对安全，而是要将安全风险控制在合理程度或允许的范围内。这就是风险度的观点。

职责分离是降低意外或故意滥用系统风险的一种方法。为减小未经授权的修改或滥用信息或服务的机会，对特定职责或责任领域的管理和执行功能实施分离。有条件的组织或机构应执行专职专责。如职责分离比较困难，应附加其他的控制措施，如行为监视、

审计跟踪和管理监督。

综合以上信息安全策略的基本概念可知，应选择 C。

参考答案

（16）C

试题（17）

通过 CA 安全认证中心获得证书主体的 X.509 数字证书后，可以得知＿（17）＿。

（17）A．主体的主机序列号　　　　B．主体的公钥
　　　C．主体的属性证书　　　　　D．主体对该证书的数字签名

试题（17）分析

数字证书是公开密钥体制的一种密钥管理媒介。它是一种权威性的电子文档，形同网络计算环境中的一种身份证，用于证明某一主体（如人、服务器等）的身份以及其公开密钥的合法性。在使用公钥体制的网络环境中，必须向公钥的使用者证明公钥的真实合法性。因此，在公钥体制环境中，必须有一个可信的机构来对任何一个主体的公钥进行公证，证明主体的身份以及他与公钥的匹配关系。数字证书的主要内容如下表所示。

表 28.1　数字证书的主要内容

字　段	定　义	举　例
主题名称	唯一标识证书所有者的标识符	C=CN，O=CCB，OU=IT
签证机关名称（CA）	唯一标识证书所有者的标识符	C=CN，O=CCB，CN=CCB
主体的公开密钥	证书所有者的公开密钥	1024 位的 RSA 密钥
CA 的数字签名	CA 对证书的数字签名，保证证书的权威性	用 MD5 压缩过的 RSA 加密
有效期	证书在该期间内有效	不早于 2000.1.1 19:00:00 不迟于 2002.1.1 19:00:00
序列号	CA 产生的唯一性数字，用于证书管理	01：09：00：08：00
用途	主体公钥的用途	验证数字签名

（摘自《信息系统项目管理师教程》（第 2 版），表 28.1）

由上表可知，数字证书中包含主体的公钥，因此应选 B。

参考答案

（17）B

试题（18）

某高校决定开发网络安全审计系统，希望该系统能够有选择地记录任何通过网络对应用系统进行的操作并对其进行实时与事后分析和处理；具备入侵实时阻断功能，同时不对应用系统本身的正常运行产生任何影响，能够对审计数据进行安全的保存；保证记录不被非法删除和篡改。该高校的安全审计系统最适合采用＿（18）＿。

（18）A．基于网络旁路监控的审计
　　　B．基于应用系统独立程序的审计

C．基于网络安全入侵检测的预警系统

D．基于应用系统代理的审计

试题（18）分析

基于网络旁路监控的审计方式与“基于网络监测的安全审计”实现原理及系统配置相同，仅是作用目标不同。这种方式主要的优点包括：① 能够有选择地记录任何通过网络对应用系统进行的操作并对其进行实时与事后分析和处理（如警报、阻断、筛选可疑操作以及对审计数据进行数据挖掘等），无论系统采用的是C/S模式还是B/W/DB模式；② 能够记录完整的信息，包括操作者的IP地址、时间、MAC地址以及完整的数据操作（如数据库的完整SQL语句）；③ 审计系统的运行不对应用系统本身的正常运行产生任何影响，不需要占用数据库主机上的CPU、内存和硬盘；④ 能够对审计数据进行安全的保存，能够保证记录不被非法删除和篡改。

基于应用系统独立程序的审计是指在应用程序内部嵌入一个与应用服务同步运行的专用审计服务应用进程，用以全程跟踪应用服务进程的运行。

基于应用系统代理的审计的优点是实时性好，且审计粒度由用户控制，可以减少不必要的审核数据。缺点在于要为每个应用单独编写代理程序，而且与应用系统编程相关。

网络安全入侵检测预警系统的基本功能是：负责监视网络上的通信数据流和网络服务器系统中的审核信息，捕捉可疑的网络和服务器系统活动，发现其中存在的安全问题，当网络和主机被非法使用或破坏时，进行实时响应和报警，产生通告信息和日志。

综合《信息系统项目管理师教程》（第2版）中对上述各种技术方案的评述，上述高校的安全审计系统最适合采用基于网络旁路监控的审计，因此应选A。

参考答案

（18）A

试题（19）

第三代移动通信技术3G是指支持高速数据传输的蜂窝移动通信技术。目前3G主要存在4种国际标准，其中__（19）__为中国自主研发的3G标准。

（19）A．CDMA多载波　　B．时分同步CDMA

C．宽频分码多重存取　　D．802.16无线城域网

试题（19）分析

第三代移动通信技术（3rd-generation，3G），是指支持高速数据传输的蜂窝移动通信技术。3G服务能够同时传送声音及数据信息，速率一般在几百kbps以上。目前3G存在4种标准：CDMA2000、WCDMA、TD-SCDMA及WiMAX。

TD-SCDMA（时分同步码分多址）作为中国提出的第三代移动通信标准，自1998年正式向ITU（国际电联）提交以来，已经历十多年的时间，完成了标准的专家组评估、ITU认可并发布、与3GPP（第三代伙伴项目）体系的融合、新技术特性的引入等一系列的国际标准化工作，从而使TD-SCDMA标准成为第一个由中国提出的、以我国知识产

权为主的、被国际上广泛接受和认可的无线通信国际标准。这是我国电信史上重要的里程碑。

因此，应选B。

参考答案

（19）B

试题（20）

在以下几种网络交换技术中，适用于计算机网络、数据传输可靠、线路利用率较高且经济成本较低的是__（20）__。

（20）A．电路交换　　B．报文交换

C．分组交换　　D．ATM技术

试题（20）分析

网络交换技术共经历了4个发展阶段：电路交换技术、报文交换技术、分组交换技术和ATM技术。

公众电话网和移动网采用的都是电路交换技术，电路交换技术主要适用于与语音相关的业务，这种网络交换方式对于数据业务而言有着很大的局限性。

分组交换技术就是针对数据通信业务的特点而提出的一种交换方式，它的基本特点是面向无连接而采用存储转发的方式，将需要传送的数据按照一定的长度分割成许多小段数据，并在数据之前增加相应的用于对数据进行选路和校验等功能的头部字段，作为数据传送的基本单元即分组。分组交换比电路交换的电路利用率高，但时延较大。

报文交换技术与分组交换技术类似，也是采用存储转发机制，但报文交换是以报文为传送单元。在实际应用中，报文交换主要用于传输报文较短、实时性要求较低的通信业务，如公用电报网。报文交换比分组交换出现得早一些，分组交换是在报文交换的基础上，将报文分割分组进行传输，在传输时延和传输效率上进行了平衡，得到了广泛的应用。

ATM非常适合传送高速数据业务。从技术角度讲，ATM几乎无懈可击，但ATM技术的复杂性导致了ATM交换机造价极为昂贵，并且在ATM技术上没有推出新的业务来驱动ATM市场，从而制约了ATM技术的发展。目前ATM交换机主要用在骨干网络中，主要利用ATM交换的高速和对QoS的保证机制，并且主要是提供半永久的连接。

由以上几种网络交换技术的分析可知，适用于计算机网络、数据传输可靠、线路利用率较高且经济成本较低的是分组交换方式，因此应选C。

参考答案

（20）C

试题（21）

某公司的办公室分布在同一大楼的两个不同楼层，楼高低于50m，需要使用15台上网计算机（含服务器），小张为该公司设计了一个星型拓扑的以太网组网方案，通过一个带宽为 100Mbps 的集线器连接所有计算机，每台计算机配备 100Mbps 网卡，与集线器通过非屏蔽双绞线连接。该公司技术部门负责人认为该方案不合理，主要是因为__（21）__。

（21）A. 15 台计算机同时上网时每台计算机获得的实际网络带宽显著低于100Mbps

B. 总线型拓扑比星型拓扑更适合小规模以太网

C. 计算机与集线器之间的距离超过有关标准规定的最大传输距离

D. 集线器应该通过屏蔽双绞线与计算机上的网卡相连

试题（21）分析

网络综合布线系统的拓扑结构有星型、环型、总线型、树型和网状型等，其中以星型网络拓扑结构使用最多。

集线器可以看成是一种多端口的中继器，是共享带宽式的，其带宽由它的端口平均分配，如总带宽为 10Mbps 的集线器，连接 4 台工作站同时上网时，每台工作站平均带宽仅为 10/4=2.5Mbps。交换机又叫交换式集线器，可以想象成一台多端口的桥接器，每一端口都有其专用的带宽，如 10Mbps 的交换式集线器，每个端口都有 10Mbps 的带宽。交换机和集线器都遵循IEEE 802.3 或 IEEE 802.3u，其介质存取方式均为 CSMA/CD。它们之间的区别为：集线器为共享方式，即同一网段的机器共享固有的带宽，传输通过碰撞检测进行，同一网段计算机越多，传输碰撞也越多，传输速率会变慢；交换机每个端口为固定带宽，有独特的传输方式，传输速率不受计算机增加的影响，其独特的 NWAY、全双工功能增加了交换机的使用范围和传输速度。

双绞线可分为非屏蔽双绞线和屏蔽双绞线。屏蔽双绞线电缆的外层由铝箔包裹，以减小辐射，但并不能完全消除辐射。屏蔽双绞线价格相对较高，安装时要比非屏蔽双绞线电缆困难。通常，计算机网络所使用的是 3 类线和 5 类线，其中 10 Base-T 使用的是 3 类线，100Base-T 使用的 5 类线。双绞线的最长传输距离为 100m，最高传输速率为 100 Mbps。

综上所述，小张的设计方案的主要问题是带宽分配不合理，因此应选 A。

参考答案

（21）A

试题（22）

某园区的综合布线系统中专门包含一个子系统用于将终端设备连接到信息插座，包括装配软线、连接器和连接所需的扩展软线。根据 EIA/TIA-568A 综合布线国际标准，该子系统是综合布线系统中的__（22）__。

（22）A. 水平子系统　　　　B. 设备子系统

C. 工作区子系统　　　　D. 管理子系统

试题（22）分析

EIA/TIA-568A 中综合布线的 6 大子系统及其定义为：

（1）工作区子系统。是由 RJ-45 跳线与信息插座所连接的设备组成。

（2）水平子系统。是从工作区的信息插座开始到管理间子系统的配线架。

（3）管理子系统。由交连、互连和I/O组成。管理间是楼层的配线间，管理子系统为其他子系统互连提供手段，它是连接垂直干线子系统和水平干线子系统的设备。

（4）垂直子系统。负责连接管理子系统到设备间子系统的子系统。提供建筑物垂直干线电缆的走线方式。

（5）设备间子系统。由电缆、连接器和相关支撑硬件组成。

（6）建筑群（楼宇）子系统。是将一个建筑物中的电缆延伸到另一个建筑物的通信设备和装置，通常由光缆和相应设备组成，提供外部建筑物与大楼内布线的连接点。

将终端设备连接到信息插座的子系统属于工作区子系统，因此应选C。

参考答案

（22）C

试题（23）

某单位的公共服务大厅为客户提供信息检索服务并办理相关行政审批事项，其信息系统运行中断将造成重大经济损失并引起服务大厅严重的秩序混乱。根据《电子信息系统机房设计规范 GB 50174—2008》，该单位的电子信息系统机房的设计应该按照<u>（23）</u>机房进行设计和施工。

（23）A．A级　　B．B级　　C．C级　　D．D级

试题（23）分析

根据《电子信息系统机房设计规范 GB 50174—2008》：

3.1　机房分级

3.1.1　电子信息系统机房划分为A、B、C三级。设计时应根据机房的使用性质、管理要求及其在经济和社会中的重要性确定所属级别。

3.1.2　符合下列情况之一的电子信息系统机房应为A级：

1．电子信息系统运行中断将造成重大的经济损失；

2．电子信息系统运行中断将造成公共场所秩序严重混乱。

3.1.3　符合下列情况之一的电子信息系统机房应为B级：

1．电子信息系统运行中断将造成较大的经济损失；

2．电子信息系统运行中断将造成公共场所秩序混乱。

3.1.4　不属于A级或B级的电子信息系统机房为C级。

由上述标准原文可知，正确答案应选A。

参考答案

（23）A

试题（24）

某开发团队由多个程序员组成，需要整合先前在不同操作系统平台上各自用不同编程语言编写的程序，在Windows操作系统上集成构建一个新的应用系统。该开发团队适

合在 Windows 操作系统上选择＿（24）＿作为开发平台。

（24）A．J2EE　　B．.NET　　C．COM+　　D．Web Service

试题（24）分析

J2EE 是由 Sun 公司主导、各厂商共同制定并得到广泛认可的工业标准。.NET 是基于一组开放的互联网协议而推出的一系列的产品、技术和服务。

.NET 开发框架在通用语言运行环境的基础上，给开发人员提供了完善的基础类库、数据库访问技术及网络开发技术，开发者可以使用多种语言快速构建网络应用。传统的 Windows 应用是.NET 中不可或缺的一部分，因此，.NET 本质上是基于 Windows 操作系统平台的。

COM 是一个开放的组件标准，将组件的概念融入到 Windows 应用中。COM+不是 COM 的新版本，我们可以把它理解为 COM 的新发展。

Web 服务（Web Service）定义了一种松散的、粗粒度的分布计算模式，适用标准的 HTTP（S）协议传送 XML 表示及封装的内容。Web 服务的主要目标是跨平台的互操作性。

综上所述，COM+和 Web Service 可以被分别看成是一个构件标准和构件间互操作标准。.NET 和 J2EE 则是开发框架或开发平台，在 Windows 操作系统上集成用多种编程语言的程序而构建一个新的应用系统，所选用的开发平台以.NET 为宜。因此应选 B。

参考答案

（24）B

试题（25）

下图是某架构师在 J2EE 平台上设计的一个信息系统集成方案架构图，图中的（1）、（2）和（3）分别表示＿（25）＿。

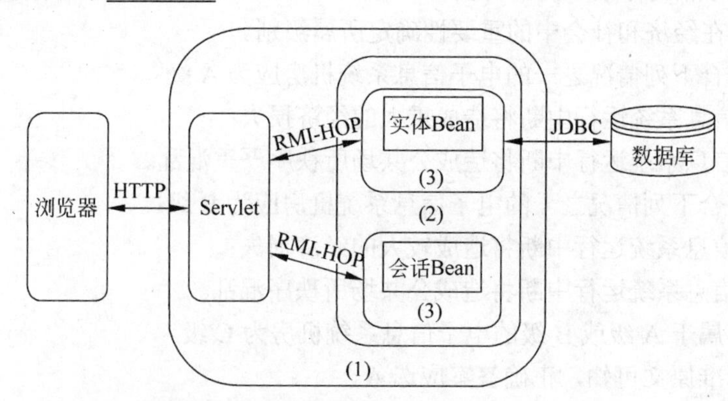

（25）A．应用服务器、EJB 容器和 EJB

B．EJB 服务器、EJB 容器和 EJB

C．应用服务器、EJB 服务器和 EJB 容器

D．EJB 服务器、EJB 和 EJB 容器

试题（25）分析

J2EE 是由 Sun 公司主导、各厂商共同制定并得到广泛认可的工业标准。J2EE 应用服务器运行环境包括构件、容器及服务三部分。构件是表示应用逻辑的代码；容器是构件的运行环境；服务则是应用服务器提供的各种功能接口，可以同系统资源进行交互。

EJB（Enterprise JavaBean）是 J2EE 的一部分，定义了一个用于开发基于组件的企业多重应用程序的标准。EJB 是实现应用中的关键的业务逻辑，创建基于构件的企业级应用程序。EJB 在应用服务器的 EJB 容器内运行，由容器提供所有基本的中间层服务。在 J2EE 中，Enterprise Java Beans（EJB）称为 Java 企业 Bean，是 Java 的核心代码，分别是会话 Bean（Session Bean）、实体 Bean（Entity Bean）和消息驱动 Bean（MessageDriven Bean）。

根据 EJB、EJB 容器和应用服务器之间的关系可知，上述方案图中的（1）是应用服务器，（3）是 EJB 容器，因此应选 C。

参考答案

（25）C

试题（26）

张三开发的 EJB 构件在本地 Linux 操作系统上运行，李四开发的 DCOM 构件在异地的 Windows 操作系统上运行。利用 （26） 技术可使张三开发的构件能调用李四开发的构件所提供的接口。

（26）A．ADO.NET　　B．JCA

C．Web Service　　D．本地 API

试题（26）分析

Web 服务（Web Service）定义了一种松散的、粗粒度的分布计算模式，适用标准的 HTTP（S）协议传送 XML 表示及封装的内容。Web 服务的主要目标是跨平台的互操作性，适合使用 Web 服务的情形包括跨越防火墙、应用程序集成、B2B 集成、软件重用等。企业需要将不同语言编写的在不同平台上运行的各种程序集成起来时，Web 服务可以用标准的方法提供功能和数据，供其他应用程序使用。只与运行在本机器上的其他程序进行通信的桌面应用程序最好不要使用 Web 服务，只用本地 API 即可。

ADO.NET 是.NET 框架的组成部分，用于访问数据库，提供了一组用来连接到数据库、运行命令、返回记录集的类库。

JCA 是 J2EE 连接器架构，它提供一种连接不同企业信息平台的标准接口。

综合对以上技术名词的分析可知，Web Service 可用于异构操作系统平台上的构件之间的调用和通信，因此应选 C。

参考答案

（26）C

试题（27）

数据仓库的系统结构通常包括 4 个层次，分别是数据源、 （27） 、前端工具。

（27）A．数据集市、联机事务处理服务器

B．数据建模、数据挖掘

C．数据净化、数据挖掘

D．数据的存储与管理、联机分析处理服务器

试题（27）分析

数据仓库是一个面向主题的、集成的、相对稳定的、反映历史变化的数据集合，用于支持管理决策。数据仓库的结构通常包括4个层次。在数据仓库的结构中，数据源是数据仓库的基础，通常包括企业内部信息和外部信息。数据的存储与管理是整个数据仓库的核心。OLAP服务器对分析需要的数据进行有效集成，按多维模型组织，以便多角度、多层次地分析，并发现趋势。前端工具主要包括各种报表工具、查询工具、数据分析工具、数据挖掘工具以及各种基于数据仓库或数据集市的应用开发工具。

综上所述，数据仓库的4个层次分别为数据源、数据的存储与管理、联机分析处理（OLAP）服务器和前端工具，因此应选D。

参考答案

（27）D

试题（28）

下面关于著作权的描述，不正确的是＿（28）＿。

（28）A．职务作品的著作权归属认定与该作品的创作是否属于作者的职责范围无关

B．汇编作品指对作品、作品的片段或者不构成作品的数据（或其他资料）选择、编排，体现独创性的新生作品，其中具体作品的著作权仍归其作者享有

C．著作人身权是指作者享有的与其作品有关的以人格利益为内容的权利，具体包括发表权、署名权、修改权和保护作品完整权

D．著作权的内容包括著作人身权和财产权

试题（28）分析

著作权是一个完整的知识网络，由三个要素构成：主体——作者、内容——著作人身权和著作财产权、客体——作品和作品的传播形式。

职务作品是作为雇员的公民为完成所在单位的工作任务而创造的作品。认定职务作品时应考虑的前提条件有两个：一是作者和所在单位存在劳动关系；二是作品的创作属于作者的职责范围。

著作权的内容包括著作人身权和财产权，其中著作人身权是指作者享有的与其作品有关的以人格利益为内容的权利，包括发表权、署名权、修改权和保护作品完整权。

综上所述，应选A。

参考答案

（28）A

试题（29）

根据《中华人民共和国政府采购法》，针对__（29）__情况，不能使用单一来源方式采购。

（29）A. 只有唯一的供应商可满足采购需求

B. 招标后没有供应商投标

C. 发生了不可预见的紧急情况不能从其他供应商处采购

D. 必须保证原有采购项目一致性或者服务配套的要求，需要继续从原供应商处添购，且添购资金总额不超过原合同采购金额的 10%

试题（29）分析

根据《中华人民共和国政府采购法》：

第三十一条 符合下列情形之一的货物或者服务，可以依照本法采用单一来源方式采购：（一）只能从唯一供应商处采购的；（二）发生了不可预见的紧急情况不能从其他供应商处采购的；（三）必须保证原有采购项目一致性或者服务配套的要求，需要继续从原供应商处添购，且添购资金总额不超过原合同采购金额 10%的。

综合以上法律条文可知，招标后没有供应商投标，不能使用单一来源方式采购，因此应选 B。

参考答案

（29）B

试题（30）

某地政府采取询价方式采购网络设备，__（30）__是符合招投标法要求的。

（30）A. 询价小组由采购人的代表和有关专家共 8 人组成

B. 被询价的 A 供应商提供第一次报价后，发现报价有误，调整后提交了二次报价

C. 询价小组根据采购需求，从符合资格条件的供应商名单中确定三家供应商，并向其发出询价通知书让其报价

D. 采购人根据符合采购需求、质量和服务相等且报价最低的原则确定成交供应商，最后将结果通知成交供应商

试题（30）分析

根据《中华人民共和国政府采购法》：

第四十条 采取询价方式采购的，应当遵循下列程序：

（一）成立询价小组。询价小组由采购人的代表和有关专家共三人以上的单数组成，其中专家的人数不得少于成员总数的三分之二。询价小组应当对采购项目的价格构成和评定成交的标准等事项作出规定。

（二）确定被询价的供应商名单。询价小组根据采购需求，从符合相应资格条件的供应商名单中确定不少于三家的供应商，并向其发出询价通知书让其报价。

（三）询价。询价小组要求被询价的供应商一次报出不得更改的价格。

（四）确定成交供应商。采购人根据符合采购需求、质量和服务相等且报价最低的原则确定成交供应商，并将结果通知所有被询价的未成交的供应商。

综合以上法律条文可知，应选C。

参考答案

（30）C

试题（31）

价值活动是企业从事的物质上和技术上的界限分明的各项活动，是企业生产对买方有价值产品的基石。价值活动分为基本活动和辅助活动，其中，基本活动包括<u>（31）</u>等活动。

①内部后勤　②外部后勤　③生产经营　④采购　⑤人力资源管理　⑥市场营销

（31）A．①③④⑥　　　B．①②⑤⑥

　　　C．②③④⑤　　　D．①②③⑥

试题（31）分析

价值活动是企业业务流程管理和重组范畴的知识点之一。价值活动是企业所从事的与客户有关的物质的和技术的各种活动，它们是企业创造对客户有价值的产品或服务的基础。每种价值活动都使用外购投入、人力资源和技术来发挥作用。价值活动可以分为两大类：基本活动和辅助活动。基本活动涉及产品的生产及其销售、转移给买方和售后服务等各种活动，划分为内部后勤、生产经营、外部后勤、市场营销和销售、服务5种基本类别。辅助活动是指企业基础设施、外部采购、技术开发、人力资源管理等其他类型的职能活动，它们都与各种具体的基本活动相联系，并支持整个价值链。

基本活动：

（1）内部后勤（inbound logistics）：包括接收、存储和分配相关的各种活动；

（2）生产作业（operations）：包括与将投入转化为最终产品形式相关的各种活动；

（3）外部后勤（outbound logistics）：包括与集中、存储和将产品发送给买方有关的各种活动；

（4）市场营销和销售（marketing and sales）：包括与传递信息、引导和巩固购买有关的各种活动；

（5）服务（service）：包括与提供服务以增加或保持产品价值有关的各种活动。

辅助活动：

（1）企业基础设施（firm infrastructure）：包括总体管理、计划、财务、会计、法律、信息系统等价值活动；

（2）人力资源管理（human resource management）：包括组织员工的招聘、培训、开发和激励等价值活动；

（3）技术开发（technology development）：包括基础研究、产品设计、媒介研究、工艺与包装设计等价值活动。

（4）采购（procurement）：指购买用于企业价值链的各种投入活动，包括原材料采购，以及诸如机器、设备、建筑设施等直接用于生产过程的投入品采购等价值活动。

可见 D 是正确答案。

参考答案

（31）D

试题（32）

在进行业务流程改进时，通过对作业成本的确认和计量，消除“不增值作业”、改进“可增值作业”，将企业的损失、浪费减少到最低限度，从而促进企业管理水平提高的方法是<u>（32）</u>。

（32）A．矩阵图法　　B．蒙特卡罗法
　　C．ABC 法　　D．帕累托法

试题（32）分析

ABC（Activity Based Costing）成本法即“基于活动的成本计算法”。ABC 成本法主要用于对现有流程的描述和成本分析。ABC 成本法和上一题目中价值链分析法有某种程度的类似，都是将现有的业务进行分解，找出基本活动。但基于活动的成本分析法着重分析各个活动的成本，特别是活动中所消耗的人工、资源等。

ABC 法通过对作业成本的确认和计量，以及对所有作业活动的追踪和动态反映，从而消除“不增值作业”、改进“可增值作业”，将企业的损失、浪费减少到最低限度，提高决策、计划、控制的科学性和有效性，促进企业管理水平的不断提高。

矩阵图法：矩阵图法是质量控制工具之一。矩阵图法是指借助数学上的矩阵形式，把与问题有对应关系的各个因素列成一个矩阵图，然后根据矩阵图的特点进行分析，从中确定关键点（或着眼点）的方法。

这种方法，先把要分析问题的因素分为两大群（如 R 群和 L 群），把属于因素群 R 的因素（R1、R2…R*m*）和属于因素群 L 的因素（L1、L2…L*n*）分别排列成行和列。在行和列的交点上表示 R 和 L 的各因素之间的关系，这种关系可用不同的记号予以表示（如用“○”表示有关系等）。如下图所示。

		R						
		R_1	R_2	R_3		R_I		R_M
L	L_1		○					
	L_2			●				
	L_3	△						
	L_I					○		
	L_N	△						

● 密切关系　○ 有关系　△ 像有关系

这种方法在用于多因素分析时可做到条理清楚、重点突出。它在质量管理中可用于寻找新产品研制和老产品改进的着眼点，寻找产品质量问题产生的原因等方面。

蒙特卡罗法：项目仿真模拟的分析方法是采用将不确定性的影响因素细化为对项目产生影响的具体因子的模型。仿真模拟通常使用蒙特卡罗技术，在一个仿真模拟的实例中，项目模型中的决定因子多次取多个可能的值，如项目成本或计划中的任务的时间（进度），就可以得出最终项目的结果，如总费用或完成日期的可能性分布分析。蒙特卡罗法可用于量化风险分析。

帕累托法：Pareto 图来自帕累托定律，该定律认为绝大多数的问题或缺陷产生于相对有限的起因。就是常说的 80/20 定律，即 20%的原因造成 80%的问题。

Pareto 图又叫排列图，是一种柱状图，按事件发生的频率排序而成，它显示由于某种原因引起的缺陷数量或不一致的排列顺序，是找出影响项目产品或服务质量的主要因素的方法。只有找出影响项目质量的主要因素，才能有的放矢，取得良好的经济效益。

可见 ABC 法才是正确答案。

参考答案

（32）C

试题（33）

通过建设学习型组织使员工顺利地进行知识交流，是知识学习与共享的有效方法。以下关于学习型组织的描述，正确的包括__（33）__。

① 学习型组织有利于集中组织资源完成知识的商品化

② 学习型组织有利于开发组织员工的团队合作精神

③ 建设金字塔型的组织结构有利于构建学习型组织

④ 学习型组织的松散管理弱化了对环境的适应能力

⑤ 学习型组织有利于开发组织的知识更新和深化

（33）A. ①②③　　B. ①②⑤　　C. ②③④　　D. ③④⑤

试题（33）分析

项目中知识学习与共享是否能够在设计开发组织内得到有效的应用，其中的一个重要条件就是员工必须能够顺利地进行知识交流。员工间的知识交流不仅要在具有相同知识结构的人员之间进行，更重要的是要和具有不同知识结构的人员进行交流，这样才能从不同的知识结构和知识领域获得灵感和启迪，在应用知识进行设计开发时能够直接得到不同知识结构人员的帮助，以弥补自己的不足。因此，知识经济时代的组织结构必须有助于知识的交流和应用。而目前国内项目组织所采用的金字塔型组织结构却严重地禁锢了不同部门具有不同知识结构的员工之间的接触和交流，妨碍了知识的更新和应用。因此应该采用一种新型组织结构——学习型组织。

这种组织结构具有这样一些特点：

- 有利于员工的相互影响、沟通和知识共享。

- 有利于设计开发组织的知识更新和深化。
- 有利于设计开发组织集中资源完成知识的商品化。
- 有利于设计开发组织掌握对环境的适应能力。
- 有助于增强设计开发组织员工的团队合作精神。

可见①②⑤是对的，应该选 B。

参考答案

（33）B

试题（34）

下面关于知识管理的叙述中，正确的包括__（34）__。

① 扁平化组织结构设计有利于知识在组织内部的交流

② 实用新型专利权、外观设计专利权的期限为 20 年

③ 按照一定方式建立显性知识索引库，可以方便组织内部知识分享

④ 对知识产权的保护，要求同一智力成果在所有缔约国（或地区）内所获得的法律保护是一致的

（34）A. ①③　　B. ①③④　　C. ②③④　　D. ②④

试题（34）分析

知识管理：知识管理涉及显性知识的管理、隐性知识的管理、知识产权管理等。信息系统项目显性知识的管理可采用以下措施。

1. 构建项目知识管理的制度平台

知识管理的制度平台即显性知识管理的“硬建设”，它包括相关的政策和制度的制定、组织结构的设置变更、相关设备的添置。制度平台建设的特点是其建设的标的都是“实物”，如：制度的制定就可能体现为一个对员工有约束力的设计开发组织制度文本，相关组织结构的设置可能体现为组织新增设一个显性知识管理部门，相关设备的添置则可能体现为电脑和软件系统的购置。

2. 创造更多的员工间交流的机会

项目知识管理的第一步就是要达到知识学习与共享，而要达到知识共享，最好的方法就是创造更多的员工交流机会。员工交流是一种双向的知识学习共享行为。可以从以下三个方面着手加强员工的交流机会：（1）公司物理环境的改造；（2）组织结构的扁平化；（3）设立网络虚拟社区。

3. 建立显性知识索引

建立有序的、便于查找的显性知识索引，然后通过索引的导向性提示，在庞大纷杂的显性知识库里找到“恰当的显性知识”。由于显性知识的载体具体可分为三种：显性知识文本、显性知识的持有人、显性知识所在的过程，所以显性知识的索引也分为三种：

（1）显性知识文本导向的显性知识索引；

（2）显性知识持有人导向的显性知识索引；

（3）显性知识所在过程导向的显性知识索引。

4．设计开发组织高层的参与和支持

设计开发组织高层的参与和支持对于设计开发组织设计开发显性知识管理建设来说是不可缺少的。

5．与绩效评估体系的结合

对于设计开发组织来说，改变的员工行为的“硬手段”有两种：一是行政命令，二是利益驱动。通过前者使显性知识管理的建设获得项目组织高层的参与和支持，这样就可以应用行政命令手段促使员工参与到显性知识管理体系中去。而后者则是利用利益驱动的手段促使员工参与到显性知识管理的建设与应用中去。

可见，“①扁平化组织结构设计有利于知识在组织内部的交流”和“③按照一定方式建立显性知识索引库，可以方便组织内部知识分享”是正确的。

知识产权：从我国知识产权的定义可知：“知识产权是基于智力的创造性活动所产生的权利。”或“知识产权是指法律赋予智力成果完成人对其特定的创造性智力成果在一定期限内享有的专有权利”。以上这些定义都普遍地注重“权利”这个概念，因为知识产权并不是由智力活动直接创造所得，而是通过法律的形式把一部分由智力活动产生的智力成果保护起来，正是这部分由国家主管机构依法确认并赋予其创造者专有权利的智力成果才可以被称为是“知识产权”。知识产权如同某一项私有财产，拥有者具有排外的使用权。因此知识产权的定义可以表述为：在科学、技术、文化、艺术、工商等领域内，人们基于自智力创造性成果和经营管理活动中标记、信誉、经验、知识而依法享有的专有权利。

根据知识产权无形的特殊属性，其主要特征就是通常所说的“三性”特征：专有性、地域性、时间性。

（1）专有性。指知识产权为其所有者所享有，不经法律特殊规定或所有者同意，任何人不得获得、使用或出售。

（2）地域性。指知识产权必须根据所在国家或特定地区的法律而取得，原则上只能在该国或地区的范围内才能产生法律效力。

（3）时间性。指知识产权只能在法定的期限内才有效，这说明所有者享有的专有权利是有时间限制的。

可见“④对知识产权的保护，要求同一智力成果在所有缔约国（或地区）内所获得的法律保护是一致的”是不对的。

知识产权的分类：知识产权管理中将知识产权分为两大类：第一类是创造性成果权利，包括专利权、集成电路权、版权著作权、软件著作权等；第二类是识别性标记权，包括商标权、商号权（厂商名称权），其他与制止不正当竞争有关的识别性标记权利，如产地名称等。就当前各国企业对知识产权的利用情况来看，知识产权主要包括以下三个重要的方面：专利权、商标权和版权。

（1）专利权。专利权是国家知识产权主管部门给予一项发明拥有者一个包含有效期限的许可证明。在法定期限内，这个许可证明保护拥有者的发明不被别人获得、使用或非法出卖，同时也赋予拥有者许可别人获得、使用或者出卖这项发明的权利。按照发明类型的不同，专利权分为 4 种类型：物质、机器、人造产品（如生物工程）和过程方法（如商业过程）。在我国专利研究的起步较晚，因此包括的内容还不是很全面。我国现有专利法规定的专利权有三种：发明专利权、实用新型专利权和外观设计专利权。

① 发明专利。发明是对特定技术问题的新的解决方案，包括产品发明（含新物质发明）、方法发明和改进发明（对已有产品、方法的改进方案）。

② 实用新型专利。指对产品的形状、构造或者其结合所提出的适于应用的新的技术方案。

③ 外观设计专利。指对产品的形状、图案、色彩或者其结合所做出的富有美感并适于工业应用的新设计。

（2）商标权。商标权是一个与公司、产品或观念联系在一起的名称，由一些与企业有关联的文字、图形或者其组合表示的具有显著特征、便于识别的标记。商标权的拥有者具有在其产品或服务上使用该商标的唯一权利，同时商标可以被用于鉴别或描述产品。商标权包括使用权、禁用权、续展权、转让权和许可使用权等。

（3）版权。版权是一种保护写出或创造出一个有形或无形的作品的个人的权利，版权也可以转换为一个组织所拥有的权利，这个组织向作品的创作者支付版权费，从而获得了该作品的所有权。随着时代的发展，版权已经渗透到各个领域的作品中，包括建筑设计、电脑软件、动画设计等。任何一种作品，只要它是原创或者是通过某一物质媒介表达出来的，都可以获得版权。版权赋予所有者对其作品的专有权利，也允许其所有者以此来获得因其作品引起的价值。

根据知识产权无形的专有性、地域性、时间性“三性”特征可见，“②实用新型专利权、外观设计专利权的期限为 20 年”是不对的。A 是正确答案。

参考答案

（34）A

试题（35）

某项工程由下列活动组成：

活　动	紧前活动	所需天数	活　动	紧前活动	所需天数
A	—	3	*F*	*C*	8
B	*A*	4	*G*	*C*	4
C	*A*	5	*H*	*D,E*	2
D	*B,C*	7	*I*	*G*	3
E	*B,C*	7	*J*	*F,H,I*	2

___（35）___是该工程的关键路径。

（35）A．ABEHJ　　　　B．ACDHJ

C．ACGIJ　　　　D．ACFJ

试题（35）分析

本题只要会画网络图就不难。本题的解题方法可有多种：

（1）用单代号或双代号网络图直接找最长路径。

试题（37）给出了本题的双代号网络图。

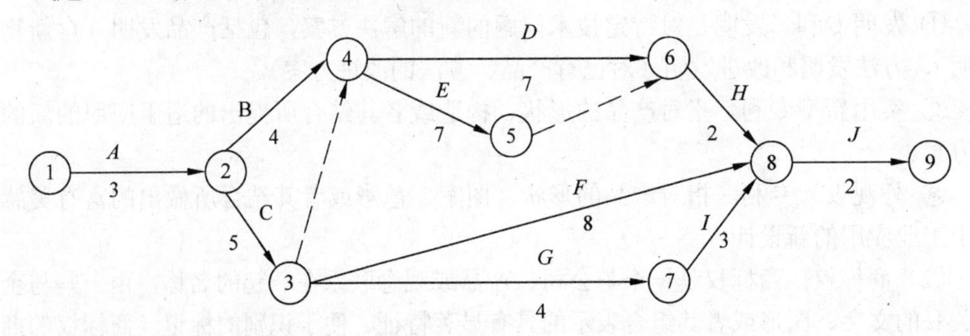

由上图可知，该工程的关键（最长）路径为 ACEHJ 和 ACDHJ。B 是正确答案。

（2）网络图六标时计算法

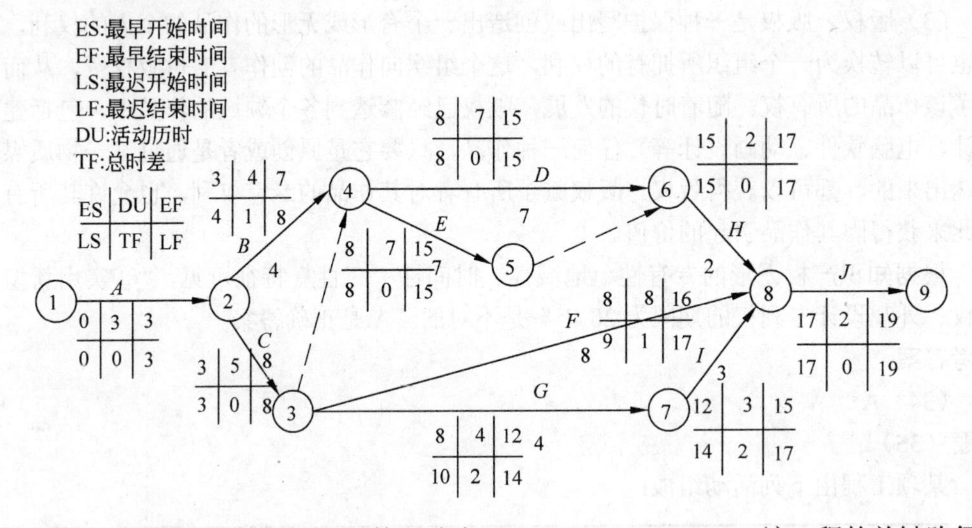

通过计算可知，总时差为 0 的活动为 A、C、D、E、H、J，该工程的关键路径为 ACEHJ 和 ACDHJ。B 是正确答案。

（3）带时标的双代号网络图法

同样可识别出，该工程的关键路径（最长）为 ACEHJ 和 ACDHJ。同样 B 是正确答案。

参考答案

（35）B

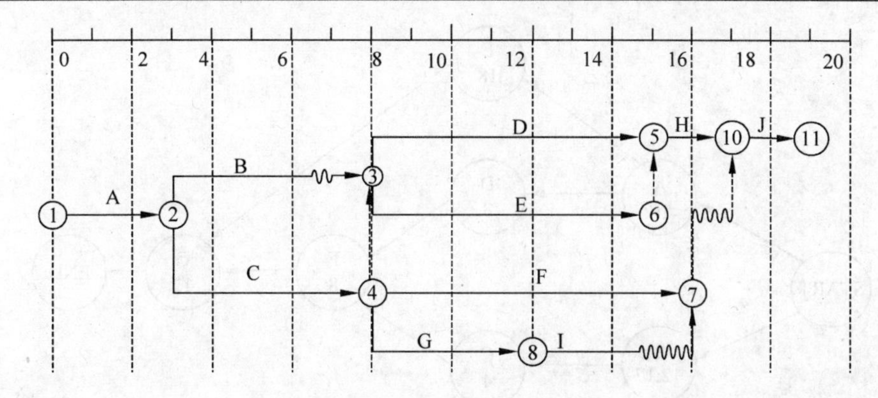

试题（36）

下表给出了项目中各活动的乐观估计时间、最可能估计时间和悲观估计时间，则项目的期望完工总时间是<u>（36）</u>天。

工　序	紧前工序	乐观估计时间	最可能估计时间	悲观估计时间
A	—	8	10	12
B	—	11	12	14
C	B	2	4	6
D	A	5	8	11
E	A	15	18	21
F	CD	7	8	9
G	EF	9	12	15

（36）A．36　　B．38　　C．40　　D．42

试题（36）分析

（1）首先利用计划评审技术（PERT）计算出项目各工序的完工时间平均值；

完工时间平均值=（乐观估计时间+4*最可能估计时间+悲观估计时间）/6

工　序	最可能完工时间
A	10
B	12.17
C	4
D	8
E	18
F	8
G	12

（2）画出本项目的单代号网络图；

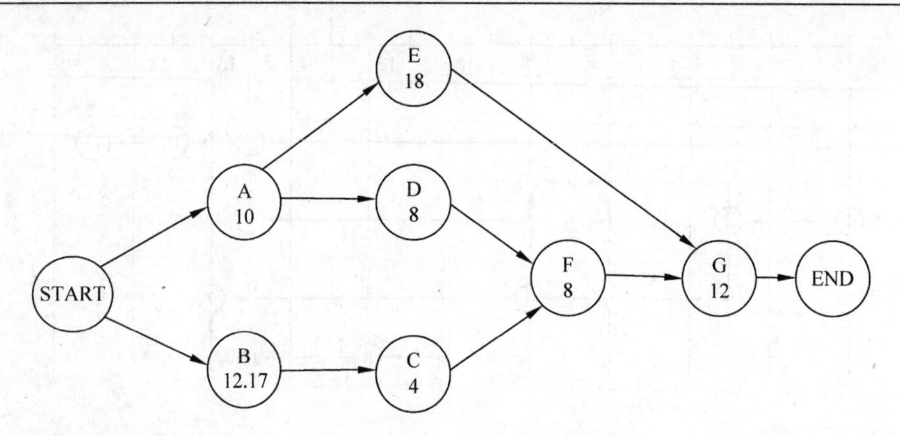

（3）通过单代号网络图，可直观地识别出本项目的关键路径为 A、E、G；

（4）将关键路径的完成时间平均值加起来，可得出本项目的期望完工总时间为 40 小时：10+18+12=40。可见 C 是正确答案。

参考答案

（36）C

试题（37）

以下是某工程进度网络图，如果因为天气原因，活动③→⑦的工期延后 2 天，那么总工期将延后__（37）__天。

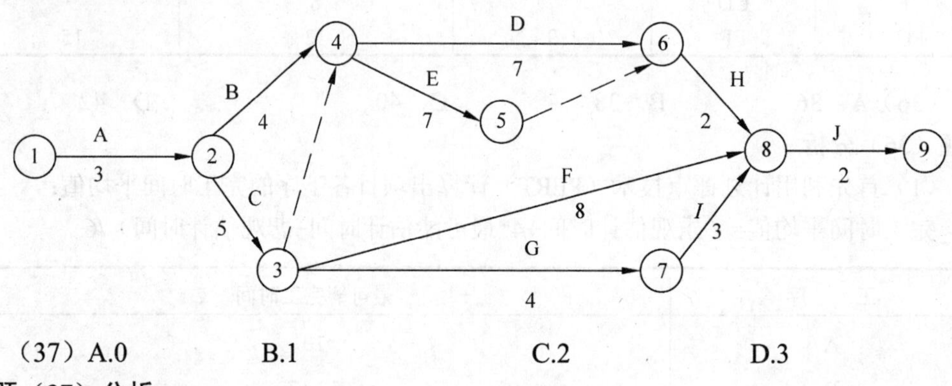

（37）A.0　　　B.1　　　C.2　　　D.3

试题（37）分析

本题目给出的是双代号网络图，考点是自由时差问题。

首先要识别本工程的关键路径为：ACDHJ、ACEHJ。活动 3→7 即活动 G 的总时差为 2，故活动 G 不在关键路径上，且由于活动 I 的自由时差 $FF_{活动I}$=17−15=2，活动 G 的自由时差 $FF_{活动G}$=12−12=0，但活动 G 的总时差 $TF_{活动G}$=2，故活动 G 的工期延后 2 天，活动 I 历时不变，总工期将不受影响。

（本题给出了试题（35）的双代号网络图。）

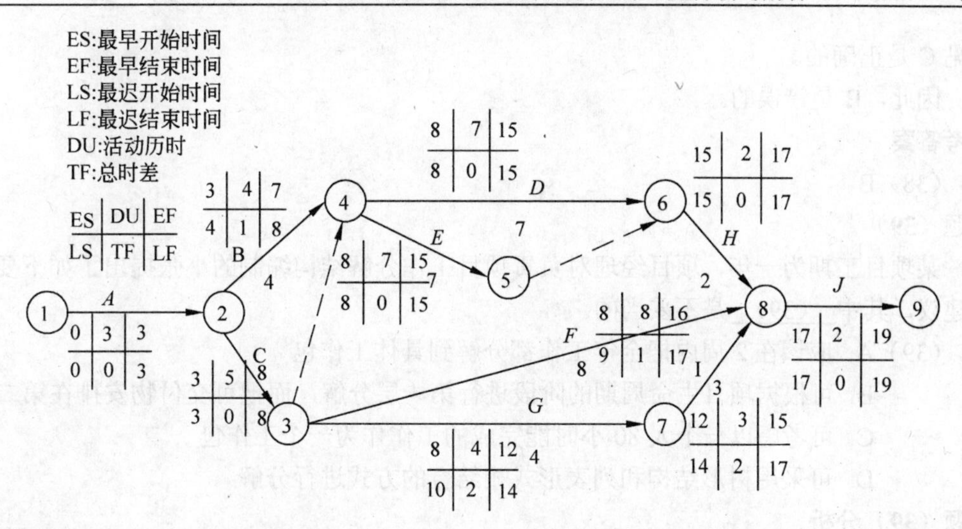

参考答案

（37）A

试题（38）

项目进度管理经常采用箭线图法，以下对箭线图的描述不正确的是<u>（38）</u>。

（38）A．流入同一节点的活动有相同的后继活动

B．虚活动不消耗时间，但消耗资源

C．箭线图中可以有两条关键路径

D．两个相关节点之间只能有一条箭线

试题（38）分析

箭线图是用箭线表示工作、节点表示工作排序的一种网络图方法，这种方法又叫做双代号网络图法。箭线图法与前导图法不同。在箭线表示法中，给每个事件而不是每项活动指定一个唯一的号码。活动的开始（箭尾）事件叫做该活动的紧前事件，活动的结束事件叫该活动的紧后事件。

在箭线图表示法中，有三个基本原则：

（1）网络图中每一事件必须有唯一的一个代号，即网络图中不会有相同的代号。

（2）任意两项活动的紧前事件和紧后事件代号至少有一个不相同，节点序号沿箭线方向越来越大，即两个相关节点之间只能有一条箭线。即 D 是正确的。

（3）流入流出同一节点的活动均有共同的后继活动（紧后活动）或先行活动（紧前活动）。由此 A 是正确的。

出于鉴别目的，人们引入了一种额外的节点，它表示一种特殊的活动，叫做虚活动。它不消耗时间，当然也不消耗资源。在网络图中由一个虚箭线表示虚活动。借助虚活动，我们可以更好地识别活动，更清楚地表达活动之间的关系。

关键路径是历时最长的路径，关键路径不止一条，虚活动有时也会在关键路径上。

可见 C 是正确的。

因此，B 是错误的。

参考答案

（38）B

试题（39）

某项目工期为一年，项目经理对负责项目工作分解结构编制的小张提出了如下要求或建议，其中＿（39）＿是不妥当的。

（39）A. 应该在 2 周内把全年工作都分解到具体工作包

B. 可根据项目生命周期的阶段进行第一层分解，而把可交付物安排在第二层

C. 可考虑以一个人 80 小时能完成的工作作为一个工作包

D. 可采用树形结构和列表形式相结合的方式进行分解

试题（39）分析

工作分解结构（WBS）是项目管理工作的基础, 是组织管理工作的主要依据。这些项目管理工作包括：定义工作范围，定义项目组织，设定项目产品的质量和规格，估算和控制费用，估算时间周期和安排进度。因此，从某种程度上讲，工作结构分解的过程就是为项目搭建管理骨架的过程。

工作分解结构是面向可交付物的项目元素的层次分解，它组织并定义了整个项目范围。WBS 是一个详细的项目范围说明的表示法，详细描述了项目所要完成的工作。WBS 的组成元素有助于项目干系人检查项目的最终产品。WBS 的最低层元素是能够被评估的、安排进度的和被跟踪的。

当前较常用的工作分解结构表示形式主要有以下两种。

（1）分级的树型结构：类似于组织结构图。

树型结构图的层次清晰，非常直观，结构性很强，但不是很容易修改，对于大的、复杂的项目也很难表示出项目的全景。由于其直观性，一般在一些小的、适中的应用项目中用得较多。

（2）表格形式：类似于分级的图书目录。

该表能够反映出项目所有的工作要素，但直观性较差。它在一些大的、复杂的项目中使用还是较多的，因为有些项目分解后内容分类较多，容量较大，用缩进图表的形式表示比较方便，也可以装订成手册。

可见 D 是正确的。

分解：

（1）分解是将项目可交付物分成更小的、更易管理的单元，直到可交付物细分到足以支持未来的、清晰定义项目活动的工作包（业内一般把一个人 2 周能干完的工作称为一个工作包，或把一个人 80 小时能干完的工作称为一个工作包。若项目周期短、规模小，最少可将一个人 8 小时的工作量为一个工作包）。依据分解得到的工作包能够可靠地估计

出成本和进度，工作包的详细程度取决于项目的规模和复杂程度。

可见 C 是正确的。

（2）进行工作分解是非常重要的工作，它在很大程度上决定项目能否成功。如果项目分解得不好，在实施的过程中难免要进行修改，就会打乱项目的进程，造成返工、延误时间、增加费用等。分解也许不足以支持很久以后将产生的可交付物或者子产品。项目管理团队必须等待，直到可交付物或子产品被清楚定义出来。

可见 A 是错误的。

（3）把项目可交付物和项目工作构造组织成为 WBS，进而满足项目管理团队的控制和管理的需求，是一种好的分析方法。在此过程中，如果有 WBS 模板，则尽可能地使用 WBS 模板。

常用的 WBS 分解的创建方法有三种。

（1）使用项目生命周期的阶段作为分解的第一层，而把项目可交付物安排在第二层；

（2）把项目重要的可交付物作为分解的第一层；

（3）把子项目安排在第一层，再分解子项目的 WBS。

可见 B 是正确的。

参考答案

（39）A

试题（40）

在系统建设后期，建设方考虑到系统运维管理问题，希望增加 8 课时的 IT 服务管理方面的知识培训，承建方依此要求进行了范围变更。在对范围变更进行验证时，验证准则是__（40）__。

（40）A．学员签到表　　　　　　B．安排一次考试，以测验分数

　　　C．新批准的培训工作方案　D．培训范围变更请求

试题（40）分析

本题实际考查大家对变更管理的认识。本题中项目范围发生了变更，承建单位依据建设方的要求进行了范围变更管理。其管理步骤应包括提交范围变更申请、对范围变更影响进行分析并交 CCB 审批、执行变更、对范围变更进行验证、干系人沟通并确认、归档。其中“执行变更”即执行 IT 服务管理知识培训，“对范围变更进行验证”实际上就是对培训效果进行验证。

（1）如果项目组成员不了解范围变更申请的写法，可以对范围变更请求的描述以及分析方法等进行培训，即 D；

（2）对培训效果进行验证的方法，可以是 B，同时让学员签到，即 A；

（3）对培训效果进行验证的准则应该是批准后的培训方法与策略，故 C 是正确答案。

参考答案

（40）C

试题（41）

有关可行性研究的叙述中，错误的是<u>（41）</u>。

（41）A．信息系统项目开发的可行性研究要从可能性、效益性和必要性入手

B．可行性研究要遵守科学性和客观性原则

C．信息系统项目的可行性研究应对项目采用的技术、所处的环境进行全面的评价

D．项目可行性研究可采用投资估算法、增量净效益法等方法

试题（41）分析

项目的可行性研究是项目立项前的重要工作，需要对项目所涉及的领域、投资的额度、投资的效益、采用的技术、所处的环境、融资的措施、产生的社会效益等多方面进行全面的评价，以便能够对技术、经济和社会可行性进行研究，以确定项目的投资价值。可行性分析的执行者要有所论证领域的专业背景，这对论证过程的准确、效率而言非常重要。

信息系统项目开发的可行性一般包括可能性、效益性和必要性三个方面，三者相辅相成，缺一不可。可能性包括了技术、物资、资金和人员支持的可行性；效益性包括了实施项目所能带来的经济效益和社会效益；必要性则比较复杂，包括了社会环境、领导意愿、人员素质、认知水平等诸方面的因素。因此，在项目启动之前进行项目的可行性研究是非常必要的，而且也是必须的。

可见A是正确的。

可行性研究是一种系统的投资决策的科学分析方法。项目可行性研究是指，在项目投资决策前，通过对项目有关工程技术、经济、社会等方面的条件和情况进行调查、研究和分析，对各种可能的技术方案进行比较论证，并对投资项目建成后的经济效益和社会效益进行预测和分析，以考察项目技术上的先进性和通用性、经济上的合理性和盈利性，以及建设的可能性和可行性，继而确定项目投资建设是否可行的科学分析方法。

信息系统项目的可行性研究就是从技术、经济、社会和人员等方面的条件和情况进行调查研究，对可能的技术方案进行论证，最终确定整个项目是否可行。

由此可知，C是不现实的，也是在立项前期不可能实现的。

一般地，可行性研究分为初步可行性研究、详细可行性研究、可行性研究报告三个基本的阶段，可以归纳成几个基本步骤：

（1）确定项目规模和目标；

（2）研究正在运行的系统；

（3）建立新系统的逻辑模型；

（4）导出和评价各种方案；

（5）推荐可行性方案；

（6）编写可行性研究报告；

（7）递交可行性研究报告。

其中，详细可行性研究的基本原则如下：

（1）科学性原则。即要求按客观规律办事。这是可行性研究工作必须遵循的最基本的原则。遵循这一原则，要做到：

- 运用科学的方法和认真的态度来收集、分析和鉴别原始的数据和资料，以确保它们的真实和可靠。真实可靠的数据资料是可行性研究的基础和出发点。
- 要求每一项技术与经济的决定要有科学的依据，是经过认真的分析、计算而得出的。

（2）客观性原则。也就是要坚持从实际出发、实事求是的原则。

（3）公正性原则。就是站在公正的立场上，不偏不倚。在信息化建设项目可行性研究的工作中，应该把国家和人民的利益放在首位，综合考虑项目干系人的各方利益，决不为任何单位或个人而生偏私之心，不为任何利益或压力所动。实际上，只要能够坚持科学性与客观性原则，不是有意弄虚作假，就能够保证可行性研究工作的正确和公正，从而为项目的投资决策提供可靠的依据。

可见 B 是正确的。

详细可行性研究的方法很多，如经济评价法、市场预测法、投资估算法和增量净效益法等。

1）投资估算法

投资费用一般包括固定资金及流动资金两大部分，固定资金中又分为设计开发费、设备费、场地费、安装费及项目管理费等。投资估算是可行性研究中的一个重要工作，投资估算的正确与否将直接影响项目的经济效益，因此要求尽量准确。

2）增量净效益法（有无比较法）

将有项目时的成本（效益）与无项目时的成本（效益）进行比较，求得两者差额，即为增量成本（效益），这种方法称之为有无比较法。

有无比较法比传统的前后比较法更能准确地反映项目的真实成本和效益。因为前后比较法不考虑不上项目时项目的变化趋势，会人为地夸大或低估项目的效益。有无比较法则先对不上项目时企业的变动趋势作预测，将上项目以后的成本（效益）与其逐年做动态比较，因此得出的结论更科学、更合理。

由此可得出 D 是正确的。故本题的正确答案为 C。

参考答案

（41）C

试题（42）

某项目预计费用现值是 1000 万元人民币，效益现值是 980 万元人民币。如果采用“费用效益分析法”，可得出结论：__（42）__。

（42）A．不可投资　　　　B．可投资
　　　C．不能判断　　　　D．费用效益分析法不适合项目论证

试题（42）分析

费用效益分析法是对经济活动方案的得失、优劣进行评价、比较以供合理决策的一种经济数量分析方法。这种方法较多地用于工程建设的项目评价中。费用效益分析还被当作一种特殊形式的经济系统分析。因为它所比较的费用与效益都是作为与该经济活动的目标相关的后果而从社会的观点来考虑的，分析本身也是为了提供建议和帮助决策。

费用效益分析着重于费用与效益两方面的分别计量与相互比较。但它与财务会计核算不同，不是从企业观点而是从社会观点来计量的；不是只分析直接的效益与费用，而是分析包括间接的效益与费用在内的全部的效益与费用；不限于货币收支的比较，还包括不能用货币反映甚至较难数量化的一些效益与费用的比较；不是考虑过去实际发生的效益与费用，而是预期决策后与行动方案选择有关的未来的效益与费用。

原则上，费用的计量应与稀缺资源的有效使用相符合，效益的计量应与政策的发展目标相符合。具体说来，一个方案或项目的费用包括基本费用（投资费用和经营费用）、辅助费用（为充分发挥效益而产生的有关费用）、无形费用（生态破坏、环境污染等引起的经济损失和社会代价）；一个方案或项目的效益相应地也包括基本效益（能直接提供的产品或服务的价值）、派生效益（有关派生活动所增加的收入）、无形效益（增进国家安全、减少生命死亡、美化风景等社会效益）。

在计量中为了使不同时期的费用与效益能在同一基础上加总和比较，还需把未来时期的费用与效益通过贴现、回扣换算成为基年现值。贴现率（或回扣率）的确定要参考利息率和根据决策者的意见。在计量的基础上比较费用与效益，可以计算它们的现值之间的差额，看其净效益（总效益减总费用）现值的大小；也可以计算它们的现值之间的比率，或者表现为总效益对总费用之比，一般要求大于 1，或者表现为总费用对总效益之比，一般要求小于 1，这两种表现方法互为倒数。

假定投资费用 I 于基年一次支出，经营费用 O 在使用期间逐年支出，辅助费用已从基本效益中扣除，派生效益已加于基本效益，构成各年的效益 B，无形费用与无形效益均从略，这时比较费用与效益的计算公式为：

$$\frac{B_1-O_1}{1+d}+\frac{B_2-O_2}{(1+d)^2}+\cdots+\frac{B_n-O_n}{(1+d)^n}-I=B^N$$

（本题目中没有给出投资额 I，并直接给出了现值，所以不用考虑贴现率 d，也没有

不同年度的划分。）

式中 d 为以百分比表示的贴现率；n 为使用期的最后年度；B^N 为净效益的现值。如把 $\frac{1}{(1+d)^n}$ 改写为 D_i（i=1,2,…,n），则上式简化为：

$$\sum_{i=1}^{n}(B_i - O_i)D_i - I = B^N$$

同理，总效益对总费用比率的计算公式为：

$$\frac{\sum_{i=1}^{n} B_i D_i}{\sum_{i=1}^{N} O_i D_i + I}$$

或总费用对总效益比率的计算公式为：

$$\frac{\sum_{i=1}^{N} O_i D_i + I}{\sum_{i=1}^{n} B_i D_i}$$

本题目中的条件非常简单，故直接用效益费用比率法可得：980/1000=0.98<1，故该项目不可投资。可见 A 是正确的。

参考答案

（42）A

试题（43）

以下关于招投标的叙述，不正确的是 __（43）__。

（43）A．采购单位可直接从已有的供应商管理库中抽取若干供应商作为竞标者

B．采购文件由竞标方准备

C．采用加权系统对供方进行定性分析，可减少招投标活动中人为偏见带来的影响

D．对于关键性采购物，可采用多渠道采购以规避风险

试题（43）分析

供应商的选择：一些企业和项目执行组织建立了供应商管理体系，该体系中保留有供应商名单，可以直接从该系统中获取相关供应商的信息。这些能够提供标书、建议或报价的供应商称为竞标者。供应商清单中记录了卖方过去的相关经验和其他特点。一些组织会维护一个优选供应商清单，只包含由某种资格审查方法选择出来的卖方。

由此可知 A 是正确的。

采购文件用于向可能的供应商征集建议书。标书、估价单或报价单等术语一般用在

确定基于价格选择供应商的情形。而当技术和方法作为重要因素考虑时才使用“建议书”。不过这些术语在实践中经常互换使用，所以应该注意不要根据字面的意思妄加猜测。不同采购文件的通用名称包括：投标邀请函/邀标书、请求建议书、请求报价单、招标公告、磋商邀请函和合同方回函等。

最常见的两种采购文件是请求建议书（RFP）和请求报价单（RFQ）。请求建议书是一种拥有征求潜在供应商建议的文件。请求报价单（RFQ）是一种依据价格选择供应商时用于征求潜在供应商报价的文件。一般项目执行组织多在涉及简单产品的招标中使用RFQ。由此可知采购文件是由招标方准备的，而不是由竞标方准备的。故B是错误的。

选择供方时可使用下列方法：

（1）加权系统

加权系统是对定性数据的一种定量分析方法，以减少在渠道选择中人为偏见带来的影响。这种方法包括：

- 对每一个评价标准项设定一个权重；
- 对潜在卖方针对每项评价标准打分；
- 将各项权重和分数相乘；
- 将所有乘积求和得到卖方的总分。

（2）独立估算

对于很多采购项，采购组织能够对其成本进行独立的估算以检查建议的价格。如果报价与估算成本有较大差异，则可能表明合同工作说明书不适当，或者潜在卖方误解或者没能完全理解和答复合同工作说明书。独立估算常被称为“应该花费”估算。

（3）筛选系统

筛选系统包括为一个或多个评价标准建立最低性能要求，实际筛选操作中也可能同时采用加权系统和独立估算。如：一个项目中可能会要求潜在卖主提议一个满足特定资格的项目经理，然后再开始考虑建议书的后续工作。

（4）合同谈判

合同谈判澄清双方对合同的结构和要求的理解，以确保在双方合同签订前能达成一致意见。最终的合同文本应反映新达成的协议。合同条目应涵盖责任和授权、使用的条款以及法律、技术和业务管理方案、所有权、合同融资、技术解决方案、总体进度表和价格。合同谈判过程以买卖双方签署文件（如合同）为结束标志。最终合同可能是买方和卖方讨价还价的结果。

可见C是正确的。

建议书通常分为技术（方案）和商业（价格）两部分，这两部分会独立评估。某些情况下还需要加入管理部分加以评估。对于那些关键性采购物应采用多渠道以规避风险

（如与送货进度和质量要求相关的风险）。对于多渠道采购需要考虑其潜在的更高成本，包括可能的数量折扣损失。

对于重要采购项，这一过程或招标和评标过程可能要重复多次。合格卖方的清单将根据初步的建议做出选择，然后，更详细的评估根据更详细和全面的建议而开展。

因此，D 是正确的。

故本题的正确答案为 B。

参考答案

（43）B

试题（44）

以下关于项目目标的论述，不正确的是__（44）__。

（44）A．项目目标就是所能交付的成果或服务的期望效果

B．项目目标应分解到相关岗位

C．项目目标应是可测量的

D．项目是一个多目标系统，各目标在不同阶段要给予同样重视

试题（44）分析

任何一个项目，不论是建筑业、国防系统的复杂项目，还是 IT 项目、个人或团体的一次性的大小项目或活动，项目一经确定投资实施，必定要产生一个项目的目标，而且这个目标是经过仔细分析得出的，是一个清晰的目标，尽管对于项目的不同利益方，如客户方、承包商或其他相关厂商又有不同目标和把握的重点，但其最终结果是实现项目整体的目标。项目目标就是实施项目所要达到的期望结果，即项目所能交付的成果或服务。即 A 是正确的。

项目目标具有如下特性：

（1）项目目标的多目标性

对于一个项目而言，项目目标往往不是单一的，而是一个多目标系统，希望通过一个项目的实施，实现一系列的目标，满足多方面的需求。但很多时候不同的目标之间是相互冲突的，实施项目的过程就是多个目标协调的过程，有同一层次不同目标的协调、不同层次总项目目标与子目标的协调、项目目标与组织战略的协调等。

（2）项目目标的优先性

项目是一个多目标的系统，不同目标可能在项目管理的不同阶段根据不同需要，其重要性也不一样。如，在项目的启动阶段，技术性能可能需要给予更多关注，在实施阶段成本将会成为重点，而时间进度往往是在验收时给予高度的重视。而对于不同的项目，关注的重点也不一样，如单纯的软件研发项目将更多地关注技术指标和软件质量。

由此可知，D 是不正确的。

（3）项目目标具有层次性

项目目标的层次性是指对项目目标的描述需要有一个从抽象到具体的层次结构，即一个项目目标既有最高层的战略目标，又有较低层次的具体目标。通常是把明确定义的项目目标按其意义和内容表示为一个递进层次结构，而且越是较低层次的目标应该描述越清晰具体，并应分解到相关岗位。即B是正确的。

项目目标的SMART原则：

S（Specific）——明确性

M（Measurable）——可衡量性

A（Attainable）——可接受性

R（Relevant）——实际性

T（Time-based）——时限性

即C是正确的。

故本题的正确答案为D。

参考答案

（44）D

试题（45）

项目进行过程中，客户要求进度提前，围绕整体变更管理。项目经理以下的做法，正确的是<u>（45）</u>。

（45）A．进度变更和整体变更应一步到位，不要反复迭代

B．进度变更对成本、人力资源的影响可在变更实施时再进行评价

C．先要求提出变更申请，走进度变更流程，然后根据变更后的新基线再进行相关的成本、人力资源等的变更

D．只要变更内容正确，即可执行变更

试题（45）分析

综合变更控制过程在整个项目过程中贯彻始终，并且应用于项目的各个阶段。范围说明书、项目管理计划和其他项目可交付物必须持续不断地管理变更，或是拒绝变更，或是批准变更。被批准的变更将被并入一个修订后的项目部分。可见A是错误的。

变更控制流程如下：

（1）提出书面变更申请；

（2）识别需要发生的变更，进度变更通常会影响成本、风险、质量和人员配置等，要对变更的影响进行深入分析，确定好应对措施；

（3）变更控制委员会审核变更申请，识别变更的可行性；

（4）批准变更申请；

（5）实施变更申请，控制并基于已批准的变更更新范围、成本、预算、进度和质量需求；

（6）验证，基于质量报告控制项目质量使其符合标准；

（7）归档，维护一个及时、精确的关于项目产品及其相关文档的信息库，直至项目完成。

由此可见 D 是不对的，要走完整的变更申请审批流程，B 是不对的，但 C 是正确的。

参考答案

（45）C

试题（46）

当信息系统集成项目进入实施阶段后，一般不使用__（46）__对项目进行监督和控制。

（46）A．挣值管理方法　　B．收益分析方法

C．项目管理信息系统　　D．专家判断方法

试题（46）分析

挣值管理方法是监督和控制项目工作的工具和技术之一，指的是测量项目从开始到结束的绩效。挣值管理方法也提供了一种基于以往绩效来预测未来绩效的手段。

挣值管理（Earned Value Management）是一种综合了范围、时间、成本绩效测量的方法，通过与计划完成的工作量、实际挣得的收益、实际的成本进行比较，可以确定成本、进度是否按计划执行。

挣值管理可以在项目某一特定时间点上，从达到范围、时间和成本三项目标上评价项目所处的状态。状态报告中要包括：将项目计划作为基准衡量已经完成多少工作？花费了多少时间？是否延迟？花费了多少成本？是否超出？一般使用挣值分析方法进行衡量。

收益分析指的是对项目的直接收益、间接收益以及其他方面的收益进行分析。一般用于项目可行性研究或项目组合管理中。可见收益分析方法一般不用于对项目进行监督和控制。

项目管理信息系统是组织内可用的系统化的标准自动化工具集。它是制定项目章程、制定项目范围说明书（初步）、制定项目管理计划、指导和管理项目执行、监督和控制项目工作、控制变更、管理项目收尾等的重要工具。

专家判断方法指判定意见由任何具有专门知识或受过专门培训的团体或个人来提供。

专家判断法是制定项目章程、制定项目范围说明书（初步）、制定项目管理计划、监督和控制项目工作、控制变更、管理项目收尾的工具和技术，也是制定详细的范围说明书、工作分解结构和范围管理计划、范围计划编制、活动定义、活动资源估算、活动历时估算的工具和技术，还是成本估算、风险定性定量分析、采购计划编制、风险评估的重要工具与技术。

所以，当信息系统集成项目进入实施阶段后，一般不使用收益分析方法对项目进行监督和控制。故B是正确答案。

参考答案

（46）B

试题（47）

在制定集成项目的质量计划时，如某过程的输出不能由后续的监视或测量加以验证，则应对这样的过程实施确认，而确认方法至关重要。__（47）__不属于过程能力确认方法。

（47）A．设备的认可　　B．人员资格的鉴定

C．与过程相关的方法和程序的确定　　D．资金的确定

试题（47）分析

任何项目都可能存在某些过程质量不易或不能通过其后的检验或试验而得到充分验证的过程（工序），即特殊过程。不同的行业都能找到自己所具有的特殊过程。这种特殊过程加工的产品质量不能完全依靠检验来验证，需要进行连续的参数监控，以确保过程质量的稳定。在ISO 9000标准3.4.1条款的“注3”中做出了如下定义：当生产和服务提供过程的输出不能由后续的监视或测量加以验证时，组织应对任何这样的过程实施确认。而确认方法至关重要，特殊过程质量控制的基本准则有3点：

（1）过程控制的严格程度应视产品类型、用途、用户要求和生产条件等情况而有所区别，应依据企业的具体情况采用不同的控制手段；

（2）特殊过程必须进行全过程的质量控制，任何过程环节都应处于受控状态；

（3）根据过程特点，加强过程方法试验验证，及时总结最佳过程控制参数，列入过程规程并对过程参数进行连续控制。

特殊过程的控制主要由以下步骤组成：

（1）制定制度，落实责任

应制定切合企业实际的控制点管理制度，明确控制点有关部门和人员的责任分工，规定日常工作程序和检查、验收、考核办法。

参与控制点日常工作的人员主要有：操作者、巡回检验员、维修员、质量管理员，他们应作如下分工并建立岗位责任制。

① 操作者——熟练掌握操作技能和本过程质量控制方法，并且取得一定资格；明确质量特性技术要求和控制目标；正确测量、自检、自分、自做标记并按规定填写原始记录和控制图表；做好设备的维护保养和点检；根据过程质量波动规律，及时进行自我调节控制；发现过程异常，迅速向质管人员报告，请有关部门采取纠正措施。

② 巡检员——按检验指导书对控制点进行重点检查，将检查结果及时告知操作者，

当好操作者质量自控的参谋并作好检查记录；监督检查操作者是否遵守设计纪律和过程控制要求，配合做好“三自一控”活动，及时向操作者及其领导反馈过程异常的信息并向高层报告重要质量信息。

③ 维修员——按规定定期对控制点设备进行检查和维护，督促检查设备点检活动；根据点检信息，及时对设备进行检修和调整，并做好设备维修记录。

④ 质量管理员——做好控制点的现场督促、检查和指导；建立控制点质量信息渠道，定期利用原始记录进行统计分析，将质量异常情况及时向有关部门反馈，研究纠正措施；收发记录表格和控制图表；对各类人员进行现场指导；参与对控制点操作人员的培训和资格认证；参加对控制点的验收和日常检查，负责定期测定控制点过程能力；负责对异常质量波动的分析和研究纠正措施；参加过程质量审核。

（2）建立控制点和复核

应按照过程质量控制计划进行控制点的建立活动。应由质管部门对全体有关人员进行控制点的基本概念和方法的培训，每建立一个控制点都要由设计部门召集有关人员交底并落实各人的工作任务。建点初期必须认真组织复核，发现问题及时修改和完善。

（3）信息反馈和处理

质量员应及时收集、汇总，并进行统计分析，作为指导这些过程的重要依据。对突发性异常质量信息，应建立高效的信息传递渠道，以便及时做出反应使控制点保持受控。

（4）检查和考核

为使控制点活动保持正常，定期检查和不定期抽查是十分必要的。检查可按内部控制点管理制度的规定执行。每次检查均应有记录并作为考核的依据。

（5）控制方法的改进

控制点是过程质量审核的主要对象。通过审核可以寻求改进控制方法的途径，任何改变都必须认真验证，按规定程序由设计部门将修改后的内容纳入质量控制文件。

可见 A、B、C 都属于过程能力确认的常用方法。故 D 是正确答案。

参考答案

（47）D

试题（48）

在质量审计时，审计小组发现如下事实：一批计算机数量为 50 台的进货合同，在检验时抽检了其中 8 台计算机，发现 2 台不合格。该检验员把这 2 台抽出，其余 48 台放行，并已发放到施工现场。审计员的下列行为，恰当的是__（48）__。

（48）A．判定检验过程没问题

B．判定检验过程存在问题，并要求检验员对 50 台电脑全检

C．判定检验过程存在问题，先下令停止使用其余电脑，并给检验部门下发纠正措施通知单

D．判定检验过程存在问题，并要求检验员分析原因，下令改进

试题（48）分析

由上题的分析内容可知，审计人员的核心工作包括：

（1）做好控制点的现场督促、检查和指导；

（2）建立控制点质量信息渠道，定期利用原始记录进行统计分析，将质量异常情况及时向有关部门反馈，研究纠正措施；

（3）收发记录表格和控制图表；

（4）对各类人员进行现场指导；

（5）参与对控制点操作人员的培训和资格认证；

（6）参加对控制点的验收和日常检查，负责定期测定控制点过程能力；

（7）负责对异常质量波动的分析和研究纠正措施；

（8）参加过程质量审核。

由此可归纳出 C 是审计人员的正确做法。

参考答案

（48）C

试题（49）

某 OA 系统处于试运行阶段，用户反映不能登录，承建方现场工程师需要对导致该问题的各种原因进行系统分析，使用__（49）__工具比较合适。

（49）A．散点图　B．因果图　C．帕累托图　D．统计抽样

试题（49）分析

上述 4 个图都可用于项目质量控制，但其适用范围却各不相同。

散点图：在判断两个变量之间是否存在关系方面非常有用。有相互关联可以帮助分析产生某个问题的原因。下图是一个散点图的例子。在这一具体的散点图中，空气湿度与每小时出现的差错之间存在正向上倾斜的关系，湿度大与差错数多相对应；反之亦然。相反，负向下倾斜的关系就意味着当一种变量变小时，另一种变量增大；反之亦然。

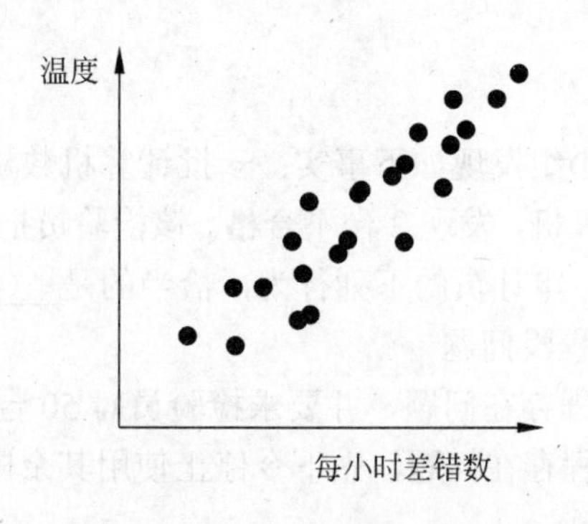

两种变量之间的相互关联性越大，图中的点越不分散，点趋向集中于一条直线附近。

相反的，如果两种变量间很少或没有相关性，那么点将完全散布开来。本例中，湿度和差错间的关联性显得很强，因为点分布在一条虚拟直线附近。

因果图：因果图（又叫因果分析图、石川图或鱼刺图）直观地反映了影响项目的各种潜在原因或结果及其构成因素同各种可能出现的问题之间的关系。下图是一个简单的因果图。

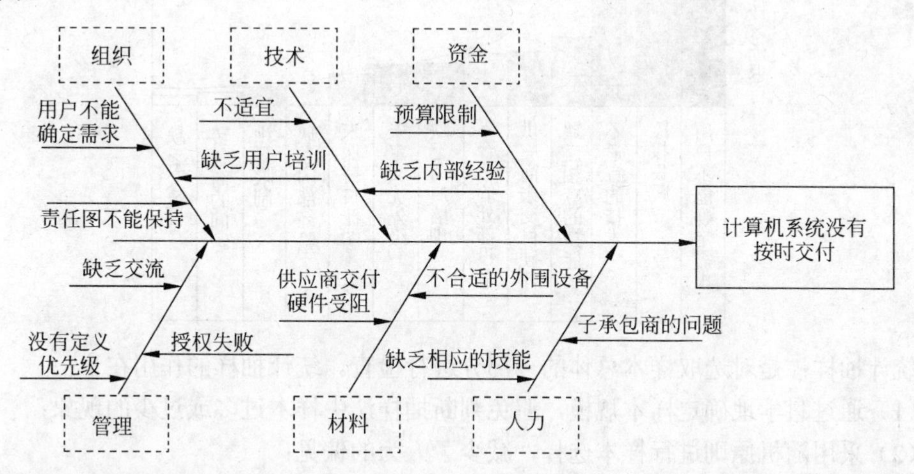

因果图法是全世界广泛采用的一项技术。该技术首先确定结果（质量问题），然后分析造成这种结果的原因。每个刺都代表着可能的差错原因，用于查明质量问题可能所在和设立相应检验点。它可以帮助项目组事先估计可能会发生哪些质量问题，然后制定解决这些问题的途径和方法。

造成质量问题的原因主要有 5 大方面：人、机器、原材料、方法和环境，即 4M1E 因素，所以可预先将这 5 个因素列入原因虚线的小方框中，然后把各种原因从大到小、从粗到细分解，直到能够采取措施消除这些原因时为止。

帕累托图：Pareto 图来自帕累托定律，该定律认为绝大多数的问题或缺陷产生于相对有限的起因。就是常说的 80/20 定律，即 20%的原因造成 80%的问题。

Pareto 图又叫排列图，是一种柱状图，按事件发生的频率排序而成，它显示由于某种原因引起的缺陷数量或不一致的排列顺序，是找出影响项目产品或服务质量的主要因素的方法。只有找出影响项目质量的主要因素，才能有的放矢，取得良好的经济效益。下图就是 Pareto 图的一个示例，图中的曲线即为 Pareto 曲线，说明了计算机信息系统集成项目实施失败的各种原因。其中，各影响因素的排列顺序用于指导纠正措施，即项目组应该首先解决引起更多缺陷的问题。

影响质量的主要因素通常分为以下三类：A 类为累计百分比在 70%～80%范围内的因素，它是主要的影响因素。B 类是除 A 之外的累计百分比在 80%～90%范围内的因素，是次要因素。C 类为除 A、B 两类外百分比在 90%～100%范围的因素。因此 Pareto 图法又叫 ABC 分析图法。

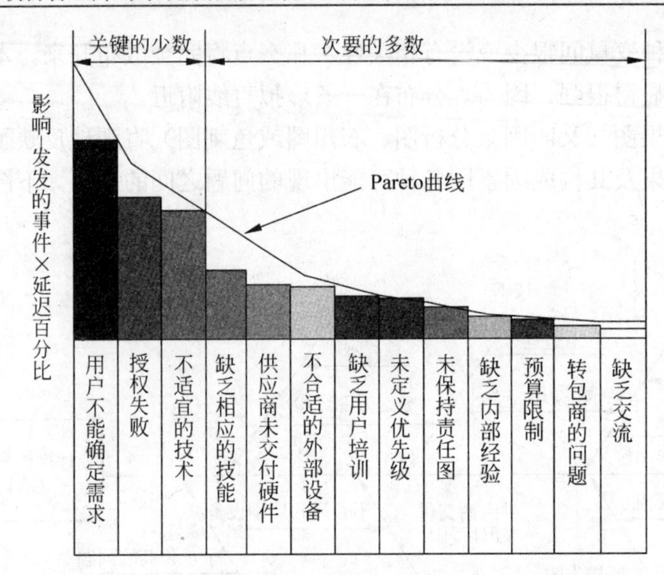

统计抽样：是对选取样本总体的一部分进行检查。统计抽样的作用在于：

（1）通过科学地确定样本规模，避免判断抽样法中样本过多或过少的现象；

（2）采用随机原则进行样本选择，减少了人为的偏见；

（3）审计人员能够将抽样风险数量化，并加以控制；

（4）运用概率统计理论对样本结果进行评价，推断总体特征，所得出的审计结论具有科学的依据。

可见本题中要对导致该问题的各种原因进行系统分析应使用B。

参考答案

（49）B

试题（50）

<u>（50）</u>不属于大型项目控制的三要素。

（50）A．项目绩效跟踪　　　　B．质量改进

　　　C．外部变更请求　　　　D．变更控制

试题（50）分析

大型及复杂项目的控制过程有三个重要的因素：项目绩效跟踪、外部变更请求、变更控制。

项目绩效是实时反映项目真实状态的重要保证。为了在大型及复杂项目中可以真实而准确地获得项目的真实状态，必须在整个项目组织内部约定统一的绩效报告模板、信息定义和表现形式、信息采集方法和渠道。然后通过定义的信息汇报结构发送、收集、整理、分析和报告。

一个项目在进行当中，项目目标发生变化导致产生变更请求是一个正常的现象。但是，是否建立一个稳定和受控的机制来处理和跟踪变更请求就从根本上避免了由此导致

的项目混乱。建立一个正式的变更请求受理机制，可以使变更发起者在预定义的框架下较仔细而完整地提出变更要求，而不是一种随意的行为；可以使变更发起者意识到这是一个变更的要求，这是一个改变原来承诺的要求：可以使变更请求处于受控状态，而不至于被丢失或忽略。

由外部变更和内部偏差所引起的变更必须遵循变更控制流程作用于项目。大型项目中，由于涉及多方的共同协调，对变更需要统一的控制，否则会直接导致项目执行中的大量混乱。变更控制流程大多数是类似的，一般会经过：提出变更申请、评估变更、实施变更、验证变更实施结果等几个阶段。在项目当中存在一个变更控制委员会（Change Control Board）作为变更控制的管理机构。在大型项目中，变更控制委员会往往是项目的最高控制机构之一。

可见 B 不属于大型项目控制的三要素。

参考答案

（50）B

试题（51）

在大项目管理中，往往要在项目各阶段进行项目范围确认。以下有关范围确认的叙述，正确的是 (51) 。

（51）A．应由项目管理办公室组织项目经理、市场代表进行范围确认
B．应由项目管理办公室组织客户代表等项目干系人进行范围确认
C．软件的回归测试是质量管理范围内的内容，与范围确认关系不大
D．范围确认就是对交付的实物进行认可

试题（51）分析

项目范围确认是指项目干系人对项目范围的正式承认，但实际上项目范围确认是贯穿整个项目生命周期的，从开始项目管理组织确认 WBS 的具体内容，到项目各个阶段的交付物检验，直至最后项目收尾文档验收，甚至是最后项目评价的总结。因此 D 是不完整的。

确认的可交付物是那些已经被完全或部分完成的部分，并且是指导和管理项目执行过程的输出结果，是项目或项目某阶段的部分或全部的交付成果，当然也可能是客户或上层管理者比较关注的里程碑事件的完成结果。

对于项目经理或项目管理人员来说，可以通过“检查”来实现范围的确认。检查包括测量、测试、检验等活动以判断结果是否满足项目干系人的要求和期望，检查也可被称为审查、产品评审和走查等。在某些应用领域，这些不同的词有它自己的使用范围和特定的含义。可见 C 的说法是错误的。

在大项目管理中进行项目范围确认时，项目管理组织（项目管理办公室）必须向客户方出示能够明确说明项目（或项目阶段）成果的文件，如项目管理文件（计划、控制、

沟通等）、技术需求确认说明书、技术文件、竣工图纸等。当然，提交的验收文件应该是客户已经认可了这个项目产品或某个阶段的文件，他们必须为完成这项工作准备条件，做出努力。像这种验收可能是有条件的，尤其是在一个阶段结束的时候。范围确认完成时，同时应当对确认中调整的 WBS 及 WBS 字典进行更新。由此可知 A 是不行的，而应该是 B。

故 B 是正确答案。

参考答案

（51）B

试题（52）

软件测试工具也是测试设备的一种。以下关于软件测试工具的叙述，正确的是　（52）　。

（52）A．所有的软件测试工具在正常使用过程中都应定期确认

B．所有的软件测试工具都应送国家权威部门定期校准

C．软件测试工具可以采用验证或保持其适用性的配置管理来确认

D．新购买的软件测试工具在初次使用时可不对其进行校准

试题（52）分析

本题目考查的是软件测试工具的验证与确认问题。

设备验证的目的是通过验证活动证明某工具、设备在未来可能发生的种种情况下能够连续、稳定地满足项目需要，通过文字性的依据、试验数据等证明被验证的设备符合要求，并能满足项目需要。

在 GB/T 19001—2000 标准中，对测量设备要求“按照规定的时间间隔或在使用前进行校准或检定”。在质量管理过程中，要求测量设备（以下称计量器具）使用前都进行校准，使用中再周期校准。一个企业外购新的完好的计量器具，如果本企业不能校准，先要送计量检定机构校准，然后才能使用。对于非强检计量器具，这是不必要的。

（1）使用前需要的校准

该标准中，还规定“计算机软件用于规定要求的监视和测量时，应确认其满足预期用途的能力，确认应在初次使用前进行”。同样，企业专用的自制的测量装置在初次使用前应进行校准并确认。即 D 是错误的，且 A 也是不适用的。

（2）使用前不需要的校准

《计量法》第十五条规定：制造、修理计量器具的企业、事业单位，必须对制造、修理的计量器具进行检定，保证产品计量性能合格，并对合格产品出具产品合格证。具有《制造计量器具许可证》的企业，生产的计量器具具有“CMC”标志，其产品合格证即检定合格证。企业外购新的非强检的计量器具，在合格供应商采购，按采购产品验证

的要求，验证其合格证，检查包装的完整性、外观的完好性、动作的合理性，如果计量器具工作正常，满足规定的要求，就可验收使用，而不必再送当地计量机构检定。

1999 年 3 月，国家质量技术监督局根据国务院的意见，做出《关于企业使用的非强检计量器具由企业依法自主管理的公告》，对于检定周期和检定方式都由企业本着科学、经济和量值准确的原则自行确定。

可见 B 是不对的。

对于软件测试工具可以采用验证或保持其适用性的配置管理来确认，即 C 是正确的。

参考答案

（52）C

试题（53）

关于项目管理办公室对多项目的管理，以下叙述不正确的是 （53） 。

（53）A. 使用项目管理系统可强化对各项目的监控

B. 出于成本考虑，一般不对单个项目建立独立的一套过程规范

C. 项目管理办公室不仅要对各项目实施有效监控，还要负责对各项目进行专业指导

D. 为了不对各个项目的实施造成影响，项目管理办公室一般不对各项目进行资源平衡

试题（53）分析

项目管理办公室（Project Management Office，PMO）的职能总体来说可以分为两大类：日常性职能和战略性职能。其中战略性职能包括：项目组合管理以及提高组织的项目管理能力，具体如下：

（1）建立组织内项目管理的支撑环境

一个项目在执行当中从组织层面最容易获得的支持就是来自组织所建立的统一的支撑环境，其内容包括：统一的项目实施流程（可见 B 是正确的）、项目过程实施指南和文档模板、项目管理工具、项目管理信息系统等。即 A 是正确的。

（2）培养项目管理人员

项目管理办公室担负培养专业项目管理人员的职责，并在组织内部形成统一的项目管理语言，会大大改善项目的实施环境，提高项目的协作效率。

（3）提供项目管理的指导和咨询

在遇到困难时候，来自于组织层面的专业指导会使一线人员感到极大的支持，而不仅是孤军奋战。同时这种指导也会大大加强和促进组织内部有效经验的传播和共享。即 C 是正确的。

（4）组织内的多项目管理和监控

一个组织往往同时进行许多项目，项目管理办公室就承担了统一收集和汇总这些项目的信息和绩效，并对组织高层或其他需要这些信息的部门或组织进行报告的职能。同时这些信息也帮助组织判断该项目是否运行在正确的轨迹上。

（5）项目组合管理

项目组合管理包括如下两个任务：将组织战略和项目关联；项目选择和优先级排定。

项目组合管理最主要的活动就是进行项目组合的选择。项目组合的选择可能涉及公司的最高决策，所以是放在项目管理办公室还是由组织的高层作最后的决策，可根据组织的规模和性质有所不同。但是一般来说，至少提供决策所需信息由项目管理办公室来负责，最后的决策则必须有来自组织高层的批准。项目选择的过程包括识别机会，评估组织的适配性，分析成本、收益和风险，以及规划和选择一个组合。组合管理所关心的是适配、效用和平衡。如果有效地予以实施，组合管理将确保人员和资源的最佳使用。可见 D 是错误的。

（6）提高组织的项目管理能力

一个组织的项目管理能力直接关联到组织战略目标是否可以有效地实施。这一过程一方面是通过项目管理办公室所承担的日常性职能来贯彻和体现的；同时，更重要的是把项目管理能力变成一种可持久性体现的、而不依赖于个人行为的组织行为。

故 D 是正确答案。

参考答案

（53）D

试题（54）

某企业目前有 15 个运维服务合同正在执行，为提高服务质量和效率，企业采取的正确做法应包括＿（54）＿。

① 建立一个服务台统一接受客户的服务请求

② 设立一个运维服务部门对 15 个项目进行统一管理

③ 建立相同的目标确保各项目都能提供高质量的服务

④ 建立一套统一的知识库

（54）A. ①②③　　B. ②③④　　C. ①③④　　D. ①②④

试题（54）分析

根据上题分析所述，一个组织同时进行多个项目时，项目管理办公室应承担统一收集和汇总这些项目的信息和绩效，并对组织高层或其他需要这些信息的部门或组织进行报告的任务。同时这些信息也帮助组织判断该项目是否运行在正确的轨迹上。

故“①建立一个服务台统一接受客户的服务请求；②设立一个运维服务部门对 15 个项目进行统一管理；④建立一套统一的知识库”都是可取的。而“③建立相同的目标确保各项目都能提供高质量的服务”过于绝对，不一定是适宜的。因为不同项目其目标、范围、进度、成本、质量等基准不一定是相同的。故 D 是正确答案。

参考答案

（54）D

试题（55）

以下最适合使用贴现现金流绩效评估方法进行评估的投资项目是＿（55）＿。

（55）A．更新设备　　B．新技术应用

C．开发新产品　　D．拓展新市场

试题（55）分析

企业在资本预算事务中采用哪种资本预算方法与资本预算项目类型有关。资本预算项目可以分为以下三类：

（1）成本减少，如设备更新。

（2）现有产品扩大规模。

（3）新产品开发、新业务及新市场拓展。

贴现现金流方法应用的重要程度依上述顺序递减，因为贴现现金流方法尽管理论上科学，但其实际价值取决于未来现金流预测的可靠性。在这三类项目中，成本减少类项目的未来现金流预测相对准确，因为有较多的关于设备、成本的数据及经验可供借鉴，采用贴现现金流法比较可靠。第三类项目的现金流最难预测，因为公司对这类项目没经验，未来不确定性程度高，现金流预测的可靠性程度低。尽管贴现现金流法的运用越来越普遍，但是具体采用哪种资本预算方法仍要视项目规模大小以及做出决策的是公司哪个部门等因素而定。

由此可见 A 是最适合使用贴现现金流绩效评估方法的项目。

参考答案

（55）A

试题（56）

下表为一个即将投产项目的计划收益表，经计算，该项目的投资回收期是＿（56）＿。

	第 1 年（投入年）	第 2 年（销售年）	第 3 年	第 4 年	第 5 年	第 6 年	第 7 年
净收益	–270	35.5	61	86.5	61	35.5	31.5
累计净收益	–270	–234.5	–173.5	–87	–26	9.5	41

（56）A．4.30　　B．5.73　　C．4.73　　D．5.30

试题（56）分析

由静态投资回收期（Pt）计算公式可知，

Pt=[累计净现金流量开始出现正值的年份数]–1+[上年累计净现金流量的绝对值/当

年净现金流量]

将本题中的数据代入公式，可得：

$$Pt=6-1+26/35.5=5.73$$

故 B 是正确答案。

参考答案

（56）B

试题（57）

按照采购控制程序的规定，在采购合同招标前，由项目部提交采购项目的工作说明书（SOW）。某项目按计划要采购一批笔记本电脑，项目经理给采购部提交了采购文件，主要内容有数量、配置、性能和交货日期。以下叙述正确的是__（57）__。

（57）A．项目经理提交的采购文件不是 SOW

B．该采购文件是 SOW，如果符合文件规定和流程，采购部可接受

C．只要是项目经理给的采购文件，采购部就可以接受

D．只有在项目外包时才有采购工作说明书，物品采购可以不产生 SOW

试题（57）分析

采购文件是卖方准备采购文件中描述的原材料、产品、货物或服务的表述的基础。

工作说明书应详细地规定采购项目，其详细的程度会因项目的性质、买方需求、预期的合同的格式不同而异。工作说明书描述了由卖方供应的产品和服务。说明书中包括的信息可以包括规格说明书、期望数量、质量等级、绩效数据、有效期、工作地点和其他的需求。

工作说明书应该描述清晰、完整和简洁。它应该包含任何必需的附带服务的描述，比如绩效报告或者项目完成后对采购物的支持。如：对于一个信息系统集成项目，工作说明书不仅包括系统的功能说明，还包括对于培训和后续升级服务的要求。在某些应用领域，工作说明书有一些特定的内容和格式要求。每一个采购项都需要一份独立的工作说明书，不过多个产品或服务可以组合成一个采购项，只用一个单独的工作说明书来描述。

在采购流程中，工作说明书可能需要不断地修订，直至其成为一个已签合同的部分。如：一个潜在的卖主可能会建议一个更有效的解决方案或者成本更低的产品。

本题目中，按计划要采购一批笔记本电脑，项目经理给采购部提交的采购文件包括了数量、配置、性能和交货日期。它是 SOW，如果符合文件规定和流程，采购部可接受，即 B 是正确的，A 是错误的，C 明显不完善。

采购是从项目外部获得产品和服务的完整的购买过程。在企业和政府大部分领域都称为采购，有些领域称为“购买”。在信息系统集成行业，普遍将项目所需产品或服务资源的采购称为“外包”。不论是何种称谓，基本过程是一致的。

采购是一个涉及具有不同目标的双方（或多方）的过程，各方在一定市场条件下相互影响和制约。通过流程化和标准化的采购管理和运作，运用高效、合理的活动可以达到降低成本、增加公司利润的作用。故不是“只有在项目外包时才有采购工作说明书，物品采购可以不产生 SOW”。所以 D 是错误的。

参考答案

（57）B

试题（58）

某集成企业把部分集成项目分包出去，准备采用竞争性谈判方式。以下叙述不正确的是＿（58）＿。

（58）A．竞争性谈判的结果主要依据供应商的综合实力确定

B．应先确立一个标准，然后按照标准进行竞争性谈判

C．可先从合格供应商数据库中筛选供应商，再进行竞争性谈判

D．进行竞争性谈判时，选择供应商的基本原则是一致的

试题（58）分析

根据《中华人民共和国政府采购法》：

第三十八条　采用竞争性谈判方式采购的，应当遵循下列程序：

（一）成立谈判小组。谈判小组由采购人的代表和有关专家共三人以上的单数组成，其中专家的人数不得少于成员总数的三分之二。

（二）制定谈判文件。谈判文件应当明确谈判程序、谈判内容、合同草案的条款以及评定成交的标准等事项。（可见 D 是正确的。）

（三）确定邀请参加谈判的供应商名单。谈判小组从符合相应资格条件的供应商名单中确定不少于三家的供应商参加谈判，并向其提供谈判文件。（可见 C 是正确的。）

（四）谈判。谈判小组所有成员集中与单一供应商分别进行谈判。在谈判中，谈判的任何一方不得透露与谈判有关的其他供应商的技术资料、价格和其他信息。谈判文件有实质性变动的，谈判小组应当以书面形式通知所有参加谈判的供应商。（可见 B 是对的。）

（五）确定成交供应商。谈判结束后，谈判小组应当要求所有参加谈判的供应商在规定时间内进行最后报价，采购人从谈判小组提出的成交候选人中根据符合采购需求、质量和服务相等且报价最低的原则确定成交供应商，并将结果通知所有参加谈判的未成交的供应商。（可见 A 是不正确的。）

参考答案

（58）A

试题（59）

如何以合适的方法监督供方是项目外包管理的一个重点，以下监控方式正确的是＿（59）＿。

（59）A．由项目监理来监督，委托方不用过问

B．所有项目成果都必须测试

C．所有过程和产品监控须由委托方人员来执行

D．与供应商先确定评价的频次和方法，列出日程表，按照计划进行评价

试题（59）分析

为了使委托者和承包者真正能够从外包中获益，达到双赢的目的，就产生了外包管理，即委托方依据既定的规范，选择合适的承包商，签订合同，监控开发过程和验收最终成果。

外包管理可参考国外的一些做法，结合具体的实践经验，开展以下一些具体活动：

- 按照文档化的规范定义和规划子合同。
- 按照文档化的规范，根据承包商完成工作的能力选择承包商。
- 把与承包商签署的协议作为管理子合同的基础。
- 评审和批准文档化的承包商软件开发计划。
- 以软件开发计划为标准，跟踪软件开发过程。
- 按照文档化的规范，对于承包商的工作陈述、合同条款、条件以及其他约定进行更改。双方的管理者一起执行定期的状态或协调评审。
- 承包商参与定期技术评审和交流。
- 按照文档化的规范在所选择的里程碑处进行正式评审，评价承包商的软件工程完成情况与结果。
- 软件质量保证组按照文档化的规范监控承包商的软件质量保证活动。
- 按照文档化的规范进行验收测试，定期评价承包商的能力。

可见 D 是对的。A，C 是达不到外包管理的目标的。B 控制的是结果而不是过程。故 D 是正确答案。

参考答案

（59）D

试题（60）

在一个子系统中增加冗余设计，以增加某信息系统的可靠性。这种做法属于风险应对策略中的 （60） 方法。

（60）A．避免　　B．减轻　　C．转移　　D．接受

试题（60）分析

风险应对是一系列过程，它通过开发备用的方法、制定某些措施以提高项目成功的机会，同时降低失败的威胁。应该为每种风险选择一种或几种有效的策略。某些决策工具，如决策树，可以用来选择最合适的应对方法，然后可以采取具体的行动来实现该策

略。还应该开发一个备用策略，以防当前的策略变得不太有效、或有某个可以接受的风险发生。另外，我们要为进度和成本进行应急储备。最后，还应该开发一个应急计划，同时包含启动该计划的触发条件。

典型的风险应对方法包括回避、转移、减轻。

（1）避免。如：修改项目计划以消除相应的威胁，隔离项目目标免受影响，放宽项目目标（如获得更多的时间或减少项目范围）。项目早期出现的一些风险很有可能通过澄清需求，获得相关信息，改良沟通，或获得专家指导而得到解决。

（2）转移。风险转移是把威胁的不利影响以及风险应对的责任转移到第三方的做法。这种方法只是转移风险给另外的团队，让他们负责去处理，而并没有解决问题。转移风险责任在处理财务问题方面也许有一定效果，接受所转移风险的人或团队需要得到相应的经济补偿，转移方法包括保险、性能约束、授权和保证。这过程中可能会用到契约，一份成本类的契约可以转移成本风险给买主。如果项目的设计是固定不变的，一份固定价格的契约可以转移风险给卖方。

（3）减轻。即通过降低风险的概率和影响程度，使之达到一个可接受的范围。尽早采取行动减少风险发生的可能性比在它已经发生之后去弥补对项目的影响会更好。采用更简单的流程，进行更多的测试，或选择一个更稳定的供应商是风险减轻的方法。当不可能降低风险发生的概率时，风险减轻计划就要注意决定影响严重程度的相关连动环节。举例来说，在一个子系统中增加冗余设计，可以减少由于原系统的失效而带来的影响。即 B 是正确答案。

参考答案

（60）B

试题（61）

项目实施过程中，围绕对项目质量的监控、追踪管理，以下做法不正确的是<u>（61）</u>。

（61）A．可采用控制图来对质量进行监控

B．使用挣值分析来对质量进行监控

C．通过分析测试报告来对质量进行监控

D．通过分析施工日志中的施工参数来对质量进行监控

试题（61）分析

通常，在质量管理中广泛应用的直方图、控制图、因果图、排列图、散点图、核对表和趋势分析等，都可以用于项目的质量控制。

控制图：控制图又称为管理图，用于决定一个过程是否稳定或者可执行，是反映生产程序随时间变化而发生的质量变动的状态图形，是对过程结果在时间坐标上的一种图线表示法。它用于确定过程是否“在控制之中”（如：结果中的偏差是因随机变化而产生的还是异常事件引发的？若是异常事件引发的，就需要确定异常事件的起因并进行纠

正）。如果过程是控制范围内的，就不需要对过程进行重新调整。为了进行改进，过程可以改变，但当其在控制之中时不应该进行调整。

控制图是一个演示解决问题的过程变量交互的图表。对随机数据的检查指出，控制表显示了增加变量时剧烈变化的值、过程的突变，或者一个渐进的趋势。在实时监视过程输出的情况下，一个控制图可以用于估计是否过程应用的变更符合预想的改进。当一个过程符合可接受的限制条件，这个过程就不需要调整，反之则需要调整。高控制限制条件和低控制限制条件常常设为±3δ（标准偏差）。可见 A 是正确的。

挣值分析：挣值分析是测量绩效最常用的方法。它综合了范围、成本（或资源）和进度计划测量，帮助项目管理团队评价项目绩效。

（1）计划值（PV）（Planned Value），是计划在规定时间点之前在活动上花费的获得成本估算部分的总价值。即根据批准认可的进度计划和预算到某一时点应当完成的工作所需投入的资金。这个值对衡量项目进度和费用都是一个基准。一般来说，PV 在项目实施过程中应保持不变，除非预算、计划或合同有变更。如果这些变更影响了工作的进度和费用，经过批准认可，相应的 PV 基准也应作相应的更改。

（2）实际成本（AC）（Actual Cost），是在规定时间内完成活动内工作发生的成本总额。这项实际成本必须符合为计划值和挣值所做的预算。AC 即到某一时点已完成的工作所实际花费或消耗的成本。

（3）挣值（EV）（Earned Value），是实际完成工作的预算价值。该值描述的是根据批准认可的预算，到某一时点已经完成的工作应当投入的资金。

最常用的尺度是：

（1）成本偏差 CV（Cost Variance）（CV=EV–AC）。CV>O，表明项目实施处于成本节省状态；CV<O，表明项目处于成本超支状态。

（2）进度偏差 SV（Schedule Variance）（SV=EV–PV）。SV>O，表明项目实施超过计划进度；SV<0，表明项目实施落后于计划进度。

CV 和 SV 这两个值，可以转化为效率指数，反映任何项目的成本与进度计划绩效。

（3）成本绩效指数 CPI（Cost Performance Index）（CPI=EV/AC）。CPI>1 表示成本节余，实际成本少于计划成本，资金使用效率较高；CPI<1 表示成本超支，实际成本多于计划成本，资金使用效率较低。

（4）进度绩效指数 SPI（Schedule Performance Index）（SPI=EV/PV）。SPI>1 表示进度超前，进度效率高；SPI<1 表示进度滞后，进度效率低。可见，挣值分析是测量绩效最常用的方法。B 是错误的。

项目产品或服务的质量控制是一个诊断和治疗的过程。当产品生产出来以后，要检查产品的规格是否符合需要的标准，并消除任何偏差。要想进行产品的质量控制活动，必须不断地进行计划、测试、记录和分析。如在软件开发项目的实施过程中，测试人员需要针对已经实现的软件组件、构件或系统进行正确性验证测试，整合后的系统性能测试等。书写测试报告和测试统计报告提请质量监督组复审。故 C 也是正确的。

项目活动的工作产品属于过程性活动的，如培训、现场布线、设备安装、现场验收，一般采用现场监督与验证的方式完成，可通过分析施工日志中的施工参数来对质量进行监控，即 D 是正确的。

本题的正确答案为 B。

参考答案

（61）B

试题（62）

在集成项目实施中，建设方要求建立项目配置管理。关于配置管理，以下叙述正确的是__(62)__。

（62）A．配置管理适合软件开发过程，集成过程无法建立配置管理

B．配置管理必须要有配置工具，否则无法建立

C．如果没有专用工具，用手工方式也可以进行配置管理

D．配置库中把各设施登记清楚就可以

试题（62）分析

配置管理是 PMBOK、ISO 9000 和 CMMI 中的重要组成元素，它在产品开发的生命周期中提供了结构化的、有序化的、产品化的管理方法，是项目管理的基础工作。配置管理是通过技术和行政手段对产品及其开发过程和生命周期进行控制、规范的一系列措施和过程。信息系统开发过程中的变更以及相应的返工会对产品的质量有很大的影响。集成项目实施中的控制也同样重要。如果不从配置管理方面加以控制，必将导致严重的后果。故 A 是错误的。

配置管理的定义：在 PMBOK 2004 版的“项目整体管理”一章和术语表中对配置管理系统给出了定义和说明。配置管理系统是整个项目管理信息系统的一个子系统。配置管理系统包括提交建议的变更的过程、评审和批准建议的变更的跟踪系统、为授权和控制变更规定的批准级别，以及确认批准的变更的方法。在大多数应用领域，配置管理系统包括变更控制系统。配置管理系统也是用于技术和行政指导与监督的一个正式的文档化程序的集合。故 B 也是错误的。

配置管理所需的资源：在进行项目配置时首先要制定项目配置管理计划，确定配置管理需使用的资源，要根据项目的规模以及财力，确定过程和产品质量保证活动工具以及计算机资源（考虑内存、外存、CPU 等）。

用于执行“配置管理”过程域的活动的主要工具如下：

- 配置管理工具。
- 数据管理工具。
- 归档和复制工具。
- 数据库程序。

可见C是正确的。

配置库：配置库（Configuration Library）也称配置项库（Configuration Item Repository），是配置管理的有力工具。

配置库有三类。

（1）开发库（development Library）。存放开发过程中需要保留的各种信息，供开发人员个人专用。库中的信息可能有较为频繁的修改，只要开发库的使用者认为有必要，无需对其做任何限制，因为这通常不会影响到项目的其他部分。

（2）受控库（controlled library）。在信息系统开发的某个阶段工作结束时，将工作产品存入或将有关的信息存入，存入的信息包括计算机可读的以及人工可读的文档资料。如基线库存入的是经过评审后成为后续工作基准的需求基线、设计基线等。对库内信息的读写和修改加以控制。

（3）产品库（Product library）。在开发的信息系统产品完成系统测试之后，作为最终产品存入库内，等待交付用户或现场安装。库内的信息也应加以控制。

作为配置管理的重要手段，上述受控库和产品库的规范化运行能够实现对项目产品配置项的管理。可见C是错误的。

故本题的正确答案为C。

参考答案

（62）C

试题（63）

某软件开发组针对两个相关联但工作环境可能有些差异的系统1（对应“用户1”）和系统2（对应“用户2”）进行配置管理。产品设计阶段的内部设计模块对应如下：

用户1：采用A、B、C、D、E和F模块

用户2：采用A、B、C、D、E、G和H模块

根据配置管理要求，以下做法正确的是<u>（63）</u>。

（63）A. 在设计阶段用户1和用户2对应的相同模块的配置项可以合并为一个配置项

B. 在设计阶段只需分别建立模块F、G、H的配置项，形成不同的基线

C. 在设计阶段就要对两个用户所要求的所有模块分别建立配置项并形成基线

D. 在后续开发阶段两个用户所要求的所有模块都要作为不同的分配置进行管理

试题（63）分析

产品配置是指一个产品在其生命周期各个阶段所产生的各种形式（机器可读或人工可读）和各种版本的文档、计算机程序、部件及数据的集合。该集合中的每一个元素称为该产品配置中的一个配置项（Configuration Item，CI），每个配置项的主要属性有：名称、标识符、文件状态、版本、作者、日期等。所有配置项都被保存在配置库里，确保不会混淆、丢失。配置项及其历史记录反映了项目产品的演化过程。

置于配置管理之下的工作产品包括将交付给顾客的产品、指定的内部工作产品、采办的产品、工具和其他用于创建和描述这些工作产品的实体。

可见 A 也是不对的。

可以在若干层次上执行工作产品的配置管理。“配置项”是配置管理的指定实体，它可以由多个相关的工作产品组成。可以把配置项分解成若干配置元素和配置单元。

本题目中，用户 1 和用户 2 有着不同的工作环境，A、B、C、D、E 模块相同，其余模块 F、G 和 H 是不同的。软件产品必须考虑到这些差异，并且充分地使其满足各个用户的使用要求。如果开发的软件产品是具有一定功能和性能的初始系统，那么最终的产品应满足用户的需求。所以必须认真研究用户的真正需求。为做到这一点，应该是针对两个用户分别进行产品内部模块设计。即 C 是正确的。

由于两者的差别不仅表现在一个含有 F，另一个含有 G 和 H，而且即使两者的 A 在逻辑上是同一个内容，但在物理上仍然可能因两类用户需求的不同而有差异，如两个 A 分别以不同的媒体出现。为实现这两种不同的软件配置，在实际工作中，完全可以将各个配置项分别开发出来，再根据需要，组合成针对不同用户需求的不同产品，如右图所示。可见 D 是不对的。

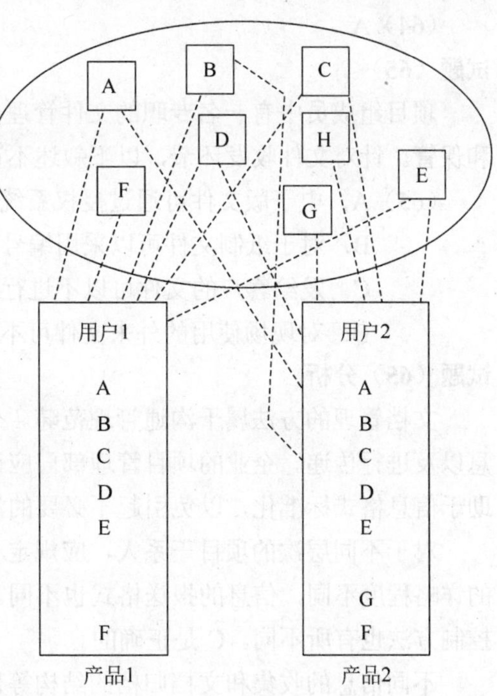

基线（Baseline）由一组配置项组成，这些配置项构成了一个相对稳定的逻辑实体。基线中的配置项被“冻结”了，不能再被任何人随意修改（如跟踪和控制变更）。基线通常对应于开发过程中的里程碑（Milestone），一个产品可以有多个基线，也可以只有一个基线。基线的主要属性有：名称、标识符、版本、日期等。通常将给客户的基线称为一个“Release”，为内部开发用的基线则称为一个“Build”。产品的一个测试版本（包括需求分析说明书、概要设计说明书、详细设计说明书、已编译的可执行代码、测试大纲、测试用例、使用手册等）是基线的一个例子。可见B是不对的。

参考答案

（63）C

试题（64）

《项目质量管理计划》经评审后进入批准流程。由于项目前期已拖期 2 周，该文件应尽快报监理审批，那么对于该文件的批准活动，正确的是（64）。

（64）A. 由建设方技术总监对内容、范围审核后送交监理方批准

B. 由承建方项目经理对内容、范围审核后送交监理方批准

C. 由监理工程师对内容、范围审核后送交总监理工程师批准

D. 先和批准人打声招呼，走监理批准流程，事后再补发签字

试题（64）分析

监理方要对承建单位提交的所有计划进行审批，但之前要经过建设单位的同意。故《项目质量管理计划》应由建设方技术总监对内容、范围审核后送交监理方批准。即 A 是正确答案。

参考答案

（64）A

试题（65）

项目组成员中有一名专职的文件管理员，其主要职责之一是负责项目组的文件收发和保管。针对文件收发环节，以下叙述不正确的是（65）。

（65）A．电子版文件可通过授权系统来控制收发

B．对于纸制文件可以采用编号、盖章等方法控制文件的有效性

C．发给客户的文件可以不进行文件回收管理

D．对现场使用的外来文件可不进行文件收发管理

试题（65）分析

文档管理的方法属于沟通管理范畴。企业的各个项目应该基本采取统一格式记录信息以及进行传递。企业的项目管理部门应该总结或借鉴一些好的模板进行共享，这样有助于信息格式标准化，以免引起不必要的混乱。

对于不同层次的项目干系人，应规定不同的信息格式。信息也是层层分解的。信息的详略程度不同，信息的报送格式也不同。负责项目组的文件收发和保管文件管理员的控制方法也有所不同。C是正确的。

不同信息的收集和文档归档的结构等也都会有所不同。应根据企业的管理需要和项

目周期的特点，界定项目当中会产生哪些信息，来自内部哪个部门，以何介质出现，可能的频度，对于新旧版本如何管理，编号规则，如何向相关人员（包括项目成员和与项目有关的部门）传递，如何进行信息归档、设定密级、无用信息的处理，外部接收到的文件如何归档和使用等。A 无疑是正确的。

此处可参考 ISO 9000 中对文件和质量记录管理的规定来进行判断。文件发布前要得到批准，必要时对文件进行评审与更新，并再次批准（B 也是正确的），确保外来文件得到识别，并控制其分发，规定记录的标识、储存、保护、检索、保存期限和处置所需的控制等（可见 D 是错误的）。有些信息可以通过口头来传递，但重要的信息都要以文档方式加以记录，记录中要有记录时间、记录入的信息。

故 D 是正确答案。

参考答案

（65）D

试题（66）

某公司打算经销一种商品，进价为 450 元/件，售价 500 元/件。若进货商品一周内售不完，则每件损失 50 元。假定根据已往统计资料估计，每周最多销售 4 件，并且每周需求量分别为 0、1、2、3 和 4 件的统计概率如下表所示：

需求量（件）	0	1	2	3	4
统计概率	0	0.1	0.2	0.3	0.4

则公司每周进货__（66）__件可使利润最高。

（66）A．1　　B．2　　C．3　　D．4

试题（66）分析

本题主要考查运筹学中的风险性决策方法。

1）根据已知条件，可计算出不同进货量及销量下可能获得的收益结果：

销售量 / 结果 / 进货量	1	2	3	4	期望收益值
	0.1	**0.2**	**0.3**	**0.4**	
1	50	50	50	50	50
2	0	100	100	100	90
3	–50	50	150	150	110
4	–100	0	200	200	100

第一行，进货量如果是 1 件，销售一件只能获得 50 元；如果市场上可以销售 2 件，但是由于进货量只有 1 件，因此收益仍然是 50 元。

第二行，如果进货 2 件，但是只能销售一件，获得 50 元，同时因为有一件没有卖出去损失 50 元，两者相抵，总收益为 50–50。如果可以销售两件，可以获得收益 100 元。依次类推可以得到其他收益值。

（2）不同进货量及销量下可能获得的收益结果填好以后，根据决策树计算公式，得到进货量为 1 时的期望收益：50×0.1+50×0.2+50×0.3+50×0.4=50。同理得到进货量为 2、3、4 时的期望值。

（3）决策结论：进货 3 件可获得最高收益 110 元。

参考答案

（66）C

试题（67）

某项目有Ⅰ、Ⅱ、Ⅲ、Ⅳ四项不同任务，恰有甲、乙、丙、丁四个人去完成各项不同的任务。由于任务性质及每人的技术水平不同，他们完成各项任务所需时间也不同，具体如下表所示：

人员 \ 时间（天） \ 任务	Ⅰ	Ⅱ	Ⅲ	Ⅳ
甲	2	15	13	4
乙	10	4	14	15
丙	9	14	16	13
丁	7	8	11	9

项目要求每个人只能完成一项任务，为了使项目花费的总时间最短，应该指派丁完成__（67）__任务。

（67）A．Ⅰ　　B．Ⅱ　　C．Ⅲ　　D．Ⅳ

试题（67）分析

此题为运筹学中标准的指派问题，以人员指派为例，大都满足以下三个前提假设：人数等于任务数；每个人必须且只需完成一项任务；每项任务必须且只需一人去完成。

本题的效率矩阵为：

$$\begin{bmatrix} 2 & 15 & 13 & 4 \\ 10 & 4 & 14 & 15 \\ 9 & 14 & 16 & 13 \\ 7 & 8 & 11 & 9 \end{bmatrix}$$

本题求最小值，下面用匈牙利解法求解。

（1）行变换，找出每一行（每一列）的最小值，然后让每一行（每一列）都减去这个数。

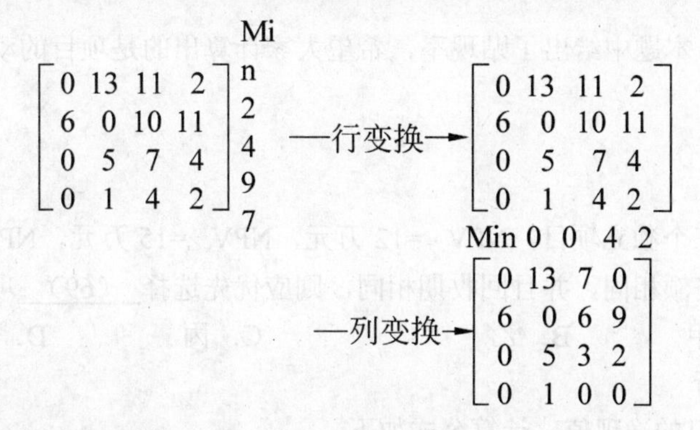

（2）试指派，找独立的零元素。独立零元素个数为 m，矩阵阶数为 n，当 $m=n$ 时，问题得解。

$$\begin{bmatrix} 0 & 13 & 7 & \textcircled{0} \\ 6 & \textcircled{0} & 6 & 9 \\ \textcircled{0} & 5 & 3 & 2 \\ 0 & 1 & \textcircled{0} & 0 \end{bmatrix} \quad \text{最优解为：} \begin{bmatrix} 0 & 0 & 0 & 1 \\ 0 & 1 & 0 & 0 \\ 1 & 0 & 0 & 0 \\ 0 & 0 & 1 & 0 \end{bmatrix}$$

本题 $m=n=4$

最短时间为：4+4+9+11=28

应指派丁完成任务Ⅲ。

可见 C 是正确答案。

参考答案

（67）C

试题（68）

某项目投资额为 190 万元，实施后的利润分析如下表所示：

利润分析	第零年	第一年	第二年	第三年
利润值	—	67.14 万元	110.02 万元	59.23 万元

假设贴现率为 0.1，则项目的投资收益率为＿（68）＿。

（68）A．0.34　　B.0.41　　C．0.58　　D．0.67

试题（68）分析

建成投产后，在运营正常年获得的平均净收益与项目总投资之比为投资收益率（ROI）。

目前项目的投资收益率为：

（67.14/（1+0.1）+110.02/（1+0.1）^{2}+59.23/（1+0.1）^{3}）/（3×190）

=（61.03+90.92+44.50）/（3×190）=0.34

注：项目的投资收益率有动态、静态之分，且计算方法不同，静态的投资收益率不

用考虑贴现率。本题中给出了贴现率，希望大家计算出的是项目的动态投资收益率。

参考答案

（68）A

试题（69）

甲乙丙为三个独立项目，NPV 甲=12 万元，NPV 乙=15 万元，NPV 丙=18 万元，三个项目的初始投资额相同，并且回收期相同，则应优先选择＿（69）＿项目进行投资。

（69）A．甲　　B．乙　　C．丙　　D．甲或乙

试题（69）分析

NPV 为项目的净现值，计算公式如下:

$$\text{NPV} = \sum_{t=0}^{n}(C_{\text{I}} - C_{\text{O}})_t(1+i_{\text{c}})^{-t}$$

其中 C_{I} 为销售收入，C_{O} 销售成本，i_{c} 为基准折现率。在初始投资额相同、回收期也相同的条件下进行项目投资选择时，净现值越高越好。故应选择 C 项目进行投资。

参考答案

（69）C

试题（70）

某项目各期的现金流量如下表所示：

期数	0	1	2
净现金流量	–630	330	440

设贴现率为 10%，则项目的净现值约为＿（70）＿。

（70）A．140　　B．70　　C．34　　D．6

试题（70）分析

根据净现值公式可知：

$$\text{NPV} = \sum_{t=0}^{n}(C_{\text{I}} - C_{\text{O}})_t(1+i_{\text{c}})^{-t}$$

目前项目的净现值＝–630+330/（1+10%）+440/（1+10%）^{2}

＝–630+300+364=34

参考答案

（70）C

试题（71）

Project schedule management is made up of six management processes including: activity definition, activity sequencing, ＿（71）＿, and schedule control by order.

（71）A. activity duration estimating, schedule developing, activity resource estimating

B．activity resource estimating, activity duration estimating, schedule development

C．schedule developing, activity resource estimating, activity duration estimating

D．activity resource estimating, schedule developing, activity duration estimating

试题（71）分析

项目时间管理包括使项目按时完成所必需的管理过程。进度安排的准确程度可能比成本估计的准确程度更重要。考虑进度安排时要把人员的工作量与花费的时间联系起来，合理分配工作量，利用进度安排的有效分析方法来严格监视项目的进展情况，以使得项目的进度不致被拖延。

项目时间管理过程包括：活动定义、活动排序、活动的资源估算、活动历史估算、制定进度计划及进度控制 6 个步骤。

以上 6 个步骤具有先后顺序，因此选择“活动的资源估算”、“活动历史估算”、制定进度计划，所以选 B。

参考答案

（71）B

试题（72）

Many useful tools and techniques are used in developing schedule. ＿（72）＿ is a schedule network analysis technique that modifies the project schedule to account for limited resource.

（72）A．PERT　　B．Resource levelling

C．Schedule compression　　D．Critical chain method

试题（72）分析

在制定项目进度计划中有很多有用的方法和工具。如下：

PERT 方法能协调整个计划的各道工序，通过描绘出项目包含的各种活动的先后次序，标明每项活动的时间或相关的成本，合理安排人力、物力、时间、资金，加速计划的完成；

Schedule compression 进度压缩，是通过赶工、快速跟进等方法压缩工期，是在不改变项目范围条件下缩短项目进度的途径；

Critical chain method 关键路径法计算所有计划活动理论上的最早开始与完成时间、最迟开始与完成时间，寻找活动的关键路径，通过调整关键路径进行进度制定；

Resource levelling 资源平衡是根据有限资源调整项目进度的方法。

所以选 D。

参考答案

（72）D

试题（73）

Changes may be requested by any stakeholder involved with the project, but changes can be authorized only by ＿（73）＿.

（73）A．executive IT manager　　B．project manger
　　　C．change control board　　D．project sponsor

试题（73）分析

项目变更可以由 IT 经理（executive IT manager）、项目管理者（project manager）、项目发起人（project sponsor）等任意项目干系人发起，但只能由变更控制委员会（change control board）授权通过，所以选 C。

参考答案

（73）C

试题（74）

Configuration management system can be used in defining approval levels for authorizing changes and providing a method to validate approved changes. （74） is not a project configuration management tool.

（74）A．Rational Clearcase　　B．Quality Function Deployment
　　　C．Visual SourceSafe　　D．Concurrent Versions System

试题（74）分析

配置管理的目的在于运用配置标识、配置控制、配置状态统计和配置审计，建立和维护工作产品的完整性。常用的配置管理工具有 Visual SourceSafe、Rational Clearcase，以及 Concurrent Versions System 等。

Quality Function Deployment（质量功能展开）是把顾客或市场的要求转化为设计要求、零部件特性、工艺要求、生产要求的多层次演绎分析方法，与配置管理无关，所以选 B。

参考答案

（74）B

试题（75）

Creating WBS means subdividing the major project deliverables into smaller components until the deliverables are defined to the （75） level.

（75）A．independent resource　　B．individual work load
　　　C．work milestone　　D．work package

试题（75）分析

WBS（工作分解结构）是面向可交付物的层次性分析结构，是对完成项目目标、创造可交付物所需执行的项目工作的分解。WBS 把项目工作细分为更小、更易管理的工作单元，随着 WBS 层次的降低，意味着项目工作也越来越详细，直到工作包（work package）的层次。

独立资源（independent resource）、个人工作负荷（individual work load）以及工作里程碑（work milestone）都不是 WBS 分解的最小层级，因此选 D。

参考答案

（75）D

第 11 章　2010 下半年信息系统项目管理师下午试卷 I 试题分析与解答

试题一（25 分）

阅读下列说明，回答问题 1 至问题 3，将解答填入答题纸的对应栏内。

【说明】

某国有大型制造企业 H 计划建立适合其业务特点的 ERP 系统。为了保证 ERP 系统的成功实施，H 公司选择了一家较知名的监理单位，帮助选择供应商并协助策划 ERP 的方案。

在监理单位的协助下，H 公司编制了招标文件，并于 5 月 6 日发出招标公告，规定投标截止时间为 5 月 21 日 17 时。在截止时间前，H 公司共收到 5 家公司的投标书，其中甲公司为一家外资企业。H 公司觉得该项目涉及公司的业务秘密，不适合由外资企业来承担。因此，在随后制定评标标准的时候，特意增加了关于企业性质的评分条件：国有企业可加 2 分，民营企业可加 1 分，外资企业不加分。

H 公司又组建了评标委员会，其中包括 H 公司的领导一名，H 公司上级主管单位领导一名，其他 4 人为邀请的行业专家。在评标会议上，评标委员会认为丙公司的投标书能够满足招标文件中规定的各项要求，但报价低于成本价，因此选择了同样投标书满足要求，但报价次低的乙公司作为中标单位。

在发布中标公告后，H 公司与乙公司开始准备签订合同。但此时乙公司提出，虽然招标文件中规定了合同格式并对付款条件进行了详细的要求，但这种付款方式只适用于硬件占主体的系统集成项目，对于 ERP 系统这种软件占主体的项目来说并不适用，因此要求 H 公司修改付款方式。H 公司坚决不同意乙公司的要求，乙公司多次沟通未达到目的，只好做出妥协，直到第 45 天，H 公司才与乙公司最终签订了 ERP 项目合同。

【问题 1】（10 分）

请指出在该项目的招投标过程中存在哪些问题，并说明原因。

【问题 2】（8 分）

（1）评标委员会不选择丙公司的理由是否充分？依据是什么？

（2）乙公司要求 H 公司修改付款方式是否合理？为什么？为此，乙公司应如何应对？

【问题 3】（7 分）

请说明投标流程中投标单位的主要活动有哪些。

试题一分析

本题考查《中华人民共和国招标投标法》对项目招投标管理的要求。《中华人民共和国招标投标法》是为了规范招标投标活动，保护国家利益、社会公共利益和招标投标活动当事人的合法权益，提高经济效益，保证项目质量而制定的。在中华人民共和国境内进行招标投标活动，都要遵循《招投标法》。考生应仔细阅读《招投标法》中的所有内容，并结合实际参加过的招投标活动，对本题进行分析。

【问题 1】

要求指出在该项目的招投标过程中存在哪些问题，并说明原因。应详细阅读题目说明中的描述，对照《招投标法》的要求进行逐条分析。

（1）第一段介绍了此案例的背景，说明了 H 公司是一家大型国有制造企业，为了实施 ERP 项目，决定通过招投标的方式选择供应商。这种做法并没有违反《招投标法》的要求，因此这一段的说明中不存在问题。

（2）H 公司 5 月 6 日发出招标公告，规定投标截止时间为 5 月 21 日是不对的，因为《招投标法》第二十四条规定："招标人应当确定投标人编制投标文件所需要的合理时间；但是，依法必须进行招标的项目，自招标文件开始发出之日起至投标人提交投标文件截止之日止，最短不得少于二十日。"

（3）H 公司随后收到了 5 家公司的投标文件，然后才开始制定评标标准，并在评标标准中加入不利于外资企业的条件。H 公司的上述做法中，存在两方面的问题，一是评标标准不应该在收到投标文件后制定，因为《信息系统项目管理师教程》的"项目采购管理"一章中提到"评标标准是采购文件的一部分"；二是在评标标准中加入了歧视性条款，这种做法也是不妥的，因为《招投标法》第十八条规定"招标人不得以不合理的条件限制或者排斥潜在投标人，不得对潜在投标人实行歧视待遇。"

（4）《招投标法》第三十七条规定：依法必须进行招标的项目，其评标委员会由招标人的代表和有关技术、经济等方面的专家组成，成员人数为五人以上单数，其中技术、经济等方面的专家不得少于成员总数的三分之二。本题中的评标委员会的设置也是不符合《招投标法》的。

（5）评标时，没有选择报价低于成本价的最低价中标，是符合要求的。因为《招投标法》第四十一条要求：中标人的投标应当符合下列条件之一：（一）能够最大限度地满足招标文件中规定的各项综合评价标准；（二）能够满足招标文件的实质性要求，并且经评审的投标价格最低；但是投标价格低于成本的除外。

（6）在第 45 五天才签订合同，是不符合要求的。因为《招投标法》第四十六条规定：招标人和中标人应当自中标通知书发出之日起三十日内，按照招标文件和中标人的投标文件订立书面合同。

【问题 2】

评标委员会不选择丙公司，也就是报价最低者的理由是充分的，因为丙公司的报价低于成本价。具体条款参见《招投标法》第四十一条。乙公司要求 H 公司修改付款方式的理由不充分，因为投标文件是对应招标文件的实质性要求和条件作出的响应，并且题目中讲到"招标文件中规定了合同格式并对付款条件进行了详细的要求"，乙公司提交了投标文件就表明其接受招标文件的要求。

【问题 3】

此问主要考查项目经理对招投标流程的了解情况，考生可参照自己参加或接触过的招投标过程的一些活动来作答。

参考答案

【问题 1】

1. 规定 5 月 21 日为投标截止时间是不正确的，因为《招投标法》第二十四条规定：招标人应当确定投标人编制投标文件所需要的合理时间，自招标文件开始发出之日起至投标人提交投标文件截止之日止，最短不得少于二十日。应设为 5 月 26 日之后。

2. 收到企业的投标文件后，再编制评标标准是不正确的，因为《招投标法》第十九条规定招标文件中应包含评标标准。

3. 在评标标准中加入不利于外资企业的标准是不正确的，因为《招投标法》第十八条规定：招标人不得以不合理的条件限制或者排斥潜在投标人，不得对潜在投标人实行歧视待遇。

4. 评标委员会人数设置不正确，人数应为超过 5 人的单数，其中技术、经济等方面的专家不得少于成员总数的三分之二。

5. 在发布中标公告后第 45 天签订合同不正确，《招投标法》第四十六条规定：招标人和中标人应当自中标通知书发出之日起三十日内，按照招标文件和中标人的投标文件订立书面合同。

【问题 2】

（1）理由充分（1 分）

依据《中华人民共和国招投标法》（第三十三条或第四十一条，答出《招投标法》即得 1 分）。

（2）不合理（2 分）

因为招标文件中已经规定了付款方式，参加投标意味着已经接受招标文件的要求（2 分）。

如果乙公司对付款方式有异议，应该在投标前与 H 公司沟通，协商成功后再参加投标。（4 分）

【问题 3】

1. 收集招标信息
2. 索购并填报资审文件
3. 购买招标文件
4. 提出问题或参加答疑会
5. 编制投标文件
6. 提交投标文件
7. 参加开标会议
8. 讲解投标文件

9. 回应招标方质疑或提交补充材料

10. 如果中标还需要签订合同

试题二（25 分）

阅读下列说明，回答问题 1 至问题 3，将解答填入答题纸的对应栏内。

【说明】

某软件开发项目已进入编码阶段，此时客户方提出有若干项需求要修改。由于该项目客户属于公司的重点客户，因此项目组非常重视客户提出的要求，专门与客户就需求变更共同开会进行沟通。经过几次协商，双方将需求变更的内容确定下来，并且经过分析，认为项目工期将延误二周时间，并会对编码阶段里程碑造成较大的影响。项目经理将会议内容整理成备忘录让客户进行了签字确认。随后，项目经理召开项目组内部会议将任务口头布置给了小组成员。会后，主要由编码人员按照会议备忘录的要求对已完成的模块编码进行修改，而未完成的模块按照会议备忘录的要求进行编写。项目组加班加点，很快完成了代码编写工作。项目进入了集成测试阶段。

【问题 1】（10 分）

请说明此项目在进行需求变更的过程中存在的问题。

【问题 2】（10 分）

请分析该项目中的做法可能对后续工作造成什么样的影响。

【问题 3】（5 分）

请简要说明整体变更控制流程。

试题二分析

本题主要考查项目需求变更控制管理的理论和应用。

在软件开发项目中，需求多变是经常遇到的一个问题，因此如何对需求进行管理成为软件项目经理在进行项目管理过程中的重点。如果不对需求的变更进行控制的话，将会导致整个开发过程的混乱。举例来说，需求一旦变化了，那么相应的需求文件、设计文件都需要随之变化，与之对应的测试计划、测试用例可能也会发生大的变化，因此整个项目组是否按需求变更控制流程进行一致的变更就决定了项目后期的返工工作量。另一方面，在变更过程中要做好配置管理工作，一旦变更失败，要能够马上回退到上一版本，所以变更控制与配置管理是分不开的。

在项目管理领域中提出的变更控制流程其实是业界总结出来的最佳实践，基本的过程是：提出申请、对变更的影响进行评估或分析、提交 CCB 审批、批准或拒绝、实施变更、对变更的结果进行验证、将变更的结果通知干系人。在整个变更过程中要按配置管理的要求做好配置管理工作。

【问题 1】

主要考查考生对变更流程是否理解，找出此项目在变更过程中哪些地方不符合流程要求。

在解答时，考生可仔细阅读题目说明部分，将项目的做法与变更控制流程要求的环节对应，从而找出问题。

首先，说明中提到"与客户就需求变更共同开会进行沟通"、"经过分析，认为项目工期将延误二周时间，并会对编码阶段里程碑造成较大的影响"、"将会议内容整理成备忘录让客户进行了签字确认"，这些都说明，对于这次需求变更，项目组是做了一些控制工作的。但是做得是不是到位呢？仔细分析一下，我们可以得出的结论是这些措施并不严谨和到位。不到位的地方主要是：没有提出一个正式的变更申请，因此项目也就没有安排正式的评审，也没有经过相应级别领导的批准，尤其是题目中提到了"对编码阶段里程碑造成较大的影响"，这种情况下由于关系重大（可能造成项目的延误），是需要由一定级别的领导来进行批准的；项目组经过分析，得到结论"项目工期将延误二周时间，并会对编码阶段里程碑造成较大的影响"，这说明项目组分析了变更可能造成的影响，但是变更产生的影响是多方面的，不仅仅是进度，可能还有质量、人力资源、成本等，还有可能对项目已产生的工作产品造成影响，如需求文档、设计文档、代码，因此对于变更产生的影响分析是不全面的。

其次，题目中提到"项目经理召开项目组内部会议将任务口头布置给了小组成员"，这也是一种不合适的做法。因为，通过题目说明我们已经了解到，这次变更造成的影响是比较大的，因此，项目经理应该制定出新的项目计划来指导后续项目的实施。

接下来，题目中提到：项目组直接按照备忘录的要求来修改程序代码，修改完成后直接进入集成测试。这里面存在两个问题，第一，备忘录只是一个会议纪要性质的文件，并不能代替需求和设计文件，所以不能直接用来做开发。正确的做法是，根据客户新的需求修改需求文件和设计文件，并且这两个文件要通过客户的评审和确认，然后才能去修改程序代码；第二，程序代码修改完成后应该先进行单元测试，然后才能做集成测试。另外，从这一段题目说明中，我们也没有看到项目组进行了配置管理和版本管理的工作，所以，这也可能是一个做的不对的地方。

【问题 2】

针对问题 1 中列出的项目组做的不对的地方进行深入分析，说明可能产生的影响是什么。具体分析见解答要点。

【问题 3】

主要考查变更控制流程的理论知识，列出流程即可。

参考答案

【问题 1】

1．没有按照严谨的变更控制流程对整个需求变更做完整的记录和跟踪（对于需求变更请求没有记录、没有对变更进行正式的评审和批准、对于变更的结果没有验证）。（3 分）

2．对需求变更可能造成的影响没有进行全面的评估和分析（只分析了需求变更对于工期的影响）。（2 分）

3．没有修改项目管理计划并重新评审（项目经理不应口头布置任务，同时里程碑

的调整没有通知相应的管理层）。（3 分）

4．配置管理工作没有做好（没有对需求文件和设计文件进行修改，并升级相应版本；相应的模块编码的修改也没有进行版本控制）。（1 分）

5．变更结果没有跟客户沟通（需求变更实施完成后，没有让客户对最终结果进行确认）。（1 分）

【问题 2】

1．没有遵循正式的变更控制流程可能导致需求变更的过程失控和不可追溯。

2．没有对变更的影响进行完整的分析可能导致无法全面了解这次变更对项目的进度、范围、成本、质量等造成多大的影响。

3．没有修改项目管理计划可能导致实际工作内容与计划有较大的偏差，使项目管理计划无法指导项目实施。

4．没有对相应技术文档进行修改可能导致需求、设计与编码无法对应，不利于后期的测试和以后的维护工作。版本管理和配置管理没有做好可能导致在变更失败后无法将项目恢复到变更前的状态。

5．没有让用户对最终结果进行确认可能导致双方对变更结果的意见不一致，不利于项目验收和最终交付。

【问题 3】

变更控制流程：

1．提出书面的变更申请；

2．对变更可能造成的影响进行评估；

3．提交 CCB 进行审批；

4．获得批准后，安排相关人员实施变更；

5．对变更的结果进行验证。

试题三（25 分）

阅读下列说明，回答问题 1 至问题 3，将解答填入答题纸的对应栏内。

【说明】

某项目经理将其负责的系统集成项目进行了工作分解，并对每个工作单元进行了成本估算，得到其计划成本。第 4 个月底时，各任务的计划成本、实际成本及完成百分比如下表：

任务名称	计划成本（万元）	实际成本（万元）	完成百分比
A	10	9	80%
B	7	6.5	100%
C	8	7.5	90%
D	9	8.5	90%
E	5	5	100%
F	2	2	90%

【问题 1】（10 分）

请分别计算该项目在第 4 个月底的 PV、EV、AC 值，并写出计算过程。请从进度和成本两方面评价此项目的执行绩效如何，并说明依据。

【问题 2】（5 分）

有人认为：项目某一阶段实际花费的成本（AC）如果小于计划支出成本（PV），说明此时项目成本是节约的，你认为这种说法对吗？请结合本题说明为什么。

【问题 3】（10 分）

（1）如果从第 5 个月开始，项目不再出现成本偏差，则此项目的预计完工成本（EAC）是多少？

（2）如果项目仍按目前状况继续发展，则此项目的预计完工成本（EAC）是多少？

（3）针对项目目前的状况，项目经理可以采取什么措施？

试题三分析

本题主要考查考生对成本管理中挣值分析的计算方法的掌握情况。

挣值分析是成本控制的方法之一，核心是将已完成的工作的预算成本（挣值）按其计划的预算值进行累加获得的累加值与计划工作的预算成本（计划值）和已经完成工作的实际成本（实际值）进行比较，根据比较的结果得到项目的绩效情况。

【问题 1】

根据 PV、EV、AC 的概念可得到这三个数值。

PV：到既定时间点前计划完成活动或 WBS 组件工作的预算成本。因此 PV 应该为任务 A～F 的计划成本的累加。

AC：在既定时间段内实际完成工作发生的实际费用。因此 AC 应该为任务 A～F 的实际成本的累加。

EV：在既定时间段内实际完成工作的预算成本。本题目的 EV 应该是任务 A～F 的每项 EV 值的累加，但各任务的 EV 值要通过完成百分比来计算出来，即各任务的 EV=PV*完成百分比。

在挣值分析的方法中，项目的绩效情况是从进度和成本两个方面来评价的，这里面涉及两对参数，CV、SV 及 CPI、SPI。因此，问题 1 的第二个小问“请从进度和成本两方面评价此项目的执行绩效如何”就必须先计算出这两对参数中的任意一对。公式如下：

$CV = EV – AC$　$SV = EV – PV$

$CPI = EV / AC$　$SPI = EV / PV$

CV 大于 0 或 CPI 大于 1 说明成本节约，CV 小于 0 或 CPI 小于 1 说明成本超支；

SV 大于 0 或 SPI 大于 1 说明进度提前，SV 小于 0 或 SPI 小于 1 说明进度落后。

【问题 2】

本问题主要考查的是考生对于挣值分析方法的理解，如果在项目的某一时刻，实际花费的成本 AC 小于此时的计划成本 PV，这种情况说明什么？能否判断项目成本是节约的？因为在问题 1 中，我们已经得到了此项目的成本是超支的，所以应该比较容易得出问题 2 的说法是不正确的。结合本题说明如下：第 4 个月的实际花费 AC 为 38.5 万元，而到第 4 个月底的计划成本 PV 是 41 万元，表面看实际的支出小于计划，但这是由于没有按计划完成任务造成的，因此不能说明项目成本是节约的。

【问题 3】

《信息系统项目管理师教程》第 8 章“成本管理”8.4.2 节中介绍挣值分析的方法时提到了“预测技术”，本题主要考查的就是预测技术中关于完工估算（EAC）的应用。

完工估算（EAC）是根据项目绩效和风险量化对项目总成本的预测。从试题三的说明中可以看出，如果此项目只有 A～F 6 项任务的话，那么到第 4 个月底项目本应该完成，但实际情况是还有部分任务没有完成。下面我们来预测一下到项目实际结束时需要花费的成本是多少，也就是 EAC。

从 EAC 的概念可以得出，EAC 应该等于截至目前的实际成本加上所有剩余工作的新估算，即：EAC = AC + ETC，这里 ETC 叫做完工尚需估算，也就是剩余工作的重新估算。

计算 ETC 时，由于项目的实际环境，可能会有两种情况，一是项目目前的偏差被视为一种特例，并且接下来项目团队不会发生类似的偏差，这实际上也就是本题的第（1）问的情况，此时，ETC = BAC – EV。这里的 BAC 叫做项目总预算，结合本题目，BAC 应该为各项任务的计划成本的累计，也就是 41 万元；第二种情况是把项目目前的偏差视为将来偏差的典型形式，也就是本题的第（2）问中提到的“项目仍按目前状况继续发展”，此时，ETC =（BAC – EV）/CPI。分别把相应数据代入上面的公式中，即可得出正确答案。

本题的第（3）问“针对项目目前的状况，项目经理可以采取什么措施”，前面已经分析了项目目前的状况是“进度落后，成本超支”。针对这两方面的状况，考生需要分析采取什么措施能够解决目前的问题。

参考答案

【问题 1】

PV = 10 + 7 + 8 + 9 + 5 + 2 =41（2 分）

EV = 10×80% + 7 + 8×90% + 9×90% + 5 + 2×90%

= 8 +7 + 7.2 + 8.1 + 5 + 1.8 = 37.1（2 分）

AC =9 + 6.5 + 7.5 + 8.5 + 5 + 2 = 38.5（2 分）

进度落后，成本超支（2 分）

原因：（2 分）

SV = EV – PV = 37.1 – 41 = –6.9 < 0

CV = EV – AC = 37.1 – 38.5 = –1.4 < 0

或

$SPI = EV/PV = 37.1 / 41 = 0.904 < 1$

$CPI = EV/AV = 37.1 / 38.5 = 0.963 < 1$

【问题 2】

不对（2 分），例如本题中第 4 个月底的计划成本 PV 为 41 万元，实际成本 AC 为 38.5 万元，虽然 AC<PV，但不是由于项目实施中节约造成的，而是由于进度落后计划造成的。（3 分）

【问题 3】

（1）$ETC = BAC - EV = 41 - 37.1 = 3.9$（2 分）

$EAC = AC + ETC = 3.9 + 38.5 = 42.4$（2 分）

或者：$EAC = BAC - CV = 41 - (-1.4) = 42.4$（4 分）

（2）$EAC = AC + (BAC - EV) / CPI = 38.5 + (41 - 37.1) / 0.963 = 42.55$（4 分）

（3）（满分 2 分，每条 1 分）

加快进度（赶工或加班）；控制成本；必要时调整进度基准和成本基准。

第12章　2010下半年信息系统项目管理师下午试卷II写作要点

试题一　论大型项目的进度管理

一般把周期长、规模大，或具有战略意义、涉及面广的项目称为大型项目，大型项目除了周期长、规模大、目标构成复杂等特征外，还具有项目团队构成复杂的特点。在进行管理时，往往会把大型项目分解成一个个目标相互关联的中、小项目来统一管理，大型项目的管理方法与普通项目并没有本质的变化，但在实际的项目过程中仍然有许多需要注意的地方。

请围绕“大型项目的进度管理”论题，分别从以下三个方面进行论述：

1．概要叙述你参与管理过的大型信息系统项目（项目的背景、项目规模、发起单位、目的、项目内容、组织结构、项目周期、交付的产品等）。

2．结合项目管理实际情况论述你对大型项目的进度管理的认识。可围绕但不局限于以下要点叙述：

（1）大型信息系统项目的特点；

（2）大型信息系统项目的组织结构；

（3）根据大项目的特点，在制定进度计划时应该考虑的内容和应遵循的步骤；

（4）大型信息系统项目的进度控制要点；

（5）实施进度管理的工具和方法。

3．请结合论文中所提到的大型项目，介绍你如何对其进度进行管理（可叙述具体做法），并总结你的心得体会。

试题一分析

首先要明确何为信息系统项目，选择自己参与过的大型信息系统项目进行分析论述，而不要选择其他类型的项目。

选择好项目之后，接着根据题目要求考虑要论述的内容，确定文章结构。

撰写出摘要，摘要是全文概括，千万不要写成引言。

摘要写好后，开始撰写论文，首先介绍项目情况和所承担的主要工作；之后从进度管理的范畴阐述项目进度管理中所应该实施的活动；叙述自己所参与的项目做了哪些工作，哪些工作没有做，造成了什么后果，哪些工作做得很成功，效果如何；最后总结此项目管理中的得失，写出自己关于信息系统大型项目的进度管理的体会。

注意论文要结构合理，语言流畅，字迹清晰。

注意论文撰写要始终围绕大型信息系统的进度管理，不要跑题。

写作要点

1．整篇论文陈述完整，论文结构合理，语言流畅，字迹清楚。

2．所述大型项目切题真实，介绍清楚（能够体现出是“大”项目）。

3．针对要求的几个方面展开论述，不要求全面论述，论述内容要正确，涉及的项目部分应该真实、得当。

（1）大型项目特点

除了周期长、规模大、目标构成复杂等特征外，还具有项目团队构成复杂的特点。

（2）大型项目的组织结构

① 大型项目参与单位和人员众多，团队构成复杂。

② 大型项目可设置大项目经理和子项目经理，要明确大项目经理和子项目经理各自的职责。

（3）考虑的内容和遵循的步骤

① 应考虑的内容：周期长，因此涉及进度的调控；规模大，因此涉及风险大，要考虑风险管理；团队构成复杂，因此项目团队成员，特别是项目经理的流动是重点问题。

② 遵循的步骤：

- 大项目分解
- 确定项目组织结构及职责
- 建立统一的项目过程
- 资源获取及调配
- 沟通和变更控制
- 其他

（4）大型信息系统项目的进度控制要点

合理的分解（正确和颗粒度）；资源的协调和平衡；绩效考核和变更控制。

（5）实施进度管理的工具和方法

- 项目分解：工作分解结构的创建方法
- 确定组织结构及职责：组织结构分析方法、职责分配矩阵
- 建立统一项目过程：项目生命周期模型、项目管理过程模型
- 资源获取及调配：活动网络图、资源池法、资源平衡法、项目管理软件等
- 沟通和变更控制：干系人分析法、沟通需求分析方法

4．结合大项目管理的实际，应提到使用某一种或几种工具或方法，并阐述清楚，结合项目的方法使用应该恰当。一般根据考生对参与的大型项目的进度管理的叙述，就可确定他有无大型信息系统项目管理的经验，整篇论文中如有建设性的总结或独到的看法应该能够适当地多得分。

试题二　论多项目的资源管理

在很多企业中，同时实施的项目越来越多，项目经理们经常同时负责多个项目。项

目越多，管理就越复杂，因此企业越来越多地遇到多项目管理的问题。多项目的范围既包括相关联的多个项目，也可以是相互没有关联的多个项目。多项目管理区别于单个项目管理已成为一种新的管理模式，它要对所有涉及的项目进行评估、计划、组织、执行与控制。如何协调和分配现有项目资源，以获取最大的收益则成为多项目管理的核心内容。

请围绕“多项目的资源管理”论题，分别从以下三个方面进行论述：

1．简要叙述你同时管理的多个信息系统工程项目，或你所在的组织中同时开展的多个项目的基本情况，包括多项目之间的关系，项目的背景、目的、周期、交付产品等相关信息，以及你在其中担任的主要工作。

2．结合你所参与的多项目管理实践，从多项目的资源管理原则、方法、内容及要点等方面论述如何进行多项目的资源管理。

3．结合你参与过的项目中遇到的资源管理的问题，阐述如何从企业层面提供多项目资源管理的保障和支持。

试题二分析

首先要明确何为信息系统项目，选择自己参与过的多个信息系统项目或者你所在的组织中的多个信息系统项目进行分析论述，一定要体现出是多项目，而不是单个项目。

选择好项目之后，接着根据题目要求考虑要论述的内容，确定文章结构。

撰写出摘要，摘要是全文概括，千万不要写成引言。

摘要写好后，开始撰写论文，首先介绍多个项目的情况和它们之间的关系；然后从资源管理的角度论述资源管理应遵循的原则和注意事项，以及在发生资源冲突时应实施的活动；叙述你所参与的项目在资源管理方面是如何开展的，所做的工作有哪些，哪些工作没有做，造成了什么后果，哪些工作做得很成功，效果如何；最后总结此项目管理中的得失，写出自己关于多项目资源管理的体会。

注意论文要结构合理，语言流畅，字迹清晰。

注意论文撰写要始终围绕多项目的资源管理，不要跑题。

写作要点

1．整篇论文陈述完整，论文结构合理、语言流畅，字迹清楚。

2．所述项目切题真实，介绍清楚（要体现多项目管理）。

3．多项目的资源管理的原则、方法、内容及要点：要求能够按以下一个或几个要点进行论述，论述内容应该正确，涉及项目的部分应该真实、得当，否则会扣掉一定分数。

（1）多项目管理中涉及的资源

包括人力资源、项目资金、工具、设备及其他资源，对于信息系统工程项目来说，人力资源尤为重要，也常常发生人力资源不足的现象。因此，如何解决多项目管理中人力及其他资源的冲突问题成为多项目管理的关键。

（2）多项目资源管理的原则、方法和要点

① 列举项目；

② 孤立分析，确保每一组的资源都是孤立的（因为多项目之间的活动如果有依赖关系的话，其中一个项目的资源调整就会影响其他项目）；

③ 资源识别和优先级分析：列举项目中使用的资源，并对项目进行优先级排序，可采用合理的排序方法，将关键资源分配给优先级较高的项目；

④ 对于多项目资源管理可建立综合的资源计划，避免资源产生冲突。建立资源库，对资源进行分类存储，对于所有资源使用情况统一记录和分配，根据资源需求情况和资源的特点进行分配。通过与现有资源的对比，在制定计划时就可根据项目的特点、工期和优先级进行分配；

⑤ 资源管理可使用成本管理的思想，即使是人力资源也要计算成本，进行项目核算，避免资源浪费和过多占用。采取资源平衡方法，解决资源冲突问题，此时涉及一些原则；

⑥ 资源的部署和监控。从组织层面建立资源管理的原则、分配规范、出现资源冲突情况的处理流程以及相关的沟通机制；

⑦ 可采用一定的方法和工具进行资源管理，如使用运筹排序的方法，利用多个项目的自由浮动时间，避开资源使用高峰，或使用项目管理系统对多个项目协调管理；

⑧ 对于软件企业来说，还可考虑如何提高软件工程化水平、如建立软件构件库等。

4．一般来说，根据考生对所参与的项目中遇到的问题的叙述与评价，就可确定他有无多项目管理的经验，尤其是遇到的问题是否与资源管理有关，陈述问题是否得当、真实，这些都会影响到最终论文的分数。另外，对于如何从企业层面提供多项目资源管理的保障和支持，提出的措施应该合理、可用（如建立项目管理办公室，对公司的人力资源等进行统一管理，建立资源管理的制度规范，建立项目优先级评判的原则等）、措施得当，这样写出的论文才是一篇好的论文。

第13章　2009上半年系统集成项目管理工程师上午试题分析与解答

试题（1）

所谓信息系统集成是指__（1）__。

（1）A．计算机网络系统的安装调试

B．计算机应用系统的部署和实施

C．计算机信息系统的设计、研发、实施和服务

D．计算机应用系统工程和网络系统工程的总体策划、设计、开发、实施、服务及保障

试题（1）分析

本题考查信息系统集成的概念。

《系统集成项目管理工程师教程》的“2.1.2 信息系统服务管理的推进”一节中的“实施计算机信息系统集成资质管理制度”在论述“对信息系统集成企业进行资质认证”时指出：“计算机信息系统集成是指从事计算机应用系统工程和网络系统工程的总体策划、设计、开发、实施、服务及保障”。计算机信息系统集成的显著特点如下：

（1）信息系统集成要以满足用户需求为根本出发点；

（2）信息系统集成不只是设备选择和供应，更重要的是具有高技术含量的工程过程，要面向用户需求提供解决方案，其核心是软件；

（3）系统集成的最终交付物是一个完整的系统而不是一个分立的产品；

（4）系统集成包括技术、管理和商务等各项工作，是一项综合性的系统过程，技术是系统的核心，管理和商务活动是系统集成项目成功实施的保障。

参考答案

（1）D

试题（2）

__（2）__是国家信息化体系的六大要素。

（2）A．数据库，国家信息网络，信息技术应用，信息技术教育和培训，信息化人才，信息化政策、法规和标准

B．信息资源，国家信息网络，信息技术应用，信息技术和产业，信息化人才，信息化政策、法规和标准

C．地理信息系统，国家信息网络，工业与信息化，软件技术与服务，信息化

人才，信息化政策、法规和标准

D. 信息资源，国家信息网络，工业与信息化，信息产业与服务业，信息化人才，信息化政策、法规和标准

试题（2）分析

本题考查国家信息化体系的构成。

《系统集成项目管理工程师教程》的“1.1.3 国家信息化体系要素”中指出：国家信息化体系包括信息技术应用、信息资源、信息网络、信息技术和产业、信息化人才、信息化法规政策和标准规范 6 个要素，这 6 个要素按照图 1.1 所示的关系构成了一个有机的整体。

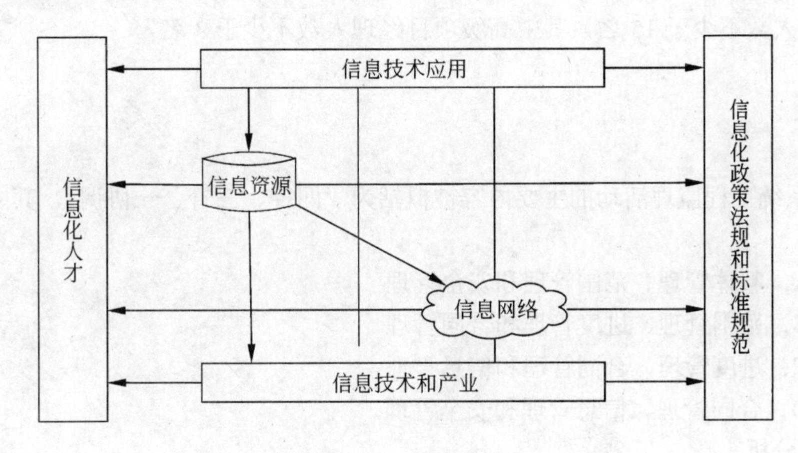

图 1.1　国家信息化体系六要系关系图

参考答案

（2）B

试题（3）

以下关于计算机信息系统集成企业资质的说法正确的是 __（3）__。

（3）A. 计算机信息系统集成企业资质共分四个级别，其中第四级为最高级

B. 该资质由授权的认证机构进行评审和批准

C. 目前，计算机信息系统集成企业资质证书有效期为 3 年

D. 申报二级资质的企业，其具有项目经理资质的人员数目应不少于 20 名

试题（3）分析

本题依据《系统集成项目管理工程师教程》考查信息系统集成资质管理办法。

信息产业部于 1999 年 11 月份发出了《计算机信息系统集成资质管理办法（试行）》（信部规【1999】1047 号文件），后面陆续出台了一些细则及补充办法。1047 号文为系统集成资质的管理，从管理原则、管理体系和工作流程等方面提供了管理办法。

在该教程的“2.1.2 信息系统服务管理的推进”一节中的“实施计算机信息系统集成

资质管理制度”在论述“对信息系统集成企业进行资质认证”时指出：“计算机信息系统集成资质等级从高到低依次为一、二、三、四级”。

该教程的“2.2.2 信息系统集成资质管理办法”一节的“管理原则”中指出“计算机信息系统集成资质认证工作根据认证和审批分离的原则，按照先由认证机构认证，再由信息产业主管部门审批的工作程序进行”。

依据 1047 号文，资质证书的有效期为三年。届满三年应及时更换新证，换证时需由评审机构对申请单位进行评审，评审结果达到原有等级条件时，其资质等级保持不变。

信息产业部于 2003 年 10 月颁布了《关于发布计算机信息系统集成资质等级评定条件（修订版）的通知》（信部规【2003】440 号文），440 号文对申请二级资质的企业规定“项目经理人数不少于 15 名，其中高级项目经理人数不少于 3 名”。

参考答案

（3）C

试题（4）

信息系统工程监理活动的主要内容被概括为“四控、三管、一协调”，其中“三管”是指（4）。

（4）A．整体管理、范围管理和安全管理
B．范围管理、进度管理和合同管理
C．进度管理、合同管理和信息管理
D．合同管理、信息管理和安全管理

试题（4）分析

本题依据《系统集成项目管理工程师教程》考查信息系统工程监理活动的主要内容。在该教程的“2.3 信息系统工程监理”一节中，在提及“信息系统工程监理的相关概念、工作内容”时，指出监理活动的主要内容被概括为“四控、三管、一协调”，详细解释如下。

四控：

信息系统工程质量控制；

信息系统工程进度控制；

信息系统工程投资控制；

信息系统工程变更控制。

三管：

信息系统工程合同管理；

信息系统工程信息管理；

信息系统工程安全管理。

一协调：

在信息系统工程实施过程中协调有关单位及人员间的工作关系。

参考答案

（4）D

试题（5）

与客户机/服务器（Client/Server，C/S）架构相比，浏览器/服务器（Browser/Server，B/S）架构的最大优点是__（5）__。

（5）A．具有强大的数据操作和事务处理能力

　　B．部署和维护方便、易于扩展

　　C．适用于分布式系统，支持多层应用架构

　　D．将应用一分为二，允许网络分布操作

试题（5）分析

客户机/服务器模式是基于资源不对等，为实现共享而提出的。C/S模式将应用一分为二，服务器（后台）负责数据管理，客户机（前台）完成与用户的交互任务。C/S模式具有强大的数据操作和事务处理能力，模型思想简单，易于人们理解和接受。

图1.2是客户机/服务器模式的示意图，由两部分构成：前端是客户机，通常是PC；后端是服务器，运行数据库管理系统，提供数据库的查询和管理。

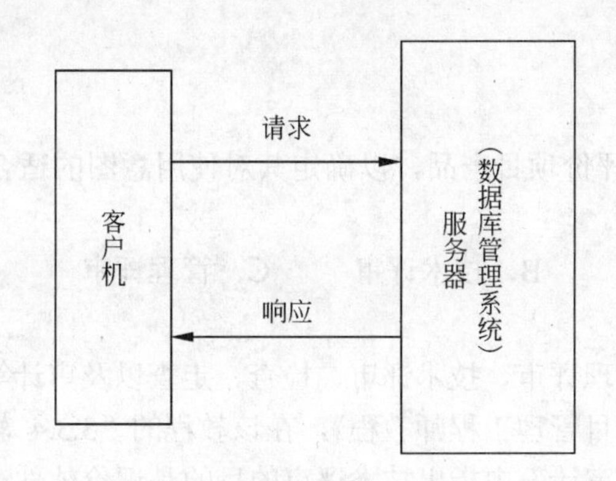

图1.2　客户机/服务器模式

C/S模式的优点是：

① 客户机与服务器分离，允许网络分布操作。二者的开发也可分开同时进行。

② 一个服务器可以服务于多个客户机。

随着企业规模的日益扩大，软件的复杂程度不断提高，传统的二层C/S模式的缺点日益突出。

① 客户机与服务器的通信依赖于网络，可能成为整个系统运作的瓶颈；客户机的负荷过重，难以管理大量的客户机，系统的性能受到很大影响。

② 部署和维护的成本过高，例如不仅要对服务器进行部署和维护，对所有的客户

机也要做部署和维护。

③ 二层 C/S 模式采用单一服务器且以局域网为中心，难以扩展至广域网或 Internet。

④ 数据安全性不好。客户端程序可以直接访问数据库服务器，使数据库的安全性受到威胁。

C/S 模式适用于分布式系统，得到了广泛的应用。为了解决 C/S 模式中客户端的问题，发展形成了浏览器/服务器（B/S）模式；为了解决 C/S 模式中服务器端的问题，发展形成了三层（多层）C/S 模式，即多层应用架构。

在 B/S 模式下，客户机上只要安装一个浏览器（如 Firefox、Netscape Navigator 或 Internet Explorer），浏览器通过 Web Server 同数据库进行数据交互。B/S 最大的优点就是可以在任何地方进行操作而不用安装任何专门的客户端软件。只要有一台能上网的计算机就能使用，客户端零维护。系统的扩展非常容易，只要能上网，再由系统管理员分配一个用户名和密码，就可以使用了。甚至可以在线申请，通过公司内部的安全认证（如 CA 证书）后，不需要人的参与，系统可以自动分配给用户一个账号进入系统。

B/S 不仅可以架构在 Internet 之上，而且最大的优点之一是部署和维护方便、易于扩展。

参考答案

（5）B

试题（6）

__（6）__的目的是评价项目产品，以确定其对使用意图的适合性，表明产品是否满足规范说明并遵从标准。

（6）A．IT 审计　　B．技术评审　　C．管理评审　　D．走查

试题（6）分析

本题考查什么是管理评审、技术评审、检查、走查以及审计等。

依据《系统集成项目管理工程师教程》，在该教程的“3.3.4 软件质量保证及质量评价”一节中的“评审与审计”中指出技术评审的目的是评价软件产品，以确定其对使用意图的适合性，目标是识别规范说明和标准的差异，并向管理提供证据，以表明产品是否满足规范说明并遵从标准，而且可以控制变更。

参考答案

（6）B

试题（7）

按照规范的文档管理机制，程序流程图必须在__（7）__两个阶段内完成。

（7）A．需求分析、概要设计　　B．概要设计、详细设计
C．详细设计、实现阶段　　D．实现阶段、测试阶段

试题（7）分析

程序流程图是详细设计说明书用来表示程序中的操作顺序的图形，根据国标《计算

机软件产品开发文件编制指南》（GB 8567—1988）规定，详细设计说明书应在设计阶段（包括概要设计、详细设计）完成。

参考答案

（7）B

试题（8）

信息系统的软件需求说明书是需求分析阶段最后的成果之一，__（8）__不是软件需求说明书应包含的内容。

（8）A．数据描述　　B．功能描述　　C．系统结构描述　　D．性能描述

试题（8）分析

软件需求分析与定义过程了解客户需求和用户的业务，为客户、用户和开发者之间建立一个对于待开发的软件产品的共同理解，并把软件需求分析结果写到《软件需求说明书》中。需求分析的任务是准确地定义未来系统的目标，确定为了满足用户的需求待建系统必须做什么，即 What to do?，并用需求规格说明书以规范的形式准确地表达用户的需求。

让用户和开发者共同明确待建的是一个什么样的系统，关注待建的系统要做什么、应具备什么功能和性能。

一个典型的、传统的结构化的需求分析过程形成的软件需求说明书包括如下内容：

1　前言

1.1　目的

1.2　范围

1.3　定义、缩写词、略语

1.4　参考资料

2　软件项目概述

2.1　软件产品描述

2.2　软件产品功能概述

2.3　用户特点

2.4　一般约束

2.5　假设和依据

3　具体需求

3.1　功能需求

3.2　外部接口需求

3.3　性能需求

3.4　设计约束

3.5　属性

3.6　其他需求

3.6.1 数据库

3.6.2 操作

3.6.3 场合适应性

使用面向对象的分析方法得到的软件需求说明书内容如下：

（1）引言

（2）信息描述

（3）类、对象、类图、对象图、用例概览

（4）功能描述及用例模型

（5）行为描述及对象行为模型

（6）质量保证

（7）接口描述

（8）其他描述

而对系统结构描述则属于系统分析的任务。

参考答案

（8）C

试题（9）

在 GB/T 14394 计算机软件可靠性和可维护性管理标准中，（9）不是详细设计评审的内容。

（9）A．各单元可靠性和可维护性目标　　B．可靠性和可维护性设计

C．测试文件、软件开发工具　　D．测试原理、要求、文件和工具

试题（9）分析

在 GB/T 14394 计算机软件可靠性和可维护性管理标准中，详细设计评审的内容分别为：

- 各单元可靠性和可维护性目标；
- 可靠性和可维护性设计（如容错）；
- 测试文件；
- 软件开发工具。

而测试原理、要求、文件和工具不是计算机软件可靠性和可维护性管理标准中详细设计评审的内容。

参考答案

（9）D

试题（10）

（10）不是虚拟局域网 VLAN 的优点。

（10）A．有效地共享网络资源

B．简化网络管理

C．链路聚合

D．简化网络结构、保护网络投资、提高网络安全性

试题（10）分析

虚拟局域网（VLAN）的优点如下：

（1）有效地共享网络资源。

（2）简化网络管理。

（3）控制广播风暴，提高网络性能。

（4）简化网络结构、保护网络投资、提高网络安全性。

而链路聚合是解决交换机之间的宽带瓶颈问题的一种技术。

参考答案

（10）C

试题（11）

UML 2.0 支持 13 种图，它们可以分成两大类：结构图和行为图。__（11）__说法不正确。

（11）A．部署图是行为图　　B．顺序图是行为图

C．用例图是行为图　　D．构件图是结构图

试题（11）分析

UML 2.0 支持 13 种图，它们可以分成两大类：结构图和行为图。结构图包括类图、组合结构图、构件图、部署图、对象图和包图；行为图包括活动图、交互图、用例图和状态机图，其中交互图是顺序图、通信图、交互概览图和时序图的统称。

参考答案

（11）A

试题（12）

以太网 100Base-TX 标准规定的传输介质是__（12）__。

（12）A．3 类 UTP　　B．5 类 UTP　　C．单模光纤　　D．多模光纤

试题（12）分析

100Base-T4、100Base-TX 和 100Base-FX 均为常用的快速以太网标准。

100Base-TX 使用的是两对抗阻为 100Ω的 5 类非屏蔽双绞线 UTP 或 STP，最大传输距离是 100m。其中一对用于发送数据，另一对用于接收数据。

参考答案

（12）B

试题（13）～（15）

根据布线标准 ANSI/TIA/EIA-568A，综合布线系统分为如下图所示的 6 个子系统。其中的①为__（13）__子系统、②为__（14）__子系统、③为__（15）__子系统。

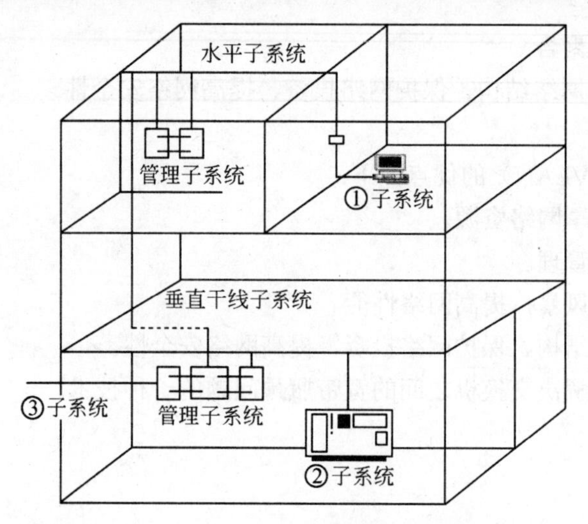

（13）A．水平子系统　　B．建筑群子系统
　　C．工作区子系统　　D．设备间子系统

（14）A．水平子系统　　B．建筑群子系统
　　C．工作区子系统　　D．设备间子系统

（15）A．水平子系统　　B．建筑群子系统
　　C．工作区子系统　　D．设备间子系统

试题（13）～（15）分析

目前在综合布线领域被广泛遵循的标准是 EIA/TIA 568A。在 EIA/TIA-568A 中把综合布线系统分为 6 个子系统：建筑群子系统、设备间子系统、垂直干线子系统、管理子系统、水平子系统和工作区子系统，如图 1.3 所示。

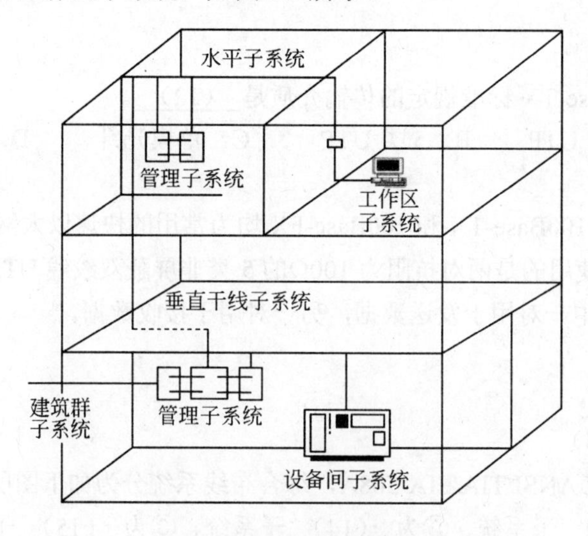

图 1.3　综合布线系统

综合布线系统的范围应根据建筑工程项目范围来定，主要有单幢建筑和建筑群体两种范围。单幢建筑中的综合布线系统工程范围，一般是指在整幢建筑内部敷设的通信线路，还应包括引出建筑物的通信线路。建筑物内部的综合布线系统包括设备间子系统、垂直干线子系统、管理子系统、水平子系统和工作区子系统。

综合布线系统的工程范围除包括每幢建筑内的通信线路外，还需包括各栋建筑之间相互连接的通信线路。

参考答案

（13）C　（14）D　（15）B

试题（16）

通过局域网接入因特网，图中箭头所指的两个设备是<u>（16）</u>。

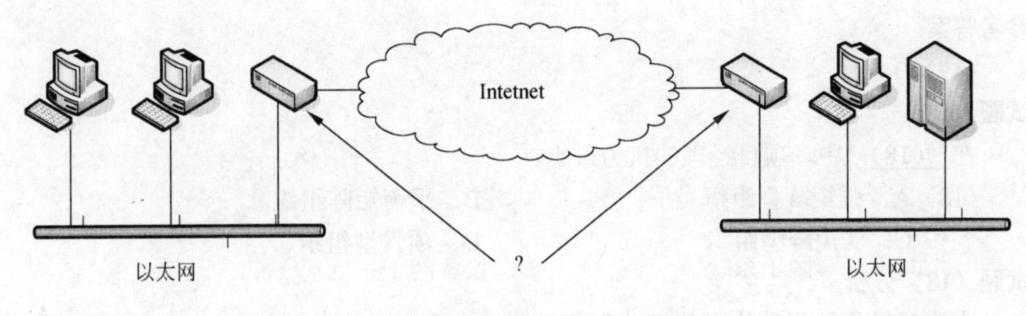

（16）A．二层交换机　　B．路由器　　C．网桥　　D．集线器

试题（16）分析

交换机用于将一些计算机连接起来组成一个局域网，工作在链路层。

路由器工作在网络层，是用于网络之间互联的设备，它主要用于在不同网络之间存储转发数据分组。与网桥不同之处就在于路由器主要用于广域网。路由器提供了各种各样、各种速率的链路或子网接口，是一个主动的、智能的网络节点，它参与了网络管理，提供对资源的动态控制，支持工程和维护活动，主要功能有连接 WAN、数据处理（数据包过滤、转发、优先选择、复用、加密和压缩等）、管理设施（配置管理、容错管理和性能管理）。路由器用于包含数以百计、数以千计的大型网络环境，由于它处于 ISO/OSI 模型的网络层，可将网络划分为多个子网，并在这些子网中引导信息流向。

网桥工作在数据链路层，能连接不同传输介质的网络。采用不同高层协议的网络不能通过网桥互相通信。

集线器的作用可以简单地理解为将一些计算机连接起来组成一个局域网。集线器采用的是共享带宽的工作方式，而交换机是独享带宽。

参考答案

（16）B

试题（17）

在铺设活动地板的设备间内，应对活动地板进行专门检查，地板板块铺设严密坚固，符合安装要求，每平米水平误差应不大于<u>（17）</u>。

（17）A．1mm　　B．2mm　　C．3mm　　D．4mm

试题（17）分析

根据中华人民共和国通信行业标准《通信设备工程验收规范》中第一部分“程控电话交换设备安装工程验收规范”，以及第四部分“接入网设备工程验收规范”，对有关内容的要求如下：

在铺设活动地板的机房内，应对活动地板进行专门检查，地板板块铺设严密坚固，符合安装要求，每平方米水平误差应不大于2mm，地板支柱接地良好，活动地板的系统电阻值应符合$1.0\times10^5\sim1.0\times10^{10}\Omega$的指标要求。

参考答案

（17）B

试题（18）

在<u>（18）</u>中，项目经理的权力最小。

（18）A．强矩阵型组织　　B．平衡矩阵组织

C．弱矩阵型组织　　D．项目型组织

试题（18）分析

实施项目的组织结构对能否获得项目所需资源和以何种条件获取资源起着制约作用。组织结构可以比喻成一条连续的频谱，其一端为职能型，另一端为项目型，中间是形形色色的矩阵型。与项目有关的组织结构类型的主要特征见图1.4。

组织类型 项目特点	职能型组织	矩阵型组织			项目型组织
		弱矩阵型组织	平衡矩阵型组织	强矩阵型组织	
项目经理的权力	很小和没有	有限	小～中等	中等～大	大～全权
组织中全职参与项目工作的职员比例	没有	0～25%	15%～60%	50%～95%	85%～100%
项目经理的职位	部分时间	部分时间	全时	全时	全时
项目经理的一般头衔	项目协调员/项目主管	项目协调员/项目主管	项目协调员/项目主管	项目协调员/项目主管	项目协调员/项目主管
项目管理行政人员	总分时间	部分时间	部分时间	全时	全时

图1.4　组织结构对项目的影响

由图1.4可知，在矩阵型组织和项目型组织中，弱矩阵型组织中的项目经理的权力最小。

参考答案

（18）C

试题（19）

矩阵型组织的缺点不包括＿（19）＿。

（19）A．管理成本增加　　　B．员工缺乏事业上的连续性和保障

C．多头领导　　　D．资源分配与项目优先的问题产生冲突

试题（19）分析

矩阵型组织存在着管理成本增加、多头领导、难以监测和控制、资源分配与项目优先的问题产生冲突以及权利难以保持平衡等缺点。

员工缺乏事业上的连续性和保障是项目型组织的缺点。

这部分知识在《系统集成项目管理工程师教程》中第154页有更详细的描述。

参考答案

（19）B

试题（20）

定义清晰的项目目标将最有利于＿（20）＿。

（20）A．提供一个开放的工作环境

B．及时解决问题

C．提供项目数据以利决策

D．提供定义项目成功与否的标准

试题（20）分析

项目的目标包括衡量项目成功的可量化标准。项目可能具有多种业务、成本、进度、技术和质量上的目标。项目目标包括成本、进度和质量方面的具体目标。项目目标应该有一定属性（如成本）、计量单位（如人民币）、一个绝对或相对的数值（例如至多￥1 500 000）。要成功完成项目，没有量化的目标（如“客户满意度”）通常隐含较高的风险。

因此，定义项目目标时应符合SMART原则，这是因为清晰定义的项目目标将最有利于提供定义项目成功与否的标准，也有助于降低项目风险。

参考答案

（20）D

试题（21）

信息系统的安全属性包括＿（21）＿和不可抵赖性。

（21）A．保密性、完整性、可用性

B．符合性、完整性、可用性

C．保密性、完整性、可靠性

D．保密性、可用性、可维护性

试题（21）分析

本题考查考生对信息系统安全概念的理解，信息系统安全定义为：确保以电磁信号为主要形式的，在信息网络系统进行通信、处理和使用的信息内容，在各个物理位置、逻辑区域、存储和传输介质中，处于动态和静态过程中的保密性、完整性、可用性和不可抵赖性，以及与网络、环境有关的技术安全、结构安全和管理安全的总和。其中保密性、完整性和可用性是信息系统安全的基本属性。

最初对信息系统的安全优先考虑的是可用性，随后是保密性和完整性，后来又增加了真实性和不可抵赖性，再后来又有人提出可控性、不可否认性等等。安全属性也扩展到5个：保密性、完整性、可用性、真实性和不可抵赖性。

要实现具有这么多安全属性、并达到相互之间平衡的信息系统近乎是件不可能的任务，以至于后来的通用评估准则（CC，ISO/IEC 15408， GB/T 18336）和风险管理准则（BS7799，ISO/IEC 27001）都直接以安全对象所面临的风险为出发点来分别研究信息安全产品和信息系统安全，针对每一风险来采取措施，其终极安全目标是要保护信息资产的安全，保障业务系统的连续运行。

参考答案

（21）A

试题（22）

__（22）__反映了信息系统集成项目的技术过程和管理过程的正确顺序。

（22）A．制定业务发展计划、实施项目、项目需求分析
　　　B．制定业务发展计划、项目需求分析、制定项目管理计划
　　　C．制定业务发展计划、制定项目管理计划、项目需求分析
　　　D．制定项目管理计划、项目需求分析、制定业务发展计划

试题（22）分析

一个组织在制定出战略规划并根据该战略发展自己的业务时，首先根据制定战略规划制定具体业务发展计划、构思支持业务发展的产品，通过需求分析明确定义未来信息系统（即信息系统项目的产品）的目标，确定为了满足用户的需求待建系统必须做什么，明确待建的系统要做什么、应具备什么功能和性能，然后才能制定详细的项目管理计划。

参考答案

（22）B

试题（23）

制定项目计划时，首先应关注的是项目__（23）__。

（23）A．范围说明书　　　　　　B．工作分解结构
　　　C．风险管理计划　　　　　D．质量计划

试题（23）分析

项目范围说明书详细描述了项目的可交付物以及产生这些可交付物所必须做的项

目工作。项目范围说明书在所有项目干系人之间建立了一个对项目范围的共同理解，描述了项目的主要目标，使项目团队能进行更详细的计划。

范围说明书是整个项目管理工作的基础，在制定项目计划的其他分计划之前，首先要有一个范围说明书，首先应关注的是项目范围说明书。

参考答案

（23）A

试题（24）

在项目某阶段的实施过程中，A 活动需要 2 天 2 人完成，B 活动需要 2 天 2 人完成，C 活动需要 5 天 4 人完成，D 活动需要 3 天 2 人完成，E 活动需要 1 天 1 人完成，该阶段的时标网络图如下。该项目组共有 8 人，且负责 A、E 活动的人因另有安排，无法帮助其他人完成相应工作，且项目整个工期刻不容缓。以下＿（24）＿安排是恰当的，能够使实施任务顺利完成。

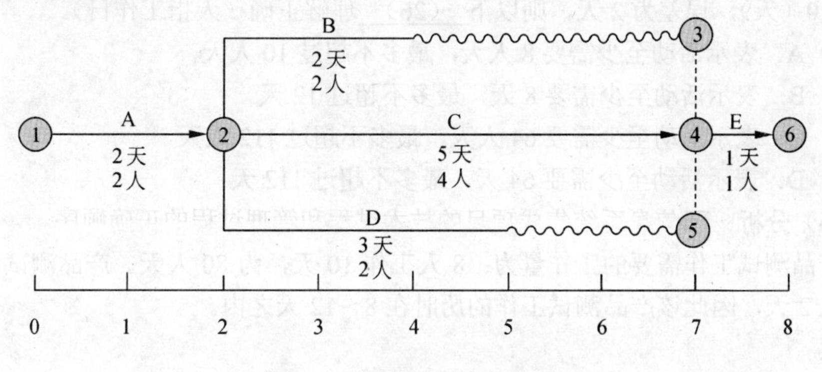

图 1.5　某项目的时标网络图

（24）A．B 活动提前两天开始　　B．B 活动推迟两天开始
　　C．D 活动提前两天开始　　D．D 活动推迟两天开始

试题（24）分析

假定负责 A 活动的 2 人，其中有 1 个人可以实施 E 活动。这 2 个人另有安排，无法帮助其他人完成相应工作，且项目整个工期刻不容缓。那么项目组还剩下 6 个人，B 活动有 3 天的浮动时间，D 活动有 2 天的浮动时间，C 活动为关键路径没有浮动时间，人力资源也不能释放。因此，选择推迟 D 活动 2 天开始，等 B 活动在项目的第 3 天开始、第 4 天完成，释放出 2 人之后，D 活动利用该 2 人完成。

参考答案

（24）D

试题（25）

德尔菲法区别于其他专家预测法的明显特点是＿（25）＿。

（25）A．引入了权重参数　　　　　　　B．多次有控制的反馈
　　　C．专家之间互相取长补短　　　　D．至少经过 4 轮预测

试题（25）分析

德尔菲法是专家们就某一主题，例如项目风险，达成一致意见的一种方法。该法需要确定项目风险专家，但是他们匿名参加会议。协调员使用问卷征求重要项目风险方面的意见。然后将意见结果反馈给每一位专家，以便进行进一步的讨论。这个过程经过几个回合，就可以在主要的项目风险上达成一致意见。德尔菲法有助于减少数据方面的偏见，并避免了个人因素对结果产生的不适当的影响。

参考答案

（25）B

试题（26）

某项目计划 2008 年 12 月 5 日开始进入首批交付的产品测试工作，估算工作量为 8（人）×10（天），误差为 2 天，则以下__（26）__理解正确（天指工作日）。

（26）A．表示活动至少需要 8 人天，最多不超过 10 人天
　　　B．表示活动至少需要 8 天，最多不超过 12 天
　　　C．表示活动至少需要 64 人天，最多不超过 112 人天
　　　D．表示活动至少需要 64 天，最多不超过 112 天

试题（26）分析

该产品测试工作需要的工作量为：8 人工作 10 天，为 80 人天。产品测试工作的历时为 10±2 天，因此该产品测试工作的历时在 8～12 天之内。

参考答案

（26）B

试题（27）

某项目完成估计需要 12 个月。在进一步分析后认为最少将花 8 个月，最糟糕的情况下将花 28 个月。那么，这个估计的 PERT 值是__（27）__个月。

（27）A．9　　　B．11　　　C．13　　　D．14

试题（27）分析

根据公式：

PERT 估算的活动历时均值 =（悲观估计值 + 4 最可能估计值 + 乐观估计值）/6

估计该项目完成的时间为（8 + 4×12 + 28）/6 = 14 个月。

参考答案

（27）D

试题（28）

在项目进度控制中，__（28）__不适合用于缩短活动工期。

（28）A．准确确定项目进度的当前状态　　B．投入更多的资源
　　　C．改进技术　　　　　　　　　　　D．缩减活动范围

试题（28）分析

进度控制是监控项目的状态以便采取相应措施以及管理进度变更的过程。

当项目的实际进度滞后于计划进度时，首先发现问题、分析问题根源并找出妥善的解决办法。通常可用以下一些方法缩短活动的工期：

（1）投入更多的资源以加速活动进程；

（2）指派经验更丰富的人去完成或帮助完成项目工作；

（3）减小活动范围或降低活动要求；

（4）通过改进方法或技术提高生产效率。

而准确确定项目进度的当前状态是进度控制关注的内容之一，不适合用于缩短活动工期。

参考答案

（28）A

试题（29）

范围管理计划中一般不会描述<u>（29）</u>。

（29）A．如何定义项目范围
　　　B．制定详细的范围说明书
　　　C．需求说明书的编制方法和要求
　　　D．确认和控制范围

试题（29）分析

范围管理计划就项目管理团队如何管理项目范围提供指导。范围管理计划的内容包括：

（1）基于初步项目范围说明书准备一个详细的项目范围说明书的过程；

（2）从详细的项目范围说明书创建 WBS 的过程；

（3）详细说明已完成项目的可交付物是如何得到正式的确认和认可，以及获得与之相伴的 WBS 的过程；

（4）一个用来控制需求变更如何落实到详细的项目范围说明书中的过程。

而需求说明书的编制方法和要求属于技术过程。

参考答案

（29）C

试题（30）

以下关于工作包的描述，正确的是<u>（30）</u>。

（30）A．可以在此层面上对其成本和进度进行可靠的估算
　　　B．工作包是项目范围管理计划关注的内容之一

C．工作包是 WBS 的中间层

D．不能支持未来的项目活动定义

试题（30）分析

工作分解结构（WBS）详细地说明了项目的范围，详细描述了项目所要完成的工作。WBS 的组成元素有助于项目干系人检查项目的最终产品。WBS 的最低层元素是能够被评估的、可以安排进度的和被追踪的。

WBS 的最低水平的工作单元被称为工作包，它是定义工作范围、定义项目组织、设定项目产品的质量和规格、估算和控制费用、估算时间周期和安排进度的基础。

项目活动的定义正是从 WBS 的工作包分解而来。

参考答案

（30）A

试题（31）

小王正在负责管理一个产品开发项目。开始时产品被定义为“最先进的个人数码产品”，后来被描述为“先进个人通信工具”。在市场人员的努力下该产品与某市交通局签订了采购意向书，随后与用户、市场人员和研发工程师进行了充分的讨论后，被描述为“成本在 1000 元以下，能通话、播放 MP3、能运行 Win CE 的个人掌上电脑”。这表明产品的特征正在不断改进，但是小王还需将（31）与其相协调。

（31）A．项目范围定义　　　　B．项目干系人利益

C．范围变更控制系统　　　　D．用户的战略计划

试题（31）分析

产品范围描述了项目承诺交付的产品、服务或结果的特征。这种描述会随着项目的开展，其产品特征逐渐细化。但是，产品特征的细化必须在适当的范围定义下进行，特别是对于基于合同开展的项目。项目的范围一旦定义、得到项目相关干系人确认后，就不能随意改变，即使产品特征在逐渐地细化，也要在相关干系人定义、确认后的项目范围内进行。

参考答案

（31）A

试题（32）

项目绩效评审的主要目标是（32）。

（32）A．根据项目的基准计划来决定完成该项目需要多少资源

B．根据过去的绩效调整进度和成本基准

C．得到客户对项目绩效认同

D．决定项目是否应该进入下一个阶段

试题（32）分析

为了方便管理，项目经理或其所在的组织会将项目分成几个阶段来管理，以加强对

项目的管理控制并建立起项目与组织的持续运营工作之间的联系。

在完成本阶段所做的工作和可交付物的技术和设计评审后，项目绩效评审的主要目标是评价项目的绩效、请客户决定是否接受阶段成果，以及是否还要做额外的工作，最后决定是否要结束这个阶段。

在获得授权的情况下，阶段末的评审可以结束当前阶段并启动后续阶段。有些时候一次评审就可以取得这两项授权。这样的阶段末评审通常被称为阶段出口、阶段验收或终止点。

参考答案

（32）D

试题（33）

<u>（33）</u>不是组建项目团队的工具和技术。

（33）A．事先分派　　B．资源日历　　C．采购　　D．虚拟团队

试题（33）分析

组建项目团队的工具和技术有事先分派、谈判、采购和虚拟团队。

资源日历不属于组建项目团队的工具和技术。

参考答案

（33）B

试题（34）

团队建设一般要经历几个阶段，这几个阶段的大致顺序是<u>（34）</u>。

（34）A．震荡期、形成期、正规期、表现期

B．形成期、震荡期、表现期、正规期

C．表现期、震荡期、形成期、正规期

D．形成期、震荡期、正规期、表现期

试题（34）分析

优秀的团队不是一蹴而就的，一般要依次经历以下几个阶段：形成阶段（Forming）、震荡阶段（Storming）、正规阶段（也叫规范阶段，Norming）、表现阶段（也叫发挥阶段，Performing），项目完成后项目团队就自然结束了。

参考答案

（34）D

试题（35）

既可能带来机会、获得利益，又隐含威胁、造成损失的风险，称为<u>（35）</u>。

（35）A．可预测风险　　B．人为风险　　C．投机风险　　D．可管理风险

试题（35）分析

既可能带来机会、获得利益，又隐含威胁、造成损失的风险，称为投机风险。

参考答案

（35）C

试题（36）

如果项目受资源限制，往往需要项目经理进行资源平衡。但当＿（36）＿时，不宜进行资源平衡。

（36）A．项目在时间上有一定的灵活性　　B．项目团队成员一专多能
C．项目在成本上有一定的灵活性　　D．项目团队处理应急风险

试题（36）分析

资源平衡是制定进度计划时，科学利用资源的一种方法。

例如通过利用活动的浮动时间等进行科学的进度安排，以尽量使用一个稳定的团队来完成所有的项目任务，尽量使人力资源的工作负载安排在合理的、均衡的范围内。

如果项目在成本上有一定的灵活性，或者项目团队成员一专多能，都会有助于资源平衡。

对未预计到的风险，首先使用权变措施来应急，此时首要的任务是处理应急风险而不是资源平衡。

参考答案

（36）D

试题（37）

定性风险分析工具和技术不包括＿（37）＿。

（37）A．概率及影响矩阵　　B．建模技术
C．风险紧急度评估　　D．风险数据质量评估

试题（37）分析

风险定性分析的技术方法有风险概率与影响评估法、概率和影响矩阵、风险分类、风险数据质量评估以及风险紧迫性评估等。

建模技术用于定量风险分析。

参考答案

（37）B

试题（38）

合同法律关系是指由合同法律规范调整的在民事流转过程中形成的＿（38）＿。

（38）A．买卖关系　　B．监督关系　　C．权利义务关系　　D．管控关系

试题（38）分析

我国《合同法》中所称的合同是指：平等主体的自然人、法人、其他组织之间设立、变更、终止民事权利义务关系的协议。

参考答案

（38）C

试题（39）

__（39）__属于要约。

（39）A．商场的有奖销售活动　　B．商业广告

C．寄送的价目表　　D．招标公告

试题（39）分析

根据《中华人民共和国合同法》第十四条规定，要约是希望和他人订立合同的意思表示。该意思表示应当符合下列规定：

（一）内容具体确定；

（二）表明经受要约人承诺，要约人即受该意思表示约束。

《中华人民共和国合同法》第十五条规定，要约邀请是希望他人向自己发出要约的意思表示。寄送的价目表、拍卖公告、招标公告、招股说明书和商业广告等为要约邀请。而商场的有奖销售活动则符合要约的规定。

参考答案

（39）A

试题（40）

__（40）__属于《合同法》规定的合同内容。

（40）A．风险责任的承担　　B．争议解决方法

C．验收标准　　D．测试流程

试题（40）分析

根据《中华人民共和国合同法》第十二条规定，合同的内容由当事人约定，一般包括以下条款：

（一）当事人的名称或者姓名和住所；

（二）标的；

（三）数量；

（四）质量；

（五）价款或者报酬；

（六）履行期限、地点和方式；

（七）违约责任；

（八）解决争议的方法。

参考答案

（40）B

试题（41）

《合同法》规定，价款或酬金约定不明的，按__（41）__的市场价格履行。

（41）A．订立合同时订立地　　B．履行合同时订立地

C．订立合同时履行地　　D．履行合同时履行地

试题（41）分析

《中华人民共和国合同法》第六十二条之第二个规定：价款或者报酬不明确的，按照订立合同时履行地的市场价格履行；依法应当执行政府定价或者政府指导价的，按照规定履行。

参考答案

（41）C

试题（42）

诉讼时效期间从权利人知道或者应当知道权利被侵害起计算。但是，从权利被侵害之日起超过__（42）__年的，人民法院不予保护。

（42）A．10　　B．15　　C．20　　D．30

试题（42）分析

“时效”一词，在刑事诉讼和民事诉讼中都能碰上，但含义不同。刑事诉讼中称“追诉时效”，是指法律规定的对犯罪分子追究刑事责任的有效期限。超过追诉期限的，就不再追究刑事责任；已经追究的，应当撤销案件，或者不起诉，或者终止审理。民事诉讼中称“诉讼时效”。

我国《刑法》第八十七条规定，犯罪经过下列期限不再追究：

1．法定最高刑不满5年有期徒刑的，经过5年。

2．法定最高刑为5年以上不满10年有期徒刑的，经过10年。

3．法定最高刑为10年以上有期徒刑的，经过15年。

4．法定最高刑为无期徒刑、死刑的，经过20年。如果20年以后认为必须追诉的，须报请最高人民检察院核准。

参考答案

（42）C

试题（43）

在项目管理的下列四类风险类型中，对用户来说如果没有管理好，__（43）__将会造成最长久的影响。

（43）A．范围风险　　B．进度计划风险

C．费用风险　　D．质量风险

试题（43）分析

项目的质量管理并不是由某个独立的部门单独完成的任务，在各项质量活动过程中，重要的是与其他知识域如风险管理、沟通管理、采购管理、人力资源管理等多方面的工作进行协调，例如质量目标在项目范围内与时间目标、成本目标的协调。

而对用户来说，如果项目的质量风险没有管理好，质量风险通过对产品的影响将会对用户造成最长久的不利影响。

参考答案

（43）D

试题（44）

对于一个新分配来的项目团队成员，__（44）__应该负责确保他得到适当的培训。

（44）A．项目发起人　B．职能经理　　C．项目经理　　D．培训协调员

试题（44）分析

作为项目管理计划的一个子集，人员配备管理计划描述的是人力资源需求何时以及怎样被满足。它可以是正式的或者非正式的，既可以是非常详细的，也可以是比较概略的。为了指导正在进行的团队成员获取和开发活动，人员配备管理计划随着项目的继续进行要进行更新。

如果即将分配到项目中的人员不具备必需的技能，就必须开发出一个培训计划。这个计划也可以包含一些途径以帮助团队成员获得某种证书，从而促进项目的执行。培训计划是项目计划的一部分。

项目经理有责任确保通过培训等手段，来发展团队成员尤其是新成员必要的技能作为项目工作的一部分来做。

参考答案

（44）C

试题（45）

进行配置管理的第一步是__（45）__。

（45）A．制定识别配置项的准则

B．建立并维护配置管理的组织方针

C．制定配置项管理表

D．建立 CCB

试题（45）分析

配置管理的流程如下：

（1）建立并维护配置管理的组织方针。

（2）制定项目配置管理计划。

（3）确定配置标识规则。

（4）实施变更控制。

（5）报告配置状态。

（6）进行配置审核。

（7）进行版本管理和发行管理。

图 1.6 为配置管理的流程图。

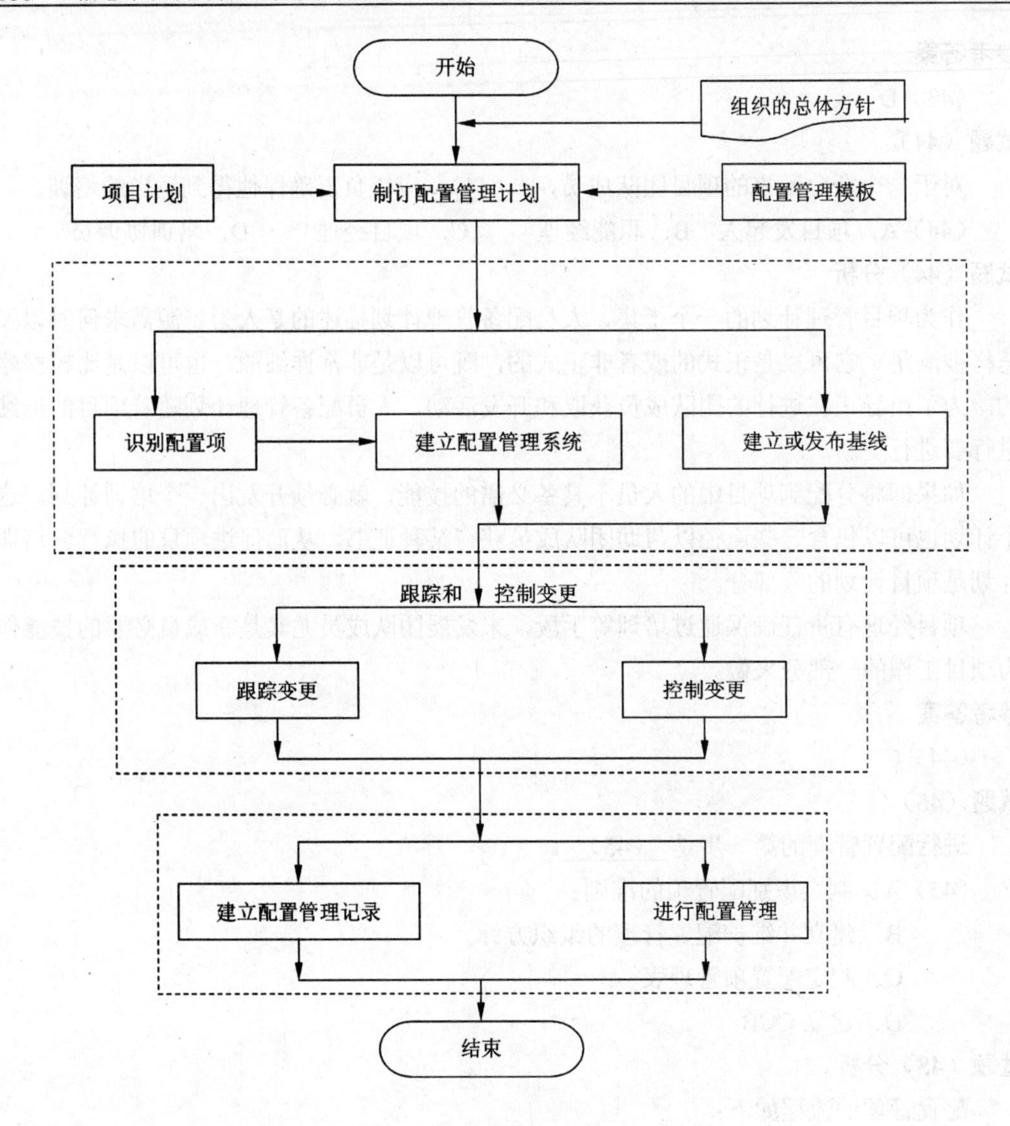

图 1.6　配置管理流程图

参考答案

（45）B

试题（46）

在当今高科技环境下，为了成功激励一个 IT 项目团队，（46）可以被项目经理用来激励项目团队保持气氛活跃、高效率的士气。

（46）A．期望理论和 X 理论

　　B．Y 理论和马斯洛理论

C．Y 理论、期望理论和赫兹伯格的卫生理论

D．赫兹伯格的卫生理论和期望理论

试题（46）分析

本题考查项目人力资源管理中的项目团队建设。项目团队建设要发挥每个成员的积极性，发扬团队的团结合作精神，提高团队的绩效，以使项目成功，这是团队的奋斗目标。团队建设作为项目管理中唯一的一个管人的过程，其理论基础和实践经验大多是从人力资源管理理论、组织行为学借鉴的。

（1）激励理论。典型的激励理论有马斯洛需要层次理论、赫茨伯格的双因素理论和期望理论。马斯洛需要层次理论以金字塔结构的形式表示人们的行为受到一系列需求的引导和刺激，在不同的层次满足不同的需要，才能达到激励的作用；赫茨伯格的双因素理论认为保健因素和激励因素影响着人们的日常行为，保健因素可以消除工作中的不满意，激励因素可以产生强大的激励力量而使员工对工作产生满足；期望理论关注的不是人们需要的类型，而是人们获取报酬的思维方式，认为当人们预期某一行为能给个人带来预定的结果，且这种结果对个体具有吸引力时，人们就会采取这一特定行动。

（2）X 理论和 Y 理论。X 理论主要体现了独裁型管理者对人性的基本判断，主要观点是：人性好逸恶劳；人以自我为中心；人缺乏进取心；人容易受骗和被煽动；人天生反对改革。Y 理论与 X 理论的观点截然相反。X 理论可以加强管理，但项目团队成员通常比较被动地工作；Y 理论可以激发员工主动性，但对于员工把握工作而言可能放任过度。

Y 理论、期望理论和赫兹伯格的理论都是对追求较高层次需求的人们可以产生激励的理论，与高科技环境下项目团队成员的高学历、高素质相对应。

参考答案

（46）C

试题（47）

__（47）__不是创建基线或发行基线的主要步骤。

（47）A．获得 CCB 的授权　　　　B．确定基线配置项

C．形成文件　　　　　　　　D．建立配置管理系统

试题（47）分析

创建基线或发行基线的主要步骤如下：

（1）配置管理员识别配置项；

（2）为配置项分配标识；

（3）为项目创建配置库，并给每个项目成员分配权限；

（4）各项目团队成员根据自己的权限操作配置库；

（5）创建基线或发行基线并获得 CCB 的授权。

把上述步骤记录为文档。

参考答案

（47）D

试题（48）

项目绩效审计不包括＿（48）＿。

（48）A．决算审计　B．经济审计　C．效率审计　D．效果审计

试题（48）分析

绩效审计是经济审计、效率审计和效果审计的合称，因为三者的第一个英文字母均为E，故也称三E审计。它是指由独立的审计机构或人员，依据有关法规和标准，运用审计程序和方法，对被审单位或项目的经济活动的合理性、经济性、有效性进行监督、评价和鉴证，提出改进建议，促进其提高管理效益的一种独立性的监督活动。

参考答案

（48）A

试题（49）

在项目结束阶段，大量的行政管理问题必须得到解决。一个重要问题是评估项目有效性。完成这项评估的方法之一是＿（49）＿。

（49）A．制作绩效报告　B．进行考察
C．举行绩效评估会议　D．进行采购审计

试题（49）分析

所谓项目绩效评估，是指运用数理统计、运筹学原理和特定指标体系，对照统一的标准，按照一定的程序，通过定量定性对比分析，对项目一定经营期间内的经营效益和经营者业绩做出客观、公正和准确的综合评判。

项目绩效评估一般是指通过项目组之外的组织或者个人对项目进行的评估，通常是指在项目的前期和项目完工之后的评估。项目前期的评估主要指的是对项目的可行性的评估；项目完工后的项目绩效评估是指在信息化项目结束后，依据相关的法规、信息化规划报告和合同等，借助科学的措施或手段对信息化项目的水平、效果和影响，投资使用的合同相符性、目标相关性和经济合理性所进行的评估。

举行绩效评估会议是完成项目评估的最常用方法之一。制作绩效报告是绩效报告过程的任务，而单纯的“进行考察”不属于项目评估的方法，进行采购审计是合同收尾时使用的方法。

参考答案

（49）C

试题（50）

项目将要完成时，客户要求对工作范围进行较大的变更，项目经理应＿（50）＿。

（50）A．执行变更　B．将变更能造成的影响通知客户
C．拒绝变更　D．将变更作为新项目来执行

试题（50）分析

要进行范围变更控制，基本步骤如下：

（1）要事前定义或引用范围变更的有关流程。它包括必要的书面文件（如变更申请单）、纠正行动、跟踪系统和授权变更的批准等级。变更控制系统与其他系统相结合，如配置管理系统来控制项目范围。当项目受合同约束时，变更控制系统应当符合所有相关合同条款。

（2）当有人提出变更时，应以书面的形式提出并按事前定义的范围变更有关流程处理。

根据上述步骤和变更处理的原则，尤其是项目将要完成时，如果客户要求对工作范围进行较大的变更，项目经理不应首先执行变更、拒绝变更或将变更作为新项目来执行，而是依据范围变更的有关流程先“将变更能造成的影响通知客户”。

参考答案

（50）B

试题（51）

在项目实施中间的某次周例会上，项目经理小王用下表向大家通报了目前的进度。根据这个表格，目前项目的进度__（51）__。

活　　动	计　划　值	完成百分比	实　际　成　本
基础设计	20 000 元	90%	10 000 元
详细设计	50 000 元	90%	60 000 元
测试	30 000 元	100%	40 000 元

（51）A．提前于计划 7%　　B．落后于计划 18%

C．落后于计划 7%　　D．落后于计划 7.5%

试题（51）分析

在目前的监控点，该项目的挣值 EV、PV 及 SPI 如下：

$$EV = 20\,000 \times 90\% + 50\,000 \times 90\% + 30\,000 \times 100\% = 93\,000$$

$$PV = 20\,000 + 50\,000 + 30\,000 = 100\,000$$

$$SPI = EV/PV = 93\,000/100\,000 = 93\%$$

落后于进度计划：$1 - 93\% = 7\%$

参考答案

（51）C

试题（52）

某公司正在为某省公安部门开发一套边防出入境管理系统，该系统包括 15 个业务模块，计划开发周期为 9 个月，即在今年 10 月底之前交付。开发团队一共有 15 名工程师。今年 7 月份，中央政府决定开放某省个人到香港旅游，并在 8 月 15 日开始实施。为此客户要求公司在新系统中实现新的业务功能，该功能实现预计有 5 个模块，并要求在 8 月 15 日前交付实施。但公司无法立刻为项目组提供新的人力资源。面对客户的变更需求，以下__（52）__处理方法最合适。

（52）A．拒绝客户的变更需求，要求签订一个新合同，通过一个新项目来完成

B．接受客户的变更需求，并争取如期交付，建立公司的声誉

C．采用多次发布的策略，将 20 个模块重新排定优先次序，并在 8 月 15 日之前发布一个包含到香港旅游业务功能的版本，其余延后交付

D．在客户同意增加项目预算的条件下，接受客户的变更需求，并如期交付项目成果。

试题（52）分析

因该项目的范围变更来自于中央政府开放某省个人到香港旅游的决定，因此不能拒绝。

那么是否可以“接受客户的变更需求，并争取如期交付，建立公司的声誉”呢？或者“在客户同意增加项目预算的条件下，接受客户的变更需求，并如期交付项目成果”？答案是不可以，因为题干中已指出：“公司无法立刻为项目组提供新的人力资源”。

综合题干的介绍，面对这个变更，合适的处理方法只有“采用多次发布的策略，将 20 个模块重新排定优先次序，并在 8 月 15 日之前发布一个包含到香港旅游业务功能的版本，其余延后交付”了。

参考答案

（52）C

试题（53）

范围变更控制系统__（53）__。

（53）A．是用以确定正式修改项目文件所必须遵循步骤的正式存档程序

B．是用于在技术与管理方面监督指导有关报告内容，以及控制变更的确定与记录工作并确保其符合要求的存档程序

C．是一套用于对项目范围做出变更的程序，包括文书工作，跟踪系统以及授权变更所需的认可

D．可强制用于各项目工作以确保项目范围管理计划在未经事先审查与签字的情况下不得做出变更

试题（53）分析

范围变更控制的方法是定义范围变更的有关流程。该流程由范围变更控制系统实现，包括必要的书面文件（如变更申请单）、纠正行动、跟踪系统和授权变更的批准等级。变更控制系统与其他系统相结合，如配置管理系统来控制项目范围。当项目受合同约束

时，变更控制系统应当符合所有相关合同条款。由变更控制委员会负责批准或者拒绝变更申请。

参考答案

（53）C

试题（54）

某系统集成商现正致力于过程改进，打算为过去的项目建立历史档案，现阶段完成该工作的最好方法是__（54）__。

（54）A．建立项目计划　　B．总结经验教训
C．绘制网络图　　D．制定项目状态报告

试题（54）分析

总结经验教训可以避免未来的错误，并借用过去项目的好经验，从而可以促进未来项目的改进和进步。建立项目计划过程是为本次项目的未来实施阶段提供指南，而绘制网络图则是制定项目计划的进度分计划的前提条件，制定项目状态报告是报告项目绩效的一种方法。

参考答案

（54）B

试题（55）

监理机构应要求承建单位在事故发生后立即采取措施，尽可能控制其影响范围，并及时签发停工令，报__（55）__。

（55）A．监理单位技术负责人　　B．项目总监理工程师
C．承建单位负责人　　D．业主单位

试题（55）分析

根据监理工作对停工及复工的管理规定，总监理工程师根据工程进展出现的问题，如出现必须停工的情况，应提前向本监理公司主管领导汇报、请示。待公司领导同意后，报知业主单位，并以《监理报告》方式陈述理由，给出停工范围、部署和预估的结果，征求建设单位的同意并签字。

在发生事故后，监理机构可以根据以下程序来处理：

（1）监理机构应要求承建单位在事故发生后立即采取措施，尽可能控制其影响范围，并及时签发停工令，报业主单位；

（2）监理机构应在接到事故申报后立即组织相关人员检查事故状况、分析原因、与业主单位和承建单位共同确定事故处理方案；

（3）监理机构监督承建单位采取措施，查清事故原因，审核承建单位提出的事故解决方案及预防措施，提出监理意见，提交业主单位确认；

（4）监理机构若发现工程实施过程存在重大质量隐患，应及时向承建单位签发停工令，并报业主单位，监督承建单位进行整改。整改完毕后，及时处理承建单位的复工

申请。

参考答案

（55）D

试题（56）

对于＿（56）＿应实行旁站监理。

（56）A．工程薄弱环节　　B．首道工序

C．隐蔽工程　　D．上、下道工序交接环节

试题（56）分析

旁站监理是监理单位控制工程质量的重要手段。旁站监理是指在关键部位或关键工序施工过程中，由监理人员在现场进行的监督活动。对于信息系统工程，旁站监理主要在网络综合布线、设备开箱检验和机房建设等过程中实施。

根据对隐蔽工程的监理要求，应该对隐蔽工程实行旁站监理，以加强对项目实施过程的监督。旁站监理可以把问题消灭在过程之中，以避免后期返工造成的重大经济损失和时间延误。

参考答案

（56）C

试题（57）

＿（57）＿活动应在编制采购计划过程中进行。

（57）A．自制或外购决策　　B．回答卖方的问题

C．制定合同　　D．制定 RFP 文件

试题（57）分析

在编制采购计划的过程中，首先要确定项目的哪些产品、成果或服务自己提供更合算，还是外购更合算？这就是“自制/外购”决策，在这个过程中可能要用到专家判断，最后也要确定合同的类型，以转移风险。

在进行“自制/外购”决策时，有时项目的执行组织可能有能力自制，但是可能与其他项目有冲突或自制成本明显高于外购，在这些情况下项目需要从外部采购，以兑现进度承诺。

任何预算限制都可能是影响“自制/外购”决定的因素。 如果决定购买，还要进一步决定是购买还是租借。“自制/外购”分析应该考虑所有相关的成本，无论是直接成本还是间接成本。例如，在考虑外购时，分析应包括购买该项产品的实际支付的直接成本，也应包括购买过程的间接成本。

RFP 是采购文档的一种形式，是编制询价计划过程的成果之一，制定 RFP 文件是编制询价计划过程的工作。

投标人会议（也称为发包会、承包商会议、供应商会议、投标前会议或竞标会议）是指在准备建议书之前与潜在供应商举行的会议。投标人会议用来回答潜在卖方的问题、

确保所有潜在供应商对采购目的（如技术要求和合同要求等）有一个清晰、共同的理解。对供应商问题的答复可能作为修订条款包含到采购文件中。

供方选择过程在向每一个选中的供方提供一份合同前，应当先制定合同。

参考答案

（57）A

试题（58）

采购审计的主要目的是__（58）__。

（58）A．确认合同项下收取的成本有效、正确

B．简要地审核项目

C．确定可供其他采购任务借鉴的成功之处

D．确认基本竣工

试题（58）分析

采购审计的目标是找出本次采购的成功和失败之处，以供项目执行组织内的其他项目借鉴。

参考答案

（58）C

试题（59）

建设方在进行项目评估的时候，根据项目的类型不同，所采用的评估方法也不同。如果使用总量评估法，其难点是__（59）__。

（59）A．如何准确确定新增投入资金的经济效果

B．确定原有固定资产重估值

C．评价追加投资的经济效果

D．确定原有固定资产对项目的影响

试题（59）分析

项目评估是指在项目可行性研究的基础上，由第三方（国家、银行或有关机构）根据国家颁布的政策、法规、方法、参数和条例等，从项目（或企业）、国民经济、社会角度出发，对拟建项目建设的必要性、建设条件、生产条件、产品市场需求、工程技术、经济效益和社会效益等进行评价、分析和论证，进而判断其是否可行的一个评估过程。

项目评估的方法有：

（1）项目评估法和企业评估法；

（2）总量评估法和增量评估法。

总量评估法的费用和效益测算采用总量数据和指标，确定原有固定资产重估值是估算总投资的难点。该法简单，易被人们接受，侧重经济效果的整体评估，但无法准确回答新增投入资金的经济效果。增量评估法采用增量数据和指标并满足可比性原则。这种方法实际上是把“改造”和“不改造”两个方案综合为一个综合方案进行比较，利用方

案之间的差额数据来评价追加投资的经济效果。

参考答案

（59）B

试题（60）

项目论证是指对拟实施项目技术上的先进性、适用性，经济上的合理性、盈利性，实施上的可能性、风险可控性进行全面科学的综合分析，为项目决策提供客观依据的一种技术经济研究活动。以下关于项目论证的叙述，错误的是<u>（60）</u>。

（60）A. 项目论证的作用之一是作为筹措资金、向银行贷款的依据

B. 项目论证的内容之一是国民经济评价，通常运用影子价格、影子汇率、影子工资等工具或参数

C. 数据资料是项目论证的支柱

D. 项目财务评价是从项目的宏观角度判断项目或不同方案在财务上的可行性的技术经济活动

试题（60）分析

项目论证是指对拟实施项目技术上的先进性、适用性，经济上的合理性、盈利性，实施上的可能性、风险可控性进行全面科学的综合分析，为项目决策提供客观依据的一种技术经济研究活动。

项目论证的作用主要体现在以下几个方面：

（1）确定项目是否实施的依据。

（2）筹措资金、向银行贷款的依据。

（3）编制计划、设计、采购、施工以及机构设置、资源配置的依据。

（4）项目论证是防范风险、提高项目效率的重要保证。

而数据资料是项目论证的支柱之一。

项目论证的内容包括项目运行环境评价、项目技术评价、项目财务评价、项目国民经济评价、项目环境评价、项目社会影响评价、项目不确定性和风险评价、项目综合评价等。其中财务评价是项目经济评价的主要内容之一，它是从项目的微观角度，在国家现行财税制度和价格体系的条件下，从财务角度分析、计算项目的财务盈利能力和清偿能力以及外汇平衡等财务指标，据以判断项目或不同方案在财务上的可行性的技术经济活动。

参考答案

（60）D

试题（61）

<u>（61）</u>是承建方项目立项的第一步，其目的在于选择投资机会、鉴别投资方向。

（61）A. 项目论证　　B. 项目评估　　C. 项目识别　　D. 项目可行性分析

试题（61）分析

承建方的立项管理主要包括项目识别、项目论证和投标等步骤。项目识别是承建方项目立项的第一步，其目的在于选择投资机会、鉴别投资方向。在国外一般是从市场和技术两方面寻找项目机会，但在国内还需要考虑到国家有关政策和产业导向。项目论证是指对拟实施项目技术上的先进性、适用性、经济上的合理性、盈利性、实施上的可能性、风险可控性进行全面科学的综合分析，为项目决策提供客观依据的一种技术经济研究活动。项目评估是指在项目可行性研究的基础上，由第三方（国家、银行、或有关机构）根据国家颁布的政策、法规、方法、参数和条例等，从项目（或企业）、国民经济、社会角度出发，对拟建项目建设的必要性、建设条件、生产条件、产品市场要求、工程技术、经济效益和社会效益等进行评价、分析、论证，进而判断其是否可行的一个评估过程。

在时间顺序上，本题其他选项在"C．项目识别"之后进行。

参考答案

（61）C

试题（62）

在项目计划阶段，项目计划方法论是用来指导项目团队制定项目计划的一种结构化方法。<u>（62）</u>属于方法论的一部分。

（62）A．标准格式和模板　　B．上层管理者的介入
　　C．职能工作的授权　　D．项目干系人的技能

试题（62）分析

在项目计划阶段，项目管理方法论帮助项目管理团队制定项目管理计划和控制项目管理计划的变更，例如组织过程资产中的历史项目信息、标准指导方针、模板、工作指南等对本次项目管理计划的制定有直接的帮助。

标准格式和模板属于项目管理方法论的重要组成部分。

参考答案

（62）A

试题（63）

电子商务系统所涉及的四种"流"中，<u>（63）</u>是最基本的、必不可少的。

（63）A．资金流　B．信息流　C．商流　D．物流

试题（63）分析

商流、物流、资金流和信息流是流通过程中的四大相关部分，由这"四流"构成了一个完整的流通过程。

商流是一种买卖或者说是一种交易活动过程，就是确定谁和谁做生意的，通过商流活动发生商品所有权的转移。

物流就是货物的流动方向。

资金流就是货款谁交给谁的流向，一般同商流是一致的。

信息流就是货物贸易中相关信息如何传达的问题，没有固定格式，只要能够将消息传达到相关方就可。

商流是物流、资金流和信息流的起点，也可以说是后“三流”的前提，一般情况下，没有商流就不太可能发生物流、资金流和信息流。反过来，没有物流、资金流和信息流的匹配和支撑，商流也不可能达到目的。“四流”之间有时是互为因果关系。

例如A企业与B企业经过商谈，达成了一笔供货协议，确定了商品价格、品种、数量、供货时间、交货地点、运输方式并签订了合同，也可以说商流活动开始了。要认真履行这份合同，下一步要进入物流过程，即货物的包装、装卸搬运、保管和运输等活动。如果商流和物流都顺利进行了，接下来进入资金流的过程，即付款和结算。无论是买卖交易，还是物流和资金流，这三个过程都离不开信息的传递和交换，没有及时的信息流，就没有顺畅的商流、物流和资金流。

参考答案

（63）B

试题（64）

使用网上银行卡支付系统付款与使用传统信用卡支付系统付款，两者的付款授权方式是不同的，下列论述正确的是__（64）__。

（64）A．前者使用数字签名进行远程授权，后者在购物现场使用手写签名的方式授权商家扣款

B．前者在购物现场使用手写签名的方式授权商家扣款，后者使用数字签名进行远程授权

C．两者都在使用数字签名进行远程授权

D．两者都在购物现场使用手写签名的方式授权商家扣款

试题（64）分析

网上银行卡支付系统与传统信用卡支付系统的差别主要在于：

（1）使用的信息传递通道不同。网上银行卡使用专用网，因此较安全。

（2）付款地点不同。传统信用卡必须在商场使用商场的POS机进行付款，网上银行卡可以在家庭或办公室使用自己的个人计算机进行购物和付款。

（3）身份认证方式不同。传统信用卡在购物现场使用身份证或其他身份证明验证持卡人的身份，网上银行卡在计算机网络上使用CA中心提供的数字证书验证持卡人身份、商家、支付网关以及银行的身份。

（4）付款授权方式不同。传统信用卡在购物现场使用手写签名的方式授权商家扣款，网上银行卡使用数字签名进行远程授权。

（5）商品和支付信息采集方式不同。传统信用卡使用商家的POS机、条形码扫描仪和读卡设备采集商品和信用卡信息；网上银行卡直接使用自己的计算机，通过鼠标和

键盘输入商品和信用卡信息。

由上述的比较可知，使用网上银行卡支付系统付款使用数字签名进行远程授权，而使用传统信用卡支付系统付款则在购物现场使用手写签名的方式授权商家扣款。

参考答案

（64）A

试题（65）

目前企业信息化系统所使用的数据库管理系统的结构，大多数为＿（65）＿。

（65）A．层次结构　　B．关系结构
　　C．网状结构　　D．链表结构

试题（65）分析

目前企业信息化系统所使用的数据库管理系统的结构，大多数为关系结构。

参考答案

（65）B

试题（66）

管理信息系统建设的结构化方法中，用户参与的原则是用户必须参与＿（66）＿。

（66）A．系统建设中各阶段工作　　B．系统分析工作
　　C．系统设计工作　　D．系统实施工作

试题（66）分析

“结构化”一词在系统建设中的含义是用一种规范的步骤、准则与工具来进行某项工作。基于系统生命周期概念的结构化方法，为管理信息系统建设提供了规范的步骤、准则与工具。结构化方法的基本思路是把整个系统开发过程分成基干阶段，每个阶段进行若干活动，每项活动应用一系列标准、规范、方法和技术，完成一个或多个任务，形成符合给定规范的产品。

结构化方法的主要原则，归纳起来有以下 4 条：

（1）用户参与的原则。管理信息系统的用户是各级各类管理者，满足他们在管理活动中的信息需求，是管理信息系统建设的直接目地。由于系统本身和系统建设工作的复杂性，用户需求的表达和系统建设的专业人员对用户需求的理解需要逐步明确、深化和细化。而且，管理信息系统是人机系统，在实现各种功能时，人与计算机的合理分工和相互密切配合至关重要。这就需要用户对系统的功能、结构和运行规律有较深入的了解，专业人员也必须充分考虑用户的特点和使用方面的习惯与要求，以协调人－机关系。总之，用户必须作为管理信息系统主要建设者的一部分在系统建设的各个阶段直接参与工作。用户与建设工作脱节，常常是系统建设工作失败的重要原因之一。

（2）除上述原则外，还有“先逻辑，后物理”、“自顶向下”以及“工作成果描述标准化”原则。

管理信息系统建设的结构化方法中，用户参与的原则是用户必须参与“A．系统建

设中各阶段工作”。

参考答案

（66）A

试题（67）

依据《中华人民共和国招标投标法》，公开招标是指招标人以招标公告的方式邀请___(67)___投标。

（67）A．特定的法人或者其他组织

B．不特定的法人或者其他组织

C．通过竞争性谈判的法人或者其他组织

D．单一来源的法人或者其他组织

试题（67）分析

依据《中华人民共和国招标投标法》第十条的规定，公开招标是指招标人以招标公告的方式邀请不特定的法人或者其他组织投标。

参考答案

（67）B

试题（68）

根据《软件文档管理指南 GB/T16680—1996》，___(68)___不属于基本的产品文档。

（68）A．参考手册和用户指南　　B．支持手册

C．需求规格说明　　D．产品手册

试题（68）分析

根据《软件文档管理指南 GB/T16680—1996》，基本的产品文档包括：

（1）培训手册；

（2）参考手册和用户指南；

（3）支持手册；

（4）产品手册。

需求规格说明属于基本的开发文档。

参考答案

（68）C

试题（69）

Web Service 的各种核心技术包括 XML、Namespace、XML Schema、SOAP、WSDL、UDDI、WS-Inspection、WS-Security、WS-Routing 等，下列关于 Web Service 技术的叙述错误的是___(69)___。

（69）A．XML Schema 是用于对 XML 中的数据进行定义和约束

B．在一般情况下，Web Service 的本质就是用 HTTP 发送一组 Web 上的 HTML 数据包

C．SOAP（简单对象访问协议），提供了标准的 RPC 方法来调用 Web Service，是传输数据的方式

D．SOAP 是一种轻量的、简单的、基于 XML 的协议，它被设计成在 Web 上交换结构化的和固化的信息

试题（69）分析

Web Service 是一个组件或应用程序，它向外界暴露出一个能够通过 Web 进行调用的 API。

Web Services 是建立可互操作的分布式应用程序的新平台。

Web Services 平台是一套标准，它定义了应用程序如何在 Web 上实现互操作性。

开发人员可以用任何自己喜欢的语言，在任何自己喜欢的平台上写 Web Service，只要可以通过 Web Service 标准对这些服务进行查询和访问。

Web Service 的各种核心技术包括 XML、Namespace、XML Schema、SOAP、WSDL、UDDI、WS-Inspection、WS-Security 和 WS-Routing 等，其中 XML 定义 Web Service 平台中的数据格式。SOAP（简单对象访问协议）提供了标准的 RPC 方法来调用 Web Service，是传输数据的方式。

参考答案

（69）B

试题（70）

工作流技术在流程管理应用中的三个阶段分别是<u>（70）</u>。

（70）A．流程的设计、流程的实现、流程的改进和维护

B．流程建模、流程仿真、流程改进或优化

C．流程的计划、流程的实施、流程的维护

D．流程的分析、流程的设计、流程的实施和改进

试题（70）分析

根据国际工作流管理联盟（Workflow Management Coalition，WFMC）的定义，工作流就是“一类能够完全或者部分自动执行的经营过程，它根据一系列过程规则、文档、信息或任务能够在不同的执行者之间进行传递与执行”。

工作流技术通过将工作活动分解成定义良好的任务、角色、规则和过程来进行执行和监控，达到提高生产组织水平和工作效率的目的。工作流技术为企业更好地实现经营目标提供了先进的手段。工作流管理系统是以规格化的流程描述作为输入的软件组件，它维护流程的运行状态，并在人和应用之间分派活动。

简单地说，工作流是经营过程的一个计算机实现，而工作流管理系统则是这一实现的软件环境。

工作流在流程管理中的应用分为三个阶段：流程建模、流程仿真和流程改进或优化。

流程建模是用清晰和形式化的方法表示流程的不同抽象层次，可靠的模型是流程分

析的基础，流程仿真是为了发现流程存在的问题以便为流程的改进提供指导。这三个阶段是不断演进的过程。它们的无缝连接是影响工作流模型性能的关键因素，也是传统流程建模和流程仿真集成存在的主要问题。

参考答案

（70）B

试题（71）

Which of the following statement related to PMO is not correct?＿（71）＿

（71）A．The specific form, function, and structure of a PMO are dependent upon the needs of the organization that it supports.

B．One of the key features of a PMO is managing shared resources across all projects administered by the PMO.

C．The PMO focuses on the specified project objectives.

D．The PMO optimizes the use of shared organizational resources across all projects.

参考译文

下列各项中，哪一个有关 PMO 的说法是错误的？＿（71）＿

A．PMO 的具体形式、职能和结构取决于它支持的组织的需求

B．PMO 的关键特征之一是在所有 PMO 管理的项目之间共享和协调资源

C．PMO 关注于特定的项目目标

D．PMO 对所管理的所有项目共享资源的使用进行优化

参考答案

（71）C

试题（72）

The inputs of developing project management plan do not include＿（72）＿.

（72）A．project charter　　B．stakeholder management strategy

C．project scope statement　　D．outputs from planning processes

参考译文

制定项目管理计划的输入不包括＿（72）＿：

A．项目章程　　B．干系人管理策略

C．项目范围说明书　　D．计划过程输出

参考答案

（72）B

试题（73）、（74）

A project life cycle is a collection of generally sequential project＿（73）＿whose name and number are determined by the control needs of the organization or organizations involved in the project. The life cycle provides the basic __(74)__ for managing the project, regardless of the specific work involved.

（73）A．phases　　B．processes　　C．segments　　D．pieces

（74）A．plan　　B．fraction　　C．main　　D．framework

参考译文

一个项目的生命周期由若干个顺序相连的__(73)__组成，阶段的名字和个数由组织的控制需要决定。项目涉及到的其他组织，其控制需要也可决定项目阶段的名字和个数。无论涉及到的具体的工作有哪些，项目的生命周期都为管理项目提供了基本的__(74)__。

（73）A．阶段　　B．过程　　C．片段　　D．碎片

（74）A．计划　　B．部分　　C．主体　　D．框架

参考答案

（73）A　（74）D

试题（75）

__(75)__ is one of the quality planning outputs.

（75）A．Scope base line

B．Cost of quality

C．Product specification

D．Quality checklist

参考译文

__(75)__是制定项目质量管理计划过程的成果之一。

A．范围基线　　B．质量成本　　C．产品规范　　D．质量检查表

参考答案

（75）D

第 14 章　2009 上半年系统集成项目管理工程师下午试题分析与解答

试题一（15 分）

阅读下列说明，针对项目的进度管理，回答问题 1 至问题 3。将解答填入答题纸的对应栏内。

【说明】

B 市是北方的一个超大型城市，最近市政府有关部门提出需要加强对全市交通的管理与控制。

2008 年 9 月 19 日 B 市政府决定实施智能交通管理系统项目，对路面人流和车流实现实时的、量化的监控和管理。项目要求于 2009 年 2 月 1 日完成。

该项目由 C 公司承建，小李作为 C 公司项目经理，在 2008 年 10 月 20 日接到项目任务后，立即以曾经管理过的道路监控项目为参考，估算出项目历时大致为 100 天，并把该项目分成五大模块分别分配给各项目小组，同时要求：项目小组在 2009 年 1 月 20 日前完成任务，1 月 21 日至 28 日各模块联调，1 月 29 日至 31 日机动。小李随后在原道路监控项目解决方案的基础上组织制定了智能交通管理系统项目的技术方案。

可是到了 2009 年 1 月 20 日，小李发现有两个模块的进度落后于计划，而且即使这五个模块全部按时完成，在预定的 1 月 21 日至 28 日期间因春节假期也无法组织人员安排模块联调，项目进度拖后已成定局。

【问题 1】（8 分）

请简要分析项目进度拖后的可能原因。

【问题 2】（4 分）

请简要叙述进度计划包括的种类和用途。

【问题 3】（3 分）

请简要叙述“滚动波浪式计划”方法的特点和确定滚动周期的依据。针对本试题说明中所述项目，说明采用多长的滚动周期比较恰当。

试题一分析

本题考核的是项目进度管理问题，聚焦在如何科学地制定项目的进度计划以及如何科学地监控项目的实际进度，考查考生在进度管理方面的实际经验。

【问题 1】

要求考生分析项目进度拖后的可能原因。在分析进度拖后的可能原因时，考生能够了解的信息，也只能从本题的说明中发现，从题目的说明中寻找可能的原因。例如发现的可能原因如下：

“立即以曾经管理过的道路监控项目为参考，估算出项目历时大致为 100 天，并把该项目分成五大模块分别分配给各项目小组”，这说明项目经理提出的只是一个初步的、粗糙的、仅反映他个人意见的概括性进度计划。

“小李随后在原道路监控项目解决方案的基础上组织制定了智能交通管理系统项目的技术方案”。当借鉴原来项目的经验时，只有与原来项目同类、同种时才有较大的借鉴价值，在本题中本次的智能交通管理系统项目的技术方案不能从道路监控项目直接抄袭。

“在预定的 1 月 21 日至 28 日期间因春节假期也无法组织人员安排模块联调”，说明安排进度计划时，没有考虑节假日的影响。

“可是到了 2009 年 1 月 20 日，小李发现有两个模块的进度落后于计划”，可以看出项目经理对项目的监控有疏漏。

【问题 2】

要求考生熟悉进度计划包括的种类和用途，依据《系统集成项目管理工程师教程》的第 8 章“项目进度管理”中的相关内容，从中可找到详细的解答。

【问题 3】

要求考生熟悉“滚动波浪式计划”方法的特点、确定滚动周期的依据以及恰当的滚动周期。考生应当理解“滚动波浪式计划”基本概念并能灵活运用。

依据《系统集成项目管理工程师教程》的第 8 章“项目进度管理”中的相关内容，

滚动式规划是规划逐步完善的一种表现形式，即近期要完成的工作在工作分解结构最下层详细规划，而计划在远期完成的工作分解结构组成部分的工作，在工作分解结构较高层规划。最近一两个报告期要进行的工作应在本期工作接近完成时详细规划。

项目生命周期中有三个与时间相关的重要概念，这三个概念分别是检查点（Checkpoint）、里程碑（Milestone）和基线（Baseline），它们一起描述了在什么时候对项目进行什么样控制。其中的检查点是指在规定的时间间隔内对项目进行检查，比较实际与计划之间的差异，并根据差异进行调整。可将检查点看作是一个固定间隔的“采样”时间点，而时间间隔根据项目周期长短不同而不同，频度过小会失去意义，频度过大会增加管理成本。常见的间隔是每周一次，项目经理需要召开周例会并上交周报。

参考答案

【问题 1】

1．仅依靠一个道路监控项目来估算项目历时，根据不充分；

2．制定进度计划时，不仅考虑到活动的历时还要考虑到节假日；

3．没有对项目的技术方案、管理计划进行详细的评审；

4．监控粒度过粗（或监控周期过长）；

5．对项目进度风险控制考虑不周。

【问题 2】

1．里程碑计划，由项目的各个里程碑组成。里程碑是项目生命周期中的一个时刻，在这一时刻，通常有重大交付物完成。此计划用于甲乙丙等相关各方高层对项目的监控；

2．阶段计划，或叫概括性进度表，该计划标明了各阶段的起止日期和交付物，用于相关部门的协调（或协同）；

3．详细甘特图计划，或详细横道图计划，或称时标进度网络图，该计划标明了每个活动的起止日期，用于项目组成员的日常工作安排和项目经理的跟踪。

【问题3】

1．“滚动波浪式计划”方法的特点是近期的工作计划得较细，远期的工作计划得较粗。

2．根据项目的规模、复杂度以及项目生命周期的长短来确定滚动波浪式计划中的滚动周期。

3．滚动周期：1～2周之间的时间周期都正确。

试题二（15分）

阅读下列说明，回答问题1至问题3，将解答填入答题纸的对应栏内。

【说明】

下图为某项目主要工作的单代号网络图。工期以工作日为单位。

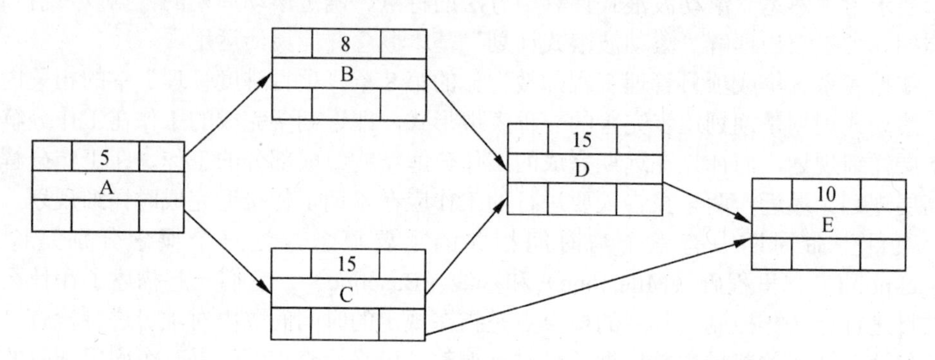

工作节点图例如下：

<table>
<tr><td>ES</td><td>工</td><td>EF</td></tr>
<tr><td colspan="3">工作</td></tr>
<tr><td>LS</td><td>总　0</td><td>LF</td></tr>
</table>

【问题1】（5分）

请在图中填写各活动的最早开始时间（ES）、最早结束时间（EF）、最晚开始时间（LS）、最晚结束时间（LF），从第0天开始计算。

【问题2】（6分）

请找出该网络图的关键路径，分别计算工作B、工作C的总时差和自由时差，说明此网络工程的关键部分能否在40个工作日内完成，并说明具体原因。

【问题 3】（4 分）

请说明通常情况下，若想缩短工期可采取哪些措施。

试题二分析

本题考核的是如何制定项目的进度计划。

本题规定从第 0 天开始计算项目的最早开始时间（ES）、最早结束时间（EF）、最晚开始时间（LS）、最晚结束时间（LF），其目的是让 EF、ES、FF(自由时差)的计算能够简化，省去了从第 1 天开始计算 ES、EF、LS、LF 时需加 1、减 1 的麻烦。

但是应提醒注意的是，从第 0 天开始计算情况下，任务最早结束时间（EF）、最晚结束时间（LF）均不应计算在任务的历时之内。例如，任务 A 的任务最早开始时间（ES）是 0、最早结束时间（EF）是 5，但第 5 天并不在任务 A 的历时之内，此时的计算公式如下：

$ES_1=0$

ES_j=MAX{所有前导任务的 EF}

$EF_j=ES_j+DU_j$

上式中，DU_j 为任务 j 的历时（题干已提供）。

自由浮动时间或自由时差是指一项活动在不耽误直接后继活动最早开始日期的情况下，可以拖延的时间长度。

FF_j（自由时差）= 后续工作的最早 ES–本工作的 EF

总浮动时间或总时差是指在不耽误项目计划完成日期的条件下，一项活动从最早开始时间算起，可以拖延的时间长度。

TF_j（总浮动时间）= $LS_j–ES_j$ 或 $LF_j–EF_j$

当依正推法得出每个任务的最早开始时间（ES）、最早结束时间（EF）后，从最后一个任务逆着向第一个任务逆推，可按下列公式计算出所有任务的最晚结束时间（LF）、最晚开始时间（LS）：

LF_j = MIN{所有后继任务的 LS}

$LS_j = LF_j–DU_j$

【问题 1】

可以通过对网络图使用正推法得出项目的关键路径、每一个活动的最早开始时间和最早结束时间，然后对网络图使用逆推法可以得出每个活动的最晚开始时间和最晚结束时间。

【问题 2】

考的是总时差和自由时差的概念和算法。

【问题 3】

考的是缩短工期有哪些措施。

这三个问题的解答，可参考《系统集成项目管理工程师教程》的第 8 章“项目进度管理”中的相关内容。

参考答案

【问题 1】

网络图中粗箭头标明了项目的关键路径，按活动的最早开始时间、最早结束时间、最晚开始时间和最晚结束时间的定义，把它们计算出来后，直接标在了网络图上。

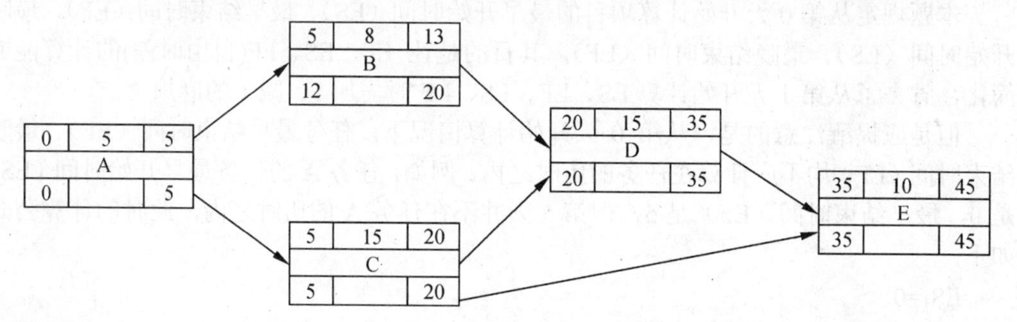

【问题 2】

1．关键路径为 A-C-D-E;

2．总工期=5＋15＋15＋10=45 个工作日，因此网络工程不能在 40 个工作日内完成;

工作 B：总时差 ＝7

　　　　自由时差 ＝7

工作 C：总时差 ＝0

　　　　自由时差 ＝0

【问题 3】

1．赶工，缩短关键路径上的工作历时;

2．或采用并行施工方法以压缩工期（或快速跟进）;

3．追加资源;

4．改进方法和技术;

5．缩减活动范围;

6．使用高素质的资源或经验更丰富人员。

试题三（15 分）

阅读下列说明，针对项目的质量管理，回答问题 1 至问题 3。将解答填入答题纸的对应栏内。

【说明】

某系统集成公司在2007年6月通过招投标得到了某市滨海新区电子政务一期工程项目，该项目由小李负责，一期工程的任务包括政府网站以及政务网网络系统的建设，工期为 6 个月。

因滨海新区政务网的网络系统架构复杂，为了赶工期项目组省掉了一些环节和工作，虽然最后通过验收，但却给后续的售后服务带来很大的麻烦：为了解决项目网络出现的问题，售后服务部的技术人员要到现场逐个环节查遍网络，绘出网络的实际连接图才能找到问题的所在。售后服务部感到对系统进行支持有帮助的资料就只有政府网站的网页 HTML 文档及其内嵌代码。

【问题 1】（5 分）

请简要分析造成该项目售后存在问题的主要原因。

【问题 2】（6 分）

针对该项目，请简要说明在项目建设时可能采取的质量控制方法或工具。

【问题 3】（4 分）

请指出，为了保障小李顺利实施项目质量管理，公司管理层应提供哪些方面的支持。

试题三分析

本题考的是有关项目质量管理理论和实践，主要涉及的是质量保证和质量控制方面的内容。在本案例的项目实施过程中没有遵循项目管理的标准和流程、没有严格把关项目质量、项目人力资源不足，以至于为了赶工期而省掉了一些环节和工作，没有为项目的日后维护留下充足的资料。虽然满足了项目进度要求，但忽略了因项目质量而导致后期维护成本的增加，对公司效益和形象造成了双重不利影响。

在实际项目过程中，很多时候我们处于时间紧、任务重、工作量大的局面。在项目质量管理过程中，只要我们能够合理调配人员，制定合理的计划来控制项目质量和进度，同时使用一些基本项目管理工具与技术来管理项目资产，就能够保证项目高质量地完成，同时还可给项目后期维护提供保证。然而在项目实施过程中，却出现了类似于本案例中所描述的一些问题，影响了项目质量。项目质量不能满足客户要求，即使进度再快，也会给客户和后期维护带来诸多负面影响。分析本案例步骤如下。

【问题 1】

要求考生分析项目售后出现问题的主要原因。同样地，要从题目的说明中去找线索，这些线索如下：

“为了赶工期项目组省掉了一些环节和工作”，这说明可能牺牲了一些必要的质量管理的环节和手段，可能存在以牺牲质量换取进度的行为。

“售后服务部的技术人员要到现场逐个环节查遍网络”，说明至少缺乏“结构化布线施工图”、“竣工图”、“连线表”、“网络拓扑图”等配套文档。

“对系统进行支持有帮助的资料就只有政府网站的网页 HTML 文档及其内嵌代码”，这也说明缺乏和网页及代码配套的设计文档。

【问题 2】

请考生简要说明在项目建设时可能采取的质量控制方法或工具。考生可参看《系统集成项目管理工程师教程》第 10 章“项目质量管理”的 10.4 节“项目质量控制”，可得到相应的启迪和启发。

【问题 3】

问的是公司管理层应提供哪些方面的支持，保障实施项目的质量，不仅仅是项目经理和项目团队的事，也是公司和公司管理层的事，一个建立了质量管理体系的组织会给项目经理管理项目的质量带来极大的帮助。

参考答案

【问题 1】

1．没有遵循项目管理的标准和流程；

2．没有按照要求生成项目中间交付物，文档不齐、太简单（或文档管理不善）；

3．项目中间的控制环节缺失，没有进行必要的测试或评审；

4．设计环节不完善，缺少施工图和连线图，或竣工图与施工图不符且没有提交存档；

5．对项目售后的需求考虑不周。

【问题 2】

1．检查；

2．测试；

3．评审；

4．因果图，或鱼刺图、石川图、NASHIKAWA 图；

5．流程图；

6．帕累托图，或 PARETO 图。

【问题 3】

1．制定公司质量管理方针；

2．选择质量标准或制定质量要求；

3．制定质量控制流程；

4．提出质量保证所采取的方法和技术（或工具）；

5．提供相应的资源。

试题四（15 分）

阅读下面叙述，回答问题 1 至问题 3，将解答填入答题纸的对应栏内。

【说明】

H 公司是一家专门从事 ERP 系统研发和实施的 IT 企业，目前该公司正在进行的一个项目是为某大型生产单位（甲方）研发 ERP 系统。

H 公司同甲方关系比较密切，但也正因为如此，合同签得较为简单，项目执行较为随意。同时甲方组织架构较为复杂，项目需求来源多样而且经常发生变化，项目范围和进度经常要进行临时调整。

经过项目组的艰苦努力，系统总算能够进入试运行阶段，但是由于各种因素，甲方并不太愿意进行正式验收，至今项目也未能结项。

【问题 1】（6 分）

请从项目管理角度，简要分析该项目“未能结项”的可能原因。

【问题 2】（5 分）

针对该项目现状，请简要说明为了促使该项目进行验收，可采取哪些措施。

【问题 3】（4 分）

为了避免以后出现类似情况，请简要叙述公司应采取哪些有效的管理手段。

试题四分析

本题以一个典型的ERP项目不能顺利结项为核心问题，考查考生处理项目收尾的实际经验。本题综合了项目合同管理、过程控制和沟通管理。在项目管理的实际工作中导致项目未能结项的原因很多，例如合同简单、“项目目标、质量、工期和验收标准的规定不明确”、项目需求不确定、项目范围和进度变更频繁、从项目立项到项目收尾都没有一个清晰的流程和标准来管理项目的开发过程、缺乏严格的项目管理与控制等等都有可能最终导致项目不能正式验收。具体分析如下。

【问题 1】

要求分析该项目“未能结项”的可能原因。从本题的说明中可知可能的原因如下：

“H 公司同甲方关系比较密切”、“合同签得较为简单”，说明合同订得不详细，可能为项目的实施带来冲突和风险。

“项目执行较为随意”，说明项目的执行不规范。

“项目需求来源多样而且经常发生变化”，说明需求分析存在问题，需求管理可能不规范。

“项目范围和进度经常要进行临时调整”，说明范围和进度管理可能存在问题。

也可能在该项目执行过程中未能进行及时有效的沟通，用户对项目阶段性成果缺乏认可，故不可能对项目进行终验。

综合以上分析，“甲方并不太愿意进行正式验收”也就可以理解了。

【问题 2】

要求说明促使该项目进行验收可采取的措施，例如通过沟通手段，使双方对需求、范围、进度、质量、验收标准和验收方法步骤等达成一致。考生可认真查阅《系统集成项目管理工程师教程》第 19 章“项目收尾管理”的有关内容。

【问题 3】

要求考生回答公司应采取哪些有效的管理手段以使项目顺利结项，考生应结合问题 1 的分析，给出公司应采取的“亡羊补牢”管理手段。

考生应针对该企业在项目合同管理、过程控制和项目沟通管理等方面存在的问题，总结归纳经验教训。

参考答案

【问题 1】

1．对项目的风险认识不足；

2．合同中可能未对工期、质量和项目目标等关键问题进行约束；

3．未能进行有效的需求调研或需求分析不全面；

4．未能进行有效的项目（整体）变更控制；

5．项目执行过程中未能进行及时有效的沟通（或建立有效的沟通机制）。

【问题 2】

1．请求公司的管理层出面去与甲方协调；

2．重新确认需求并获得各方认可；

3．和甲方明确合同以及双方确认的补充协议等，包括修改后的范围、进度和质量方面的文件等，作为验收标准；

4．准备好相应的项目结项文档，向甲方提交。

【问题 3】

1．要在合同评审阶段参与评审，在合同中明确相应的项目目标和进度；

2．需求调查和需求变更要有清楚的文档和会议纪要；

3．及时与甲方进行沟通，必要时请求公司管理层的支援；

4．阶段验收前，文档要齐全，阶段目标要保证实现，后期目标调整要有承诺；

5．引入监理机制；

6．做好有效的变更控制。

试题五（15 分）

阅读下列说明，回答问题 1 至问题 3。将解答填入答题纸的对应栏内。

【说明】

小赵是一位优秀的软件设计师，负责过多项系统集成项目的应用开发，现在公司因人手紧张，让他作为项目经理独自管理一个类似的项目，他使用瀑布模型来管理该项目的全生命周期，如下所示：

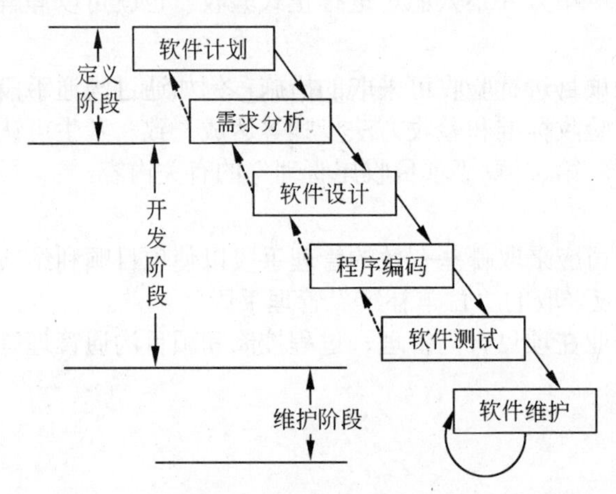

项目进行到实施阶段，小赵发现在系统定义阶段所制定的项目计划估计不准，实施阶段有许多原先没有估计到的任务现在都冒了出来。项目工期因而一再延期，成本也一直超出。

【问题 1】（6 分）

根据项目存在的问题，请简要分析小赵在项目整体管理方面可能存在的问题。

【问题 2】（6 分）

（1）请简要叙述瀑布模型的优缺点。

（2）请简要叙述其他模型如何弥补瀑布模型的不足。

【问题3】（3分）

针对本案例，请简要说明项目进入实施阶段时，项目经理小赵应该完成的项目文档工作。

试题五分析

本题考的是项目经理对项目生命周期的划分方法，以及各种生命周期模型的优缺点。

【问题1】

要求分析出项目经理在项目整体管理方面可能存在的问题。则考生应当灵活运用项目整体管理的知识，结合项目的渐进明细特点，例如使用滚动波浪式方法来管理项目的整体和全局，这样的话在系统设计阶段除完成系统设计的技术工作外，也应该对项目的初始计划进行优化和细化。例如说明中提到小赵是一位优秀的软件设计师，虽然具有较多开发经验，但作为项目经理是第一次，缺乏项目管理经验，造成项目工期一再延期，成本也一直超出，说明其可能过于关注各阶段内的具体工作、关注技术工作，而忽视了管理活动甚至项目的整体监控和协调。

再如项目进行到实施阶段，小赵发现在系统定义阶段所制定的项目计划估计不准，实施阶段有许多原先没有估计到的任务现在都冒了出来，说明需求分析和项目计划的结果不足以指导后续工作，同时项目技术工作的生命周期未按时间顺序与管理工作的生命周期统一协调起来。

【问题2】

要求考生熟悉瀑布模型的优缺点，并给出弥补此种模型不足的办法。考生可查阅《系统集成项目管理工程师教程》3.2节“信息系统建设”、3.3节“软件工程”以及4.4节“典型的信息系统项目的生命周期模型”中的相关内容。

【问题3】

考查项目的文档管理，要求说明项目进入实施阶段时项目经理应该完成的项目文档工作。考生可根据自己的实际经验，给出实施阶段要完成提交的项目文档及其工作。

参考答案

【问题1】

1．系统定义不够充分（需求分析和项目计划的结果不足以指导后续工作）；

2．过于关注各阶段内的具体技术工作，忽视了项目的整体监控和协调；

3．过于关注技术工作，而忽视了管理活动；

4．项目技术工作的生命周期未按时间顺序与管理工作的生命周期统一协调起来。

【问题2】

1．瀑布模型的优点：阶段划分次序清晰，各阶段人员的职责规范、明确，便于前后活动的衔接，有利于活动重用和管理。

瀑布模型的缺点：是一种理想的线性开发模式，缺乏灵活性（或风险分析），无法解决需求不明确或不准确的问题。

2．原型化模型（演化模型），用于解决需求不明确的情况。

螺旋模型，强调风险分析，特别适合庞大而复杂的、高风险的系统。

【问题3】

需求分析与需求分析说明书；验收测试计划（或需求确认计划）；

系统设计说明书；系统设计工作报告；系统测试计划或设计验证计划；

详细的项目计划；单元测试用例及测试计划；编码后经过测试的代码；

测试工作报告；项目监控文档如周例会纪要等。

第15章　2009下半年系统集成项目管理工程师上午试题分析与解答

试题（1）

国家信息化体系包括6个要素，这6个要素的关系如下图所示，其中①的位置应该是（1）。

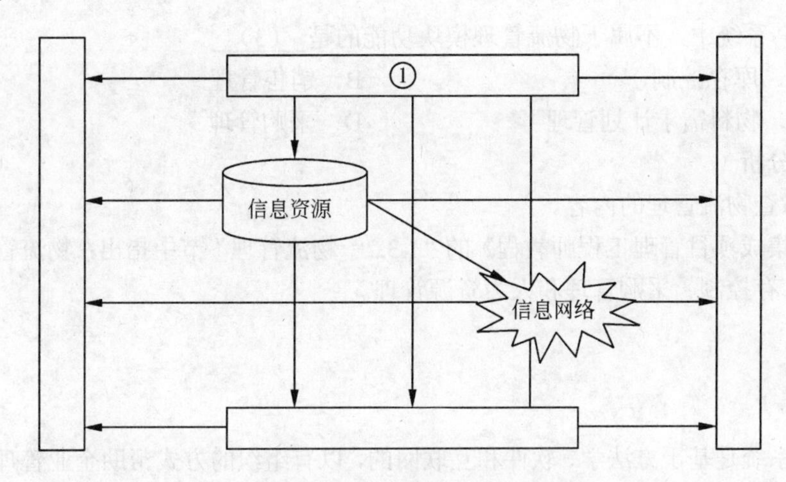

国家信息化6要素关系图

（1）A．信息化人才　　　　　　B．信息技术应用
　　C．信息技术和产业　　　　D．信息化政策法规和标准规范

试题（1）分析

本题考查国家信息化体系的构成。

《系统集成项目管理工程师教程》的"1.1.3　国家信息化体系要素"节中指出：国家信息化体系包括信息技术应用、信息资源、信息网络、信息技术和产业、信息化人才、信息化法规政策和标准规范6个要素，这6个要素按照上图所示的关系构成了一个有机的整体。

参考答案

（1）B

试题（2）

（2）不属于供应链系统设计的原则。

（2）A．分析市场需求和竞争环境　　B．自顶向下和自底向上相结合
　　C．简洁　　D．取长补短

试题（2）分析

本题考查供应链系统设计的原则。

《系统集成项目管理工程师教程》的"1.3.4　供应链管理的设计"节中指出：供应链系统设计的原则包括自顶向下和自底向上相结合、简洁性原则、取长补短原则、动态性原则、合作性原则、创新性原则、战略性原则。

参考答案

（2）A

试题（3）

在 ERP 系统中，不属于物流管理模块功能的是__（3）__。

（3）A．库存控制　　B．销售管理
　　C．物料需求计划管理　　D．采购管理

试题（3）分析

本题考查物流管理的内容。

《系统集成项目管理工程师教程》的"1.3.2　物流管理"节中指出：物流管理包括销售管理、库存控制、采购管理和人力资源管理。

参考答案

（3）C

试题（4）

CRM 系统是基于方法学、软件和互联网的，以有组织的方式帮助企业管理客户关系的信息系统。__（4）__准确地说明了 CRM 的定位。

（4）A．CRM 在注重提高客户的满意度的同时，一定要把帮助企业提高获取利润的能力作为重要指标
　　B．CRM 有一个统一的以客户为中心的数据库，以方便对客户信息进行全方位的统一管理
　　C．CRM 能够提供销售、客户服务和营销三个业务的自动化工具，具有整合各种客户联系渠道的能力
　　D．CRM 系统应该具有良好的可扩展性和可复用性，并把客户数据可以分为描述性、促销性和交易性数据三大类

试题（4）分析

本题考查 CRM 的定义问题。

《系统集成项目管理工程师教程》的"1.3.3　CRM（客户关系管理）的概念和定义"节中指出：CRM 所涵盖的要素主要有：第一，CRM 以信息技术为手段，但是 CRM 绝不仅仅是某种信息技术的应用，它更是一种以客户为中心的商业策略，CRM 注重的是与

客户的交流，企业的经营是以客户为中心，而不是传统的以产品或以市场为中心。第二，CRM 在注重提高客户满意度的同时，一定要把帮助企业提高获取利润的能力作为重要指标。第三，CRM 的实施要求企业对其业务功能进行重新设计，并对工作流程进行重组，将业务的中心转移到客户，同时要针对不同的客户群体有重点地采取不同的策略。

参考答案

（4）A

试题（5）

__（5）__是通过对商业信息的搜集、管理和分析，使企业的各级决策者获得知识或洞察力，促使他们做出有利决策的一种技术。

（5）A．客户关系管理（CRM）　　B．办公自动化（OA）
　　C．企业资源计划（ERP）　　D．商业智能（BI）

试题（5）分析

本题考查信息化基础知识中的几个基本概念。

《系统集成项目管理工程师教程》的“1.4　商业智能”节中指出：商业智能能够辅助组织的业务经营决策，既可以是操作层的，也可以是战术层和战略层的决策。概括地说，商业智能的实现涉及软件、硬件、咨询服务及应用，是对商业信息的搜集、管理和分析过程，目的是使企业的各级决策者获得知识或洞察力，促使他们做出对企业更有利的决策。

参考答案

（5）D

试题（6）

某一 MIS 系统项目的实施过程如下：需求分析、概要设计、详细设计、编码、单元测试、集成测试、系统测试、验收测试。那么该项目最有可能采用的是__（6）__。

（6）A．瀑布模型　　B．迭代模型　　C．V 模型　　D．螺旋模型

试题（6）分析

本题考查 V 模型的各阶段。

《系统集成项目管理工程师教程》的“4.4　典型的信息系统项目的生命周期模型”节中 V 模型示意图（图 4-14）中显示：V 模型的左边下降的是开发过程各阶段，包括需求分析、概要设计、详细设计和编码。V 模型的右边上升的是测试过程的各个阶段，包括单元测试、集成测试、系统测试和验收测试。

参考答案

（6）C

试题（7）

以质量为中心的信息系统工程控制管理工作是由 3 方分工合作实施的，这 3 方不包括__（7）__。

（7）A．主建方　　B．承建方　　C．评测单位　　D．监理单位

试题（7）分析

本题考查信息系统工程中的监理制度。

《系统集成项目管理工程师教程》的第 2 章“信息系统服务管理”中明确指出：以质量为中心的信息系统工程的控制管理工作由建设单位（主建方）、集成单位（承建单位）和监理单位分工合作实施。

参考答案

（7）C

试题（8）

典型的信息系统项目开发的过程为：需求分析、概要设计、详细设计、程序设计、调试与测试、系统安装与部署。＿（8）＿阶段拟定了系统的目标、范围和要求。

（8）A．概要设计　　B．需求分析　　C．详细设计　　D．程序设计

试题（8）分析

本题考查软件工程的知识。

需求分析阶段要确定对系统的综合要求、功能要求和性能要求等。而概要设计、详细设计均是对系统的具体设计方案的分析。程序设计即为编码过程。

参考答案

（8）B

试题（9）

常用的信息系统开发方法中，不包括＿（9）＿。

（9）A．结构化方法　　B．关系方法　　C．原型法　　D．面向对象方法

试题（9）分析

本题考查信息系统的开发方法。

《系统集成项目管理工程师教程》的“3.2.2　信息系统开发方法”节中指出：目前常用的开发方法有结构化方法、原型法和面向对象法。

参考答案

（9）B

试题（10）

应用已有软件的各种资产构造新的软件，以缩减软件开发和维护的费用，称为＿（10）＿。

（10）A．软件继承　　B．软件利用　　C．软件复用　　D．软件复制

试题（10）分析

本题考查软件复用的定义。

《系统集成项目管理工程师教程》的“3.3.3　软件复用”节中指出：软件复用是指利用已有软件的各种有关知识构造新的软件，以缩减软件开发和维护的费用。

参考答案

（10）C

试题（11）

在软件生命周期中，能准确地确定软件系统必须做什么和必须具备哪些功能的阶段是__（11）__。

（11）A．概要设计　B．详细设计　C．可行性分析　D．需求分析

试题（11）分析

本题考查软件工程中软件各个生命周期的作用。

软件生命周期可分为可行性分析、需求分析、概要设计、详细设计、编码和单元测试、综合测试、软件维护等阶段。其中在需求分析阶段要确定为解决该问题，目标系统要具备哪些功能；可行性分析阶段要确定问题有无可行的解决方案，是否值得解决；概要设计阶段制定出实现该系统的详细计划；详细设计阶段就是把问题的求解具体化，设计出程序的详细规格说明。

参考答案

（11）D

试题（12）

在我国的标准化代号中，属于推荐性国家标准代号的是__（12）__。

（12）A．GB　B．GB/T　C．GB/Z　D．GJB

试题（12）分析

本题考查我国标准的代号和名称。

《系统集成项目管理工程师教程》的“21.5.6　我国标准的代号和名称”节中指出：强制性国家标准代号为 GB，推荐性国家标准代号为 GB/T，国家标准指导性技术文件代号为 GB/Z，国军标代号为 GJB。

参考答案

（12）B

试题（13）

下列关于《软件文档管理指南　GB/T 16680—1996》的描述，正确的是__（13）__。

（13）A．该标准规定了软件文档分为：开发文档、产品文档和管理文档

B．该标准给出了软件项目开发过程中编制软件需求说明书的详细指导

C．该标准规定了在制定软件质量保证计划时应遵循的统一的基本要求

D．该标准给出了软件完整生存周期中所涉及的各个过程的一个完整集合

试题（13）分析

软件的整个生命周期都要求编制文档，文档是管理项目和软件的基础。本标准回答下列问题：如何编制文档？文档编制有哪些编制指南？如何定制文档编制计划？如何确

定文档管理的各个过程？文档管理需要哪些资源？

从这些问题可以看出，该标准是对整个软件生命周期各个文档在宏观上的把握，而不是对某一个文档的标准进行管理。

参考答案

（13）A

试题（14）

有关信息系统集成的说法错误的是__（14）__。

（14）A．信息系统集成项目要以满足客户和用户的需求为根本出发点

B．信息系统集成包括设备系统集成和管理系统集成

C．信息系统集成包括技术、管理和商务等各项工作，是一项综合性的系统工程

D．系统集成是指将计算机软件、硬件、网络通信等技术和产品集成为能够满足用户特定需求的信息系统

试题（14）分析

本题考查信息系统集成的概念及特点。

《系统集成项目管理工程师教程》的第3章中说明了信息系统集成有以下几个特点：

（1）信息系统集成要以满足用户需求为根本出发点。

（2）信息系统集成不只是设备选择和供应，更重要的是，它是具有高技术含量的工程过程，要面向需求提供全面解决方案，其核心是软件。

（3）系统集成的最终交付物是一个完整的系统，而不是一个分立的产品。

（4）系统集成包括技术、管理和商务等各项工作，是一项综合性的工程。

《系统集成项目管理工程师教程》将信息系统集成的概念定义为：系统集成是指将计算机软件、硬件、网络通信等技术和产品集成为能够满足用户特定需求的信息系统。主要包括设备系统集成和应用系统集成。

参考答案

（14）B

试题（15）

关于UML，错误的说法是__（15）__。

（15）A．UML是一种可视化的程序设计语言

B．UML不是过程，也不是方法，但允许任何一种过程和方法使用

C．UML简单且可扩展

D．UML是面向对象分析与设计的一种标准表示

试题（15）分析

本题考查UML的概念及其语言的特征。

《系统集成项目管理工程师教程》的“3.4.2　可视化建模与统一建模语言”节中指

出：UML 是一个通用的可视化建模语言，它是面向对象分析和设计的一种标准化表示，用于对软件进行描述、可视化处理、构造和建立软件系统的文档。UML 具有如下语言特征：

（1）UML 不是一种可视化的程序设计语言，而是一种可视化的建模语言。

（2）UML 是一种建模语言规范说明，是面向对象分析与设计的一种标准表示。

（3）UML 不是过程，也不是方法，但允许任何一种过程和方法使用它。

（4）简单并且可扩展，具有扩展和专有化机制，便于扩展，无须对核心概念进行修改。

（5）为面向对象的设计与开发中涌现出的高级概念（如协作、框架、模式和组件）提高支持，强调在软件开发中对架构、框架、模式和组件的重用。

（6）与最好的软件工程实践经验集成。

参考答案

（15）A

试题（16）

在 UML 中，动态行为描述了系统随时间变化的行为，下面不属于动态行为视图的是<u>（16）</u>。

（16）A．状态机视图　　B．实现视图　　C．交互视图　　D．活动视图

试题（16）分析

本题考查动态行为视图的种类。

《系统集成项目管理工程师教程》的“3.4.2　可视化建模与统一建模语言”节中指出：UML 视图的最上层分成结构、动态行为和模型管理 3 个视图域。其中动态行为视图包括状态机视图、活动视图和交互视图。

参考答案

（16）B

试题（17）、（18）

面向对象中的<u>（17）</u>机制是对现实世界中遗传现象的模拟。通过该机制，基类的属性和方法被遗传给派生类；<u>（18）</u>是指把数据以及操作数据的相关方法组合在同一单元中，这样可以把类作为软件复用中的基本单元，提高内聚度，降低耦合度。

（17）A．复用　　B．消息　　C．继承　　D．变异

（18）A．多态　　B．封装　　C．抽象　　D．接口

试题（17）、（18）分析

本题考查面向对象的基本知识。

根据《系统集成项目管理工程师教程》的“3.4.1　面向对象的基本概念”节中的内容即可判断本题目的正确答案。

参考答案

（17）C　（18）B

试题（19）

在进行网络规划时，要遵循统一的通信协议标准。网络架构和通信协议应该选择广泛使用的国际标准和事实上的工业标准，这属于网络规划的__（19）__。

（19）A．实用性原则　　B．开放性原则

C．先进性原则　　D．可扩展性原则

试题（19）分析

本题考查开放性原则的定义。

《系统集成项目管理工程师教程》的"3.7.11　网络规划、设计及实施原则"节中指出：网络规划原则包括实用性原则、开放性原则以及先进性原则。开放性原则是指网络必须制定全国统一的网络构架，并遵循统一的通信协议标准。网络构架和通信协议应该选择广泛使用的国际工业标准，使得网络成为一个完全开放式的网络计算环境。开放性原则包括开发标准、开发技术、开发结构、开发系统组件和开发用户接口。

参考答案

（19）B

试题（20）

DNS 服务器的功能是将域名转换为__（20）__。

（20）A．IP 地址　　B．传输地址　　C．子网地址　　D．MAC 地址

试题（20）分析

本题考查网络基本知识。

全球计算机是靠 IP 地址进行唯一标识的，由于 IP 地址比较难于记忆，人们更习惯用域名来记忆。而域名服务就是实现将域名转换为 IP 地址的功能。

参考答案

（20）A

试题（21）

目前，综合布线领域广泛遵循的标准是__（21）__。

（21）A．GB/T 50311—2000　　B．TIA/EIA 568 D

C．TIA/EIA 568 A　　D．TIA/EIA 570

试题（21）分析

本题考查综合布线领域广泛遵循的标准。

《系统集成项目管理工程师教程》的"3.7.10　综合布线、机房工程"节中指出：目前在综合布线领域被广泛遵循的标准是 TIA/EIA 568A。

参考答案

（21）C

试题（22）

以下关于接入 Internet 的叙述，__（22）__是不正确的。

（22）A．以终端的方式入网，需要一个动态的 IP 地址

B．通过 PPP 拨号方式接入，可以有一个动态的 IP 地址

C．通过 LAN 接入，可以有固定的 IP 地址，也可以用动态分配的 IP 地址

D．通过代理服务器接入，多个主机可以共享 1 个 IP 地址

试题（22）分析

本题考查网络基本知识中的 Internet 接入技术。

在接入 Internet 有终端方式和局域网方式，二者都可以使用固定的 IP 地址，也可以使用动态的地址。

参考答案

（22）A

试题（23）

__（23）__是将存储设备与服务器直接连接的存储模式。

（23）A．DAS　　B．NAS　　C．SAN　　D．SCSI

试题（23）分析

本题考查网络存储模式。

《系统集成项目管理工程师教程》的“3.7.7　网络存储模式”节中指出：现有的三大存储模式包括 DAS、NAS 和 SAN。其中 DAS 是存储器与服务器的直接连接；NAS 是将存储设备通过标准的网络拓扑结构（如以太网）连接到一系列计算机上；SAN 是采用高速的光纤通道作为传输介质的网络存储技术。

参考答案

（23）A

试题（24）

电子商务安全要求的 4 个方面是__（24）__。

（24）A．传输的高效性、数据的完整性、交易各方的身份认证和交易的不可抵赖性

B．存储的安全性、传输的高效性、数据的完整性和交易各方的身份认证

C．传输的安全性、数据的完整性、交易各方的身份认证和交易的不可抵赖性

D．存储的安全性、传输的高效性、数据的完整性和交易的不可抵赖性

试题（24）分析

现代电子商务是指使用基于因特网的现代信息技术工具和在线支付方式进行商务活动。电子商务安全要求包括 4 个方面：

（1）数据传输的安全性。对数据传输的安全性要求在网络传送的数据不被第三方窃取。

（2）数据的完整性。对数据的完整性要求是指数据在传输过程中不被篡改。

（3）身份验证。确认双方的账户信息是否真实有效。

（4）交易的不可抵赖性。保证交易发生纠纷时有所对证。

参考答案

（24）C

试题（25）

应用数据完整性机制可以防止＿（25）＿。

（25）A．假冒源地址或用户地址的欺骗攻击　　B．抵赖做过信息的递交行为

C．数据中途被攻击者窃听获取　　D．数据在途中被攻击者篡改或破坏

试题（25）分析

现代电子商务是指使用基于因特网的现代信息技术工具和在线支付方式进行商务活动。电子商务安全要求包括 4 个方面：

（1）数据传输的安全性。对数据传输的安全性要求在网络传送的数据不被第三方窃取。

（2）数据的完整性。对数据的完整性要求是指数据在传输过程中不被篡改。

（3）身份验证。确认双方的账户信息是否真实有效。

（4）交易的不可抵赖性。保证交易发生纠纷时有所对证。

参考答案

（25）D

试题（26）

应用系统运行中涉及的安全和保密层次包括 4 层，这 4 个层次按粒度从粗到细的排列顺序是＿（26）＿。

（26）A．数据域安全、功能性安全、资源访问安全、系统级安全

B．数据域安全、资源访问安全、功能性安全、系统级安全

C．系统级安全、资源访问安全、功能性安全、数据域安全

D．系统级安全、功能性安全、资源访问安全、数据域安全

试题（26）分析

本题考查系统安全问题。

《系统集成项目管理工程师教程》的“17.5.2　应用系统运行中的安全管理”节中系统运行安全与保密的层次构成中指出：应用系统运行中涉及的安全和保密层次，按照粒度从粗到细的排序是系统级安全、资源访问安全、功能性安全和数据域安全。

参考答案

（26）C

试题（27）

为了确保系统运行的安全，针对用户管理，下列做法不妥当的是＿（27）＿。

（27）A．建立用户身份识别与验证机制，防止非法用户进入应用系统

B．用户权限的分配应遵循“最小特权”原则

C．用户密码应严格保密，并定时更新

D．为了防止重要密码丢失，把密码记录在纸质介质上

试题（27）分析

本题考查用户管理制度。

《系统集成项目管理工程师教程》的“17.5.2　应用系统运行中的安全管理”节中指出：系统运行的安全管理中关于用户管理制度的内容包括建立用户身份识别与验证机制，防止非法用户进入应用系统；对用户及其权限的设定进行严格管理，用户权限的分配遵循“最小特权”原则；用户密码应严格保密，并及时更新；重要用户密码应密封交安全管理员保管，人员调离时应及时修改相关密码和口令。

参考答案

（27）D

试题（28）

下面关于数据仓库的叙述，错误的是<u>（28）</u>。

（28）A．在数据仓库的结构中，数据源是数据仓库系统的基础

B．数据的存储与管理是整个数据仓库系统的核心

C．数据仓库前端分析工具中包括报表工具

D．数据仓库中间层 OLAP 服务器只能采用关系型 OLAP

试题（28）分析

本题考查数据仓库的系统结构。

《系统集成项目管理工程师教程》的“3.6.1　数据库与数据仓库技术”节中指出：在数据仓库的结构中，数据源是数据仓库系统的基础，通常包括企业内部信息和外部信息。数据的存储与管理是整个数据仓库系统的核心。OLAP 服务器对分析需要的数据进行有效集成，按多维模型组织，以便进行多角度、多层次的分析，并发现趋势。具体实现可以分为 ROLAP、MOLAP 和 HOLAP。数据仓库的前端工具主要包括各种报表工具、查询工具、数据分析工具、数据挖掘工具以及各种基于数据仓库的应用开发工具。

参考答案

（28）D

试题（29）

以下<u>（29）</u>是 SOA 概念的一种实现。

（29）A．DCOM　　B．J2EE　　C．Web Service　　D．WWW

试题（29）分析

本题考查几种典型的应用集成技术。

《系统集成项目管理工程师教程》的“3.6　典型应用集成技术”节中指出：Web Service 服务的典型技术包括用于传递信息的简单对象访问协议 SOAP，用于描述服务的 Web 服务描述语言 WSDL，用于 Web 服务注册的统一描述，发现及集成 UDDI，用于数据交换的 XML。

参考答案

（29）C

试题（30）

在.NET 架构中，＿（30）＿给开发人员提供了一个统一的、面向对象的、层次化的、可扩展的编程接口。

（30）A．通用语言规范　　B．基础类库

C．通用语言运行环境　　D．ADO.NET

试题（30）分析

本题考查基础类库的概念。

《系统集成项目管理工程师教程》的“3.6.3　J2EE、.NET 架构”节中关于.NET 架构的介绍中指出：基础类库给开发人员提供了一个统一的、面向对象的、层次化的、可扩展的编程接口，使开发人员能够高效、快速地构建基于下一代因特网的网络应用。

参考答案

（30）B

试题（31）

在＿（31）＿中，项目经理权限最大。

（31）A．职能型组织　　B．弱矩阵型组织

C．强矩阵型组织　　D．项目型组织

试题（31）分析

本题考查项目管理中的“项目的组织方式”。

《系统集成项目管理工程师教程》的“4.2.3　组织结构”节中在对比组织结构对项目的影响时列表指出：项目经理的权力在职能型组织中权力很小或没有；在矩阵型组织中权力有限或者权力中等；而在项目型组织中权力很大或者全权负责。

参考答案

（31）D

试题（32）

下列选项中，不属于项目建议书核心内容的是＿（32）＿。

（32）A．项目的必要性　　B．项目的市场预测

C．产品方案或服务的市场预测　　D．风险因素及对策

试题（32）分析

本题考查立项管理。

《系统集成项目管理工程师教程》的“5.1.2　项目建议书”节中指出：项目建议书的内容包括项目的必要性、项目的市场预测、产品方案或服务的市场预测、项目建设必需的条件。

参考答案

（32）D

试题（33）

以下关于投标文件送达的叙述，＿（33）＿是错误的。

（33）A．投标人必须按照招标文件规定的地点、在规定的时间内送达投标文件

B．投递投标书的方式最好是直接送达或委托代理人送达，以便获得招标机构已收到投标书的回执

C．如果以邮寄方式送达的，投标人应保证投标文件能够在截止日期之前投递即可

D．招标人收到标书以后应当签收，在开标前不得开启

试题（33）分析

本题考查项目采购管理中的投标注意事项。

《招标投标法》规定：投标人应当在招标文件要求提交投标文件的截止时间前，将投标文件送达投标地点。招标人收到投标文件后，应当签收保存，不得开启。

投标人必须按照招标文件规定的地点，在规定的时间内送达投标文件。投递投标书的方式最好是直接送达或者委托代理人送达，以便获得招标机构已收到投标书的回执。

如果以邮寄方式送达的，投标人必须留出邮寄的时间，保证投标文件能够在截止日之前送达招标人指定的地点，而不是以“邮戳为准”。

参考答案

（33）C

试题（34）

某单位要对一个网络集成项目进行招标，由于现场答辩环节没有一个定量的标准，相关负责人在制定该项评分细则时规定本项满分为 10 分，但是评委的打分不得低于 5 分。这一规定反映了制定招标评分标准时＿（34）＿。

（34）A．以客观事实为依据　　B．得分应能明显分出高低

C．严格控制自由裁量权　　D．评分标准应便于评审

试题（34）分析

本题考查制定招标文件时的注意事项。

《系统集成项目管理工程师教程》的“5.2.3　项目招标”节中说明的制定招标评分标准的注意事项：（1）以客观事实为依据。（2）严格控制自由裁量权。（3）得分应能明显分出高低。（4）执行国家规定，体现国家政策。（5）评分标准应便于评审。（6）细则横向比较。本题中明显不符合“严格控制自由裁量权”一条。

参考答案

（34）C

试题（35）

不属于活动资源估算输出的是＿（35）＿。

（35）A．活动属性　　B．资源分解结构　　C．请求的变更　　D．活动清单

试题（35）分析

本题考查项目进度管理中的活动资源估算。

《系统集成项目管理工程师教程》的“8.4.4　活动资源估算的输出”节中指出：活动资源估算的输出包括活动资源要求、活动属性、资源分解结构、资源日历和请求的变更。而“活动清单”属于活动资源估算的输入。

参考答案

（35）D

试题（36）

某项目中有两个活动单元：活动一和活动二，其中活动一开始后活动二才能开始。能正确表示这两个活动之间依赖关系的前导图是＿（36）＿。

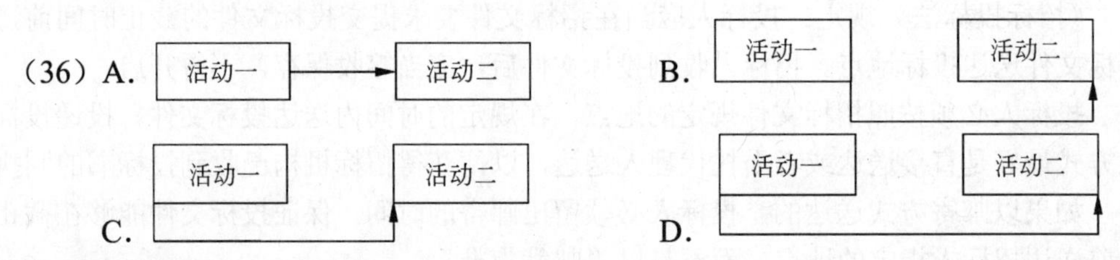

试题（36）分析

本题考查对活动排序技术和方法的理解。

《系统集成项目管理工程师教程》的“8.3.2　活动排序所采用的主要方法和技术”节中介绍了前导图的含义及使用方法。

参考答案

（36）C

试题（37）、（38）

A 公司的某项目即将开始，项目经理估计该项目 10 天即可完成，如果出现问题耽搁了也不会超过 20 天完成，最快 6 天即可完成。根据项目历时估计中的 3 点估算法，你认为该项目的历时为＿（37）＿，该项目历时的估算方差为＿（38）＿。

（37）A. 10 天　　B. 11 天　　C. 12 天　　D. 13 天

（38）A. 2.1 天　　B. 2.2 天　　C. 2.3 天　　D. 2.4 天

试题（37）、（38）分析

本题考查对项目进度中活动历时估算的掌握。

根据《系统集成项目管理工程师教程》的“8.5.2　活动历时估算所采用的主要方法和技术”节所介绍的三点估算法：

活动的历时=（最乐观历时+4×最可能历时+最悲观历时）/6

=（6+10×4+20）/6=66/6=11

活动历时方差=（最悲观历时–最乐观历时）/6=（20–6）/6=2.3

参考答案

（37）B （38）C

试题（39）

项目人力资源计划编制完成以后，不能得到的是__（39）__。

（39）A．角色和职责的分配 B．项目的组织结构图

C．人员配置管理计划 D．项目团队成员的人际关系

试题（39）分析

本题考查人力资源计划的内容。

《系统集成项目管理工程师教程》的第11章“项目人力资源计划编制的输出”中指出：人力资源计划应该包括但不限于以下内容：角色和职位的分配、项目的组织结构图、人员配备管理计划。

参考答案

（39）D

试题（40）

公司要求项目团队中的成员能够清晰地看到与自己相关的所有活动以及和某个活动相关的所有成员。项目经理在编制该项目人力资源计划时应该选用的组织结构图类型是__（40）__。

（40）A．层次结构图 B．矩阵图 C．树形图 D．文本格式描述

试题（40）分析

本题考查矩阵图的应用。

《系统集成项目管理工程师教程》的“11.2.1 项目组织结构图”节中指出：层次结构图、责任分配矩阵和文本格式是常用的描述项目角色和职责的结构图。其中，责任矩阵图是反映团队成员个人与其承担的工作之间联系的最直观方法。

参考答案

（40）B

试题（41）

一些公司为了满足公司员工社会交往的需要会经常组织一些聚会和社会活动，还为没有住房的员工提供住处。这种激励员工的理论属于__（41）__。

（41）A．赫茨伯格的双因素理论 B．马斯洛需要层次理论

C．期望理论 D．X理论和Y理论

试题（41）分析

本题考查马斯洛需要层次理论的内容。

《系统集成项目管理工程师教程》的“11.3.2 现代激励理论体系和基本概念”节中指出：典型的激励理论有马斯洛需要层次理论、赫茨伯格的双因素理论和期望理论。其中马斯洛需要层次理论是一个5层的金字塔结构。该理论以金字塔结构形式表示人们的

行为受到一系列需求的引导和刺激，在不同的层次满足不同的需要才能达到激励的作用。生理需要、安全需求、社会交往的需要、自尊的需要和自我实现的需要是该理论的各层次。在马洛斯需要层次中，底层的4种需要，即生理、安全、社会和自尊被认为是基本的需要，而自我实现的需要是最高层次的需要。

参考答案

（41）B

试题（42）

下面关于WBS的描述，错误的是__（42）__。

（42）A．WBS是管理项目范围的基础，详细描述了项目所要完成的工作

B．WBS最底层的工作单元称为功能模块

C．树型结构图的WBS层次清晰、直观、结构性强

D．比较大的、复杂的项目一般采用列表形式的WBS表示

试题（42）分析

本题考查对工作分解结构的理解。

《系统集成项目管理工程师教程》的“7.4　创建工作分解结构”节中指出：WBS是项目管理范围的基础，详细描述了项目所要完成的工作。它的最底层工作单元称为工作包，它定义项目组织、设定项目产品的质量和规格等。WBS的表示形式有树形和列表结构。其中树形结构层次清晰、直观、结构性强，但是不容易修改；而列表结构直观性较差，但是容量大，因此常用于一些大型、复杂的项目。

参考答案

（42）B

试题（43）

__（43）__是客户等项目干系人正式验收并接收已完成的项目可交付物的过程。

（43）A．范围确认　　B．范围控制　　C．范围基准　　D．范围过程

试题（43）分析

本题考查对项目范围管理中基本概念的理解。

《系统集成项目管理工程师教程》中指出：范围确认是客户等项目干系人正式验收并接收已完成的项目可交付物的过程；范围控制是监控项目状态，如项目的工作范围状态和产品范围状态的过程，也是控制变更的过程。“范围基准”和“范围过程”根本不是一个过程。

参考答案

（43）A

试题（44）

某项目经理正在负责某政府的一个大项目，采用自下而上的估算方法进行成本估算，一般而言，项目经理首先应该__（44）__。

（44）A．确定一种计算机化的工具，帮助其实现这个过程

B．利用以前的项目成本估算来帮助其实现

C．识别并估算每一个工作包或细节最详细的活动成本

D．向这个方向的专家咨询，并将他们的建议作为估算基础

试题（44）分析

本题考查项目成本估算的步骤。

《系统集成项目管理工程师教程》的“9.3.2　项目成本估算的主要步骤”节中指出：编制项目成本估算需要进行以下 3 个主要步骤：（1）识别并分析成本的构成科目。（2）根据已识别的项目成本构成科目，估算每一科目的成本大小。（3）分析成本估算结果，找出可以相互替代的成本，协调各种成本之间的比例关系。

参考答案

（44）C

试题（45）

企业的保安费用对于项目而言属于＿（45）＿。

（45）A．可变成本　　B．固定成本　　C．间接成本　　D．直接成本

试题（45）分析

本题考查成本的类型。

《系统集成项目管理工程师教程》的“9.1.2　相关术语”节中指出：成本类型包括可变成本、固定成本、直接成本和间接成本。

- 可变成本：随着生产量、工作量或时间而变的成本，又称为变动成本。
- 固定成本：不随生产量、工作量或时间的变化而变化的非重复成本。
- 直接成本：直接可以归属于项目工作的成本，如项目团队差旅费、工资、项目使用的物料及设备使用费等。
- 间接成本：来自一般管理费用科目或几个项目共同担负的项目成本所分摊给本项目的费用，就形成了项目的间接成本，如税金、额外福利和保卫费用等。

参考答案

（45）C

试题（46）

在某项目进行的第三个月，累计计划费用是 25 万元人民币，而实际支出为 28 万元，以下关于这个项目进展的叙述，正确的是＿（46）＿。

（46）A．提供的信息不全，无法评估　　B．由于成本超支，项目面临困难

C．项目将在原预算内完成　　D．项目计划提前

试题（46）分析

本题考查项目的成本管理。

根据成本控制的方法，本题所给参数不全，无法判断是否超出预算。

参考答案

（46）A

试题（47）

德尔菲技术作为风险识别的一种方法，主要用途是＿（47）＿。

（47）A．为决策者提供图表式的决策选择次序

B．确定具体偏差出现的概率

C．有助于将决策者对风险的态度考虑进去

D．减少分析过程中的偏见，防止任何人对事件结果施加不正确的影响

试题（47）分析

本题考查德尔菲风险识别技术。

《系统集成项目管理工程师教程》的“18.3.2　用于风险识别的方法”节中指出：风险识别方法包括德尔菲技术、头脑风暴法、SWOT技术、检查表和图解技术。

德尔菲技术是众多专家就某一专题达成意见的一种方法。项目风险管理专家以匿名方式参与此项活动。主持人用问卷征询有关重要项目风险的见解，问卷的答案交回并汇总后，随即在专家中传阅，请他们进一步发表意见。此项过程进行若干轮之后，就不难得出关于主要项目风险的一致看法。德尔菲技术有助于减少数据中的偏倚，并防止任何个人对结果不适当地产生过大的影响。

参考答案

（47）D

试题（48）

＿（48）＿指通过考虑风险发生的概率及风险发生后对项目目标及其他因素的影响，对已识别风险的优先级进行评估。

（48）A．风险管理　　B．定性风险分析

C．风险控制　　D．风险应对计划编制

试题（48）分析

本题考查定性风险分析的定义。

《系统集成项目管理工程师教程》的“18.4　定性风险分析”节中指出：定性风险分析是指通过考虑风险发生的概率，风险发生后对项目目标及其他因素（即费用、进度、范围和质量风险承受度水平）的影响，对已识别风险的优先级进行评估。

参考答案

（48）B

试题（49）

风险定量分析是在不确定情况下进行决策的一种量化方法，该过程经常采用的技术有＿（49）＿。

（49）A．蒙特卡罗分析法　　B．SWOT 分析法
C．检查表分析法　　D．预测技术

试题（49）分析

本题考查定量风险分析的方法。

《系统集成项目管理工程师教程》的“18.5　定量风险分析”节中指出：风险定量分析是在不确定情况下进行决策的一种量化的方法。该项过程采用蒙特卡罗模拟与决策树分析等技术。

参考答案

（49）A

试题（50）

合同一旦签署了就具有法律约束力，除非＿（50）＿。

（50）A．一方不愿意履行义务　　B．损害社会公共利益
C．一方宣布合同无效　　D．一方由于某种原因破产

试题（50）分析

本题考查无效合同的条件。

《系统集成项目管理工程师教程》的“13.1.3　有效合同原则”节中指出：与有效合同对应，需要避免无效合同。无效合同通常需具备下列任一情形：（1）一方以欺诈、胁迫的手段订立合同。（2）恶意串通，损害国家、集体或者第三人利益。（3）以合法形式掩盖非法目的。（4）损害社会公共利益。（5）违反法律、行政法规的强制性规定。

参考答案

（50）B

试题（51）

项目合同管理不包括＿（51）＿。

（51）A．合同签订　　B．合同履行
C．合同纠纷仲裁　　D．合同档案管理

试题（51）分析

本题考查项目合同管理的内容。

《系统集成项目管理工程师教程》的“13.4.2　合同管理的主要内容”节指出：合同管理的主要内容包括合同签订管理、合同履行管理、合同变更管理和合同档案管理。

参考答案

（51）C

试题（52）

合同的内容就是当事人订立合同时的各项合同条款，下列不属于项目合同主要内容的是＿（52）＿。

（52）A．项目费用及支付方式　　B．项目干系人管理

C．违约责任　　　　　　　　D．当事人各自权力、义务

试题（52）分析

本题考查项目合同的内容。

《系统集成项目管理工程师教程》的“13.3.1　项目合同的内容”节中指出：合同的内容就是当事人订立合同时的各项合同条款。主要内容包括当事人各自权力、义务、项目费用及工程款的支付方式、项目变更和违约责任等。

参考答案

（52）B

试题（53）

承建单位有时为了获得项目可能将信息系统的作用过分夸大，使得建设单位对信息系统的预期过高。除此之外，建设单位对信息系统的期望可能会随着自己对系统的熟悉而提高。为避免此类情况的发生，在合同中清晰地规定<u>（53）</u>对双方都是有益的。

（53）A．保密约定　　B．售后服务　　C．验收标准　　D．验收时间

试题（53）分析

本题考查项目合同签订中的验收标准。

《系统集成项目管理工程师教程》的“13.3.2　项目合同签订的注意事项”节中指出：质量验收标准是一个关键指标。如果双方的验收标准不一致，就会在系统验收时产生纠纷。在某种情况下，承建单位为了获得项目，也可能将信息系统的功能过分夸大，使得建设单位对信息系统功能的预期过高。另外，建设单位对信息系统功能的预测可能会随着自己对系统的熟悉而提高标准。为避免此类情况的发生，清晰地规定质量验收标准对双方都是有益的。

参考答案

（53）C

试题（54）

为出售公司软件产品，张工为公司草拟了一份合同，其中写明“软件交付以后，买方应尽快安排付款”。经理看完后让张工重新修改，原因是<u>（54）</u>。

（54）A．没有使用国家或行业标准的合同形式

B．用语含混不清，容易引起歧义

C．名词术语使用错误

D．措辞不够书面化

试题（54）分析

本题考查签订合同中的注意事项。

根据《系统集成项目管理工程师教程》的“13.3.3　合同签订与谈判”节指出的合同签订与谈判中的注意事项，本题明显属于“用语含混不清，容易引起歧义”。

参考答案

（54）B

试题（55）

下列关于索赔的描述中，错误的是 （55） 。

（55）A．索赔必须以合同为依据

B．索赔的性质属于经济惩罚行为

C．项目发生索赔事件后，合同双方可以通过协商方式解决

D．合同索赔是规范合同行为的一种约束力和保障措施

试题（55）分析

本题考查索赔处理。

《系统集成项目管理工程师教程》的“13.5　项目合同索赔处理”节指出：索赔以合同为依据；索赔的性质属于经济补偿行为，而不是惩罚；索赔在一般情况下都可以通过协商方式友好解决。

参考答案

（55）B

试题（56）

对以下箭线图，理解正确的是（56）。

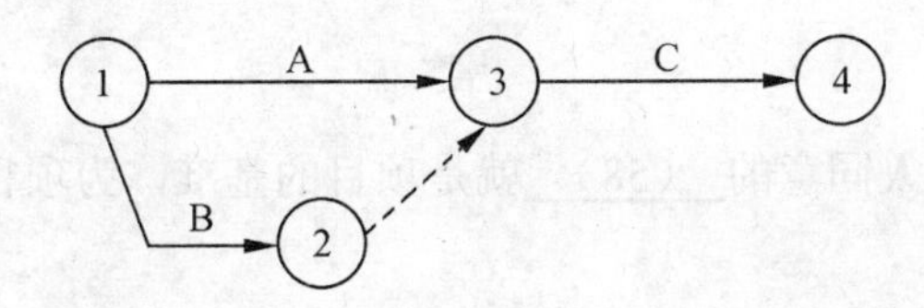

（56）A．活动 A 和 B 可以同时进行；只有活动 A 和 B 都完成后，活动 C 才开始

B．活动 A 先于活动 B 进行；只有活动 A 和 B 都完成后，活动 C 才开始

C．活动 A 和 B 可以同时进行；A 完成后 C 即可开始

D．活动 A 先于活动 B 进行；A 完成后 C 即可开始

试题（56）分析

本题考查对箭线图的理解。

《系统集成项目管理工程师教程》的“8.3.2　活动排序所采取的主要方法和技术”节中指出：箭线图法是用箭线表示活动、节点表示事件的一种网络图绘制方法，它有 3 个基本原则：（1）网络图中每个事件必须有唯一的代号。（2）任两项活动的紧前事件和紧随事件代号至少有一个不相同，节点代号沿箭线方向越来越大。（3）流入（流出）同一节点的活动，均有共同的后继活动（或前序活动）。

为了绘图的方便，人们引入了一种额外的、特殊的活动，叫做虚活动。它不消耗时间，在网络图中由一个虚箭线表示，如下图示。

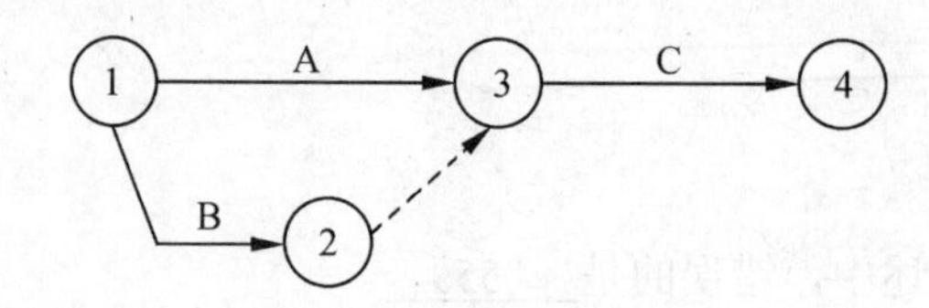

注：活动A和B可以同时进行；只有活动A和B都完成后，活动C才能开始。

参考答案

（56）A

试题（57）

__（57）__是正式批准一个项目的文档，或者是批准现行项目是否进入下一阶段的文档。

（57）A．项目章程　　B．项目合同
C．项目启动文档　　D．项目工作说明书

试题（57）分析

本题考查项目的整体管理中对项目章程的理解。

《系统集成项目管理工程师教程》的“6.2.1　项目章程的作用和内容”节中指出：项目章程是正式批准的一个项目的文档，或者是批准现行项目是否进入下一阶段的文档。

参考答案

（57）A

试题（58）

经项目各有关干系人同意的__（58）__就是项目的基准，为项目的执行、监控和变更提供了基础。

（58）A．项目合同书　　B．项目管理计划
C．项目章程　　D．项目范围说明书

试题（58）分析

《系统集成项目管理工程师教程》的“6.4.1　项目管理计划的含义、作用和内容”节中指出：经项目各有关干系人同意的项目管理计划就是项目的基准，为项目的执行、监控和变更提供了基础。

参考答案

（58）B

试题（59）

某软件项目已经到了测试阶段，但是由于用户订购的硬件设备没有到货而不能实施测试。这种测试活动与硬件之间的依赖关系属于__（59）__。

（59）A．强制性依赖关系　　B．直接依赖关系
C．内部依赖关系　　D．外部依赖关系

试题（59）分析

本题考查外部依赖关系的范畴。

《系统集成项目管理工程师教程》的“8.3.2　活动排序所采取的主要方法和技术”节中关于确定依赖关系中的外部依赖关系中指出：项目管理团队在确定活动先后顺序的过程中，要明确哪些依赖关系属于外部依赖关系。外部依赖关系涉及项目活动和非项目活动之间关系的依赖关系。例如，软件项目测试活动的进度可能取决于来自外部的硬件是否到货；施工项目的场地是否平整，可能要在环境听证会后才能动工。活动排序的这种依据可能要依靠以前性质类似的项目历史信息，或者合同和建议。

参考答案

（59）D

试题（60）

项目经理小王事后得知项目团队的一个成员已做了一个纠正措施，但是没有记录，小王接下来应该__（60）__。

（60）A．就该情况通知该成员的部门经理
　　B．撤销纠正措施
　　C．将该纠正行为记录文档
　　D．询问实施该纠正措施的理由

试题（60）分析

本题考查项目执行的管理。

《系统集成项目管理工程师教程》的“6.6 监督和控制项目”节指出：“建议的纠正措施”在执行之前，应评估对其他方面的影响。所以项目经理需要了解这个纠正措施的内容，然后评估后决定该纠正措施是否可以执行。

参考答案

（60）D

试题（61）

在采购中，潜在卖方的报价建议书是根据买方的__（61）__制定的。

（61）A．采购文件　　B．评估标准　　C．工作说明书　　D．招标通知

试题（61）分析

《系统集成项目管理工程师教程》中指出：“建议书应按照相应的采购文件的要求拟定，并可反映相关的合同原则”。

参考答案

（61）A

试题（62）

在对某项目采购供应商的评价中，评价项有技术能力、管理水平、企业资质等，假定满分为 10 分，技术能力权重为 20%，3 个评定人的技术能力打分分别为 7 分，8 分，

9 分，那么该供应商的“技术能力”的单项综合分为＿（62）＿。

（62）A．24　　B．8　　C．4.8　　D．1.6

试题（62）分析

本题考查在对供应商的评价中的评分方法。

《系统集成项目管理工程师教程》的“14.5.7　供方选择”节中介绍了评分方法：先取平均分再乘以权重，即 $[(7+8+9)/3]\times 20\%=1.6$。

参考答案

（62）D

试题（63）

变更常常是项目干系人由于项目环境或者是其他各种原因要求对项目的范围基准等进行修改。如某项目由于行业标准变化导致变更，这属于＿（63）＿。

（63）A．项目实施组织本身发生变化

B．客户对项目、项目产品或服务的要求发生变化

C．项目外部环境发生变化

D．项目范围的计划编制不周密详细

试题（63）分析

本题考查项目变更产生的原因。

《系统集成项目管理工程师教程》的“7.6　范围控制”节中介绍了变更产生的原因：

（1）项目外部环境发生变化；

（2）项目范围的计划编制不周密详细，有一定的错误或遗漏；

（3）市场上出现了或是设计人员提出了新技术、新手段或新方案；

（4）项目实施组织本身发生变化；

（5）客户对项目、项目产品或服务的要求发生变化。

本题中的情况显然属于项目的外部环境发生了变化。

参考答案

（63）C

试题（64）

整体变更控制过程实际上是对＿（64）＿的变更进行标识、文档化、批准或拒绝，并控制的过程。

（64）A．详细的 WBS 计划　　B．项目基准

C．项目预算　　D．明确的项目组织结构

试题（64）分析

本题考查项目变更控制。

《系统集成项目管理工程师教程》的“6.7　整体变更控制”节指出：项目变更就是对被批准的项目管理计划的变更，而被批准的项目管理计划就是项目基准。

参考答案

（64）B

试题（65）

项目变更贯穿于整个项目过程的始终，项目经理应让项目干系人（特别是业主）认识到＿（65）＿。

（65）A．在项目策划阶段，变更成本较高

B．在项目执行阶段，变更成本较低

C．在项目编码开始前，变更成本较低

D．在项目策划阶段，变更成本较低

试题（65）分析

本题考查项目变更与项目成本的关系。

根据软件工程的知识，变更越早，成本越低。

参考答案

（65）D

试题（66）

项目规模小并且与其他项目的关联度小时，变更的提出与处理过程可在操作上力求简便和高效。关于小项目变更，不正确的说法是＿（66）＿。

（66）A．对变更产生的因素施加影响以防止不必要的变更并减少无谓的评估

B．应明确变更的组织与分工合作

C．变更流程也要规范化

D．对变更的申请和确认，既可以是书面的也可以是口头的，以简化程序

试题（66）分析

本题考查小项目变更工作内容。

《系统集成项目管理工程师教程》的“16.4　项目变更管理的工作内容”节中指出：项目规模小并且与其他项目的关联度小时，变更的提出与处理过程可在操作上力求简便和高效，但仍应注意以下几点：（1）对变更产生的因素施加影响，以防止不必要的变更，减少无谓的评估，提高必要变更的通过效率。（2）对变更的确认应当正式化。（3）变更的操作过程应当规范化。

参考答案

（66）D

试题（67）

为保证项目的质量，要对项目进行质量管理，项目质量管理过程的第一步是＿（67）＿。

（67）A．制定项目质量计划　　　　B．确立质量标准体系

C．对项目实施质量监控　　　　D．将实际与标准对照

试题（67）分析

本题考查项目管理的流程。

《系统集成项目管理工程师教程》的“10.1.3　质量管理主要活动和流程”节中指出：整个项目的质量管理过程可以分解为以下4个环节：（1）确定质量标准体系；（2）对项目实施进行质量监控；（3）将实际与标准对照；（4）纠偏纠错。

参考答案

（67）B

试题（68）

在制定项目质量计划时对实现既定目标的过程加以全面分析，估计到各种可能出现的障碍及结果，设想并制定相应的应变措施和应变计划，保持计划的灵活性。这种方法属于__（68）__。

（68）A．流程图法　　B．实验设计法
　　C．质量功能展开　　D．过程决策程序图法

试题（68）分析

本题考查过程决策程序图的知识。

《系统集成项目管理工程师教程》的“10.2.2　制定项目质量计划所采用的主要方法、技术工具”节中指出：制定项目质量管理计划一般采取效益/成本分析、基准比较、流程图、实验设计、质量成本分析等方法和技术。此外，还可以采用质量功能展开、过程决策程序图法等工具。工程决策程序图法的主要思想是在制定计划时对实现既定目标的过程加以全面分析，估计到各种可能出现的障碍及结果，设想并制定相应的应变措施和应变计划，保持计划的灵活性；在计划执行过程中，当出现不利情况时，就采取原先设计的措施，随时修正方案，从而使计划仍能有条不紊地进行，以达到预定的目标；当出现了没有预计到的情况时随机应变，采取灵活的对策予以解决。

参考答案

（68）D

试题（69）

质量管理六西格玛标准的优越之处不包括__（69）__。

（69）A．从结果中检验控制质量　　B．减少了检控质量的步骤
　　C．培养了员工的质量意识　　D．减少了由于质量问题带来的返工成本

试题（69）分析

本题考查六西格玛的优越之处。

《系统集成项目管理工程师教程》的“10.1.4　国际质量标准”节中指出：六西格玛的优越之处在于从项目实施过程中改进和保证质量，而不是从结果中检验控制质量。这样做不仅减少了检控质量的步骤，而且避免了由此带来的返工成本。更为重要的是，六西格玛管理培养了员工的质量意识，并且把这种质量意识融入企业文化中。

参考答案

（69）A

试题（70）

在项目质量监控过程中，在完成每个模块编码工作之后就要做的必要测试，称为__（70）__。

（70）A．单元测试　　B．综合测试　　C．集成测试　　D．系统测试

试题（70）分析

本题考查单元测试的概念。

《系统集成项目管理工程师教程》的“10.4.2　项目质量控制的方法、技术工具”节中关于测试部分指出：软件测试在软件生存期横跨两个阶段，通常在编写出每一个模块之后就对它做必要的测试（称为单元测试）。编码和单元测试属于软件生存期中的同一个阶段。在结束这个阶段后，对软件系统还要进行各种综合测试，这是软件生存期的另一个独立阶段，即测试阶段。

参考答案

（70）A

试题（71）

Risk management allows the project manager and the project team not to__（71）__.

（71）A．eliminate most risks during the planning phase of the project

B．identify project risks

C．identify impacts of various risks

D．plan suitable responses

试题（71）分析

下面不属于风险管理中项目经理和项目团队职责的是__（71）__。

A．排除大部分项目执行中的风险　　B．风险识别

C．风险分析　　D．妥善处理

参考答案

（71）A

试题（72）

The project life-cycle can be described as__（72）__.

（72）A．project concept, project planning, project execution, and project close-out

B．project planning, work authorization, and project reporting

C．project planning, project control, project definition, WBS development, and project termination

D．project concept, project execution, and project reporting

试题（72）分析

关于项目周期划分正确的是＿（72）＿。

A．启动、计划、执行、收尾

B．计划、授权、报告

C．计划、控制、方案设计、WBS 的发展、终止

D．启动、执行、报告

参考答案

（72）A

试题（73）

＿（73）＿ is a method used in Critical Path Methodology for constructing a project schedule network diagram that uses boxes or rectangles, referred to as nodes, to represent activities and connects them with arrows that show the logical relationships that exist between them.

（73）A．PERT　　B．AOA　　C．WBS　　D．PDM

试题（73）分析

＿（73）＿用于关键路径法，是用于编制项目进度网络图的一种方法，它使用方框或者长方形（被称作节点）代表活动，它们之间用箭头连接，显示彼此之间存在的逻辑关系。

A．PERT　　B．AOA　　C．WBS　　D．PDM

参考答案

（73）D

试题（74）

Schedule development can require the review and revision of duration estimates and resource estimates to create an approved＿（74）＿that can serve as a baseline to track progress.

（74）A．scope statement　　B．Activity list

C．project charter　　D．Project schedule

试题（74）分析

计划进展需要对持续时间和资源的评估和修改创建一个被核准的＿（74）＿，它可以作为基线，有助于跟踪进展。

A．范围说明　　B．活动列表　　C．项目章程　　D．项目计划

参考答案

（74）D

试题（75）

The Development of Project Management Plan Process includes the actions necessary to define, prepare, integrate, and coordinate all constituent plans into a ＿（75）＿

（75）A．Project Scope Statement　　B．Project Management Plan
　　C．Forecasts　　D．Project Charter

试题（75）分析

项目管理的过程开发计划，包括采取必要的定义，准备，集成和协调所有组成计划到 （75） 。

A．项目范围说明书　　B．项目管理计划
C．项目预测　　D．项目章程

参考答案

（75）B

第16章　2009下半年系统集成项目管理工程师下午试题分析与解答

试题一（15分）

阅读下列说明，针对项目的合同管理，回答问题1至问题3，将解答填入答题纸的对应栏内。

【说明】

系统集成公司A于2009年1月中标某市政府B部门的信息系统集成项目。经过合同谈判，双方签订了建设合同，合同总金额1150万元，建设内容包括搭建政府办公网络平台，改造中心机房，并采购所需的软硬件设备。

A公司为了把项目做好，将中心机房的电力改造工程分包给专业施工单位C公司，并与其签订分包合同。

在项目实施了2个星期后，由于政府B部门为了更好满足业务需求，决定将一个机房分拆为两个，因此需要增加部分网络交换设备。B参照原合同，委托A公司采购相同型号的网络交换设备，金额为127万元，双方签订了补充协议。

在机房电力改造施工过程中，由于C公司工作人员的失误，造成部分电力设备损毁，导致政府B部门两天无法正常办公，严重损害了政府B部门的社会形象，因此B部门就此施工事故向A公司提出索赔。

【问题1】

请指出A公司与政府B部门签订的补充协议有何不妥之处，并说明理由。

【问题2】

请简要叙述合同的索赔流程。

【问题3】

请简要说明针对政府B部门向A公司提出的索赔，A公司应如何处理。

试题一分析

本题的核心考查点是项目合同索赔处理问题，属于工程建设项目中常见的一项合同管理的内容，同时也是规范合同行为的一种约束力和保障措施。

【问题1】

要求考生分析A公司与政府B部门签订的补充协议有何不妥之处，其实是在考查考生是否具有政府采购相关经验，是否熟悉政府采购法相关条款。从试题说明中考生应能发现，项目甲方是政府部门，那么通常要走政府采购流程。而在政府采购法中，对补充合同的金额是有明确规定的，那就是不能超过原合同金额的 10%。进一步分析试题说明，对比原合同金额和补充合同金额，这个问题的答案也就出来了。

【问题 2】

考查考生对合同索赔处理流程的掌握程度。依据《系统集成项目管理工程师教程》第 13 章 13.5 节的相关内容，稍作提炼总结，即可正确解答本题。

【问题 3】

是对问题 2 的进一步深化，考查考生应用理论知识分析、解决具体问题的能力。考生应结合案例实际，阐述索赔处理的具体流程。在这里考生要注意两点：首先是要从 A 公司的角度考虑赔偿政府 B 部门损失的问题；其次要从 A 公司的角度考虑向引发损失的 C 公司进行索赔的问题。很多考生会忽略第二点情况。

参考答案

【问题 1】

不妥之处为补充协议的合同金额超过了原合同总金额的 10%。

根据《中华人民共和国政府采购法》，政府采购合同履行中，采购人需追加与合同标的相同的货物、工程或者服务的，在不改变合同其他条款的前提下，可以与供应商协商签订补充合同，但所有补充合同的采购金额不得超过原合同采购金额的 10%。

【问题 2】

（1）提出索赔要求；

（2）提交索赔资料；

（3）索赔答复；

（4）索赔认可；

（5）提交索赔报告。

或：（4）索赔分歧；

（5）提请仲裁，或者提起诉讼。

【问题 3】

A 公司在接到政府 B 部门的索赔要求及索赔材料后，应根据 A 公司与政府 B 部门签订的合同，进行认真分析和评估，给出索赔答复。

在双方对索赔认可达成一致的基础上，向政府 B 部门进行赔付；如双方不能协商一致，按照合同约定进行仲裁或诉讼。

同时 A 公司依据与 C 公司签订的合同，向 C 公司提出索赔要求。

试题二（15 分）

阅读下列说明，针对项目的范围管理，回答问题 1 至问题 3，将解答填入答题纸的对应栏内。

【说明】

C 公司是一家从事电子商务的外国公司，为了在中国开展业务，派出 S 主管和 W 翻译来中国寻找合适的系统集成商，试图在中国建设一套业务系统。S 主管精通软件开发，但是不懂汉语，而W翻译对计算机相关技术知之甚少。

W翻译通过中国朋友介绍，找到了从事系统集成的H公司。H公司指派杨工为该业务系统建设项目经理，与C公司进行交流。经过需求调研，杨工认为，C公司要建设一个视频聊天网站，并据此完成了系统方案。在W的翻译下，S审阅并认可了H公司的系统方案。经过进一步的谈判，C公司和H公司签订了合同，并把该系统方案作为合同附件，作为将来项目验收的标准。

合同签订后，杨工迅速组织人力投入系统开发。由于杨工系统集成经验丰富，开发过程进展顺利，对项目如期完工很有把握。系统开发期间，S主管和W翻译忙于在全国各地开拓市场，与H公司没有再进行接触。

就在系统开发行将结束之际，S主管和W翻译来到H公司查看开发进度。当看到杨工演示的即将完工的业务系统时，S主管却表示，视频聊天只是系统的一个基本功能，系统的核心功能则是通过视频聊天实现网上交易的电子商务活动，要求H公司完善系统功能并如期交付。杨工拿出系统方案作为证据，据理力争。

W翻译承认此前他的工作有误，导致双方对项目范围的认识产生了偏差，并说服S主管将交付日期延后2个月。为了完成合同，杨工同意对系统功能进行扩充完善，并重新修订了系统方案。但是，此后C公司又多次提出范围变更要求。杨工发现，不断修订的系统方案已经严重偏离了原始方案，系统如期交付已经是不可能的任务了。

【问题1】

请结合案例简要说明，详细的项目范围说明书应包含哪些内容，并指出C公司和H公司对哪些方面的理解出现了重大偏差。

【问题2】

请指出S主管的要求是否恰当？为什么？并请结合本案例简要分析导致C公司多次提出范围变更的可能原因。

【问题3】

作为项目管理者，杨工此时应关注的范围变更控制的要点有哪些？

试题二分析

本题的核心考查点是项目范围管理问题，涉及范围定义和范围控制，前者属于计划过程，而后者属于监控过程。在实践中，这些过程以各种形式重叠和相互影响。

【问题1】

考查的理论点是详细的项目范围说明书应包含的内容，考生可参考《系统集成项目管理工程师教程》的第7章7.3节中的相关内容进行解答。本题同时对考生具体问题具体分析的能力进行了考查，如果考生对项目范围说明书的具体内容不清楚，那么就无法进一步作答。根据试题说明，杨工认为要开发的是一个视频聊天网站，S主管则要求开发一个基于视频聊天的电子商务网站，那么首先就是项目目标不一致；进一步分析，视频聊天功能到底是项目目标的全部还是一部分，引发了项目双方第二个严重分歧，就是产品范围描述；而上述理解上的严重偏差将直接影响项目双方对项目可交付物的理解，这是第三个双方理解存在严重偏差的地方。

【问题 2】

考查考生对范围变更的理解和控制能力。对于 S 主管一再要求变更项目范围的情况，考生首先应当从案例的实际情况出发，明确自己的观点：H 公司是按照双方签订的合同以及经过 S 主管认可的、作为合同附件的系统方案进行开发，自身并无过错；而 S 主管一再要求进行范围变更，是不合理的。然后考生再进一步分析 C 公司多次提出范围变更的主要原因：第一，沟通问题，W 翻译的工作失误导致项目双方沟通不到位；第二，沟通不畅导致 H 公司没有正确理解 C 公司的真实需求；第三，项目范围计划制定的不够周密详细，导致 C 公司发现项目目标与 H 公司的理解出现严重偏差已经是在项目后期了。需要考生注意的是，不能简单地认为，既然 H 公司按照 S 主管的要求修改了系统方案，那就说明 S 主管的要求是合理的。不少考生犯了这种想当然的错误。

【问题 3】

进一步考查考生对项目范围变更的控制能力。作为一个项目管理者，杨工在进行项目范围变更控制时，需要关心的焦点问题就是范围变更是不是已经发生，双方对范围变更的理解是否一致，并及时对已经实际发生的范围变更进行管理。

参考答案

【问题 1】

（1）详细的项目范围说明书应包含项目的目标、产品范围描述、项目的可交付物、项目边界、产品验收标准、项目的约束条件、项目的假定。

（2）双方对项目目标、产品范围描述和项目可交付物的理解出现重大偏差。

【问题 2】

（1）S 主管的要求不恰当，因为双方已签订了合同，H 公司按照合同进行开发，并无不妥。

（2）C 公司多次提出范围变更的可能原因：

① 甲方对项目、项目产品或服务的要求发生变化；

② 乙方没有正确理解甲方的需求；

③ 项目范围计划的编制不周密详细，有一定的错误或遗漏；

④ 双方沟通存在问题；

⑤ 市场上出现了或是设计人员提出了新技术、新手段或新方案；

⑥ 项目外部环境发生变化。

【问题 3】

（1）确定范围变更是否已经发生；

（2）对造成范围变更的因素施加影响，以确保这些变更得到一致的认可；

（3）当范围变更发生时，对实际的变更进行管理。

试题三（15分）

阅读下列说明，回答问题1至问题3，将解答填入答题纸的对应栏内。

【说明】

F公司成功中标S市的电子政务工程。F公司的项目经理李工组织相关人员对该项目的工作进行了分解，并参考以前曾经成功实施的W市电子政务工程项目，估算该项目的工作量为120人月，计划工期为6个月。项目开始不久，为便于应对突发事件，经业主与F公司协商，同意该电子政务工程必须在当年年底之前完成，而且还要保质保量。这意味着，项目工期要缩短为4个月，而项目工作量不变。

李工按照4个月的工期重新制定了项目计划，向公司申请尽量多增派开发人员，并要求所有的开发人员加班加点工作以便向前赶进度。由于公司有多个项目并行实施，给李工增派的开发人员都是刚招进公司的新人。为节省时间，李工还决定项目组取消每日例会，改为每周例会。同时，李工还允许需求调研和方案设计部分重叠进行，允许需求未经确认即可进行方案设计。

最后，该项目不但没能4个月完成，反而一再延期，迟迟不能交付。最终导致S市政府严重不满，项目组人员也多有抱怨。

【问题1】

请简要分析该项目一再拖期的主要原因。

【问题2】

请简要说明项目进度控制可以采用的技术和工具。

【问题3】

请简要说明李工可以提出哪些措施以有效缩短项目工期。

试题三分析

本题的核心考查点是项目进度管理问题，准确地说，是项目进度控制问题。项目进度控制要依据项目进度基准计划对项目的实际进度进行监控，使项目能够按时完成。项目进度监控贯穿于项目的始终。

【问题1】

要求考生分析项目出现一再拖期问题的主要原因。这个问题对于系统集成项目管理经验丰富的考生来说，只要从试题的说明中去寻找线索，就可以得到答案。可以关注的线索包括："参考以前曾经成功实施的W市电子政务工程项目"，说明参考的项目可能缺乏可比性导致工作量评估不准确；"要求所有的开发人员加班加点工作以便向前赶进度"，可能会导致开发人员因疲劳而降低工作效率；"增派的开发人员都是刚招进公司的新人"，对新人的培训以及新人开发经验不足都可能导致项目出现不可预期的问题；"允许需求未经确认即可进行方案设计"，一旦用户需求发生变化，必定会导致项目返工，等等。类似的线索很多，只要考生能结合案例分析线索并给出自己的观点就能够得分。

【问题2】

考查的理论点是用于项目进度控制的技术和工具。项目进度控制是一个监控项目状态以便采取相应措施以及管理进度变更的过程。考生可参考《系统集成项目管理工程师教程》的第 8 章 8.7 节中的相关内容进行解答。

【问题 3】

考查的是可以缩短项目工期的有效措施。对项目进度实施有效监控的关键是监控项目的实际进度，及时、定期地将它与计划进度进行比较，并立即采取必要的纠正措施。当项目的实际进度落后于计划进度时，首先要能够及时发现问题，然后再分析问题根源并找出妥善的解决办法。从这个角度来说，问题 3 是对问题 1 的进一步深化。考生可以根据对问题 1 的分析解答"对症下药"，给出对问题 3 的解答。考生也可以参考《系统集成项目管理工程师教程》的第 8 章 8.7 节中的相关内容从理论上加以阐述和解答。

参考答案

【问题 1】

（1）原来估计的 120 人月的工作量可能不准确；

（2）简单地增加人力资源不一定能如期缩短工期，而且人员的增加意味着更多的沟通成本和管理成本，使得项目赶工的难度增大；

（3）增派的人员各方面经验不足；

（4）项目组的沟通存在问题，每周例会不能使问题及时暴露和解决，可能会导致更严重的问题出现；

（5）需求没经确认即开始方案设计，一旦客户需求变化，将导致项目返工；

（6）连续的加班工作使开发人员心理压力增大，工作效率降低，可能导致开发过程出现问题较多。

【问题 2】

（1）进度报告；

（2）进度变更控制系统；

（3）绩效衡量；

（4）项目管理软件；

（5）偏差分析；

（6）进度比较横道图；

（7）资源平衡；

（8）假设条件情景分析；

（9）进度压缩；

（10）制定进度的工具。

【问题 3】

（1）与客户沟通，在不影响项目主要功能的前提下，适当缩减项目范围（或项目分期，或适当降低项目性能指标）；

（2）投入更多的资源以加速活动进程；

（3）申请指派经验更丰富的人去完成或帮助完成项目工作；

（4）通过改进方法或技术提高生产效率。

试题四（15分）

阅读下列说明，针对项目的成本管理，回答问题1至问题2，将解答填入答题纸的对应栏内。

【说明】

某信息系统开发项目由系统集成商A公司承建，工期1年，项目总预算20万元。目前项目实施已进行到第8个月末。在项目例会上，项目经理就当前的项目进展情况进行了分析和汇报。截止第8个月末项目执行情况分析表如下：

序　号	活　动	计划成本值/元	实际成本值/元	完成百分比
1	项目启动	2000	2100	100%
2	可行性研究	5000	4500	100%
3	需求调研与分析	10000	12000	100%
4	设计选型	75000	86000	90%
5	集成实施	65000	60000	70%
6	测试	20000	15000	35%

【问题1】

请计算截止到第8个月末该项目的成本偏差（CV）、进度偏差（SV）、成本执行指数（CPI）和进度执行指数（SPI），判断项目当前在成本和进度方面的执行情况。

【问题2】

请简要叙述成本控制的主要工作内容。

试题四分析

本题的核心考查点是项目成本管理问题，准确地说，是项目成本控制问题。项目管理受范围、时间、成本和质量的约束，其中，项目成本管理要确保在批准的预算内完成项目，在项目管理中占有重要地位。虽然项目成本管理主要关心的是完成项目活动所需资源的成本，但是也必须考虑项目决策对项目产品、服务或成果的使用成本、维护成本和支持成本的影响。

【问题1】

要求考生熟悉和掌握成本偏差（CV）、进度偏差（SV）、成本执行指数（CPI）和进度执行指数（SPI）等指标的含义及其计算公式，而这些指标又与计划值（PV）、挣值（EV）和实际成本（AC）等指标密切相关。

PV是到既定的时间点前计划完成活动的预算成本。

EV是在既定的时间段内实际完工工作的预算成本。

AC 是在既定的时间段内实际完成工作发生的实际总成本。

AC 在定义和内容范围方面必须与 PV、EV 相对应。综合使用 PV、EV、AC 能够衡量在某一给定时间点是否按原计划完成了工作，最常用的指标就是 CV、SV、CPI 和 SPI。

CV=EV–AC

SV=EV–PV

成本执行指数=EV/AC

进度执行指数=EV/PV

在试题说明给出的第 8 个月末项目执行情况分析表中，“计划成本值”列之和是 PV，“实际成本值”列之和是 AC，“计划成本值”列与“完成百分比”列对应单元格乘积之和是 EV。套用上述计算公式，即可计算出所要求的各项衡量指标，并可根据 CPI 和 SPI 的值进一步判断项目执行情况。

若 CPI＜1，则表示实际成本超出预算；若 CPI＞1，则表示实际成本低于预算。

若 SPI＜1，则表示实际进度落后于计划进度；若 SPI＞1，则表示实际进度提前于计划进度。

【问题 2】

考查的理论点是项目成本控制的主要内容。作为整体变更控制的一部分，项目成本控制有助于及时查明项目在成本和进度方面出现正、负偏差的原因，并及时采取适当的应对措施，以免造成质量或进度问题，可能导致项目后期产生无法接受的巨大风险。考生可参考《系统集成项目管理工程师教程》的第 9 章 9.5 节中的相关内容进行解答。

参考答案

【问题 1】

PV=（2000+5000+10 000+75 000+65 000+20 000）元=177 000 元

AC=（2100+4500+12 000+86 000+60 000+15 000）元=179 600 元

EV=（2000 × 100%+5000 × 100%+10 000 × 100%+75 000 × 90%+65 000 × 70%+20 000×35%）元=137 000 元

CV=EV–AC=（137 000–179 6000）元= –42 600 元

SV=EV–PV=（137 000–177 000）元= –40 000 元

CPI=EV/AC=（137 000/179 600）元=0.76

SPI=EV/PV=（137 000/177 000）元=0.77

项目当前执行情况：成本超支，进度滞后。

【问题 2】

（1）对造成成本基准变更的因素施加影响；

（2）确保变更请求获得同意；

（3）当变更发生时，管理这些实际的变更；

（4）保证潜在的成本超支不超过授权的项目阶段资金和总体资金；

（5）监督成本执行，找出与成本基准的偏差；

（6）准确记录所有与成本基准的偏差；

（7）防止错误的、不恰当的或未获批准的变更纳入成本或资源使用报告中；

（8）就审定的变更，通知项目干系人；

（9）采取措施，将预期的成本超支控制在可接受的范围内。

试题五（15 分）

阅读下列说明，针对项目的质量管理，回答问题 1 至问题 3，将解答填入答题纸的对应栏内。

【说明】

系统集成 A 公司承担了某企业的业务管理系统的开发建设工作，A 公司任命张工为项目经理。

张工在担任此新项目的项目经理同时，所负责的原项目尚处在收尾阶段。张工在进行了认真分析后，认为新项目刚刚开始，处于需求分析阶段，而原项目尚有某些重要工作需要完成，因此张工将新项目需求分析阶段的质量控制工作全权委托给了软件质量保证（SQA）人员李工。李工制定了本项目的质量计划，包括收集资料、编制分质量计划、并通过相应的工具和技术，形成了项目质量计划书，并按照质量计划书开展相关需求调研和分析阶段的质量控制工作。

在需求评审时，由于需求规格说明书不能完全覆盖该企业的业务需求，且部分需求理解与实际存在较大偏差，导致需求评审没有通过。

【问题 1】

请指出 A 公司在项目管理过程中的不妥之处。

【问题 2】

请简述项目质量控制过程的基本步骤。

【问题 3】

请简述制定项目质量计划可采用的方法、技术和工具。

试题五分析

本题的核心考查点是项目质量管理问题。项目质量管理包括确保项目满足其各项要求所需的过程，以及担负全面管理职责的各项活动：确定质量方针、目标和责任，并通过质量策划、质量保证、质量控制和质量改进等手段在质量体系内实施质量管理。

【问题 1】

要求分析 A 公司在项目管理过程中的不妥做法，主要还是着眼于考查考生的项目管理经验。考生应从试题说明的细节入手加以分析，并结合个人经验观点加以阐述。如 A 公司任命张工为项目经理，但是张工手头上还有未结束的项目，这势必会牵扯张工的精力；张工为了从新项目中脱身，指派李工负责项目前期的工作，而李工只是个软件质量保证人员，缺乏项目管理经验；李工编写了一系列的项目质量管理文档，却从未交付相关各方加以审批确认，最终导致需求评审未获通过。

【问题 2】

考查的理论点是项目质量控制过程。项目质量控制过程就是确保项目质量计划和目标得以圆满实现的过程，具体来说，就是项目团队的管理人员采取有效措施，监督项目的具体实施结果，判断其是否符合项目有关的质量标准，并确定消除产生不良结果原因的途径。考生可参考《系统集成项目管理工程师教程》的第 10 章 10.4 节中的相关内容进行解答。

【问题 3】

考查的理论点是制定项目质量计划的方法、技术和工具。制定项目质量计划是识别和确定必要的作业过程、配置所需的人力和物力资源，以确保达到预期质量目标所进行的周密考虑和统筹安排的过程。制定项目质量计划是保证项目成功的过程之一。考生可参考《系统集成项目管理工程师教程》的第 10 章 10.2 节中的相关内容进行解答。

参考答案

【问题 1】

（1）用人不当，负责项目整体质量控制的李工缺乏项目整体管理的经验；

（2）在质量控制过程中，缺少相关方的审批环节。

【问题 2】

（1）选择控制对象；

（2）为控制对象确定标准或目标；

（3）制定实施计划，确定保证措施；

（4）按计划执行；

（5）对项目实施情况进行跟踪监测、检查，并将监测的结果与计划或标准相比较；

（6）发现并分析偏差；

（7）根据偏差采取相应对策。

【问题 3】

（1）效益/成本分析；

（2）基准比较；

（3）流程图；

（4）实验设计；

（5）质量成本分析；

（6）质量功能展开；

（7）过程决策程序图法。

第17章　2010上半年系统集成项目管理工程师上午试题分析与解答

试题（1）

以下对信息系统集成的描述正确的是（1）。

（1）A．信息系统集成的根本出发点是实现各个分立子系统的整合

B．信息系统集成的最终交付物是若干分立的产品

C．信息系统集成的核心是软件

D．先进技术是信息系统集成项目成功实施的保障

试题（1）分析

信息系统集成是近年来国际信息服务业中发展势头最猛的服务方式和行业之一。系统集成是指将计算机软件、硬件、网络通信等技术和产品集成为能够满足用户特定需求的信息系统，包括策划、设计、开发、实施、服务及保障。

信息系统集成有以下几个显著特点：

① 信息系统集成要以满足用户需求为根本出发点。

② 信息系统集成不只是设备选择和供应，更重要的它是具有高技术含量的工程过程，要面向用户需求提供全面解决方案，其核心是软件。

③ 系统集成的最终交付物是一个完整的系统而不是一个分立的产品。

④ 系统集成包括技术、管理和商务等各项工作，是一项综合性的系统工程，技术是系统集成工作的核心，管理和商务活动是项目成功实施的保障。

可见，“信息系统集成的核心是软件”这一叙述是正确的，其他选项的叙述均不正确，故应选择C。

参考答案

（1）C

试题（2）

有四家系统集成企业计划于2010年5月申请计算机信息系统集成资质，其中：

甲公司计划申请一级资质，注册资本3000万元，具有项目经理20名，高级项目经理8名，2010年1月通过ISO9001质量管理体系认证；

乙公司计划申请一级资质，注册资本2000万元，具有项目经理20名，高级项目经理8名，2009年4月通过ISO9001质量管理体系认证；

丙公司计划申请四级资质，注册资本500万元，具有项目经理5名，高级项目经理1名，2010年2月通过ISO9001质量管理体系认证；

丁公司计划申请四级资质，注册资本500万元，具有项目经理5名，高级项目经理

1 名，没有通过 ISO9001 质量管理体系认证。

根据上述状况，公司__(2)__不符合基本的申报条件。

(2) A. 甲　　B. 乙　　C. 丙　　D. 丁

试题（2）分析

信息产业部于 2000 年 9 月发布《关于发布计算机信息系统集成资质等级评定条件的通知》(信部规了【2000】821 号文)，于 2003 年 10 月颁布了《关于发布计算机信息系统集成资质等级评定条件（修订版）的通知》(信部规【2003】440 号文)。系统集成资质等级评定条件主从综合条件、业绩、管理能力、技术实力、人才实力 5 个方面描述的。根据（信部规【2003】440 号文)，申请各级资质时在企业注册资本、项目经理和管理体系方面分别要满足的条件为：

一级资质：企业产权关系明确，注册资金 2000 万元以上，已建立完备的企业质量管理体系，通过国家认可的第三方认证机构认证并有效运行一年以上，具有计算机信息系统集成项目经理人数不少于 25 名，其中高级项目经理人数不少于 8 名。

二级资质：企业产权关系明确，注册资金 1000 万元以上，已建立完备的企业质量管理体系，通过认证并有效运行一年以上，具有计算机信息系统集成项目经理人数不少于 15 名，其中高级项目经理人数不少于 3 名。

三级资质：企业产权关系明确，注册资本 200 万元以上，已建立企业质量管理体系，通过认证并能有效运行，具有计算机信息系统集成项目经理人数不少于 6 名，其中高级项目经理人数不少于 1 名。

四级资质：企业产权关系明确，注册资本 30 万元以上，已建立企业质量管理体系，并能有效实施，计算机信息系统集成项目经理人数不少于 3 名。

企业甲 2010 年 1 月通过 ISO 9001 质量管理体系认证，已经通过国家认可的第三方认证机构的认证，但未有效运行一年以上，因此不满足一级资质的申报条件。应选择 A。

参考答案

(2) A

试题（3）

下面关于计算机信息系统集成资质的论述，__(3)__是不正确的。

(3) A. 工业和信息化部对计算机信息系统集成认证工作进行行业管理

B. 申请三、四级资质的单位应向经政府信息产业主管部门批准的资质认证机构提出认证申请

C. 申请一、二级资质的单位应直接向工业和信息化部资质管理办公室提出认证申请

D. 通过资质认证审批的各单位将获得由工业和信息化部统一印制的资质证书

试题（3）分析

依据《计算机信息系统集成资质管理办法（试行)》(信部规【1999】1047 号文）之

规定：

第六条　信息产业部负责计算机信息系统集成资质认证管理工作，包括指定和管理资质认证机构、发布管理办法和标准、审批和发布资质认证结果。

第十七条　资质认证工作办公室将资质评审结果报请信息产业部审批后，颁发《资质证书》。《资质证书》分为正本和副本，正本和副本具有同等法律效力。

依据《计算机信息系统集成资质认证申报程序（试行）》（信规函【2001】2 号文）之规定：

第三条　资质的认证

（一）申请单位向资质认证机构提出委托评审申请，提交申请材料。

1．申请一、二级资质

申请单位根据规定的一、二级资质评定条件，向经信息产业部认可的一、二级资质认证机构（以下简称认证机构）提出资质认证委托申请，提交评审申请材料。

2．申请三、四级资质

申请单位根据规定的三、四级资质评定条件，向本省市信息产业主管部门认可的资质认证机构提出资质认证委托申请，提交认证申请材料。本省市没有设置认证机构的可委托部和其他省市认可的认证机构认证。

因此，对于计算机信息系统集成的一、二级资质，申请单位应根据规定的一、二级资质评定条件，向经信息产业部认可的一、二级资质认证机构（以下简称认证机构）提出资质认证委托申请，提交评审申请材料。应选择 C。

参考答案

（3）C

试题（4）

省市信息产业主管部门负责对<u>（4）</u>信息系统集成资质进行审批和管理。

（4）A．一、二级　　　　B．三、四级

C．本行政区域内的一、二级　　　　D．本行政区域内的三、四级

试题（4）分析

依据《计算机信息系统集成资质认证申报程序（试行）》（信部函【2001】2 号文）之规定：

第四条　一、二级资质的申报和审批

（一）申请单位准备资质申报材料

通过认证机构审核的申请单位填写信息产业部计算机信息系统集成资质认证工作办公室统一制定的《计算机信息系统集成资质申报表》，连同认证机构出具的《计算机信息系统集成资质认证报告》一并提交到申请单位所在省市信息产业主管部门。

（二）省市信息产业主管部门签署意见

各省、市信息产业主管部门对申请单位的申报材料进行初审，签署审查意见后，将

有关材料报信息产业部计算机信息系统集成资质认证工作办公室。计划单列市信息产业主管部门在将有关材料向信息产业部上报时，应同时抄送省信息产业主管部门。

（三）信息产业部计算机信息系统集成资质认证工作办公室综合

信息产业部计算机信息系统集成资质认证工作办公室将省市信息产业主管部门上报的材料进行登录、综合。

（四）资质认证专家委员会审核

由信息产业部计算机信息系统集成资质认证工作办公室组织有关专家对申请单位的计算机信息系统集成资质进行审核。对于通过审核的单位，将有关材料上报到信息产业部；对于未通过审核的单位，将有关意见反馈给省市信息产业主管部门。

（五）审批与颁发《资质证书》

信息产业部审批申请单位的资质。对通过审批的单位颁发《资质证书》；对于未通过审批的单位，将有关意见反馈给省市信息产业主管部门。

第五条　三、四级资质的申报和审批

（一）申请单位准备资质申报材料

通过认证机构认证的申请单位填写信息产业部计算机信息系统集成资质认证工作办公室统一制定的《计算机信息系统集成资质申报表》，连同认证机构出具的《计算机信息系统集成资质认证报告》一并提交到申请单位所在省市信息产业主管部门。

（二）省市信息产业主管部门组织审批

省（自治区、直辖市）信息产业主管部门对申请单位的申报材料进行审核，并审批。对于通过审批的单位，将有关材料上报到信息产业部计算机信息系统集成资质认证工作办公室备案；对于未通过审批的单位，将有关意见反馈给申请单位。计划单列市信息产业主管部门在将有关材料向信息产业部计算机信息系统集成资质认证工作办公室上报备案时，应同时抄送省信息产业主管部门。

（三）信息产业部计算机信息系统集成资质认证工作办公室备案

信息产业部计算机信息系统集成资质认证工作办公室将省市信息产业主管部门上报的材料进行登录、备案。若有异议及时反馈有关省市，若无异议则省市审批生效。

（四）颁发《资质证书》

通过审批的单位由各省市颁发信息产业部统一印制的《资质证书》。

因此，在计算机信息系统集成的一、二级资质的审批中，由省（自治区、直辖市）信息产业主管部门对申请单位的申报材料进行审核，并审批。应选择 D。

参考答案

（4）D

试题（5）

与制造资源计划 MRPⅡ相比，企业资源计划 ERP 最大的特点是在制定计划时将<u>（5）</u>考虑在一起，延伸管理范围。

（5）A．经销商　　B．整个供应链　　C．终端用户　　D．竞争对手

试题（5）分析

企业资源计划（Enterprise Resource Planning，ERP）的概念由美国 Gartner Group 公司于 20 世纪 90 年代提出，它是由物料需求计划（Materials Requirement Planning，MRP）逐步演变并结合计算机技术的快速发展而来的，大致经历了基本 MRP、闭环 MRP、MPRⅡ和 ERP 等 4 个阶段。 进入 20 世纪 90 年代，随着市场竞争加剧和信息技术的飞速进步，20 世纪 80 年代 MPRⅡ主要面向企业内部资源全面计划管理的思想逐步发展为 20 世纪 90 年代怎样有效利用和管理整体资源的管理思想——企业资源计划 ERP 应运而生。

ERP 的管理范围向整个供应链延伸，可同期管理企业的多种生产方式，在多方面扩充了管理功能，支持在线分析处理，施行财务计划和价值控制。在资源管理范围方面，MRPII 主要侧重对企业内部人、财、物等资源的管理，ERP 系统在 MRPII 的基础上扩展了管理范围，它把客户需求和企业内部的制造活动，以及供应商的制造资源整合在一起，形成企业一个完整的供应链并对供应链上所有环节如订单、采购、库存、计划、生产制造、质量控制、运输、分销、服务与维护、财务管理、人事管理、实验室管理、项目管理、配方管理等进行有效管理。

由此可见，与制造资源计划 MRPⅡ相比，企业资源计划 ERP 最大的特点是在 MPRⅡ的基础上扩展了管理范围，形成一个完整的供应链并对供应链上所有环节进行有效管理。应选择 B。

参考答案

（5）B

试题（6）

小张在某电子商务网站建立一家经营手工艺品的个人网络商铺，向网民提供自己手工制作的工艺品。这种电子商务模式为（6）。

（6）A．B2B　　B．B2C　　C．C2C　　D．G2C

试题（6）分析

电子商务按照交易对象可分为企业与企业之间（B2B）、商业企业与消费者之间的电子商务（B2C）、消费者与消费者之间（C2C）以及政府与个人间的电子商务（G2C）等 4 种。如果对电子商务做进一步的细分，有的人把企业内部的电子商务也归入电子商务的一种类型，即企业内部不同部门之间的电子商务，通过企业内部网（Intranet）的方式处理与交换商贸信息。

根据电子商务按照交易对象分类的电子商务模式，小张的电子商务模式属于消费者与消费者之间的电子商务（C2C）。应选择 C。

参考答案

（6）C

试题（7）

与基于C/S架构的信息系统相比，基于B/S架构的信息系统__(7)__。

（7）A．具备更强的事务处理能力，易于实现复杂的业务流程

B．人机界面友好，具备更加快速的用户响应速度

C．更加容易部署和升级维护

D．具备更高的安全性

试题（7）分析

C/S模式（即客户机/服务器模式）分为客户机和服务器两层，客户机不是毫无运算能力的输入、输出设备，而是具有一定的数据处理和数据存储能力，通过把应用系统的计算和数据合理地分配在客户机和服务器两端，可以有效地降低网络通信量和服务器运算量。由于服务器连接个数和数据通信量的限制，这种结构的软件适于在用户数目不多的局域网内使用。

B/S模式（浏览器/服务器模式）是随着Internet技术的兴起，对C/S结构的一种改进。在这种结构下，软件应用的业务逻辑完全在应用服务器端实现，用户表现完全在Web服务器端实现，客户端只需要浏览器即可进行业务处理，是一种全新的软件系统构造技术。

C/S结构的系统，由于其应用是分布的，需要在每一个使用节点上进行系统安装，所以，即使非常小的系统缺陷都需要很长的重新部署时间，重新部署时，为了保证各程序版本的一致性，必须暂停一切业务进行更新（即“休克更新”），将会显著延迟其服务响应时间。而在B/S结构的信息系统中，其应用都集中于总部服务器上，各应用节点并没有任何程序，一个地方更新则全部应用程序更新，可以做到快速服务响应。

因此，基于B/S架构的信息系统比基于C/S架构的系统更容易部署和升级维护。应选择C。

参考答案

（7）C

试题（8）

中间件是位于硬件、操作系统等平台和应用之间的通用服务。__(8)__位于客户和服务器之间，负责负载均衡、失效恢复等任务，以提高系统的整体性能。

（8）A．数据库访问中间件　　B．面向消息中间件

C．分布式对象中间件　　D．事务中间件

试题（8）分析

中间件是位于硬件、操作系统等平台和应用之间的通用服务，这些服务具有标准的程序接口和协议。不同的硬件及操作系统平台，可以有符合接口和协议规范的多种实现。中间件包括的范围十分广泛，针对不同的应用需求有各种不同的中间件产品。从不同的角度对中间件的分类也会有所不同。通常将中间件分为数据库访问中间件、远程过程调

用中间件、面向消息中间件、事务中间件、分布式对象中间件等几类。

数据库访问中间件通过一个抽象层访问数据库，从而允许使用相同或相似的代码访问不同的数据库资源。远程过程调用（RPC）中间件用来“远程”执行一个位于不同地址空间内的过程，从效果上看和执行本地调用相同。面向消息的中间件（MOM）利用高效可靠的消息传递机制负责进行平台无关的数据交流，并可基于数据通信进行分布系统的集成。分布式对象中间件是随着对象技术和分布计算技术的发展，两者结合形成的技术，可用于在异构分布计算环境中透明地传递对象请求。事务中间件也称事务处理监控器（Transaction Processing Monitor，TPM）位于客户端和服务器之间，完成事务管理与协调、负载平衡、失效恢复等任务，以提高系统的整体性能。应选择 D。

参考答案

（8）D

试题（9）

以下关于软件测试的描述，（9）是正确的。

（9）A．系统测试应尽可能在实际运行使用环境下进行

B．软件测试是在编码阶段完成之后进行的一项活动

C．专业测试人员通常采用白盒测试法检查程序的功能是否符合用户需求

D．软件测试工作的好坏，取决于测试发现错误的数量

试题（9）分析

软件测试是为了发现错误而执行程序的过程，是根据程序开发阶段的规格说明及程序内部结构而精心设计的一批测试用例（输入数据及其预期结果的集合），并利用这些测试用例去运行程序，以发现程序错误的过程。故软件测试应尽可能在实际运行使用环境下进行。

软件测试不再只是一种仅在编码阶段完成后才开始的活动，而是应该包括在整个开发和维护过程中的活动，它本身也是实际产品构造的一个组成部分。

基于计算机的测试可以分为白盒测试和黑盒测试。黑盒测试指根据软件产品的功能设计规格，在计算机上进行测试，以证实每个已经实现的功能是否符合要求。白盒测试指根据软件产品的内部工作过程，在计算机上进行测试，以证实每种内部操作是否符合设计要求，所有内部成分是否已经过检查。故专业测试人员通常采用黑盒测试法检查程序的功能是否符合用户需求。

对软件测试进行设计的目的是想以最少的时间和人力系统地找出软件中潜在的各种错误和缺陷。如果成功地实施了测试，就能够发现软件中的错误。测试的附带收获是它能够证明软件的功能和性能与需求说明相符。软件测试工作的好坏，并不取决于测试发现错误的数量。 因此，系统测试应尽可能在实际运行使用环境下进行。应选择 A。

参考答案

（9）A

试题（10）

软件的质量是指<u>（10）</u>。

（10）A．软件的功能性、可靠性、易用性、效率、可维护性、可移植性

B．软件的功能和性能

C．用户需求的满意度

D．软件特性的总和，以及满足规定和潜在用户需求的能力

试题（10）分析

软件“产品评价”国际标准 ISO 14598 和国家标准 GB/T16260—1—2006《软件工程产品质量-质量模型》给出的“软件质量”的定义是：软件特性的总和，软件满足规定或潜在用户需求的能力。其中定义的软件质量包括“内部质量”、“外部质量”和“使用质量”三部分。也就是说，“软件满足规定或潜在用户需求的能力”要从软件在内部、外部和使用中的表现来衡量。软件质量特性是软件质量的构成因素，是软件产品内在的或固有的属性，包括软件的功能性、可靠性、易用性、效率、可维护性和可移植性等，每一个软件质量特性又由若干个软件质量子特性组成。

由此可见，软件质量不是某个或几个软件质量特性或子特性，如功能和性能，也不是用户需求的满意程度，而是软件特性的总和，是软件满足规定或潜在用户的能力。应选择 D。

参考答案

（10）D

试题（11）

在软件生存周期中，将某种形式表示的软件转换成更高抽象形式表示的软件的活动属于<u>（11）</u>。

（11）A．逆向工程　　　　B．代码重构

C．程序结构重构　　　　D．数据结构重构

试题（11）分析

逆向工程（reverse engineering）有的人也叫反求工程，其大意是根据已有的东西和结果，通过分析来推导出具体的实现方法。

软件逆向工程的基本原理是抽取软件系统的主要部分而隐藏细节，然后使用抽取出的实体在高层上描述软件系统。逆向工程抽取的实体应比源代码更容易推理和接近应用领域，同时在高层上对软件系统的抽象表示要求简洁和易于理解。在软件工程领域，迄今为止没有统一的逆向工程定义。较为通用的是 Elliot Chikafsky 和 Cross 在文献中定义的逆向工程的相关术语。

正向工程：从高层抽象和独立于实现的逻辑设计到一个系统的物理实现的传统开发

过程。

逆向工程：分析目标系统，认定系统的构件及其交互关系，并且通过高层抽象或其他形式来展现目标系统的过程。

与逆向工程相关的其他术语包括：

再文档（Redocumentation）：根据源代码，在同一层次上创建或修改系统文档。

设计恢复（Design Recovery）：结合目标系统、领域知识和外部信息认定更高层次的抽象。

重构（Restructuring）：保持系统外部行为（功能和语义），在同一抽象层次上改变表示形式。

再工程（Reengineering）：结合逆向工程、重构和正向工程对现有系统进行审查和改造，将其重组为一种新形式。

体系结构再现：用于从源码、性能分析信息、设计文档及专家知识等现有信息中抽象出一个更高层次表示的技术和过程。

其中，再文档、设计恢复不改变系统。重构改变了系统，但不改变其功能。再工程通常涉及逆向工程与正向工程的联合使用，逆向工程解决程序的理解问题，正向工程检验哪些功能需要保留、删除或增加。再工程改变了系统的功能和方向，是最根本和最有深远影响的扩展。

由此可见，重构是指在同一抽象层次上改变系统的表示形式，将某种形式表示的软件转换成更高抽象形式表示的软件的活动不属于重构，而属于软件的逆向工程。应选择 A。

参考答案

（11）A

试题（12）

根据《软件文档管理指南》（GB/T 16680—1996），以下关于文档评审的叙述，<u>（12）</u>是不正确的。

（12）A．需求评审进一步确认开发者和设计者已了解用户要求什么及用户从开发者一方了解某些限制和约束

B．在概要设计评审过程中主要详细评审每个系统组成部分的基本设计方法和测试计划，系统规格说明应根据概要设计评审的结果加以修改

C．设计评审产生的最终文档规定系统和程序将如何设计开发和测试以满足一致同意的需求规格说明书

D．详细设计评审主要评审计算机程序、程序单元测试计划和集成测试计划

试题（12）分析

《软件文档管理指南》（GB/T 16680—1996）有关“文档评审”的内容如下：

需求评审进一步确认开发者和设计者已了解用户要求什么，及用户从开发者一方了

解某些限制和约束。需求评审可能需要一次以上产生一个被认可的需求规格说明。基于对系统要做些什么的共同理解，才能着手详细设计。用户代表必须积极参与开发和需求评审，参与对需求文档的认可。

设计评审通常安排两个主要的设计评审，概要设计评审和详细设计评审。

在概要设计评审过程中，主要详细评审每个系统组成部分的基本设计方法和测试计划。系统规格说明应根据概要设计评审的结果加以修改。

详细设计评审主要评审计算机程序和程序单元测试计划。

设计评审产生的最终文档规定系统和程序将如何设计、开发和测试。应选择 D。

参考答案

（12）D

试题（13）

根据《软件文档管理指南》（GB/T 16680—1996），以下关于软件文档归类的叙述，（13）是不正确的。

（13）A．开发文档描述开发过程本身

B．产品文档描述开发过程的产物

C．管理文档记录项目管理的信息

D．过程文档描述项目实施的信息

试题（13）分析

根据《软件文档管理指南》（GB/T 16680—1996）之 7.2 节之内容：

7.2 规定文档类型和内容

下面给出软件文档主要类型的大纲，这个大纲不是详尽的或最后的，但适合作为主要类型软件文档的检验表。而管理者应规定何时定义他们的标准文档类型。

软件文档归入如下三种类别：

a）开发文档——描述开发过程本身；

b）产品文档——描述开发过程的产物；

c）管理文档——记录项目管理的信息。

由此可见，国标 GB/T 16680—1996 中定义了开发文档、产品文档和管理文档三种文档类型，管理者可将任何软件文档归入这三种类型中的一种，标准中并未涉及过程文档的概念。应选择 D。

参考答案

（13）D

试题（14）

根据《软件工程—产品质量》（GB/T 16260.1—2006）定义的质量模型，不属于功能性的质量特性是（14）。

（14）A. 适应性 B. 适合性 C. 安全保密性 D. 互操作性

试题（14）分析

根据《软件工程—产品质量》（GB/T 16260.1—2006）中关于功能性之定义：

功能性：当软件在指定条件下使用时，软件产品提供满足明确和隐含要求的功能的能力。包括如下几条子特性：

① 适合性：软件产品为指定的任务和用户目标提供一组合适的功能的能力。

② 准确性：软件产品提供具有所需精度的正确或相符的结果或效果的能力。

③ 互操作性：软件产品与一个或更多的规定系统进行交互的能力。

④ 安全保密性：软件产品保护信息和数据的能力，以使未授权的人员或系统不能阅读或修改这些信息和数据，而不拒绝授权人员或系统对它们的访问。

⑤ 功能性的依从性：软件产品遵循与功能性相关的标准、约定或法规以及类似规定的能力。

由此可见，标准中定义的功能性的子特性中不包含适应性。应选择 A。

参考答案

（14）A

试题（15）

W 公司想要对本单位的内部网络和办公系统进行改造，希望通过招标选择承建商，为此，W 公司进行了一系列活动。以下（15）活动不符合《中华人民共和国招标投标法》的要求。

（15）A. 对此项目的承建方和监理方的招标工作，W 公司计划由同一家招标代理机构负责招标，并计划在同一天开标

B. W 公司根据此项目的特点和需要编制了招标文件，并确定了提交投标文件的截止日期

C. 有四家公司参加了投标，其中一家投标单位在截止日期之后提交投标文件，W 公司认为其违反了招标文件要求，没有接受该投标单位的投标文件

D. W 公司根据招标文件的要求，在三家投标单位中选择了其中一家作为此项目的承建商，并只将结果通知了中标企业

试题（15）分析

《中华人民共和国招标投标法》中关于招标代理有下列条款：

第十二条 招标人有权自行选择招标代理机构，委托其办理招标事宜。任何单位和个人不得以任何方式为招标人指定招标代理机构；

第十五条 招标代理机构应当在招标人委托的范围内办理招标事宜，并遵守本法关于招标人的规定。

《中华人民共和国招标投标法》中关于招投标有下列条款：

第十九条　招标人应当根据招标项目的特点和需要编制招标文件；

第二十四条　招标人应当确定投标人编制投标文件所需要的合理时间。W 公司根据此项目的特点和需要编制了招标文件，并确定了提交投标文件的截止日期是符合法规要求的。

第二十八条　投标人应当在招标文件要求提交投标文件的截止时间前，将投标文件送达投标地点。在招标文件要求提交投标文件的截止时间后送达的投标文件，招标人应当拒收。

第四十五条　中标人确定后，招标人应当向中标人发出中标通知书，并同时将中标结果通知所有未中标的投标人。

由此可见，《中华人民共和国招标投标法》并没有规定对承建方和监理方的招标工作不可以由一家招标代理机构负责招标，亦未规定不能在同一天开标。有四家公司参加了投标，其中一家投标单位在截止日期之后提交投标文件，W 公司应依法拒收该单位在截止时间后送达的投标文件。而 W 公司根据招标文件的要求，在三家投标单位中选择了其中一家作为此项目的承建商，并只将结果通知了中标企业，未通知所有未中标的投标人，不符合《中华人民共和国招标投标法》第四十五条之规定。应选择 D。

参考答案

（15）D

试题（16）

以下采用单一来源采购方式的活动，<u>（16）</u>是不恰当的。

（16）A. 某政府部门为建立内部办公系统，已从一个供应商采购了 120 万元的网络设备，由于办公地点扩大，打算继续从原供应商采购 15 万元的设备

B. 某地区发生自然灾害，当地民政部门需要紧急采购一批救灾物资

C. 某地方主管部门需要采购一种市政设施，目前此种设施国内仅有一家厂商生产

D. 某政府机关为升级其内部办公系统，与原承建商签订了系统维护合同

试题（16）分析

根据《政府采购法》第三十一条：

符合下列情形之一的货物或者服务，可以依照本法采用单一来源方式采购：（一）只能从唯一供应商处采购的；（二）发生了不可预见的紧急情况不能从其他供应商处采购的；（三）必须保证原有采购项目一致性或者服务配套的要求，需要继续从原供应商处添购，且添购资金总额不超过原合同采购金额百分之十的。

分析上述条款可知，A 选项中所述的新采购额已超过原合同采购金额百分之十，不符合第三十一条之第（三）款的规定。B、C 和 D 选项所述之行为均未违反有关条款的

规定。应选择 A。

参考答案

（16）A

试题（17）

为了解决 C/S 模式中客户机负荷过重的问题，软件架构发展形成了<u>（17）</u>模式。

（17）A．三层 C/S　　B．分层　　C．B/S　　D．知识库

试题（17）分析

C/S（Client/Server）模式即客户机/服务器模式。该模式是基于资源不对等，为实现共享而提出的。C/S 模式需要在使用者计算机上安装相应的操作软件，使得客户机负载过重。为了解决 C/S 模式中客户端的问题，发展形成了浏览器/服务器（Browser/Server，B/S）模式；为解决 C/S 模式中服务器端的问题，发展形成了三层（多层）C/S 模式及多层应用架构。知识库模式采用两种不同的控制策略：传统数据库型的知识库模式和黑板报系统的知识库模式。应选择 C。

参考答案

（17）C

试题（18）

小王在公司局域网中用 Delphi 编写了客户端应用程序，其后台数据库使用 MS NT4+SQL Server，应用程序通过 ODBC 连接到后台数据库。此处的 ODBC 是<u>（18）</u>。

（18）A．中间件　　B．Web Service
C．COM 构件　　D．Web 容器

试题（18）分析

中间件是位于硬件、操作系统等平台和应用之间的通用服务，这些服务具有标准的程序接口和协议。不同的硬件及操作系统平台，可以有符合接口和协议规范的多种实现。中间件包括的范围十分广泛，针对不同的应用需求有各种不同的中间件产品。从不同的角度对中间件的分类也会有所不同。通常将中间件分为数据库访问中间件、远程过程调用中间件、面向消息中间件、事务中间件、分布式对象中间件等几类。

数据库访问中间件通过一个抽象层访问数据库，从而允许使用相同或相似的代码访问不同的数据库资源。典型的数据库访问中间件如 Windows 平台下的 ODBC。

Web Service 定义了一种松散的粗粒度的分布计算模式，包含如 SOAP 等协议和语言的典型技术。

COM 是一个开放的构件标准，它有很强劲的扩充和扩展能力，人们可以根据该标准开发出各种各样的功能专一的构件，然后将它们按照需要组合起来，构成复杂的应用。

Web 容器实际上就是一个服务程序，给处于其中的应用程序组件提供一个环境，使组件直接跟容器中的服务接口交互，不必关注其他系统问题。应选择 A。

参考答案

（18）A

试题（19）

<u>（19）</u>制定了无线局域网访问控制方法与物理层规范。

（19）A．IEEE 802.3　　B．IEEE 802.11
C．IEEE 802.15　　D．IEEE 802.16

试题（19）分析

IEEE 802 系列标准是 IEEE 802 LAN/MAN 标准委员会制定的局域网、城域网技术标准，其中：

IEEE 802.3 网络协议标准描述物理层和数据链路层的 MAC 子层的实现方法，在多种物理媒体上以多种速率采用CSMA/CD 访问方式，对于快速以太网该标准说明的实现方法有所扩展，该标准通常指以太网。

IEEE 802.11 是无线局域网通用的标准，它是由 IEEE 所定义的无线网络通信的标准，该标准定义了物理层和媒体访问控制(MAC)协议的规范。

IEEE 802.15 是由 IEEE 制定的一种蓝牙无线通信规范标准，应用于无线个人区域网（WPAN）。

IEEE 802.16 是一种无线宽带标准。应选择 B。

参考答案

（19）B

试题（20）

可以实现在 Internet 上任意两台计算机之间传输文件的协议是<u>（20）</u>。

（20）A．FTP　　B．HTTP　　C．SMTP　　D．SNMP

试题（20）分析

FTP 是 File Transfer Protocol（文件传输协议）的英文简称，中文简称为“文传协议”。FTP 用于在 Internet 上控制文件的双向传输。用户可以通过它把自己的 PC 与世界各地所有运行 FTP 协议的服务器相连，访问服务器上的大量程序和信息。FTP 的功能，就是让用户连接上一个远程运行着FTP 服务器程序的计算机，进行两台计算机之间的文件传输。在 FTP 的使用当中，用户经常遇到两个概念：就是“下载”(Download)和“上传”(Upload)。

HTTP（HyperText Transfer Protocol）是超文本传输协议的英文简称，它是客户端浏览器或其他程序与 Web 服务器之间的应用层通信协议。在 Internet 上的 Web 服务器上存放的都是超文本信息，客户机需要通过 HTTP 协议传输所要访问的超文本信息。

SMTP（Simple Mail Transfer Protocol，简单邮件传输协议）是一组用于由源地址到目的地址传送邮件的规则，由它来控制信件的中转方式。

SNMP（Simple Network Management Protocol，简单网络管理协议）用来对通信线路

进行管理。应选择 A。

参考答案

（20）A

试题（21）

我国颁布的《大楼通信综合布线系统 YD/T926》标准的适用范围是跨度距离不超过<u>（21）</u>米，办公总面积不超过 1000 平方米的布线区域。

（21）A．500　　B．1000　　C．2000　　D．3000

试题（21）分析

我国颁布的《大楼通信综合布线系统 YD/T926》标准中包括下列关于适用范围的条款：

1．范围

本部分适用于跨距不过 3000m，办公面积不超过 1000000m² 的布线区域，区域内的人员为 50～50000 人。应选择 D。

参考答案

（21）D

试题（22）

根据《电子信息系统机房设计规范》，<u>（22）</u>的叙述是错误的。

（22）A．某机房内面积为 125 平方米，共设置了三个安全出口

B．机房内所有设备的金属外壳、各类金属管道、金属线槽、建筑物金属结构等必须进行等电位联结并接地

C．机房内的照明线路宜穿钢管暗敷或在吊顶内穿钢管明敷

D．为了保证通风，A 级电子信息系统机房应设置外窗

试题（22）分析

《电子信息系统机房设计规范》中包含下列相关条款：

6.3.4　面积大于 $100m^2$ 的主机房，安全出口应不少于两个，且应分散布置。面积不大于 100 ㎡的主机房，可设置一个安全出口，并可通过其他相临房间的门进行疏散。门应向疏散方向开启，且应自动关闭，并应保证在任何情况下都能从机房内开启。走廊、楼梯间应畅通，并应有明显的疏散指示标志。

6.4.6　A 级 B 级电子信息系统机房的主机房不宜设置外窗。当主机房设有外窗时，应采用双层固定窗，并应有良好的气密性，不间断电源系统的电池室设有外窗时，应避免阳光直射。

8.2.9　电子信息系统机房内的照明线路宜穿钢管暗敷或在吊顶内穿钢管明敷。

8.3.4　电子信息系统机房内所有设备可导电金属外壳、各类金属管道、金属线槽、建筑物金属结构等必须进行等电位连接并接地。应选择 D。

参考答案

（22）D

试题（23）

SAN 存储技术的特点包括<u>（23）</u>。

①高度的可扩展性 ②复杂但体系化的存储管理方式 ③优化的资源和服务共享 ④高度的可用性

（23）A. ①③④　　B. ①②④　　C. ①②③　　D. ②③④

试题（23）分析

SAN 是采用高速的光纤通道为传输介质的网络存储技术。它将存储系统网络化，实现了高速共享存储以及块级数据访问的目的。作为独立于服务器网络系统之外，它几乎拥有无限存储扩展能力。业界提倡的 OPEN SAN 克服了早先光纤通道仲裁环所带来的互操作和可靠性问题，提供了开放式、灵活多变的多样配置方案。

总体来说，SAN 拥有极度的可扩展性、简化的存储管理、优化的资源和服务共享以及高度可用性。应选择 A。

参考答案

（23）A

试题（24）

某机房部署了多级 UPS 和线路稳压器，这是出于机房供电的<u>（24）</u>需要。

（24）A. 分开供电和稳压供电　　B. 稳压供电和电源保护
　　　C. 紧急供电和稳压供电　　D. 不间断供电和安全供电

试题（24）分析

根据对机房安全保护的不同要求，机房供、配电分为如下几种：

① 分开供电：机房供电系统应将计算机系统供电与其他供电分开，并配备应急照明装置。

② 紧急供电：配置抗电压不足的基本设备、改进设备或更强设备，如基本 UPS、改进的 UPS、多级 UPS 和应急电源（发电机组）等。

③ 备用供电：建立备用的供电系统，以备常用供电系统停电时启用，完成对运行系统必要的保留。

④ 稳压供电：采用线路稳压器，防止电压波动对计算机系统的影响。

⑤ 电源保护：设置电源保护装置，如金属氧化物可变电阻、二极管、气体放电管、滤波器、电压调整变压器和浪涌滤波器等，防止/减少电源发生故障。

⑥ 不间断供电：采用不间断供电电源，防止电压波动、电器干扰和断电等对计算

机系统的不良影响。

⑦ 电器噪声防护：采取有效措施，减少机房中电器噪声干扰，保证计算机系统正常运行。

⑧ 突然事件防护：采取有效措施，防止/减少供电中断、异常状态供电（指连续电压过载或低电压）、电压瞬变、噪声（电磁干扰）以及由于雷击等引起的设备突然失效事件的发生。

根据上述定义，采用 UPS 和线路稳压器是分别出于机房紧急供电和稳压供电的需要，应选择 C。

参考答案

（24）C

试题（25）

以下关于计算机机房与设施安全管理的要求，（25）是不正确的。

（25）A．计算机系统的设备和部件应有明显的标记，并应便于去除或重新标记
B．机房中应定期使用静电消除剂，以减少静电的产生
C．进入机房的工作人员，应更换不易产生静电的服装
D．禁止携带个人计算机等电子设备进入机房

试题（25）分析

对计算机机房的安全保护包括机房场地选择、机房防火、机房空调、降温、机房防水与防潮、机房防静电、机房接地与防雷、机房电磁防护等。答案选项涉及的相关要求如下：

标记和外观：系统设备和部件应有明显的无法擦去的标记。

服装防静电：人员服装采用不易产生静电的衣料，工作鞋采用低阻值材料制作。

静电消除要求：机房中使用静电消除剂，以进一步减少静电的产生。

机房物品：没有管理人员的明确准许，任何记录介质、文件资料及各种被保护品均不准带出机房，磁铁、私人电子计算机或电设备等不准带入机房。

分析上述要求和答案选项，答案选项 A 中“设备和部件应有明显的标记，并应便于去除或重新标记”的提法与上述“标记和外观”要求中的“系统设备和部件应有明显的无法擦去的标记”不符。应选择 A。

参考答案

（25）A

试题（26）

某企业应用系统为保证运行安全，只允许操作人员在规定的工作时间段内登录该系统进行业务操作，这种安全策略属于（26）层次。

（26）A．数据域安全　　　　B．功能性安全
C．资源访问安全　　　　D．系统级安全

试题（26）分析

应用系统运行中涉及的安全和保密层次包括系统级安全、资源访问安全、功能性安全和数据安全。这 4 个层次的安全，按照粒度从粗到细的排序是系统级安全、资源访问安全、功能性安全、数据域安全。程序资源访问控制安全的粒度大小界于系统级安全和功能性安全两者之间，是最常见的应用系统安全问题，几乎所有的应用系统都会涉及这个安全问题。

（1）系统级安全

企业应用越来越复杂，因此制定得力的系统级安全策略才是从根本上解决问题的基础。通过对现行安全技术的分析，制定系统级安全策略，策略包括敏感系统的隔离、访问 IP 地址段的限制、登录时间段的限制、会话时间的限制、连接数的限制、特定时间段内登录次数的限制以及远程访问控制等，系统级安全是应用系统的第一级防护大门。

（2）资源访问安全

对程序资源的访问进行安全控制，在客户端上，为用户提供和其权限相关的用户界面，仅出现和其权限相符的菜单和操作按钮；在服务端则对 URL 程序资源和业务服务类方法的调用进行访问控制。

（3）功能性安全

功能性安全会对程序流程产生影响，如用户在操作业务记录时，是否需要审核，上传附件不能超过指定大小等。这些安全限制已经不是入口级的限制，而是程序流程内的限制，在一定程度上影响程序流程的运行。

（4）数据域安全

数据域安全包括两个层次，其一是行级数据域安全，即用户可以访问哪些业务记录，一般以用户所在单位为条件进行过滤；其二是字段级数据域安全，即用户可以访问业务记录的哪些字段。不同的应用系统数据域安全的需求存在很大的差别，业务相关性比较高。

根据上述定义，只允许操作人员在规定的工作时间段内登录该系统进行业务操作，属于“系统级安全”层次。应选择 D。

参考答案

（26）D

试题（27）

基于用户名和口令的用户入网访问控制可分为<u>（27）</u>三个步骤。

（27）A．用户名的识别与验证、用户口令的识别与验证、用户账号的默认限制检查
B．用户名的识别与验证、用户口令的识别与验证、用户权限的识别与控制
C．用户身份识别与验证、用户口令的识别与验证、用户权限的识别与控制
D．用户账号的默认限制检查、用户口令的识别与验证、用户权限的识别与控制

试题（27）分析

访问控制是网络安全防范和保护的主要策略，它的主要任务是保证网络资源不被非法使用和访问。它是保证网络安全最重要的核心策略之一。访问控制涉及的技术也比较广，包括入网访问控制、网络权限控制、目录级控制以及属性控制等多种手段。

入网访问控制为网络访问提供了第一层访问控制。它控制哪些用户能够登录到服务器并获取网络资源，控制准许用户入网的时间和准许他们在哪台工作站入网。用户的入网访问控制可分为三个步骤：用户名的识别与验证、用户口令的识别与验证、用户账号的默认限制检查。三道关卡中只要任何一关未过，该用户便不能进入该网络。对网络用户的用户名和口令进行验证是防止非法访问的第一道防线。为保证口令的安全性，用户口令不能显示在显示屏上，口令长度应不少于 6 个字符，口令字符最好是数字、字母和其他字符的混合，用户口令必须经过加密。用户还可采用一次性用户口令，也可用便携式验证器（如智能卡）来验证用户的身份。网络管理员可以控制和限制普通用户的账号使用、访问网络的时间和方式。用户账号应只有系统管理员才能建立。

因此，基于用户名和口令的用户入网访问控制可分为用户名的识别与验证、用户口令的识别与验证、用户账号的默认限制检查等三个步骤。应选择 A。

参考答案

（27）A

试题（28）

Web Service 技术适用于<u>（28）</u>应用。

① 跨越防火墙 ②应用系统集成 ③单机应用程序 ④B2B 应用 ⑤软件重用 ⑥局域网上的同构应用程序

（28）A．③④⑤⑥　　B．②④⑤⑥　　C．①③④⑥　　D．①②④⑤

试题（28）分析

Web 服务（Web Service）定义了一种松散的、粗粒度的分布计算模式，使用标准的 HTTP(S)协议传送 XML 表示及封装的内容。Web 服务的主要目标是跨平台的互操作性，适合使用 Web Service 的情况如下：

① 跨越防火墙：对于成千上万且分布在世界各地的用户来讲，应用程序的客户端和服务器之间的通信是一个棘手的问题。客户端和服务器之间通常都会有防火墙或者代理服务器。用户通过 Web 服务访问服务器端逻辑和数据可以规避防火墙的阻挡。

② 应用程序集成：企业需要将不同语言编写的在不同平台上运行的各种程序集成起来时，Web 服务可以用标准的方法提供功能和数据，供其他应用程序使用。

③ B2B 集成：在跨公司业务集成(B2B 集成)中，通过 Web 服务可以将关键的商务应用提供给指定的合作伙伴和客户。用 Web 服务实现 B2B 集成可以很容易地解决互操作问题。

④ 软件重用：Web 服务允许在重用代码的同时，重用代码后面的数据。通过直接

调用远端的 Web 服务，可以动态地获得当前的数据信息。用 Web 服务集成各种应用中的功能，为用户提供一个统一的界面，是另一种软件重用方式。

在某些情况下，Web 服务也可能会降低应用程序的性能。不适合使用 Web 服务的情况如下：

① 单机应用程序：只与运行在本地机器上的其他程序进行通信的桌面应用程序最好不使用 Web 服务，只使用本地 API 即可。

② 局域网上的同构应用程序：使用同一种语言开发的在相同平台的同一个局域网中运行的应用程序直接通过 TCP 等协议调用，会更有效。

经归纳总结，适合使用 Web 服务的情况包括跨越防火墙、应用程序集成、B2B 集成和软件重用，符合答案选项 D。应选择 D。

参考答案

（28）D

试题（29）

以下关于 J2EE 应用服务器运行环境的叙述中，（29）是正确的。

（29）A．容器是构件的运行环境

B．构件是应用服务器提供的各种功能接口

C．构件可以与系统资源进行交互

D．服务是表示应用逻辑的代码

试题（29）分析

J2EE 应用服务器运行环境包括构件（Component）、容器（Container）及服务（Services）三部分。构件是表示应用逻辑的代码；容器是构件的运行环境；服务则是应用服务器提供的各种功能接口，可以同系统资源进行交互。

由此可知，“容器是构件的运行环境”的叙述是正确的，其他答案选项中的叙述与上述概念的定义不符。应选择 A。

参考答案

（29）A

试题（30）

以下关于数据仓库与数据库的叙述中，（30）是正确的。

（30）A．数据仓库的数据高度结构化、复杂、适合操作计算；而数据库的数据结构比较简单，适合分析

B．数据仓库的数据是历史的、归档的、处理过的数据；数据库的数据反映当前的数据

C．数据仓库中的数据使用频率较高；数据库中的数据使用频率较低

D．数据仓库中的数据是动态变化的，可以直接更新；数据库中的数据是静态的，不能直接更新

试题（30）分析

传统的数据库技术以单一的数据资源即数据库为中心，进行事务处理、批处理、决策分析等各种数据处理工作，主要有操作型处理和分析型处理两类。数据仓库是一个面向主题的、集成的、相对稳定的、反映历史变化的数据集合，用于支持管理决策。可以从两个层次理解数据仓库：首先数据仓库用于决策支持，面向分析型数据处理，不同于企业现有的操作型数据库；其次，数据仓库是对多个异构数据源（包括历史数据）的有效集成，集成后按主题重组，且存放在数据仓库中的数据一般不再修改。

与操作型数据库相比，数据仓库的主要特点如下：

① 面向主题：操作型数据库的数据面向事务处理，各个业务系统之间各自分离，而数据仓库的数据按主题进行组织。主题指的是用户使用数据仓库进行决策时所关心的某些方面。一个主题通常与多个操作型系统相关。

② 集成：面向事务处理的操作型数据库通常与某些特定的应用相关，数据库之间相互独立，并且往往是异构的。而数据仓库中的数据是在对原有分散的数据库数据抽取、清理的基础上经过系统加工、汇总和整理而得到的，消除了源数据中的不一致性，保证数据仓库内的信息是整个企业的一致性的全局信息。

③ 相对稳定：操作型数据库中数据通常是实时更新的，数据根据需要及时发送变化。而数据仓库的数据主要供企业决策分析之用，所涉及的数据操作主要是数据查询，只有少量的修改和删除操作，通常只需定期加载、刷新。

④ 反映历史变化：操作型数据库主要关心当前某一个时间段内的数据，而数据仓库的数据通常包含历史信息，系统记录了企业从过去某一时刻到当前各个阶段的信息，通过这些信息，可以对企业的发展历程和未来趋势作出定量分析和预测。

由此可见，数据仓库用于决策支持，面向的是分析型数据而非操作性数据或计算，因此答案选项A不正确。数据仓库中的数据通常只有少量的修改和删除操作，具有相对稳定性，而操作型数据库中的数据通常是实时更新的，因此答案选项C中“数据仓库中的数据使用频率较高；数据库中的数据使用频率较低”的提法不准确，同理答案选项D中的提法同样欠缺准确性。答案选项B中的提法符合上述数据仓库和数据库的特点对比分析。应选择B。

参考答案

（30）B

试题（31）

发布项目章程，标志着项目的正式启动。以下围绕项目章程的叙述中，<u>（31）</u>是不正确的。

（31）A．制定项目章程的工具和技术包括专家判断

B．项目章程要为项目经理提供授权，方便其使用组织资源进行项目活动

C．项目章程应当由项目发起人发布

D．项目经理应在制定项目章程后再任命

试题（31）分析

项目章程是正式批准一个项目的文档，或者是批准现行项目是否进入下一个阶段的文档。项目章程应当由项目组织以外的项目发起人发布，若项目为本组织开发也可由投资人发布。发布人其在组织内的级别应能批准项目，并有相应的为项目提供所需要资金的权力。项目章程为项目经理使用组织资源进行项目活动提供了授权。尽可能在项目早期确定和任命项目经理。应该总是在开始项目计划前就任命项目经理，在项目启动时任命会更合适。

项目经理要最好在项目前期就得到任命和参与项目，以便对项目有较深入的了解，并参与制定项目章程，而不能“应在制定项目章程后再任命”。

项目章程是项目的一个正式文档，在批准发布前应由专家进行评审（专家判断），以确保其的内容满足项目要求。应选择 D。

参考答案

（31）D

试题（32）

在编制项目管理计划时，项目经理应遵循编制原则和要求，使项目计划符合项目实际管理的需要。以下关于项目管理计划的叙述中，（32）是不正确的。

（32）A．应由项目经理独立进行编制
　　　B．可以是概括的
　　　C．项目管理计划可以逐步精确
　　　D．让干系人参与项目计划的编制

试题（32）分析

编制项目管理计划所遵循的基本原则有：全局性原则、全过程原则、人员与资源的统一组织与管理原则、技术工作与管理工作协调的原则。除此之外，更具体的编制项目计划所遵循的原则有：目标的统一管理、方案的统一管理、过程的统一管理、技术工作与管理工作的统一协调、计划的统一管理、人员资源的统一管理、各干系人的参与和逐步求精原则。

其中，各干系人的参与是指各干系人尤其是后续实施人员参与项目管理计划的制定过程，这样不仅让他们了解计划的来龙去脉，提高了他们在项目实施过程中对计划的把握和理解。更重要的是，因为他们的参与包含了他们对项目计划的承诺，从而提高了他们执行项目计划的自觉性。

逐步求精是指，项目计划的制定过程也反映了项目的渐进明细特点，也就是近期的计划制定得详细些，远期的计划制定得概要一些，随着时间的推移，项目计划在不断细化。

由此可见，项目计划可以是概括的，可以逐步精确，并且干系人要参与项目计划的编制，不应由项目经理独立进行编制。应选择A。

参考答案

（32）A

试题（33）

在项目实施过程中，项目经理通过项目周报中的项目进度分析图表发现机房施工进度有延期风险。项目经理立即组织相关人员进行分析，下达了关于改进措施的书面指令。该指令属于（33）。

（33）A．检查措施　　B．缺陷补救措施
C．预防措施　　D．纠正措施

试题（33）分析

检查措施是对产品或工作制定的检查方法或措施。

缺陷补救措施是对在质量审查和审核过程中发现的缺陷制定的修复和消除影响的措施。

预防措施是为消除潜在不合格或其他潜在不期望情况的原因，降低项目风险发生的可能性而需要的措施。

纠正措施是为了消除已发现的不合格或其他不期望情况的原因所采取的措施。

项目经理通过项目周报中的项目进度分析图表发现机房施工进度有延期风险，经分析后下达了关于改进措施的书面指令。该指令属于在不合格或不期望情况尚未发生的情况下，为降低项目风险发生的可能性而采取的措施，因此属于预防措施。应选择C。

参考答案

（33）C

试题（34）

在项目管理中，采取（34）方法，对项目进度计划实施进行全过程监督和控制是经济和合理的。

（34）A．会议评审和MONTE CARLO分析
B．项目月报和旁站
C．进度报告和旁站
D．挣值管理和会议评审

试题（34）分析

MONTE CARLO分析属于计算机随机模拟方法，它是一种基于"随机数"的计算方法，用事件发生的"频率"来决定事件的"概率"，可用于在项目进度管理和风险管理中进行模拟分析。模拟指以不同的活动假设为前提，计算多种项目所需时间，这种方法的成本通常较高。

旁站是监理中的一个术语，主要用于监控隐蔽工程质量，对于关键的活动的进度监督也可采用，如果全过程采用则人力成本较高。

通过进度报告、挣值分析和判断、会议评审等收集进度数据和对数据进行判断的方法对项目进度计划实施进行全过程监督和控制是相对经济、可行和合理的。应选择D。

参考答案

（34）D

试题（35）

一项新的国家标准出台，某项目经理意识到新标准中的某些规定将导致其目前负责的一个项目必须重新设定一项技术指标，该项目经理首先应该<u>（35）</u>。

（35）A．撰写一份书面的变更请求

B．召开一次变更控制委员会会议，讨论所面临的问题

C．通知受到影响的项目干系人将采取新的项目计划

D．修改项目计划和WBS，以保证该项目产品符合新标准

试题（35）分析

变更是指对计划的改变，由于极少有项目能够完全按照原来的项目计划安排运行，因而变更不可避免。同时对变更也要加以管理，因此变更控制就必不可少。变更控制过程如下：

① 受理变更申请。

② 变更的整体影响分析。

③ 接受或拒绝变更。

④ 执行变更。

⑤ 变更结果追踪和审核。

上述答案选项中，A选项属于变更申请，B选项属于变更的整体影响分析，C选项属于接受变更后执行变更，D选项属于执行变更和变更结果追踪。根据变更控制过程，首先要提出变更申请，因此应选A。

参考答案

（35）A

试题（36）

项目经理对某软件需求分析活动历时估算的结果是：该活动用时2周（假定每周工作时间是5天）。随后对其进行后备分析，确定的增加时间是2天。以下针对该项目后备分析结果的叙述中，<u>（36）</u>是不正确的。

（36）A．增加软件需求分析的应急时间是2天

B．增加软件需求分析的缓冲时间是该活动历时的20%

C．增加软件需求分析的时间储备是20%

D．增加软件需求分析的历时标准差是2天

试题（36）分析

在活动历时估算所采用的主要方法和技术中包含有后备分析。后备分析是在时间估算的基础上考虑一些时间储备和富裕量。也可称为“应急时间”、“时间储备”、“缓冲时间”，而该活动用时 2 周（假定每周工作日为 5 天），则总工作日为 10 天，确定的增加时间是 2 天，因此后备分析可以增加 2 天或 20%。因此“增加软件需求分析的应急时间是 2 天”、“增加软件需求分析的缓冲时间是该活动历时的 20%”、“增加软件需求分析的时间储备是 20%”等三种表述方式是一致的。

标准差是三点估算中的统计学术语，通过最乐观估时和最悲观估时来计算标准差，其计算方法不同于后备分析，因此应选择 D。

参考答案

（36）D

试题（37）

在工程网络计划中，工作 M 的最早开始时间为第 16 天，其持续时间为 5 天。该工作有三项紧后工作，他们的最早开始时间分别为第 25 天、第 27 天和第 30 天，最迟开始时间分别为第 28 天、第 29 天和第 30 天。则工作 M 的总时差为<u>（37）</u>天。

（37）A. 5　　B. 6　　C. 7　　D. 9

试题（37）分析

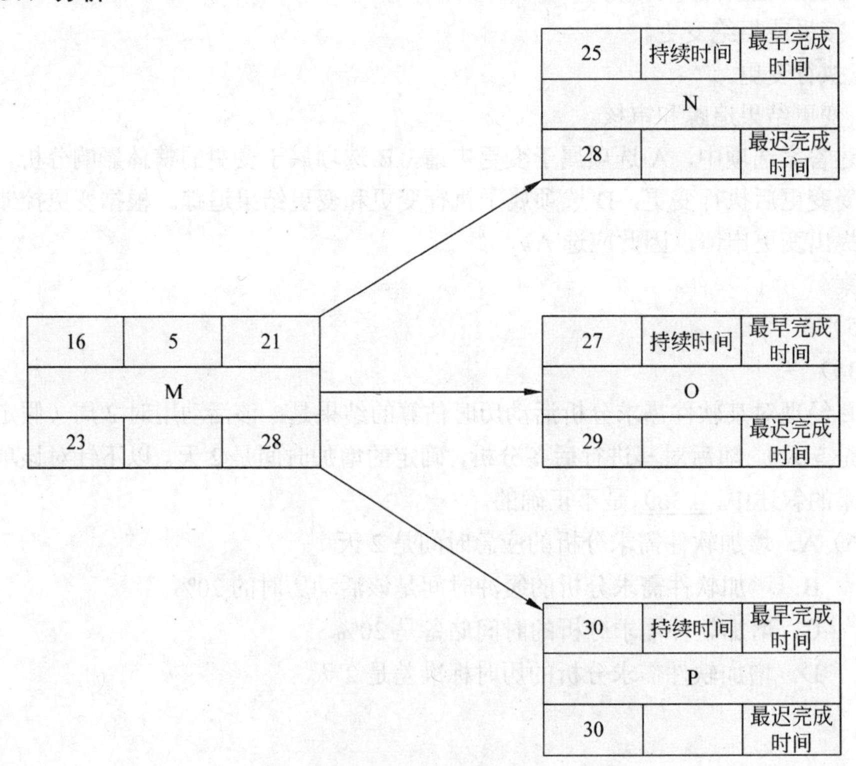

参见上图，M 活动的早开始日期（ES）=16 天，最早结束日期（EF）=21 天；使用逆推法计算最迟结束日期（LF）=28 天，开始日期（LS）=28–5=23 天。

总时差= LS – ES 或 LF – EF

总时差=23–16=7 天

因此选 C。

参考答案

（37）C

试题（38）

以下关于关键路径法的叙述，<u>（38）</u>是不正确的。

（38）A．如果关键路径中的一个活动延迟，将会影响整个项目计划

B．关键路径包括所有项目进度控制点

C．如果有两个或两个以上的路径长度一样，就有可能存在多个关键路径

D．关键路径可随项目的进展而改变

试题（38）分析

关键路径分析是通过对各条路径的分析用时最长的那条路径为关键路径，关键路径只有一个决定因素就是路径用时，如果有两个或两个以上的路径长度一样，就有可能存在多个关键路径。项目进度用时是由关键路径决定的，在关键路径上的活动叫做关键活动，其时差为零，如果关键路径中的一个活动延迟，将会影响整个项目计划。在项目进展过程中，由于资源平衡，关键路径可能用时缩短，比其他的路径用时还少，这时关键路径就发生变更。

关键路径并不包含全部项目活动，因此关键路径不能包括所有项目进度控制点。

根据上述分析，应选 B。

参考答案

（38）B

试题（39）

在软件开发项目实施过程中，由于进度需要，有时要采取快速跟进措施。<u>（39）</u>属于快速跟进范畴。

（39）A．压缩需求分析工作周期

B．设计图纸全部完成前就开始现场施工准备工作

C．使用最好的工程师，加班加点尽快完成需求分析说明书编制工作

D．同其他项目协调好关系以减少行政管理的摩擦

试题（39）分析

进度压缩指在不改变项目范围、进度制约条件、强加日期或其他进度目标的前提下缩短项目的进度时间。进度压缩的技术有以下几种：

① 赶进度（也称作赶工）。对费用和进度进行权衡，确定如何在尽量少增加费用

的前提下最大限度地缩短项目所需时间。赶进度并非总能产生可行的方案，反而常常增加费用。

② 快速跟进。这种进度压缩技术通常同时进行有先后顺序的阶段或活动，即并行。例如，建筑物在所有建筑设计图纸完成之前就开始基础施工。快速跟进往往造成返工，并通常会增加风险。这种办法可能要求在取得完整、详细的信息之前就开始进行，如工程设计图纸。其结果是以增加费用为代价换取时间，并因缩短项目进度时间而增加风险。

根据上述概念，“压缩需求分析工作周期”、“使用最好的工程师，加班加点尽快完成需求分析说明书编制工作”属于在尽量少增加费用的前提下最大限度地缩短项目所需时间的做法，即赶工。“设计图纸全部完成前就开始现场施工准备工作”属于并行展开相关活动，即属于快速跟进。而对于“同其他项目协调好关系以减少行政管理的摩擦”这一选项，间接防止进度的拖延，而非实质性推进工程进度，故不属于赶工，也不属于快速跟进。因此应选择 B。

参考答案

（39）B

试题（40）

某软件开发项目的实际进度已经大幅滞后于计划进度，（40）能够较为有效地缩短活动工期。

（40）A．请经验丰富的老程序员进行技术指导或协助完成工作

B．要求项目组成员每天加班 2～3 个小时进行赶工

C．招聘一批新的程序员到项目组中

D．购买最新版本的软件开发工具

试题（40）分析

项目进度控制是依据项目进度基准计划对项目的实际进度进行监控，使项目能够按时完成。当项目的实际进度滞后于进度计划时，首先发现问题、分析问题根源并找出妥善的解决办法。通常可以采用以下一些方法缩短活动的工期：

① 投入更多的资源以加速活动进程。

② 指派经验更丰富的人去完成或帮助完成项目工作。

③ 减少活动范围或降低活动要求。

④ 通过改进方法或技术提高生产率。

⑤ 快速跟进（或称并行）。

若没找出造成拖期的原因而“要求项目组成员每天加班 2～3 个小时进行赶工”不会有明显的效果。“招聘一批新的程序员到项目组中”还要进行培训，培训后效率也不会比老员工效率高。

通常情况下，通过新版本的软件开发工具不会对缩短进度有太大影响，并且新工具又面临一个熟悉过程。而“请经验丰富的老程序员进行技术指导或协助完成工作”可以

凭借其丰富的经验帮助项目组找出拖期原因，并通过其高效的工作来缩短工期。因此应选择 A。

参考答案

（40）A

试题（41）

某公司最近在一家大型企业 OA 项目招标中胜出，小张被指定为该项目的项目经理。公司发布了项目章程，小张依据该章程等项目资料编制了由项目目标、可交付成果、项目边界及成本和质量测量指标等内容组成的（41）。

（41）A．项目工作说明书　　B．范围管理计划
C．范围说明书　　D．WBS

试题（41）分析

范围管理计划是一个计划工具，用以描述该团队如何定义项目范围、如何制订详细的范围说明书、如何定义和编制工作分解结构，以及如何验证和控制范围。范围管理计划的输入包括项目章程、项目范围说明书（初步）、组织过程资产、环境因素和组织因素、项目管理计划。

项目范围说明书详细描述了项目的可交付物以及产生这些可交付物所必须做的项目工作。项目范围说明书的输入包括项目章程和初步的范围说明书、项目范围管理计划、组织过程资产和批准的变更申请。项目范围说明书（详细）也可以称为"详细的项目范围说明书"。详细的范围说明书包括的直接内容或引用的内容，如下：

① 项目的目标
② 产品范围描述
③ 项目的可交付物
④ 项目边界
⑤ 产品验收标准
⑥ 项目的约束条件
⑦ 项目的假定

项目的工作分解结构（WBS）是管理项目范围的基础，详细描述了项目所要完成的工作。WBS 的组成元素有助于项目干系人检查项目的最终产品。WBS 的最低层元素是能够被评估的、可以安排进度的和被追踪的。WBS 的最底层的工作单元被称为工作包，它是定义工作范围、定义项目组织、设定项目产品的质量和规格、估算和控制费用、估算时间周期和安排进度的基础。

工作说明书（SOW）是对项目所要提供的产品、成果或服务的描述。

小张依据项目章程等项目资料编制了由项目目标、可交付成果、项目边界及成本和质量测量指标等内容组成的文档。该文档的一个输入是项目章程，且符合项目范围说明书要定义的内容。因此应选 C。

参考答案

（41）C

试题（42）

下面关于项目范围确认描述，（42）是正确的。

（42）A．范围确认是一项对项目范围说明书进行评审的活动

B．范围确认活动通常由项目组和质量管理员参与执行即可

C．范围确认过程中可能会产生变更申请

D．范围确认属于一项质量控制活动

试题（42）分析

范围确认是客户等项目干系人正式验收并接受已完成的项目可交付物的过程。也称范围确认过程为范围核实过程。项目范围确认包括审查项目可交付物以保证每一交付物令人满意地完成。如果项目在早期被终止，项目范围确认过程将记录其完成的情况。

项目范围确认应该贯穿项目的始终。范围确认与质量控制不同，范围确认是有关工作结果的接受问题，而质量控制是有关工作结果正确与否，质量控制一般在范围确认之前完成，当然也可以并行进行。

范围确认的输入包括：① 项目管理计划；② 可交付物。范围确认的输出包括：① 可接受的项目可交付物和工作；② 变更申请；③ 更新的 WBS 和 WBS 字典。

综上所述，范围确认的对象不仅包括范围说明书，还包括项目管理计划和所有可交付物；范围确认的参加人员是客户和所有项目干系人，不仅限于项目组和质量管理员；范围确认与质量控制不同，前者是有关工作结果的接受问题，而后者是有关工作正确与否的问题。因此答案选项 A、B、D 不正确。范围确认可能的输出包括变更申请，因此，应选择 C。

参考答案

（42）C

试题（43）

下列关于资源平衡的描述中，（43）是正确的。

（43）A．资源平衡通常用于已经利用关键链法分析过的进度模型之中

B．进行资源平衡的前提是不能改变原关键路线

C．使用按资源分配倒排进度法不一定能制定出最优项目进度表

D．资源平衡的结果通常是使项目的预计持续时间比项目初步进度表短

试题（43）分析

资源平衡是一种进度网络分析技术，用于已经利用关键路线法分析过的进度模型之中。资源平衡的用途是调整时间安排需要满足规定交工日期的计划活动，处理只有在某些时间动用或只能动用有限数量的必要的共用或关键资源的局面，或者用于在项目工作具体时间段按照某种水平均匀地使用选定资源。这种均匀使用资源的办法可能会改变原

来的关键路线。

关键路线法是利用进度模型时使用的一种进度网络分析技术。关键路线法沿着项目进度网络路线进行正向与反向分析，从而计算出所有计划活动理论上的最早开始与完成日期、最迟开始与完成日期，不考虑任何资源限制。关键路线法的计算结果是初步的最早开始与完成日期、最迟开始与完成日期进度表，这种进度表在某些时间段要求使用的资源可能比实际可供使用的数量多，或者要求改变资源水平，或者对资源水平改变的要求超出了项目团队的管理能力。将稀缺资源首先分配给关键路线上的活动，这种做法可以用来制定反映上述制约因素的项目进度表。资源平衡的结果经常是项目的预计持续时间比初步项目进度表长。某些项目可能拥有数量有限但关键的项目资源，遇到这种情况，资源可以从项目的结束日期开始反向安排，这种做法叫做按资源分配倒排进度法，但不一定能制定出最优项目进度表。

关键链法是另一种进度网络分析技术，可以根据有限的资源对项目进度表进行调整。

综上可知，资源平衡是一种进度网络分析技术，用于已经利用关键路线法（非关键链法）分析过的进度模型之中；资源平衡可能会改变原来的关键路线；资源平衡的结果经常是项目的预计持续时间比初步项目进度表长；按资源分配倒排进度法不一定能制定出最优项目进度表。因此应选 C。拥有数量有限但关键的项目资源，资源可以从项目的结束日期反向倒排，可以制定出一个较好的项目进度表，但不一定能制定出最优项目进度表。

参考答案

（43）C

试题（44）

某企业今年用于信息系统安全工程师的培训费用为 5 万元，其中有 8000 元计入 A 项目成本，该成本属于 A 项目的<u>（44）</u>。

（44）A．可变成本　　B．沉没成本
C．实际成本（AC）　　D．间接成本

试题（44）分析

项目的成本类型包括：

① 可变成本：随着生产量、工作量或时间而变的成本为可变成本。可变成本又称变动成本。

② 固定成本：不随生产量、工作量或时间的变化而变化的非重复成本为固定成本。

③ 直接成本：直接可以归属于项目工作的成本为直接成本。如项目团队差旅费、工资、项目使用的物料及设备使用费等。

④ 间接成本：来自一般管理费用科目或几个项目共同担负的项目成本所分摊给本项目的费用，就形成了项目的间接成本，如税金、额外福利和保卫费用等。

某企业今年用于信息系统安全工程师的培训费用为 5 万元，其中只有 8000 元计入 A

项目成本，A 项目的该成本可归入一般管理费用科目，同时是几个项目共同担负的项目成本所分摊给 A 项目的费用，因此应属于间接成本，选择 D。

参考答案

（44）D

试题（45）

项目进行到某阶段时，项目经理进行了绩效分析，计算出 CPI 值为 0.91。这表示<u>（45）</u>。

（45）A．项目的每 91 元人民币投资中可创造相当于 100 元的价值

B．当项目完成时将会花费投资额的 91%

C．项目仅进展到计划进度的 91%

D．项目的每 100 元人民币投资中只创造相当于 91 元的价值

试题（45）分析

成本执行（绩效）指数（Cost Performance Index，CPI）等于挣值（Earned Value，EV）和实际成本（Actual Cost，AC）的比值。CPI 是最常用的成本效率指标。计算公式为：

$$CPI = EV/AC$$

CPI 是既定的时间段内实际完工工作的预算成本（EV）与既定的时间段内实际完成工作发生的实际总成本（AC）的比值。CPI 值若小于 1 则表示实际成本超出预算，CPI 值若大于 1 则表示实际成本低于预算。

根据 CPI 的定义，项目经理进行了绩效分析计算出 CPI 值为 0.91，表示项目的每 100 元人民币投资中只创造相当于 91 元的价值。因此应选 D。

参考答案

（45）D

试题（46）

下图是一项布线工程计划和实际完成的示意图，2009 年 3 月 23 日的 PV、EV、AC 分别是<u>（46）</u>。

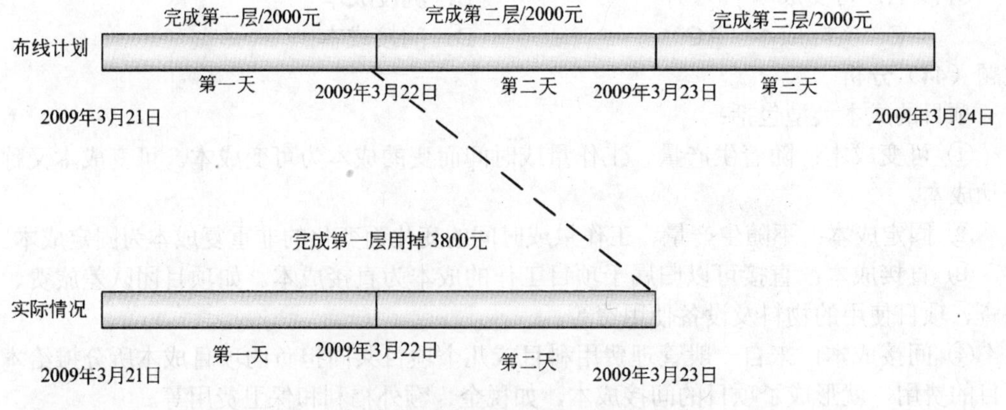

（46）A．PV=4000 元、EV=2000 元、AC=3800 元

B．PV=4000元、EV=3800元、AC=2000元

C．PV=3800元、EV=4000元、AC=2000元

D．PV=3800元、EV=3800元、AC=2000元

试题（46）分析

根据PV、EV、AC定义，到2009年3月23日，计划预算即PV为4000元。

到23日时实际花费的费用即AC，为完成第一层用掉的3800元。

到23日时实际才完成了第一层的布线工作，而第一层布线工作对应的预算为2000元，即EV为2000元。因此选择A。

参考答案

（46）A

试题（47）

在项目人力资源计划编制中，一般会涉及到组织结构图和职位描述。其中，根据组织现有的部门、单位或团队进行分解，把工作包和项目的活动列在负责的部门下面的图采用的是<u>（47）</u>。

（47）A．工作分解结构（WBS）　　B．组织分解结构（OBS）

C．资源分解结构（RBS）　　D．责任分配矩阵（RAM）

试题（47）分析

可使用多种形式描述项目的角色和职责，最常用的有三种：层次结构图、责任分配矩阵和文本格式。除此之外，在一些分计划（如风险、质量和沟通计划）中也可以列出某些项目的工作分配。无论采用何种形式，都要确保每一个工作包只有一个明确的责任人，而且每一个项目团队成员都非常清楚自己的角色和职责。

（1）层次结构图。传统的组织结构图就是一种典型的层次结构图，它用图形的形式从上至下地描述团队中的角色和关系。

① 用工作分解结构（WBS）来确定项目的范围，将项目可交付物分解成工作包即可得到该项目的WBS。也可以用WBS来描述不同层次的职责。

② 组织分解结构（OBS）与工作分解结构形式上相似，但是它不是根据项目的交付物进行分解，而是根据组织现有的部门、单位或团队进行分解。把项目的活动和工作包列在负责的部门下面。通过这种方式，某个运营部门（例如采购部门）只要找到自己在OBS中的位置就可以了解所有该做的事情。

③ 资源分解结构（RBS）是另一种层次结构图，它用来分解项目中各种类型的资源，例如，资源分解结构可以反映一艘轮船建造项目中各个不同区域用到的所有焊工和焊接设备，即使这些焊接工和焊接设备在OBS和WBS中分布杂乱。RBS有助于跟踪项目成本，能够与组织的会计系统协调一致。RBS除了包含人力资源之外还包括各种资源类型，例如，材料和设备。

（2）矩阵图。反映团队成员个人与其承担的工作之间联系的方法有多种，而责任分

配矩阵（RAM）是最直观的方法。在大型项目中，RAM 可以分成多个层级。例如，高层级的 RAM 可以界定团队中的哪个小组负责工作分解结构图中的哪一部分工作（component）；而低层级的 RAM 被用来在小组内，为具体活动分配角色、职责和授权层次。

（3）文本格式。团队成员职责需要详细描述时，可以采用文字形式描述。

（4）项目计划的其他部分。一些和管理项目相关的职责列在项目管理计划的其他部分并做相应解释。

综合上述概念可知，根据组织现有的部门、单位或团队进行分解，把项目的活动和工作包列在负责的部门下面的层次结构图采用的是组织分解结构（OBS）。因此选择 B。

参考答案

（47）B

试题（48）

在组建项目团队时，人力资源要满足项目要求。以下说法，<u>（48）</u>是不妥当的。

（48）A．对关键岗位要有技能标准，人员达标后方可聘用

B．与技能标准有差距的员工进行培训，合格后可聘用

C．只要项目经理对团队成员认可就可以

D．在组建团队时要考虑能力、经验、兴趣、成本等人员因素

试题（48）分析

企业在人力资源管理体系建立过程中的基本要求为：基于适当的教育、培训、技能和经验，从事影响产品与要求的符合性工作的人员是能够胜任的。要确定从事影响产品与要求的符合性工作的人员所必要的能力，即制定关键岗位的技能标准，可考虑能力、经验、兴趣、成本等人员因素；如果目前一些人员达不到标准要求，要提供培训或采取其他措施以获得所需的能力。而不建立人力资源管理制度，或在项目团队组建时完全由项目经理个人好恶决定项目成员是不符合科学管理潮流的。

综合以上分析，“只要项目经理对团队成员认可就可以”属于在项目团队组建时完全由项目经理个人好恶决定项目成员的做法，这种做法是不符合科学管理潮流的。因此选择 C。

参考答案

（48）C

试题（49）

项目经理管理项目团队有时需要解决冲突，<u>（49）</u>属于解决冲突的范畴。

（49）A．强制、妥协、撤退　　B．强制、求同存异、观察

C．妥协、求同存异、增加权威　　D．妥协、撤退、预防

试题（49）分析

在项目管理环境里，冲突是不可避免的。不管冲突对项目的影响是正面的还是负面

的，项目经理都有责任处理它，以减少冲突对项目的不利影响，增加其对项目积极有利的一面。

以下是冲突管理的 6 种方法：

① 问题解决（Problem Solving Confrontation）。问题解决就是冲突各方一起积极地定义问题、收集问题的信息、制定解决方案，最后直到选择一个最合适的方案来解决冲突，此时为双赢或多赢。但在这个过程中，需要公开地协商，这是冲突管理中最理想的一种方法。

② 合作（Collaborating）。集合多方的观点和意见，得出一个多数人接受和承诺的冲突解决方案。

③ 强制（Forcing）。强制就是以牺牲其他各方的观点为代价，强制采纳一方的观点。一般只适用于赢-输这样的情况和游戏情景里。

④ 妥协（Compromising）。妥协就是冲突的各方协商并且寻找一种能够使冲突各方都有一定程度满意，但冲突各方没有任何一方完全满意，是一种都做一些让步的冲突解决方法。

⑤ 求同存异（Smoothing/Accommodating）。求同存异的方法就是冲突各方都关注他们一致的一面，而淡化不一致的一面。一般求同存异要求保持一种友好的气氛，但是回避了解决冲突的根源。

⑥ 撤退（Withdrawing/Avoiding）。撤退就是把眼前的或潜在的冲突搁置起来，从冲突中撤退。

根据上述概念的定义，强制、妥协和撤退都属于冲突解决的范畴。因此选择 A。

参考答案

（49）A

试题（50）

某承建单位准备把机房项目中的消防系统工程分包出去，并准备了详细的设计图纸和各项说明。该项目工程包括：火灾自动报警、广播、火灾早期报警灭火等。该工程宜采用<u>（50）</u>。

（50）A．单价合同　　B．成本加酬金合同

C．总价合同　　D．委托合同

试题（50）分析

按项目付款方式划分的合同可分为如下几类：

（1）总价合同

总价合同又称固定价格合同，是指在合同中确定一个完成项目的总价，承包人据此完成项目全部合同内容的合同。这种合同类型能够使建设单位在评标时易于确定报价最低的承包商，易于进行支付计算。适用于工程量不太大且能精确计算、工期较短、技术不太复杂、风险不大的项目，同时要求发包人必须准备详细全面的设计图纸和各项说明，

使承包人能准确计算工程量。

（2）单价合同

单价合同是指承包人在投标时，以招标文件就项目所列出的工作量表确定各部分项目工程费用的合同类型。这种类型的适用范围比较宽，其风险可以得到合理的分摊，并且能鼓励承包人通过提高工资等手段从成本节约中提高利润。这类合同履行中需要注意的问题是双方对实际工作量的确定。

（3）成本加酬金合同

成本加酬金合同，是由发包人向承包人支付工程项目的实际成本，并且按照事先约定的某一种方式支付酬金的合同类型。在这类合同中，建设单位须承担项目实际发生的一切费用，因此也承担了项目的全部风险。承建单位也往往不注意降低项目成本。这类合同主要适用于以下项目：① 需立即开展工作的项目；② 对项目内容及技术经济指标未确定的项目。③ 风险大的项目。

某承建单位准备把机房项目中的消防系统工程分包出去，并准备了详细的设计图纸和各项说明。该项目工程包括：火灾自动报警、广播、火灾早期报警灭火等。因此，项目要完成的内容、详细的设计图纸和各项详细说明已经由承建单位提供，承包人能够据此准确计算工程量，适宜采用总价合同。单价合同通常需要以招标文件的形式列出的工作量表来确定项目各部分项目工程费用。成本加酬金合同是由发包人向承包人支付工程项目的实际成本，并且按照事先约定的某一种方式支付酬金的合同类型，适用于需要立即展开、风险大或对项目内容及技术经济指标未确定的项目。而委托合同是委托人和受托人约定，由受托人处理委托人事务的合同。根据上述几种不同合同类型的分析，单价合同、成本加酬金合同和委托合同均不适合在本题目的上下文中采用，因此应选择C。

参考答案

（50）C

试题（51）

小王为本公司草拟了一份计算机设备采购合同，其中写到“乙方需按通常的行业标准提供技术支持服务”。经理审阅后要求小王修改，原因是<u>（51）</u>。

（51）A．文字表达不通顺

B．格式不符合国家或行业标准的要求

C．对“合同标的”的描述不够清晰、准确

D．术语使用不当

试题（51）分析

为了使签约各方对合同有一致理解，建议如下：

① 使用国家或行业标准的合同格式。

② 为避免因条款的不完备或歧义而引起合同纠纷，系统集成商应认真审阅建设单位拟订的合同。除了法律的强制性规定外，其他合同条款都应与建设单位在充分协商并

达成一致基础上进行约定。

对“合同标的”的描述务必达到“准确、简练、清晰”的标准要求，切忌含混不清。如合同标的是提供服务的，一定要写明服务的质量、标准或效果要求等，切忌只写“按照行业的通常标准提供服务或达到行业通常的服务标准要求等”之类的描述。

综合以上分析，经理审阅后要求小王修改其草拟的合同，是因为对“合同标的”的描述不够清晰、准确。因此选择 C。

参考答案

（51）C

试题（52）

组织项目招标要按照《中华人民共和国招标投标法》进行。以下叙述中，（52）是不正确的。

（52）A．公开招标和邀请招标都是常用的招标方式

B．公开招标是指招标人以招标公告方式邀请一定范围的法人或者其他组织投标

C．邀请招标是指招标人以投标邀请书的方式邀请特定的法人或者其他组织投标

D．招标人是依照本法规定提出招标项目、进行招标的法人或者其他组织

试题（52）分析

招标人是依照《中华人民共和国招标投标法》规定提出招标项目、进行招标的法人或其他组织。

① 公开招标：是指招标人以招标公告的方式邀请不特定的法人或者其他组织投标。

② 邀请招标：是指招标人以投标邀请书的方式邀请特定的法人或者其他组织投标。

根据上述《中华人民共和国招标投标法》相关条款的规定，公开招标是指招标人以招标公告的方式邀请不特定的法人或者其他组织投标，而不是招标人以招标公告方式邀请一定范围的法人或者其他组织投标。因此应选择 B。

参考答案

（52）B

试题（53）

系统集成商与建设方在一个 ERP 项目的谈判过程中，建设方提出如下要求：系统初验时间为 2010 年 6 月底（付款 50%）；正式验收时间为 2010 年 10 月底（累计付款 80%）；系统运行服务期限为一年（可能累计付款 100%）；并希望长期提供应用软件技术支持。系统集成商在起草项目建设合同时，合同期限设定到（53）为妥。

（53）A．2010 年 10 月底　　B．2011 年 6 月底

C．2011 年 10 月底　　D．长期

试题（53）分析

根据《中华人民共和国合同法》第四十六条，“当事人对合同的效力可以约定附期限。附生效期限的合同，自期限届至时生效。附终止期限的合同，自期限届满时失效”。

系统集成可分为系统设计、系统集成、系统售后服务三个阶段，建设方提出的付款条件也是按照集成、售后服务阶段划分的。一年的售后服务圆满完成后意味该项集成合同的结束，至于建设方在售后服务期满后希望承建方长期提供应用软件技术支持，可再签订运维合同。

根据上述分析，以选项C为妥。

参考答案

（53）C

试题（54）

某软件开发项目合同规定，需求分析要经过客户确认后方可进行软件设计。但建设单位以客户代表出国、其他人员不知情为由拒绝签字，造成进度延期。软件开发单位进行索赔一般按<u>（54）</u>顺序较妥当。

① 由该项目的监理方进行调解　　②由经济合同仲裁委员会仲裁

③ 由有关政府主管机构仲裁

（54）A．①②③　　B．①③②　　C．③①②　　D．②①③

试题（54）分析

索赔是在工程承包合同履行过程中，当事人一方由于另一方未履行合同所规定的义务而遭受损失时，向另一方提出索赔要求的行为。

项目发生索赔事件后，一般先由监理工程师调解，若调解不成，由政府建设主管机构进行调解，若仍调解不成，由经济合同仲裁委员会进行调解或仲裁。在整个索赔过程中，遵循的原则是索赔的有理性、索赔依据的有效性、索赔计算的正确性。

根据上述索赔程序，应选择B。

参考答案

（54）B

试题（55）

按照索赔程序，索赔方要在索赔通知书发出后<u>（55）</u>内，向监理方提出延长工期和（或）补偿经济损失的索赔报告及有关资料。

（55）A．2周　　B．28天　　C．30天　　D．3周

试题（55）分析

按照索赔程序，当出现索赔事项时，首先由索赔方以书面的索赔通知书形式，在索赔事项发生后的28天以内，向监理工程师正式提出索赔意向通知书。

在索赔通知书发出后的28天内，向监理工程师提出延长工期和（或）补偿经济损失的索赔报告及有关资料。因此选择B。

参考答案

（55）B

试题（56）

某项工程需在室外进行线缆铺设，但由于连续大雨造成承建方一直无法施工，开工日期比计划晚了 2 周（合同约定持续 1 周以内的天气异常不属于反常天气），给承建方造成一定的经济损失。承建方若寻求补偿，应当<u>（56）</u>。

（56）A．要求延长工期补偿

B．要求费用补偿

C．要求延长工期补偿、费用补偿

D．自己克服

试题（56）分析

索赔是在工程承包合同履行过程中，当事人一方由于另一方未履行合同所规定的义务而遭受损失时，向另一方提出索赔要求的行为。

按照索赔的目的分类，可分为工期索赔和费用索赔。工期索赔就是要求业主延长施工时间，使原规定的竣工时期顺延。费用索赔就是要求业主或承包商双方补偿费用损失，进而调整合同价款。

合同索赔的重要前提条件是合同一方或双方存在违约行为和事实，并且由此造成了损失，责任应由对方承担。对提出的合同索赔，凡属于客观原因造成的延期、属于业主也无法预见到的情况，如特殊反常天气，达到合同中特殊反常天气的约定条件，承包商可能得到延长工期，但得不到费用补偿。对于属于业主方面的原因造成拖延工期，不仅应给承包商延长工期，还应给予费用补偿。

根据上述合同索赔的构成条件，某项工程需在室外进行线缆铺设，但由于连续大雨造成承建方一直无法施工，开工日期比计划晚了 2 周（合同约定持续 1 周以内的天气异常不属于反常天气），达到了合同中特殊反常天气的约定条件，承包商可能得到延长工期，但得不到费用补偿。因此应选择 A。

参考答案

（56）A

试题（57）

某公司正在计划实施一项用于公司内部的办公自动化系统项目，由于该系统的实施涉及到公司很多内部人员，因此项目经理打算制定一个项目沟通管理计划，他应采取的第一个工作步骤是<u>（57）</u>。

（57）A．设计一份日程表，标记进行每种沟通的时间

B．分析所有项目干系人的信息需求

C．构建一个文档库并保存所有的项目文件

D．描述准备发布的信息

试题（57）分析

在日常实践中，沟通管理计划编制过程一般分为如下几个步骤：

① 确定干系人的沟通信息需求，即哪些人需要沟通，谁需要什么信息，什么时候需要以及如何把信息发出去。

② 描述信息收集和文件归档的机构。

③ 发送信息和重要信息的格式，主要指创建信息发送的档案；获得信息的访问方法。

根据上述沟通管理计划的一般编制过程，应选择 B。

参考答案

（57）B

试题（58）

召开会议就某一事项进行讨论是有效的项目沟通方法之一，确保会议成功的措施包括提前确定会议目的、按时开始会议等，<u>（58）</u>不是确保会议成功的措施。

（58）A．项目经理在会议召开前一天，将会议议程通过电子邮件发给参会人员

B．在技术方案的评审会议中，某专家发言时间超时严重，会议主持人对会议进程进行控制

C．某系统验收会上，为了避免专家组意见太发散，项目经理要求会议主持人给出结论性意见

D．项目经理指定文档管理员负责会议记录

试题（58）分析

确保讨论会议成功的措施包括提前确定会议目的、提前进行会议准备、按时开始会议、把握会议的发言节奏、进行会议记录等能使会议组织好的措施。讨论会议的主要目的是让与会人员充分发表意见，按照程序形成结论，而不能提前给出结论性的意见。因此选择 C。

参考答案

（58）C

试题（59）

某项目组的小组长王某和程序员李某在讨论确定一个功能模块的技术解决方案时发生激烈争执，此时作为项目经理应该首先采用<u>（59）</u>的方法来解决这一冲突。

（59）A．请两人先冷静下来，淡化争议，然后在讨论问题时求同存异

B．帮助两人分析对错，然后解决问题

C．要求李某服从小组长王某的意见

D．请两人把当前问题搁置起来，避免争吵

试题（59）分析

冲突就是计划于现实之间的矛盾，由于王某和程序员李某已发生了激烈争执，首先

应该先平息俩人的争执，让他们冷静下来。由于是讨论问题，解决该冲突的核心还是要求同存异，在不能求同存异的情况下才能“要求李某服从小组长王某的意见”，而“请两人把当前问题搁置起来，避免争吵”可能解决冲突，但不能解决问题，是不可取的方法。而要想“帮助两人分析对错”必须先“请两人先冷静下来”，并且项目经理如果对该技术不是很有权威，帮助分析对错往往无法切中要害，不宜于解决冲突和问题。因此选择 A。

参考答案

（59）A

试题（60）

以下关于采购工作说明书的叙述中，（60）是错误的。

（60）A．采购说明书与项目范围基准没有关系

B．采购工作说明书与项目的工作说明书不同

C．应在编制采购计划的过程中编写采购工作说明书

D．采购工作说明书定义了与项目合同相关的范围

试题（60）分析

对所购买的产品、成果、服务来说，采购工作说明书定义了与合同相关的部分项目范围。每个采购工作说明书来自于项目范围基准。工作说明书（SOW）是对项目所要提供的产品、成果或服务的描述。在一些应用领域中，对于一份采购工作说明书有具体的内容和格式要求。每一个单独的采购项需要一个工作说明书。然而，多个产品或服务也可以组成一个采购项，写在一个工作说明书里。

随着采购过程的进展，采购工作说明书可根据需要修订和更进一步明确。编制采购管理计划过程可能导致申请变更，从而可能会引发项目管理计划的相应内容和其他分计划的更新。

综上所述，可以分析得出，采购工作说明书与项目的工作说明书之间存在区别和联系。采购工作说明书不是一次编写完成的，编制采购管理计划的过程可能会引起采购工作说明书的变更，采购工作说明书定义了与合同相关的部分项目范围。每个采购说明书来自于项目的范围基准，与项目范围基准之间存在密切关系。因此应选择 A。

参考答案

（60）A

试题（61）

某项目建设内容包括机房的升级改造、应用系统的开发以及系统的集成等。招标人于 2010 年 3 月 25 日在某国家级报刊上发布了招标公告，并规定 4 月 20 日上午 9 时为投标截止时间和开标时间。系统集成单位 A、B、C 购买了招标文件。在 4 月 10 日，招标人发现已发售的招标文件中某技术指标存在问题，需要进行澄清，于是在 4 月 12 日以书面形式通知 A、B、C 三家单位。根据《中华人民共和国招标投标法》，投标文件截止日期和开标日期应该不早于（61）。

（61）A．5 月 5 日　　　B．4 月 22 日
　　　C．4 月 25 日　　　D．4 月 27 日

试题（61）分析

根据《中华人民共和国招标投标法》第二十三条规定： 招标人对已发出的招标文件进行必要的澄清或者修改的，应当在招标文件要求提交投标文件截止时间至少十五日前，以书面形式通知所有招标文件收受人。该澄清或者修改的内容为招标文件的组成部分。招标单位在 4 月 12 日以书面形式通知 A、B、C 三家单位需要进行澄清的技术指标问题，投标文件截止日期和开标日期应该不早于 4 月 27 日。因此选择 D。

参考答案

（61）D

试题（62）

在评标过程中，<u>（62）</u>是不符合招标投标法要求的。

（62）A．评标委员会委员由 5 人组成，其中招标人代表 2 人，经济、技术专家 3 人
　　　B．评标委员会认为 A 投标单位的投标文件中针对某项技术的阐述不够清晰，要求 A 单位予以澄清
　　　C．某单位的投标文件中某分项工程的报价存在个别漏项，评标委员会认为个别漏项属于细微偏差，投标标书有效
　　　D．某单位虽然按招标文件要求编制了投标文件，但是个别页面没有编制页码，评标委员会认为投标标书有效

试题（62）分析

评标由招标人依法组建的评标委员会负责。依法必须进行招标的项目，其评标委员会由招标人的代表和有关技术、经济等方面的专家组成，评标委员会组成方式与专家资质将依据《中华人民共和国招投标法》有关条款来确定。

《中华人民共和国招投标法》第三十七条规定：“依法必须进行招标的项目，其评标委员会由招标人的代表和有关技术、经济等方面的专家组成，成员人数为五人以上单数，其中技术、经济等方面的专家不得少于成员总数的三分之二。”

因此，“评标委员会委员由 5 人组成，其中招标人代表 2 人，经济、技术专家 3 人”不符合招投标法要求。应选 A。

参考答案

（62）A

试题（63）

某项采购已经到了合同收尾阶段，为了总结这次采购过程中的经验教训，以供公司内的其他项目参考借鉴，公司应组织<u>（63）</u>。

（63）A．业绩报告　　　　　　　　　　B．采购评估

C．项目审查　　　　　　　　　　D．采购审计

试题（63）分析

对采购合同收尾使用的工具和技术有采购审计和合同档案管理系统，采购审计是对采购的过程进行系统的审查，除找出本次采购的成功失败之处外，还发现经验教训，以供公司内的其他项目参考借鉴。“采购评估”不是项目管理中的标准名词，而项目审查、业绩报告主要针对整个项目而不仅仅是采购，即使是指在采购中的业绩报告和项目审查，它们也没有“采购审计”表述准确和完整 。因此选择 D。

参考答案

（63）D

试题（64）

以下关于文档管理的描述中，<u>（64）</u>是正确的。

（64）A．程序源代码清单不属于文档

B．文档按项目周期角度可以分为开发文档和管理文档两大类

C．文档按重要性和质量要求可以分为正式文档和非正式文档

D．《软件文档管理指南》明确了软件项目文档的具体分类

试题（64）分析

GB/T 16680《软件文档管理指南》中指出：

文档定义：一种数据媒体和其上所记录的数据。它具有永久性并可以由人或机器阅读，通常仅用于描述人工可读的内容，例如技术文件、设计文件、版本说明文件等。

软件文档可分为三种类别：开发文档描述开发过程本身；产品文档描述开发过程的产物；管理文档记录项目管理的信息。

1．开发文档

开发文档是描述软件开发过程包括软件需求、软件设计、软件测试，保证软件质量的一类文档，开发文档也包括软件的详细技术描述，程序逻辑、程序间相互关系、数据格式和存储等。

开发文档起到如下 5 种作用：

① 它们是软件开发过程中包含的所有阶段之间的通信工具，它们记录生成软件需求设计编码和测试的详细规定和说明。

② 它们描述开发小组的职责。通过规定软件、主题事项、文档编制、质量保证人员以及包含在开发过程中任何其他事项的角色来定义做什么、如何做和何时做。

③ 它们用作检验点而允许管理者评定开发进度。如果开发文档丢失、不完整或过时，管理者将失去跟踪和控制软件项目的一个重要工具。

④ 它们形成了维护人员所要求的基本的软件支持文档。而这些支持文档可作为产品文档的一部分。

⑤ 它们记录软件开发的历史。

2．产品文档

产品文档规定关于软件产品的使用、维护、增强、转换和传输的信息，产品的文档起到如下三种作用：

① 为使用和运行软件产品的任何人规定培训和参考信息。

② 使得那些未参加开发本软件的程序员维护它。

③ 促进软件产品的市场流通或提高可接受性。

3．管理文档

这种文档建立在项目管理信息的基础上，如：开发过程的每个阶段的进度和进度变更的记录；软件变更情况的记录；相对于开发的判定记录；职责定义，这种文档从管理的角度规定涉及软件生存的信息。

因此，程序源代码清单属于文档。

按照质量要求，文档可分为4个级别。正式文档（第4级）适合那些要正式发行供普遍使用的软件产品。关键性程序或具有重复管理应用性质如工资计算的程序需要第4级文档。因此“文档按重要性和质量要求可以分为正式文档和非正式文档”是正确的。因此选择C。

参考答案

（64）C

试题（65）

配置识别是软件项目管理中的一项重要工作，它的工作内容不包括<u>（65）</u>。

（65）A．确定需要纳入配置管理的配置项

B．确定配置项的获取时间和所有者

C．为识别的配置项分配唯一的标识

D．对识别的配置项进行审计

试题（65）分析

配置识别的内容如下：

① 识别需要受控的软件配置项。

② 给每个产品和它的组件及相关的文档分配唯一标识。

③ 定义每个配置项的重要特征及识别其所有者。

④ 识别组件、数据及产品获取点和准则。

⑤ 建立和控制基线。

⑥ 维护文件和组件的修订与产品版本之间的关系。

其中不包括“对识别的配置项进行审计”，因此应选D。

参考答案

（65）D

试题（66）

某开发项目配置管理计划中定义了三条基线，分别是需求基线、设计基线和产品基线，（66）应该是需求基线、设计基线和产品基线均包含的内容。

（66）A．需求规格说明书　　B．详细设计说明书

C．用户手册　　D．概要设计说明书

试题（66）分析

软件需求是一个为解决特定问题而必须由被开发或被修改的软件展示的特性。因此，软件需求是软件配置控制的基础。软件设计、实现、测试和维护等所有软件开发生命周期中的活动所产生的产品都要建立与软件需求之间的追溯关系。通常，要唯一地标识软件需求，才能在整个软件生命周期中，进行软件配置控制。因此，需求基线、设计基线和产品基线必然要包括软件的需求，通常用需求规格说明书来表达软件需求。因此选择 A。

参考答案

（66）A

试题（67）

质量管理人员在安排时间进度时，为了能够从全局出发、抓住关键路径、统筹安排、集中力量，从而达到按时或提前完成计划的目标，可以使用（67）。

（67）A．活动网络图　　B．因果图

C．优先矩阵图　　D．检查表

试题（67）分析

优先矩阵图也被认为是矩阵数据分析法，与矩阵图法类似，它能清楚地列出数据的格子，将大量数据排列成阵列，能容易了解和看到它是一种定量分析问题的方法。

因果图是由日本管理大师石川馨先生发明推出的，又名石川图、鱼刺图。它是一种发现问题“根本原因”的方法，原本用于质量管理。

检查表通常用于收集反映事实的数据，便于改进检查表上记录着的可视内容，特点是容易记录数据并能自动分析这些数据。

活动网络图又称箭条图法、矢线图法，是网络图在质量管理中的应用。它是计划评审法在质量管理中的具体运用，使质量管理的计划安排具有时间进度内容的一种方法。可以达到从全局出发、抓住关键路径、统筹安排、集中力量，从而达到按时或提前完成计划的目标。因此选择 A。

参考答案

（67）A

试题（68）

排列图（帕累托图）可以用来进行质量控制是因为__(68)__。

（68）A．它按缺陷的数量多少画出一条曲线，反映了缺陷的变化趋势

B．它将缺陷数量从大到小进行了排列，使人们关注数量最多的缺陷

C．它将引起缺陷的原因从大到小排列，项目团队应关注造成最多缺陷的原因

D．它反映了按时间顺序抽取的样本的数值点，能够清晰地看出过程实现的状态

试题（68）分析

帕累托图又叫排列图，是一种柱状图，按事件发生的频率排列而成，它显示由于某种原因引起的缺陷数量或不一致的排列顺序，是找出影响质量的主要因素的方法。帕累托图是直方图，用来确认问题和问题排序。

帕累托分析是确认造成系统质量问题的诸多因素中最为重要的几个因素。

帕累托分析也被称为80-20法则，意思是，80%的问题经常是由于20%的原因引起的。它将引起缺陷的原因从大到小排列，项目团队应关注造成最多缺陷的原因。因此选择C。

参考答案

（68）C

试题（69）

CMMI所追求的过程改进目标不包括__(69)__。

（69）A．保证产品或服务质量

B．项目时间控制

C．所有过程都必须文档化

D．项目成本最低

试题（69）分析

CMMI是软件能力成熟度模型，该模型包含了从产品需求提出、设计、开发、编码、测试、交付运行到产品退役的整个生命周期中各个过程的各项基本要素，是过程改进的有机汇集，旨在为各类组织包括软件企业、系统集成企业等改进其过程和提高其对产品或服务的开发、采购以及维护的能力提供指导。它的过程改进目标为，第一个是保证产品或服务质量，第二个是项目时间控制，第三个是用最低的成本。

因此，CMMI所追求的过程改进目标并不包括所有过程都必须文档化。应选择C。

参考答案

（69）C

试题（70）

项目经理在进行项目质量规划时应设计出符合项目要求的质量管理流程和标准，由此而产生的质量成本属于__(70)__。

（70）A. 纠错成本　　B. 预防成本
C. 评估成本　　D. 缺陷成本

试题（70）分析

纠错成本是为消除已发现的不合格所采取的措施而发生的成本。与预防成本的区别是不合格是否发生，故也可叫做缺陷成本。

评估成本指为使工作符合要求目标而进行检查和检验评估所付出的成本。

预防成本是指那些为保证产品符合需求条件，无产品缺陷而付出的成本。是采取预防措施防止不合格产品发生而产生的成本。项目经理在进行项目质量规划时应设计出符合项目要求的质量管理流程和标准，其目标就是制定措施，防止不合格的发生，由此而产生的质量成本属于预防成本。因此选择 B。

参考答案

（70）B

试题（71）

Project (71) is an uncertain event or condition that, if it occurs, has a positive or a negative effect on at least one project objective, such as time, cost, scope, or quality.

（71）A. risk　　B. problem　　C. result　　D. data

试题（71）分析

风险是一个不确定因素或条件，如果它一旦发生，可能对至少一个项目目标，如项目进度、项目成本、项目范围或项目质量产生负面或正面的影响。选项 A 是风险，选项 B 是问题，选项 C 是结果，选项 D 是数据。根据项目风险定义，风险包括两方面含义：一是未实现目标；二是不确定性。因此应选择 A。

参考答案

（71）A

试题（72）

Categories of risk response are (72).

（72）A. Identification, quantification, response development, and response control
B. Marketing, technical, financial, and human
C. Avoidance, retention, control, and deflection
D. Avoidance, mitigation, acceptance, and transferring

试题（72）分析

应对风险就是采取什么样的措施和办法，跟踪和控制风险。

具体应对风险的基本措施一般为规避、减轻、接受、转移。

选项 A 是识别、量化、措施制定、措施控制，选项 B 是市场、技术、资金、人员，选项 C 是规避、保留、控制、偏离，选项 D 是规避、减轻、接受、转移。因此应选择 D。

参考答案

（72）D

试题（73）

（73）is the application of planned, systematic quality activities to ensure that the project will employ all processes needed to meet requirements.

（73）A．Quality assurance（QA） B．Quality planning
C．Quality control（QC） D．Quality costs

试题（73）分析

质量计划是质量管理的一部分，致力于制定质量目标，并规定必要的运行过程和相关资源以实现项目质量目标。

质量控制就是项目团队的管理人员采取有效措施，监督项目的具体实施结果，判断它们是否符合项目有关的质量标准，并消除产生不良结果原因的途径。

质量成本是指为满足质量要求所付出的主要成本。

质量保证是通过对质量计划的系统实施，确保项目需要的相关过程达到预期要求的质量活动。选项A是质量保证（QA），选项B是质量计划，选项C是质量控制（QC），选项D是质量成本。因此应选择A。

参考答案

（73）A

试题（74）

（74）is primarily concerned with defining and controlling what is and is not included in the project.

（74）A．Project Time Management
B．Project Cost Management
C．Project Scope management
D．Project Communications Management

试题（74）分析

项目范围管理是项目管理（包括时间、成本、沟通）的基础。

项目范围管理是最先定义和决定项目中包含哪些内容和确定边界的。

选项A是项目时间管理，选项B是项目成本管理，选项C是项目范围管理，选项D是项目沟通管理，因此应选择C。

参考答案

（74）C

试题（75）

A project manager believes that modifying the scope of the project may provide added value service for the customer. The project manager should（75）.

（75）A．assign change tasks to project members

B．call a meeting of the configuration control board

C．change the scope baseline

D．postpone the modification until a separate enhancement project is funded after this project is completed according to the original baseline

试题（75）分析

项目经理认为调整项目范围可以给客户提供增值的服务，项目经理应该怎么做。

选项 A 是安排任务变更到项目成员，选项 B 是召集变更控制委员会会议，选项 C 是变更项目基线，选项 D 是按照原先的基线，在确定完成一项改进项目会得到客户的相应资金前，暂缓修改。

由于是在原内容基础上增加增值服务内容，超出原先范围，应先确定客户认可和增加新资金，因此应选择 D。

参考答案

（75）D

第 18 章　2010 上半年系统集成项目管理工程师下午试题分析与解答

试题一（25 分）

阅读下面说明，回答问题 1 至问题 3，将解答填入答题纸的对应栏内。

【说明】

某网络建设项目在商务谈判阶段，建设方和承建方鉴于以前有过合作经历，并且在合同谈判阶段双方都认为理解了对方的意图，因此签订的合同只简单规定了项目建设内容、项目金额、付款方式和交工时间。

在实施过程中，建设方提出一些新需求，对原有需求也做了一定的更改。承建方项目组经评估认为新需求可能会导致工期延迟和项目成本大幅增加，因此拒绝了建设方的要求，并让此项目的销售人员通知建设方。当销售人员告知建设方不能变更时，建设方对此非常不满意，认为承建方没有认真履行合同。

在初步验收时，建设方提出了很多问题，甚至将曾被拒绝的需求变更重新提出，双方交涉陷入僵局。建设方一直没有在验收清单上签字，最终导致项目进度延误，而建设方以未按时交工为由，要求承建方进行赔偿。

【问题 1】（7 分）

将以下空白处填写的恰当内容，写入答题纸的对应栏内。

（1）在该项目实施过程中_____、_____与 _____工作没有做好。

① 沟通管理　　② 配置管理　　③ 质量管理

④ 范围管理　　⑤ 绩效管理　　⑥ 风险管理

（2）从合同管理角度分析可能导致不能验收的原因是：合同中缺少_________、_________、_________的相关内容。

（3）对于建设方提出的新需求，项目组应________，以便双方更好地履行合同。

【问题 2】（4 分）

将以下空白处应填写的恰当内容，写入答题纸的对应栏内。

从合同变更管理的角度来看，项目经理应当遵循的原则和方法如下：

（1）合同变更的处理原则是_________。

（2）变更合同价款应按下列方法进行：

① 首先确定_________，然后确定变更合同价款。

② 若合同中已有适用于项目变更的价格，则按合同已有的价格变更合同价款。

③ 若合同中只有类似于项目的变更价格，则可以参照类似价格变更合同价款。

④ 若合同中没有适用或类似项目变更的价格，则由________提出适当的变更价格，经_______确认后执行。

【问题 3】（4 分）

为了使项目通过验收，请简要叙述作为承建方的项目经理，应该如何处理。

试题一分析

本题考查项目合同管理、变更管理、范围管理、沟通管理等相关理论与实践，并偏重于在实践中的应用。从题目的说明中，可以初步分析出以下一些信息：

（1）合同签订比较随意，说明该项目的合同管理存在一定的问题。只规定了项目建设内容、项目金额、付款方式和交工时间这些合同里面必不可少的组成部分，因此可能会遗漏一些对于项目执行和验收活动至关重要的保障性条款。

（2）在项目实施过程中，对于变更的处理存在一定问题。当客户提出变更请求时，项目组按照变更控制流程的要求进行了影响评估，这种做法是没有问题的，但评估之后的结果及处理方式不恰当，不能在没有跟客户进行沟通的情况下就直接拒绝客户的要求，同时，项目组应当直接与客户进行沟通，不应该由销售人员来转达。

（3）当销售人员转达了项目组的意思后，客户已经表示了不满的情绪，但对于该项目组来说并没有采取进一步的措施，也表明项目的沟通管理存在严重的问题。

（4）初步验收的时候客户提出问题，并且迟迟不肯签字，也是由于之前的沟通不到位，客户关系不够融洽造成的后果。

从以上的分析我们可以看出，试题一强调的是各范畴的管理理论在项目实践中的应用，考生在考试时并不能只是光注重理论体系，而是要有一定的项目经验，了解项目中的一些正确的实施方法。

【问题 1】

（1）这是一道填空题，通过上面的分析，可以得到正确答案。

（2）要求考生了解合同中应包含的内容，具体可参见《教程》的合同管理一章。

（3）这道题实际考查的是变更管理中对于变更需求提出的正确处理方式。

【问题 2】

主要考查合同管理中关于合同变更的实际处理过程。

【问题 3】

要求回答作为项目经理应该采取哪些应对措施解决遇到的问题。考生可以参照上面分析的结果，给出相应的解决措施。

参考答案

【问题 1】

（1）①沟通管理　④范围管理　⑥ 风险管理（回答编号或术语都可以，顺序不限）

（2）项目范围（或需求）、验收标准（或验收步骤、或验收方法）、违约责任及判定（顺序不限）

（3）与建设方正式协商（或沟通）后，就项目的后续执行达成一致（只要答出沟通和协商即可得分）

【问题 2】

（1）公平合理

（2）① 合同变更量清单（或合同变更范围、合同变更内容）

④ 承包人（或承建单位）、监理工程师（或业主，或建设单位）

【问题 3】

1．对双方的需求（项目范围）做一次全面的沟通和说明，达成一致，并记录下来，请建设方签字确认。

2．就完成的工作与建设方沟通确认，并请建设方签字。

3．就待完成的工作列出清单，以便完成时请建设方确认。

4．就合同中的验收标准、步骤和方法与建设方协商一致。

5．必要时可签署一份售后服务承诺书，将此项目周期内无法完成的任务做一个备忘，承诺在后续的服务期内完成，先保证项目能按时验收。

6．对于建设方提出的新需求，可与建设方协商进行合同变更，或签订补充合同。

试题二（25 分）

阅读下面说明，回答问题 1 至问题 3，将解答填入答题纸的对应栏内。

【说明】

某系统集成公司选定李某作为系统集成项目 A 的项目经理。李某针对 A 项目制定了 WBS，将整个项目分为 10 个任务，这 10 个任务的单项预算如下表。

序号	工作活动	预算费用（PV）（万元）	序号	工作活动	预算费用（PV）（万元）
1	任务 1	3	6	任务 6	4
2	任务 2	3.5	7	任务 7	6.4
3	任务 3	2.4	8	任务 8	3
4	任务 4	5	9	任务 9	2.5
5	任务 5	4.5	10	任务 10	1

到了第四个月月底的时候，按计划应该完成的任务是：1、2、3、4、6、7、8，但项目经理李某检查发现，实际完成的任务是：1、2、3、4、6、7，其他的工作都没有开始，此时统计出来花费的实际费用总和为 25 万元。

【问题 1】（6 分）

请计算此时项目的 PV、AC、EV（需写出计算过程）。

【问题 2】（4 分）

请计算此时项目的绩效指数 CPI 和 SPI（需写出公式）。

【问题 3】（5 分）

请分析该项目的成本、进度情况，并指出可以在哪些方面采取措施以保障项目的顺利进行。

试题二分析

本题主要考查的是成本控制中挣值分析的方法和应用。

挣值分析是成本控制的方法之一，核心是将已完成的工作的预算成本（挣值）按其计划的预算值进行累加获得的累加值与计划工作的预算成本（计划值）和已经完成工作的实际成本（实际值）进行比较，根据比较的结果得到项目的绩效情况。

【问题 1】

根据 PV、EV、AC 的概念可得到这三个数值。

PV：到既定时间点前计划完成活动或 WBS 组件工作的预算成本。本题目中给出“到了第四个月月底的时候，按计划应该完成的任务是：1、2、3、4、6、7、8”，因此 PV 应该是 1、2、3、4、6、7、8 活动计划值的累加。

AC：在既定时间段内实际完成工作发生的实际费用。题目中给出“此时统计出来花费的实际费用总和为 25 万元”，因此 AC 为 25 万元。

EV：在既定时间段内实际完成工作的预算成本。题目中给出“实际完成的任务是：1、2、3、4、6、7”，因此 AC 应该为 1、2、3、4、6、7 活动计划值的累加。

【问题 2】

需要掌握 CPI 和 SPI 的计算公式以及含义。

CPI 叫做成本绩效指数，CPI= EV / AC，CPI 值小于 1 表示实际成本超出预算，CPI 大于 1 表示实际成本低于预算。

SPI 叫做进度绩效指数，SPI = EV / PV，SPI 值小于 1 表示实际进度落后于计划进度，SPI 值大于 1 表示实际进度提前于计划进度。

【问题 3】

根据问题 2 中计算出的 CPI 和 SPI 值分析实际项目的情况，并根据项目的实际情况提出相应的解决措施。

参考答案

【问题 1】

PV=3+3.5+2.4+5+4+6.4+3=27.2

AC=25

EV=3+3.5+2.4+5+4+6.4=24.2

【问题 2】

CPI=EV/AC=24.2/25=96.8%

SPI=EV/PV=24.2/27.2=89%

【问题 3】

进度落后，成本超支。

措施：用高效人员替换低效率人员，加班（或赶工），或在防范风险的前提下并行施工（快速跟进）。

试题三（15 分）

阅读下面说明，回答问题 1 至问题 3，将解答填入答题纸的对应栏内。

【说明】

王某是某管理平台开发项目的项目经理。王某在项目启动阶段确定了项目组的成员，并任命程序员李工兼任质量保证人员。李工认为项目工期较长，因此将项目的质量检查时间定为每月1次。项目在实施过程中不断遇到一些问题，具体如下：

事件1：项目进入编码阶段，在编码工作进行了1个月的时候，李工按时进行了一次质量检查，发现某位开发人员负责的一个模块代码未按公司要求的编码规范编写，但是此时这个模块已基本开发完毕，如果重新修改势必影响下一阶段的测试工作。

事件2：李工对这个开发人员开具了不符合项报告，但开发人员认为并不是自己的问题，而且修改代码会影响项目进度，双方一直未达成一致，因此代码也没有修改。

事件3：在对此模块的代码走查过程中，由于可读性较差，不但耗费了很多的时间，还发现了大量的错误。开发人员不得不对此模块重新修改，并按公司要求的编码规范进行修正，结果导致开发阶段的进度延误。

【问题1】（5分）

请指出这个项目在质量管理方面可能存在哪些问题？

【问题2】（6分）

质量控制的工具和技术包括哪六项？（从以下候选项中选择，将相应的编号写入答题纸的对应栏内）

A．同行评审　B．挣值分析　C．测试　D．控制图
E．因果图　F．流程图　G．成本效益分析　H．甘特图
I．帕累托图（排列图）　J．决策树分析　K．波士顿矩阵图

【问题3】（4分）

作为此项目的质量保证人员，在整个项目中应该完成哪些工作？

试题三分析

本题主要考查如何实施项目的质量管理工作。质量管理工作对于一个项目来说是至关重要的，但在很多项目中质量管理并不是系统地、有计划地来执行的，经常处于一种救火的状态，还有人认为质量管理就是为了找错的。事实上，质量管理活动应该是有计划、有目标、有流程规范的一系列活动。

通过仔细阅读题目说明，可分析如下：

（1）李工原来是程序员，并且在项目中兼任质量管理人员，一方面没有质量保证经验，另外一方面质量管理人员一般来说应该独立于项目组，否则无法保证质量检查工作的客观性。

（2）李工将检查时间定为每月一次也是不妥的，因为在一个月之内可能会发生很多活动，而有些活动是应该在执行过程中被检查的，等到完成再检查就来不及了。正确的做法是按照项目计划制定出质量管理计划，然后按照质量管理计划具体实施。

（3）李工发现问题时，未能与当事人达成一致，他应该按问题上报流程处理，而不是放任不管。

（4）编码人员没有按照公司的编码规范来编码，这一点是不对的，但究其原因可能是公司或项目没有对项目组提供有效的培训造成的。

【问题 1】

通过上述分析，总结出造成项目失控的原因。

【问题 2】

质量管理的工具和技术有很多，具体可参见《教程》项目质量管理一章。

【问题 3】

本问题主要考查的是项目中的质量管理工作有哪些？

参考答案

【问题 1】

1．项目经理用人错误，李工没有质量保证经验。

2．没有制定合理的质量管理计划，检查频率的设定有问题。

3．应加强项目过程中的质量控制或检查，不能等到工作产品完成后才检查。

4．李工发现问题的处理方式不对。QA 发现问题应与当事人协商，如果无法达成一致要向项目经理或更高级别的领导汇报，而不能自作主张。

5．在质量管理中，没有与合适的技术手段相结合。

6．对程序员在质量意识和质量管理方面的培训不足。

【问题 2】

A, C, D, E, F, I

【问题 3】

1．计划阶段制定质量管理计划和相应的质量标准。

2．按计划实施质量检查，检查是否按标准过程实施项目工作。注意项目过程中的质量检查，在每次进行检查之前准备检查清单（checklist），并将质量管理相关情况予以记录。

3．依据检查的情况和记录，分析问题，发现问题，与当事人协商进行解决。问题解决后要进行验证；如果无法与当事人达成一致，应报告项目经理或更高层领导，直至问题解决。

4．定期给项目干系人发质量报告。

5．为项目组成员提供质量管理要求方面的培训或指导。

试题四（15 分）

阅读下面说明，回答问题 1 至问题 3，将解答填入答题纸的对应栏内。

【说明】

老陆是某系统集成公司资深项目经理，在项目建设初期带领项目团队确定了项目范围。后因工作安排太忙，无暇顾及本项目，于是他要求：

（1）本项目各小组组长分别制定组成项目管理计划的子计划；

（2）本项目各小组组长各自监督其团队成员在整个项目建设过程中子计划的执行情况；

（3）项目组成员坚决执行子计划，且原则上不允许修改。

在执行三个月以后，项目经常出现各子项目间无法顺利衔接，需要大量工时进行返工等问题，目前项目进度已经远远滞后于预定计划。

【问题1】（4分）

请简要分析造成项目目前状况的原因。

【问题2】（6分）

请简要叙述项目整体管理计划中应包含哪些内容？

【问题3】（5分）

为了完成该项目，请从整体管理的角度说明老陆和公司可采取哪些补救措施？

试题四分析

本题主要考查考生如何制定项目计划以及项目管理计划包含的内容。

项目管理计划是一个整体计划，它明确了如何执行、监督、监控以及如何收尾项目。除了进度计划和项目预算外，项目管理计划可以是概要的或详细的，并且可以包括一个或多个分计划。

项目计划的编制是一个逐步细化的过程，一般编制项目计划的大致过程如下：

（1）明确项目目标和阶段目标。

（2）成立初步的项目团队。

（3）工作准备与信息收集，尽可能全面地收集项目信息。

（4）依据标准、模板编写初步的概要项目计划。

（5）编写范围、质量、进度、预算等分计划。

（6）把上述分计划纳入项目计划，然后对项目计划进行综合平衡、优化。

（7）项目经理负责组织编写项目计划，项目计划应包括计划主体和以附件形式存在的其他相关分计划。

（8）评审与批准项目计划。

（9）获得批准后的项目计划就成为了项目的基准计划。

通过对题目说明的详细阅读和分析，可以找到如下的问题：

（1）老陆在项目计划阶段没有参与项目计划的制定，也没有把各子计划综合起来形成整体的项目管理计划。

（2）项目小组各自只管自己的子计划，没有相互之间的沟通，并且项目计划没有经过评审。这样各小组之间的计划无法协调一致，势必会影响整体项目工作。

（3）老陆规定计划不允许变更，这样，当计划不适合指导项目实施的时候无法及时的纠正错误。

（4）老陆要求各小组长监督其成员在整个项目过程中子计划的执行情况，这一点也是不妥的，作为整个项目的项目经理，他应该承担起项目监控的职责，而不是完全放权给下面的人。

【问题1】

通过上面找出的问题，给出相应的原因，并总结整理成答案。

【问题 2】

本问题考查的是项目计划的主要内容，相关要点参见《教程》的项目整体管理一章。

【问题 3】

根据问题 1 中找出的原因，结合考生自己的项目管理经验，给出补救措施。

参考答案

【问题 1】

1．项目缺少整体计划。本案例中的做法只完成了项目管理计划中的子计划，并没有形成真正的项目整体管理计划，即确定、综合与协调所有子计划所需要的活动，并形成文件。

2．项目缺少整体的报告和监控机制，各项目小组各自为政。

3．项目缺少整体变更控制流程和机制。管理计划本身是通过变更控制过程进行不断更新和修订的，不允许修改是不切合实际的。

【问题 2】

1．所使用的项目管理过程。

2．每个特定项目管理过程的实施程度。

3．完成这些项目的工具和技术的描述。

4．选择的项目的生命周期和相关的项目阶段。

5．如何用选定的过程来管理具体的项目。包括过程之间的依赖与交互关系和基本的输入输出等。

6．如何执行流程来完成项目目标。

7．如何监督和控制变更。

8．如何实施配置管理。

9．如何维护项目绩效基线的完整性。

10．与项目干系人进行沟通的要求和技术。

11．为项目选择的生命周期模型。对于多阶段项目，要包括所定义阶段是如何划分的。

12．为了解决某些遗留问题和未定的决策，对于其内容、严重程度和紧迫程度进行的关键管理评审。

【问题 3】

1．建立整体管理机制。老陆应分配更多的精力来进行项目管理，或由其他合适的人员来承担整体管理的工作。

2．理清各子项目组目前的工作状态。例如其工作进度、成本、资源配置等。

3．重新定义项目的整体管理计划，并与各子项目计划建立明确关联。

4．按照计划要求，重新进行资源平衡。

5．建立或加强项目的沟通、报告和监控机制。

6．加强项目的整体变更控制。

试题五（15 分）

阅读下面说明，回答问题 1 至问题 3，将解答填入答题纸的对应栏内。

【说明】

有多年开发经验的赵工被任命为某应用软件开发项目的项目经理，客户要求 10 个月完成项目。项目组包括开发、测试人员共 10 人，赵工兼任配置管理员的工作。

按照客户的初步需求，赵工估算了工作量，发现工期很紧。因此，赵工在了解客户的部分需求之后，就开始对这部分需求进行设计和开发工作。

在编码阶段，赵工发现需求文件还在不断修改，形成了多个版本，设计文件不知道该与哪一版本的需求文件对应，而代码更不知道对应哪一版本的需求和设计文件。同时，客户仍在不断提出新的需求，有些很细微的修改，开发人员随手就改掉了。

到了集成调试的时候，发现错误非常多。由于需求、设计和代码的版本对应不上，甚至搞不清楚是需求、设计还是编码的错误。眼看进度无法保证，项目团队成员失去了信心。

【问题 1】（5 分）

请从项目管理和配置管理的角度分析造成项目失控的原因。

【问题 2】（5 分）

以下左侧表格中是配置管理的基本概念，右侧表格是有关这些概念的论述，请在答题纸上用直线将左侧表格与右侧表格里的对应项连接起来。

配置管理基本概念
配置项
基线
配置管理系统
配置状态报告
配置库

论述
用于控制工作产品，包括存储媒体、规程和访问的工具
是配置管理的前提，它的组成可能包括交付客户的产品、内部工作产品、采购的产品或使用的工具等
可看做是一个相对稳定的逻辑实体，其组成部分不能被任何人随意修改
记录配置项有关的所有信息，存放受控的配置项
能够及时、准确地给出配置项的当前状况，加强配置管理工作

【问题 3】（5 分）

请说明正常的配置管理工作包括哪些活动？

试题五分析

本题主要考查配置管理在项目过程中的应用。

配置管理是为了系统的控制配置变更，在项目的整个生命周期中维持配置的完整性和可跟踪性，而标识系统在不同时间点上的配置的学科。本项目是一个软件开发的项目，软件的配置管理包括的主要活动有配置识别、变更控制、状态报告和配置审计，在实施配置管理活动前要制定配置管理计划。

从题目的说明出发，对本题进行分析，可得到如下的结论：

（1）赵工具有多年的开发经验，但说明中并没有给出他具有一定的项目管理经验，因此这一点可能是造成项目失控的原因。

（2）赵工兼任配置管理工作，有过项目经验的人一般会知道，有 10 个开发人员参与的近一年的软件开发项目是有一定规模的，其中的配置管理工作非常琐碎，作为一个项目经理本身工作就很繁忙，因此赵工身兼二职是不现实的，这也是造成项目失控的原因之一。

（3）需求文件与设计文件对应不上，这一方面是由于没有做好版本管理工作，另一方面也是由于项目中没有建立相应的基线造成的。

（4）客户提出的新需求，开发人员随手就改掉了，说明没有进行有效的变更控制。

【问题 1】

通过上面分析的一些结论，再结合题目中给出的其他描述，可基本总结出正确答案。

【问题 2】

本问题考查的是配置管理中的基本概念的含义，具体内容可参见《教程》中信息（文档）和配置管理一章。

【问题 3】

本问题考查的是配置管理的基本活动（过程），可参见《教程》中信息（文档）和配置管理一章。

参考答案

【问题 1】

1. 赵工没有项目管理经验，不适合任项目经理的职位。
2. 项目经理兼任配置管理员，精力不够，无法完成配置管理工作。
3. 赵工的项目范围管理有问题。
4. 版本管理没有做好。
5. 项目中没有建立基线，导致需求、设计、编码无法对应。
6. 没有做好变更管理。

【问题 2】

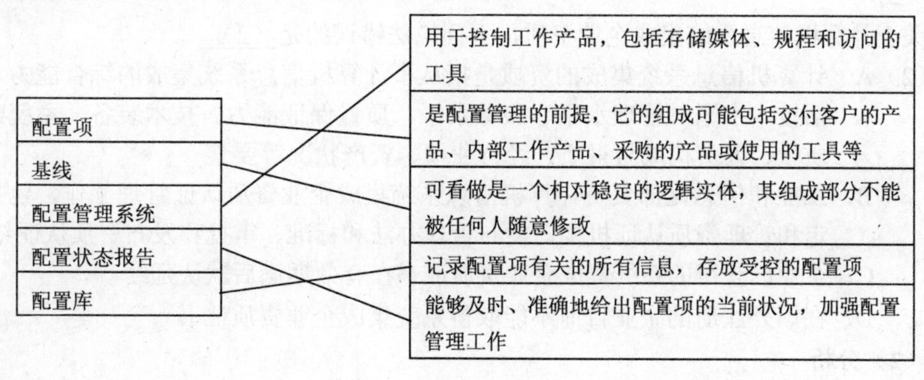

【问题 3】

制定配置管理计划，配置项识别，报告配置状态，进行配置审核，版本管理和发行管理，实施配置变更控制。

第19章　2010下半年系统集成项目管理工程师上午试题分析与解答

试题（1）

以下<u>（1）</u>不属于系统集成项目。

（1）A．不包含网络设备供货的局域网综合布线项目
　　B．某信息管理应用系统升级项目
　　C．某软件测试实验室为客户提供的测试服务项目
　　D．某省通信骨干网的优化设计项目

试题（1）分析

系统集成是指将计算机软件、硬件、网络通信等技术和产品集成为能够满足用户特定需求的信息系统，包括策划、设计、开发、实施、服务及保障。

系统集成主要包括设备系统集成和应用系统集成。设备系统集成，也可称为硬件系统集成，在大多数场合简称系统集成，或称为弱电系统集成，以区分于几点设备安装类的强电集成。设备系统集成业也可分为职能建筑系统集成、计算机网络系统集成、安防系统集成等。

由系统集成的定义和分类可知，选项A、D属于设备系统集成项目，选项B属于应用系统集成项目，选项C不符合系统集成的定义，因此应选C。

参考答案

（1）C

试题（2）

关于计算机信息系统集成企业资质，下列说法错误的是<u>（2）</u>。

（2）A．计算机信息系统集成的资质是指从事计算机信息系统集成的综合能力，包括技术水平、管理水平、服务水平、质量保证能力、技术装备、系统建设质量、人员构成与素质、经营业绩、资产状况等要素
　　B．工业和信息化部负责计算机信息系统集成企业资质认证管理工作，包括指定和管理资质认证机构、发布管理办法和标准、审批和发布资质认证结果
　　C．企业已获得的系统集成企业资质证书在有效期满后默认延续
　　D．在国外注册的企业目前不能取得系统集成企业资质证书

试题（2）分析

《计算机信息系统集成资质管理办法（试行）》（信部规【1999】1047 号文）有如下的相关规定：

第三条　计算机信息系统集成的资质是指从事计算机信息系统集成的综合能力，包

括技术水平、管理水平、服务水平、质量保证能力、技术装备、系统建设质量、人员构成与素质、经营业绩、资产状况等要素。

第六条 信息产业部负责计算机信息系统集成资质认证管理工作，包括指定和管理资质认证机构、发布管理办法和标准、审批和发布资质认证结果。

第十九条 《资质证书》有效期为四年。获证单位应每年进行一次自查，并将自查结果报资质认证工作办公室备案；资质认证工作办公室对获证单位每两年进行一次年检，每四年进行一次换证检查和必要的非例行监督检查。

《计算机信息系统集成资质管理办法（试行）》（信部规【1999】1047 号文）暂时适用于中国注册的企业。

通过以上规定可知，选项 C 的说法是错误的，符合题干要求，因此应选 C。

参考答案

（2）C

试题（3）

某计算机系统集成二级企业注册资金 2500 万元，从事软件开发与系统集成相关工作的人员共计 100 人，其中项目经理 15 名，高级项目经理 10 名。该企业计划明年申请计算机信息系统集成一级企业资质，为了符合评定条件，该企业在注册资金、质量管理体系或人员方面必须完成的工作是（3）。

（3）A．注册资金增资

B．增加从事软件开发与系统集成相关工作的人员数

C．增加高级项目经理人数

D．今年通过 CMMI 4 级评估

试题（3）分析

信息产业部于 2000 年 9 月发布《关于发布计算机信息系统集成资质等级评定条件的通知》（信部规【2000】821 号文），于 2003 年 10 月颁布了《关于发布计算机信息系统集成资质等级评定条件（修定版）的通知》（信部规【2003】440 号文）。根据“信部规【2003】440 号文”，一级资质企业在注册资本、人员和项目经理方面分别要满足的条件如下：

企业产权关系明确，注册资金 2000 万元以上，从事软件开发与系统集成相关工作的人员不少于 150 人，具有计算机信息系统集成项目经理人数不少于 25 名，其中高级项目经理人数不少于 8 名。

由此可知，该企业的注册资金额、项目经理和高级项目经理数量符合一级资质企业的评定条件，而从事软件开发与系统集成相关工作的人员数量不符合一级资质企业的评定条件，需要增加从事软件开发与系统集成相关工作的人员数，因此应选 B。

参考答案

（3）B

试题（4）

计算机信息系统集成企业资质的三、四级证书应__（4）__。

（4）A．由工业和信息化部印制，由各省市系统集成企业资质主管部门颁发

B．由各省市系统集成企业资质主管部门印制，由工业和信息化部颁发

C．由工业和信息化部认定的部级资质评审机构印制和颁发

D．由工业和信息化部认定的地方资质评审机构印制和颁发

试题（4）分析

根据《计算机信息系统集成资质管理办法（试行）》（信部规【1999】1047 号文），申请三、四级资质的单位将申报材料提交到各省（市、自治区）信息产业主管部门，由各省（市、自治区）信息产业主管部门所属的资质认证机构组织资质评审后，将评审结果报部资质认证工作办公室。资质认证工作办公室将资质评审结果报请信息产业部审批后，由省（市、自治区）信息产业主管部门颁发《资质证书》。

因此，应选 A。

参考答案

（4）A

试题（5）

信息系统工程监理要遵循“四控，三管，一协调”进行项目监理，下列__（5）__活动属于“三管”范畴。

（5）A．监理单位对系统性能进行测试验证

B．监理单位定期检查、记录工程的实际进度情况

C．监理单位应妥善保存开工令、停工令

D．监理单位主持的有建设单位与承建单位参加的监理例会、专题会议

试题（5）分析

监理活动的内容被概括为“四控、三管、一协调”。

（1）四控

信息系统工程质量控制；信息系统工程进度控制；信息系统工程投资控制；信息系统工程变更控制。

（2）三管

信息系统工程合同管理；信息系统工程信息管理；信息系统工程安全管理。

（3）一协调

在信息系统工程实施过程中协调有关单位及人员间的工作关系。

根据上述定义，选项 A 属于信息系统工程质量质量控制；选项 B 属于信息系统工程进度控制；选项 C 属于信息系统工程信息管理；选项 D 属于在信息系统工程实施过程中协调有关单位及人员间的工作关系。

信息系统工程信息管理是“三管”的内容之一，因此应选 C。

参考答案

（5）C

试题（6）

为了保证信息系统工程项目投资、质量、进度及效果各方面处于良好的可控状态，我国在信息系统项目管理探索过程中逐步形成了自己的信息系统服务管理体系，目前该体系中不包括__（6）__。

（6）A．信息系统工程监理单位资质管理
　　B．IT 基础设施库资质管理
　　C．信息系统项目经理资格管理
　　D．计算机信息系统集成单位资质管理

试题（6）分析

为了保证信息系统工程项目投资、质量、进度及效果各方面处于良好的可控状态，我国在针对出现的问题不断采取相应措施的探索过程中，逐步形成了我们的信息系统服务管理体系。当前我国信息系统服务管理的主要内容如下：

- 计算机信息系统集成单位资质管理；
- 信息系统项目经理资格管理；
- 信息系统工程监理单位资质管理；
- 信息系统工程监理人员资格管理。

上述主要内容中不包括 IT 基础设施库资质管理，因此，应选 B。

参考答案

（6）B

试题（7）

在软件需求规格说明书中，有一个需求项的描述为：“探针应以最快的速度响应气压值的变化”。该需求项存在的主要问题是不具有__（7）__。

（7）A．可验证性　　B．可信性　　C．兼容性　　D．一致性

试题（7）分析

软件需求是一个为解决特定问题而必须由被开发或被修改的软件展示的特性。所有软件需求的一个基本特性就是可验证性。软件需求和软件质保人员都必须保证，在现有资源约束下，需求可以被验证。

在需求项“探针应以最快的速度响应气压值的变化”中，没有定量地阐述探针响应气压值变化的速度，在现有资源约束下不具有可验证性。因此应选 A。

参考答案

（7）A

试题（8）

UML 中的用例和用例图的主要用途是描述系统的＿（8）＿。

（8）A．功能需求　　B．详细设计

C．体系结构　　D．内部接口

试题（8）分析

UML（Unified Modeling Language，统一建模语言）是用来对软件密集系统进行可视化建模的一种语言。UML 的重要内容可以由 5类图（共 9 种图形）来定义，其中的第一类是用例图，从用户角度描述系统功能，并指出各功能的操作者。

因此，用例图描述的是系统的功能，即功能需求，所以应选 A。

参考答案

（8）A

试题（9）

程序员小张在某项目中编写了源代码文件 X 的 0.1 版（以下简称 Xv0.1）。随后的开发中小张又修改了 Xv0.1，得到文件 X 的 1.0 版（以下简称 Xv1.0）。经过正式评审后，Xv1.0 被纳入基线进行配置管理。下列后续活动中符合配置管理要求的是＿（9）＿。

（9）A．文件 Xv1.0 进入基线后，配置管理员小李从配置库中删除了文件 Xv0.1

B．程序员小张被赋予相应的权限，可以直接读取受控库中的文件 Xv1.0

C．小张直接对 Xv1.0 进行了变更，之后通知了项目经理

D．经过变更申请、变更评估并决定实施变更后，变更实施人完成了变更，随后立即发布了变更，在第一时间内将变更内容和结果通知所有相关人员

试题（9）分析

配置管理是为了系统的控制配置变更，在系统的整个生命周期中维持配置的完整性和可跟踪性，而标识系统在不同时间点上配置的学科。

一组拥有唯一标识号的需求、设计、源代码文档以及相应的可执行代码、构造文件和用户文档构成一条基线。基线一经放行，就可以作为从配置管理系统检索源代码文件（配置项）和生成可执行文件的工具。在建立基线之前，工作产品的所有者能快速、非正式地对工作产品作出变更。但基线建立之后，变更要通过评价和验证变更的正式程序来控制。

所有配置项都应按照相关规定统一编号，按照相应的模板生成，并在文档中的规定章节（部分）记录对象的标识信息。在引入软件配置管理工具进行管理后，这些配置项都应以一定的目录结构保存在配置库中。所有配置项的操作权限应由 CMO（配置管理员）严格管理，基本原则是：基线配置项向软件开发人员开放读取的权限；非基线配置项向 PM、CCB 及相关人员开放。

选项 A 中，配置管理员的行为不符合配置管理中的版本追踪原则。选项 C 和选项 D 中，对基线的变更未遵循正式的程序或缺少验证确认环节。因此正确答案应选 B。

参考答案

（9）B

试题（10）

某程序由相互关联的模块组成，测试人员按照测试需求对该程序进行了测试。出于修复缺陷的目的，程序中的某个旧模块被变更为一个新模块。关于后续测试，<u>（10）</u>是不正确的。

（10）A．测试人员必须设计新的测试用例集，用来测试新模块

B．测试人员必须设计新的测试用例集，用来测试模块的变更对程序其他部分的影响

C．测试人员必须运行模块变更前原有测试用例集中仍能运行的所有测试用例，用来测试程序中没有受到变更影响的部分

D．测试人员必须从模块变更前的原有测试用例集中排除所有不再适用的测试用例，增加新设计的测试用例，构成模块变更后程序的测试用例集

试题（10）分析

回归测试是指修改了旧代码后，重新进行测试以确认修改没有引入新的错误或导致其他代码产生错误。在给定的预算和进度下，尽可能有效率地进行回归测试，需要对测试用例库进行维护并依据一定的策略选择相应的回归测试包。对测试用例库的维护通常包括删除过时的测试用例、改进不受控制的测试用例、删除冗余的测试用例、增添新的测试用例等。在软件生命周期中，即使一个得到良好维护的测试用例库也可能变得相当大，这使每次回归测试都重新运行完整的测试包变得不切实际，时间和成本约束可能阻碍运行这样一个测试，有时测试组不得不选择一个缩减的回归测试包来完成回归测试。

上述回归测试的基本概念说明，修改了旧代码之后所进行的回归测试不一定要重新运行原有测试用例集中仍能运行的所有测试用例，可以在其中选择一个缩减的回归测试包来完成回归测试，因此选项 D 的说法是不正确的，应选择 D。

参考答案

（10）D

试题（11）

在几种不同类型的软件维护中，通常情况下<u>（11）</u>所占的工作量最大。

（11）A．更正性维护　　　B．适应性维护

C．完善性维护　　　D．预防性维护

试题（11）分析

可以将软件维护定义为需要提供软件支持的全部活动。软件维护包括如下类型。

- 更正性维护：软件产品交付后进行的修改，以更正发现的问题。
- 适应性维护：软件产品交付后进行的修改，以保持软件产品能在变化后或变化中的环境中可以继续使用。

- 完善性维护：软件产品交付后进行的修改，以改进性能和可维护性。
- 预防性维护：软件产品交付后进行的修改。

其中，完善性维护是软件维护的主要类型。根据对软件开发机构调查的结果，各类维护活动所占比重最大的是完善性维护。因此，应选 C。

参考答案

（11）C

试题（12）

根据《软件工程—产品质量 第 1 部分：质量模型 GB/T 16260.1—2006》，软件产品的使用质量是基于用户观点的软件产品用于指定的环境和使用周境（contexts of use）时的质量，其中（12）不是软件产品使用质量的质量属性。

（12）A．有效性　　B．可信性　　C．安全性　　D．生产率

试题（12）分析

根据《软件工程—产品质量 第 1 部分：质量模型 GB/T 16260.1—2006》，软件产品的使用质量是基于用户观点的软件产品用于指定的环境和使用周境时的质量。使用质量的属性分类为 4 个特性：有效性、生产率、安全性和满意度。

可信性不是使用质量的质量属性，因此应选 B。

参考答案

（12）B

试题（13）

根据《计算机软件需求说明编制指南 GB/T 9385—1988》，关于软件需求规格说明的编制，（13）是不正确的做法。

（13）A．软件需求规格说明由开发者和客户双方共同起草

B．软件需求规格说明必须描述软件的功能、性能、强加于实现的设计限制、属性和外部接口

C．软件需求规格说明中必须包含软件开发的成本、开发方法和验收过程等重要外部约束条件

D．在软件需求规格说明中避免嵌入软件的设计信息，如把软件划分成若干模块、给每一个模块分配功能、描述模块间信息流和数据流及选择数据结构等

试题（13）分析

根据《计算机软件需求说明编制指南 GB/T 9385—1988》中的相关内容，软件开发的过程是由开发者和客户双方同意开发什么样的软件协议开始的。这种协议要使用软件需求规格说明（SRS）的形式，应该由双方联合起草。

SRS 的基本点是它必须说明由软件获得的结果，而不是获得这些结果的手段。编写需求的人必须描述的基本问题是：a. 功能；b. 性能；c. 强加于实现的设计限制；d. 属性；e. 外部接口。编写需求的人应当避免把设计或项目需求写入 SRS 之中，应当对说明

需求设计约束与规划设计两者有清晰的区别。SRS 应把注意力集中在要完成的服务目标上。通常不指定如下的设计项目：a. 把软件划分成若干模块；b. 给每一个模块分配功能；c. 描述模块间的信息流程或者控制流程；d. 选择数据结构。SRS 应当是描述一个软件产品，而不是描述产生软件产品的过程。项目要求表达客户和开发者之间对于软件生产方面合同性事宜的理解（因此不应当包括在 SRS 中），例如：a. 成本；b. 交货进度；c. 报表处理方法；d. 软件开发方法；e. 质量保证；f. 确认和验证的标准；g. 验收过程。

根据《计算机软件需求说明编制指南 GB/T 9385—1988》中的上述原文，可知选项 C 所描述的做法是不正确的，因此应选 C。

参考答案

（13）C

试题（14）

关于知识产权，以下说法不正确的是<u>（14）</u>。

（14）A. 知识产权具有一定的有效期限，超过法定期限后，就成为社会共同财富

B. 著作权、专利权、商标权皆属于知识产权范畴

C. 知识产权具有跨地域性，一旦在某国取得产权承认和保护，那么在域外将具有同等效力

D. 发明、文学和艺术作品等智力创造，都可被认为是知识产权

试题（14）分析

世界知识产权组织（WIPO）将知识产权解释为：基于智力的创造性活动所产生的权利。广义的知识产权从权利类型来说，包括著作权、专利权、商标权和其他知识产权。狭义的知识产权是指由著作权（含邻接权）、专利权和商标权三个部分组成的传统知识产权，涉及的对象有作品、发明创造和商标。知识产权有一定的有效期限，无法永远存续。在法律规定的有效期内知识产权受到保护，超过法定期限，相关的智力成果就不再是受保护客体，而成为社会的共同财富，为人们自由使用。独立保护原则是巴黎公约和 TRIPS 的共同规定。独立保护是指外国人在一个国家所受到的保护只能适用该国的法律，按照该国法律规定的标准实施。

根据知识产权的上述概念可知，选项 C 的说法是不正确的，因此应选 C。

参考答案

（14）C

试题（15）

关于竞争性谈判，以下说法不恰当的是<u>（15）</u>。

（15）A. 竞争性谈判公告须在财政部门指定的政府采购信息发布媒体上发布，公告发布日至谈判文件递交截止日期的时间不得少于 20 个自然日

B. 某地方政府采用公开招标采购视频点播系统，招标公告发布后仅两家供应商在指定日期前购买标书，经采购、财政部门认可，可改为竞争性谈判

C．某机关办公大楼为配合线路改造，需在两周内紧急采购一批 UPS 设备，因此可采用竞争性谈判的采购方式

D．须有 3 家以上具有资格的供应商参加谈判

试题（15）分析

根据《中华人民共和国政府采购法》：

第三十条　符合下列情形之一的货物或者服务，可以依照本法采用竞争性谈判方式采购：

（一）招标后没有供应商投标或者没有合格标的或者重新招标未能成立的；

（二）技术复杂或者性质特殊，不能确定详细规格或者具体要求的；

（三）采用招标所需时间不能满足用户紧急需要的；

（四）不能事先计算出价格总额的。

第三十五条　货物和服务项目实行招标方式采购的，自招标文件开始发出之日起至投标人提交投标文件截止之日止，不得少于二十日。

第三十八条　采用竞争性谈判方式采购的，应当遵循下列程序：

（一）成立谈判小组。谈判小组由采购人的代表和有关专家共三人以上的单数组成，其中专家的人数不得少于成员总数的三分之二。

（二）制定谈判文件。谈判文件应当明确谈判程序、谈判内容、合同草案的条款以及评定成交的标准等事项。

（三）确定邀请参加谈判的供应商名单。谈判小组从符合相应资格条件的供应商名单中确定不少于三家的供应商参加谈判，并向其提供谈判文件。

（四）谈判。谈判小组所有成员集中与单一供应商分别进行谈判。在谈判中，谈判的任何一方不得透露与谈判有关的其他供应商的技术资料、价格和其他信息。谈判文件有实质性变动的，谈判小组应当以书面形式通知所有参加谈判的供应商。

（五）确定成交供应商。谈判结束后，谈判小组应当要求所有参加谈判的供应商在规定时间内进行最后报价，采购人从谈判小组提出的成交候选人中根据符合采购需求、质量和服务相等且报价最低的原则确定成交供应商，并将结果通知所有参加谈判的未成交的供应商。

根据《中华人民共和国政府采购法》的上述条款可知，选项 A 的说法是不恰当的，因此应选 A。

参考答案

（15）A

试题（16）

某省政府采用公开招标方式采购信息系统项目及服务，招标文件要求投标企业必须具备系统集成二级及其以上资质，提交证书复印件并加盖公章。开标当天共有 5 家企业在截止时间之前投递了标书。根据《中华人民共和国政府采购法》，如发生以下<u>（16）</u>情

况，本次招标将作废标处理。

（16）A．有 3 家企业具备系统集成一级资质，有两家企业具备系统集成三级资质

B．有 3 家企业具备系统集成二级资质，有两家企业具备系统集成三级资质

C．5 家企业都具有系统集成二级资质，其中有两家企业的系统集成二级资质证书有效期满未延续换证

D．有 3 家企业具备系统集成三级资质，有两家企业具备系统集成二级资质

试题（16）分析

根据《中华人民共和国政府采购法》：

第三十六条　在招标采购中，出现下列情形之一的，应予废标：

（一）符合专业条件的供应商或者对招标文件作实质响应的供应商不足 3 家的；

（二）出现影响采购公正的违法、违规行为的；

（三）投标人的报价均超过了采购预算，采购人不能支付的；

（四）因重大变故，采购任务取消的。

废标后，采购人应当将废标理由通知所有投标人。

根据上述条款，选项 D 符合第三十六条所述的情形（一），该情形应予废标，因此应选 D。

参考答案

（16）D

试题（17）

“容器是一个构件，构件不一定是容器；一个容器可以包含一个或多个构件，一个构件只能包含在一个容器中。”根据上述描述，如果用 UML 类图对容器和构件之间的关系进行面向对象分析和建模，则容器类和构件类之间存在<u>（17）</u>关系。

① 继承　　② 扩展　　③ 聚集　　④ 包含

（17）A．① ②　　B．② ④　　C．① ④　　D．① ③

试题（17）分析

在统一建模语言 UML 的类图中，类和类之间可能存在继承、泛化、聚集、组成和关联等关系。在统一建模语言的用例图中，用例和用例之间可能存在扩展、包含等关系。由于扩展和包含关系不是类图中类和类之间的关系类型，因此题干中所述的容器类和构件类之间不可能存在扩展和包含关系。因此正确答案应选 D。

参考答案

（17）D

试题（18）

面向对象分析与设计技术中，<u>（18）</u>是类的一个实例。

（18）A．对象　　B．接口　　C．构件　　D．设计模式

试题（18）分析

对象是由数据及其操作所构成的封装体，是系统中用来描述客观事物的一个封装，是构成系统的基本单位。类是现实世界中实体的形式化描述，类将该实体的数据和函数封装在一起。接口是对操作规范的说明。模式是一条由三部分组成的规则，它表示了一个特定环境、一个问题和一个解决方案之间的关系。类和对象的关系可以总结为：

（1）每一个对象都是某一个类的实例；

（2）每一个类在某一时刻都有零个或更多的实例。

（3）类是静态的，对象是动态的；

（4）类是生成对象的模板。

由此可知，对象是类的一个实例，因此应选 A。

参考答案

（18）A

试题（19）

在没有路由的本地局域网中，以 Windows 操作系统为工作平台的主机可以同时安装<u>（19）</u>协议，其中前者是至今应用最广的网络协议，后者有较快速的性能，适用于只有单个网络或桥接起来的网络。

（19）A．TCP/IP 和 SAP　　　　B．TCP/IP 和 IPX/SPX
　　　C．IPX/SPX 和 NETBEUI　　D．TCP/IP 和 NETBEUI

试题（19）分析

局域网中常见的三个协议是微软的 NETBEUI、Novell 的 IPX/SPX 和跨平台 TCP/IP。NETBEUI 是为 IBM 开发的非路由协议，用于携带 NETBIOS 通信。NETBEUI 缺乏路由和网络层寻址功能，既是其最大的优点，也是其最大的缺点。因为它不需要附加的网络地址和网络层头尾，所以很快并很有效，且适用于只有单个网络或整个环境都桥接起来的小工作组环境。

IPX 是 Novell 用于 NetWare 客户端/服务器的协议群组。IPX 具有完全的路由能力，可用于大型企业网。

TCP/IP 允许与 Internet 完全的连接。Internet 的普遍使用是 TCP/IP 至今广泛使用的原因。该网络协议在全球应用最广。

因此，根据上述协议的技术特点，正确答案应选 D。

参考答案

（19）D

试题（20）

Internet 上的域名解析服务（DNS）完成域名与 IP 地址之间的翻译。执行域名服务的服务器被称为 DNS 服务器。小张在 Internet 的某主机上用 nslookup 命令查询“中国计算机技术职业资格网”的网站域名，所用的查询命令和得到的结果如下：

>nslookup www.rkb.gov.cn

Server: xd-cache-1.bjtelecom.net

Address:219.141.136.10

Non-authoritative answer:

Name: www.rkb.gov.cn

Address:59.151.5.241

根据上述查询结果，以下叙述中不正确的是__（20）__。

（20）A．域名为“www.rkb.gov.cn”的主机 IP 地址为 59.151.5.241

B．域名为“xd-cache-1.bjtelecom.net”的服务器为上述查询提供域名服务

C．域名为“xd-cache-1.bjtelecom.net”的 DNS 服务器的 IP 地址为 219.141.136.10

D．首选 DNS 服务器地址为 219.141.136.10，候选 DNS 服务器地址为 59.151.5.241

试题（20）分析

域名服务（Domain Name Service，DNS）是因特网的一项核心服务，它作为可以将域名和 IP 地址相互映射的一个分布式数据库，能够使人更方便地访问互联网，而不用去记住能够被机器直接读取的 IP 数串。

nslookup 命令可以指定查询的类型，可以查到 DNS 记录的生存时间，还可以指定使用哪个DNS 服务器进行解释。在已安装TCP/IP 协议的电脑上均可以使用这个命令。该命令主要用来诊断域名系统（DNS）基础结构的信息。如果以某一域名为唯一查询参数，nslookup 命令不能查出解释该域名的首选 DNS 和候选 DNS 服务器地址。

因此，应选 D。

参考答案

（20）D

试题（21）

关于单栋建筑中的综合布线，下列叙述中__（21）__是不正确的。

（21）A．单栋建筑中的综合布线系统工程范围是指在整栋建筑内敷设的通信线路

B．单栋建筑中的综合布线包括建筑物内敷设的管路、槽道系统、通信线缆、接续设备以及其他辅助设施

C．终端设备及其连接软线和插头等在使用前随时可以连接安装，一般不需要设计和施工

D．综合布线系统的工程设计和安装施工是可以分别进行的

试题（21）分析

综合布线系统的范围应根据建筑工程项目范围来定，主要有单栋建筑和建筑群体两种范围。单栋建筑中的综合布线系统工程范围一般指整栋建筑内部敷设的通信线路，还应包括引出建筑物的通信线路。如建筑物内敷设的管路、槽道系统、通信缆线、接续设

备以及其他辅助设施（如电缆竖井和专用的房间等）。此外，各种终端设备（如电话机、传真机等）及其连接软线和插头等，在使用前随时可以连接安装，一般不需设计和施工。综合布线系统的工程设计和安装施工是单独进行的，所以，这两部分工作应该与建筑工程中的有关环节密切联系和相互配合。

根据单栋建筑中的综合布线系统工程范围的描述可知，选项 A 的叙述是不正确的，因此应选 A。

参考答案

（21）A

试题（22）

某单位依据《电子信息系统机房设计规范 GB 50174—2008》设计该单位的机房，在该单位采取的下述方案中，（22）是不符合该规范的。

（22）A．整个机房由主机房、辅助区、支持区和行政管理区等 4 个功能区组成

B．主机房内计划放置 15 台设备，设计使用面积 65 m^2

C．除主机房外，还设置了辅助区，辅助区面积是主机房面积的 10%

D．主机房设置了设备搬运通道、设备之间的出口通道、设备的测试和维修通道

试题（22）分析

《电子信息系统机房设计规范 GB 50174—2008》中的相关要求如下：

4.2　机房组成

4.2.1　电子信息系统机房的组成应根据系统运行特点及设备具体要求确定，宜由主机房、辅助区、支持区、行政管理区等功能区组成。

4.2.2　主机房的使用面积应根据电子信息设备的数量、外形尺寸和布置方式确定，并应预留今后业务发展需要的使用面积。在对电子信息设备外形尺寸不完全掌握的情况下，主机房的使用面积可按下式确定：

1．当电子信息设备已确定规格时，可按下式计算：

$$A = K\sum S \quad (4.2.2\text{-}1)$$

式中 A——主机房使用面积（m^2）；

K——系数，可取 5～7；

S——电子信息设备的投影面积（m^2）。

2．当电子信息设备尚未确定规格时，可按下式计算：

$$A = F\quad N \quad (4.2.2\text{-}2)$$

式中 F——单台设备占用面积，可取 3.5～5.5（m^2 / 台）；

N——主机房内所有设备（机柜）的总台数。

4.2.3　辅助区的面积宜为主机房面积的 0.2～1 倍。

4.2.4　用户工作室的面积可按 3.5～4m^2 / 人计算；硬件及软件人员办公室等有人长期工作的房间面积，可按 5～7m^2 / 人计算。

4.3　设备布置

4.3.1　电子信息系统机房的设备布置应满足机房管理、人员操作和安全、设备和物料运输、设备散热、安装和维护的要求。

由以上规范可知，“辅助区面积是主机房面积的 10%”不符合该标准的第 4.2.3 条的要求。因此正确答案应选 C。

参考答案

（22）C

试题（23）

某工作站的使用者在工作时突然发现该工作站不能连接网络，为了诊断网络故障，最恰当的做法是首先（23）。

（23）A．查看该工作站网络接口硬件工作指示是否正常，例如查看网卡指示灯是否正常

B．测试该工作站网络软件配置是否正常，例如测试工作站到自身的网络连通性

C．测试本工作站到相邻网络设备的连通性，例如测试工作站到网关的连通性

D．查看操作系统和网络配置软件的工作状态

试题（23）分析

网络故障的诊断是一个复杂问题。通常，在故障不明的情况下，应先诊断硬件故障，后诊断软件故障；先诊断物理距离近的故障，再诊断物理距离远的故障。在突发网络故障时，比较合理的做法是首先查看本机网络硬件是否工作正常，因此应选 A。

参考答案

（23）A

试题（24）

企业资源规划是由 MRP 逐步演变并结合计算机技术的快速发展而来的，大致经历了 MRP、闭环 MRP、MRPⅡ和 ERP 这 4 个阶段，以下关于企业资源规划的论述不正确的是（24）。

（24）A．MRP 指的是物料需求计划，根据生产计划、物料清单、库存信息制定出相关的物资需求

B．MRPⅡ指的是制造资源计划，侧重于对本企业内部人、财、物等资源的管理

C．闭环 MRP 充分考虑现有生产能力约束，要求根据物料需求计划扩充生产能力

D．ERP 系统在 MRPⅡ的基础上扩展了管理范围，把客户需求与企业内部的制造活动以及供应商的制造资源整合在一起，形成一个完整的供应链管理

试题（24）分析

基本 MRP（Materials Requirement Planning，物料需求计划）聚焦于相关物资需求问题，根据主生产计划、物料清单、库存信息，制定出相关物资的需求时间表，从而即时采购所需物资，降低库存。

MRP 系统在 20 世纪 70 年代发展为闭环 MRP 系统。闭环 MRP 系统除了编制资源需求计划外，还要编制能力需求计划，并将生产能力需求计划、车间作业计划和采购作业计划与物料需求计划一起纳入 MRP。闭环 MRP 能力计划通常是通过报表的形式向计划人员报告，但是尚不能进行能力负荷的自动平衡，这个工作由计划人员人工完成。

在 20 世纪 80 年代，人们把生产、财务、销售、工程技术和采购等各个子系统集成为一个一体化的系统，称为制造资源计划系统。由于制造资源计划（Manufacturing Resource Planning）的英文缩写也是 MRP，为了表示与物料需求计划的 MRP 相区别，而记为 MRPⅡ。MRPⅡ的基本思想就是把企业作为一个有机整体，从整体最优的角度出发，通过运用科学方法对企业各种制造资源和产、供、销、财各个环节进行有效组织、管理和控制，从而使各部门充分发挥作用，整体协调发展。

ERP 系统在 MRPⅡ的基础上扩展了管理范围，它把客户需求和企业内部的制造活动以及供应商的制造资源整合在一起，形成一个完整的供应链并对供应链上的所有环节进行有效管理。

综上所述，应选择 C。

参考答案

（24）C

试题（25）

客户关系管理系统（CRM）的基本功能应包括＿（25）＿。

（25）A．自动化的销售、客户服务和市场营销

B．电子商务和自动化的客户信息管理

C．电子商务、自动化的销售和市场营销

D．自动化的市场营销和售后服务

试题（25）分析

客户关系管理系统（CRM）是一个集成化的信息管理系统，它存储了企业现有和潜在客户的信息，并且对这些信息进行自动的处理，从而产生更人性化的市场管理策略。CRM 系统具备以下的功能：

- 有一个统一的以客户为中心的数据库；
- 具有整合各种客户联系渠道的能力；
- 能够提供销售、客户服务和营销三个业务的自动化工具，并且在这三者之间实现通信接口，使得其中一项业务模块的事件可以触发到另外一项业务模块中的响应；

- 具备从大量数据中提取有用信息的能力，即这个系统必须实现基本的数据挖掘模块，从而使其具有一定的商业智能；
- 系统应该具有良好的可扩展性和可复用性，即可以实现与其他相应的企业应用系统之间的无缝整合。

由 CRM 系统的上述功能可知，应选 A。

参考答案

（25）A

试题（26）

某体育设备厂商已经建立覆盖全国的分销体系。为进一步拓展产品销售渠道，压缩销售各环节的成本，拟建立电子商务网站接受体育爱好者的直接订单，这种电子商务属于<u>（26）</u>模式。

（26）A．B2B　　B．B2C　　C．C2C　　D．B2G

试题（26）分析

电子商务按照交易对象，可以分为企业与企业之间的电子商务（B2B）、商业企业与消费者之间的电子商务（B2C）、消费者与消费者之间的电子商务（C2C），以及政府部门与企业之间的电子商务（G2B）4 种。

题干中的交易模式属于商业企业与消费者之间的电子商务，因此应选 B。

参考答案

（26）B

试题（27）

2005 年，我国发布《国务院办公厅关于加快电子商务发展的若干意见》（国办发【2005】2 号），提出我国促进电子商务发展的系列举措。其中，提出的加快建立我国电子商务支撑体系的五方面内容指的是<u>（27）</u>。

（27）A．电子商务网站、信用、共享交换、支付、现代物流
B．信用、认证、支付、现代物流、标准
C．电子商务网站、信用、认证、现代物流、标准
D．信用、支付、共享交换、现代物流、标准

试题（27）分析

根据《系统集成项目管理工程师教程》，建立和完善电子商务发展的支撑保障体系包括 9 个方面的内容，分别是法律法规体系、标准规范体系、安全认证体系、信用体系、在线支付体系、现代物流体系、技术装备体系、服务体系、运行监控体系。

因此，应选 B。

参考答案

（27）B

试题（28）

Web 服务（Web Service）定义了一种松散的、粗粒度的分布式计算模式。Web 服务的提供者利用①描述 Web 服务，Web 服务的使用者通过②来发现服务，两者之间的通

信采用③协议。以上①②③处依次应是__（28）__。

（28）A．①SOAP　② UDDI　③WSDL

B．①UML　② UDDI　③SMTP

C．①WSDL　② UDDI　③SOAP

D．①UML　② UDDI　③WSDL

试题（28）分析

Web 服务（Web Service）定义了一种松散的、粗粒度的分布计算模式，适用标准的 HTTP（S）协议传送 XML 表示及封装的内容。Web 服务的典型技术包括：用户传递信息的简单对象访问协议（SOAP）、用于描述服务的 Web 服务描述语言（WSDL）、用于 Web 服务的注册的统一描述、发现及集成（UDDI）、用于数据交换的 XML。

根据 Web 服务的上述概念，正确选项应选择 C。

参考答案

（28）C

试题（29）

以下关于.NET 架构和 J2EE 架构的叙述中，__（29）__是正确的。

（29）A．.NET 只适用于 Windows 操作系统平台上的软件开发

B．J2EE 只适用于非 Windows 操作系统平台上的软件开发

C．.NET 不支持 Java 语言编程

D．J2EE 中的 ASP.NET 采用编译方式运行

试题（29）分析

J2EE 是由 Sun 公司主导、各厂商共同制定并得到广泛认可的工业标准。.NET 是基于一组开发的互联网协议而推出的一系列的产品、技术和服务。传统的 Windows 应用是.NET 中不可或缺的一部分，因此，.NET 本质上是基于 Windows 操作系统平台的。ASP.NET 是.NET 中的网络编程结构，可以方便、高效地构建、运行和发布网络应用。在.NET 中，ASP.NET 应用不再是解释脚本，而采用编译运行。

综上所述，通常.NET 只适用于 Windows 操作系统平台上的软件开发。因此应选 A。

参考答案

（29）A

试题（30）

工作流（workflow）需要依靠__（30）__来实现，其主要功能是定义、执行和管理工作流，协调工作流执行过程中工作之间以及群体成员之间的信息交互。

（30）A．工作流管理系统　　B．工作流引擎

C．任务管理工具　　D．流程监控工具

试题（30）分析

工作流（workflow）就是工作流程的计算机模型，即将工作流程中的工作如何前后

组织在一起的逻辑和规则在计算机中以恰当的模型进行表示并对其实施计算。工作流需要依靠工作流管理系统来实现。

因此，应选A。

参考答案

（30）A

试题（31）

我国颁布的《大楼通信综合布线系统 YD/T926》的适用范围是跨度不超过3000米、建筑面积不超过__（31）__万平方米的布线区域。

（31）A．50　　B．200　　C．150　　D．100

试题（31）分析

我国颁布的《大楼通信综合布线系统 YD/T926》的"3、综合布线系统的范围"写明了下列内容：

综合布线系统的范围应根据建筑工程项目范围来定，一般有两种范围，即单栋建筑和建筑群体。单栋建筑中的综合布线系统范围，一般指在整栋建筑内部敷设的管槽系统、电缆竖井、专用房间（如设备间等）和通信缆线及连接硬件等。建筑群体因建筑栋数不一、规模不同，有时可能扩大成为街坊式的范围（如高等学校校园式），其范围难以统一划分，但不论其规模如何，综合布线系统的工程范围除上述每栋建筑内的通信线路和其他辅助设施外，还需包括各栋建筑物之间相互连接的通信管道和线路，这时，综合布线系统较为庞大而复杂。

我国通信行业标准《大楼通信综合布线系统》（YD/T 926）的适用范围规定是跨越距离不超过3000米、建筑总面积不超过100万平方米的布线区域，其人数为50人～50万人。如布线区域超出上述范围时可参照使用。上述范围是从基建工程管理的要求考虑的，与今后的业务管理和维护职责等的划分范围有可能是不同的。因此，综合布线系统的具体范围应根据网络结构、设备布置和维护办法等因素来划分相应范围。故D是正确答案。

参考答案

（31）D

试题（32）

关于计算机机房安全保护方案的设计，以下说法错误的是__（32）__。

（32）A．某机房在设计供电系统时将计算机供电系统与机房照明设备供电系统分开

B．某机房通过各种手段保障计算机系统的供电，使得该机房的设备长期处于7*24小时连续运转状态

C．某公司在设计计算机机房防盗系统时，在机房布置了封闭装置，当潜入者触动装置时，机房可以从内部自动封闭，使盗贼无法逃脱

D．某机房采用焊接的方式设置安全防护地和屏蔽地

试题（32）分析

计算机机房安全保护方案的设计要考虑计算机机房与设施安全的诸多方面。

机房供配电：根据对机房安全保护的不同要求，机房供、配电分为如下几种。

（1）分开供电：机房供电系统应将计算机系统供电与其他供电分开，并配备应急照明装置。故A是正确的。

（2）紧急供电：配置抗电压不足的基本设备、改进设备或更强设备，如基本UPS、改进的UPS、多级UPS和应急电源（发电机组）等。

（3）备用供电：建立备用的供电系统，以备常用供电系统停电时启用，完成对运行系统必要的保留。

（4）稳压供电：采用线路稳压器，防止电压波动对计算机系统的影响。

（5）电源保护：设置电源保护装置，如金属氧化物可变电阻、二极管、气体放电管、滤波器、电压调整变压器和浪涌滤波器等，防止/减少电源发生故障。

（6）不间断供电：采用不间断供电电源，防止电压波动、电器干扰和断电等对计算机系统的不良影响。可见B是正确的。

（7）电器噪声防护：采取有效措施，减少机房中电器噪声干扰，保证计算机系统正常运行。

（8）突然事件防护：采取有效措施，防止/减少供电中断、异常状态供电（指连续电压过载或低电压）、电压瞬变、噪声（电磁干扰）以及由于雷击等引起的设备突然失效事件的发生。

机房接地与防雷击：根据对机房安全保护的不同要求，机房接地与防雷击分为如下几种。

（1）接地要求：采用地桩、水平栅网、金属板、建筑物基础钢筋构建接地系统等，确保接地体的良好接地。

（2）去耦、滤波要求：设置信号地与直流电源地，并注意不造成额外耦合，保证去耦、滤波等的良好效果。

（3）避雷要求：设置避雷地，以深埋地下、与大地良好相通的金属板作为接地点。至避雷针的引线则应采用粗大的紫铜条，或使整个建筑的钢筋自地基以下焊连成钢筋网作为“大地”与避雷针相连。

（4）防护地与屏蔽地要求：设置安全防护地与屏蔽地，采用阻抗尽可能小的良导体的粗线，以减少各种地之间的电位差。应采用焊接方法，并经常检查接地的良好，检测接地电阻，确保人身、设备和运行的安全。

可见D是正确的。

计算机设备的安全保护：计算机设备的安全保护包括设备的防盗和防毁，根据对设备安全的不同要求，设备的防盗和防毁分为如下几种。

（1）设备标记要求：计算机系统的设备和部件应有明显的无法去除的标记，以防更换和方便查找赃物。

（2）计算中心防盗。

- 计算中心应安装防盗报警装置，防止从门窗进入的盗窃行为。
- 计算中心应利用光、电、无源红外等技术设置机房报警系统，并由专人值守，防止从门窗进入的盗窃行为。
- 利用闭路电视系统对计算中心的各重要部位进行监视，并有专人值守，防止从门窗进入的盗窃行为。

（3）机房外部设备防盗；机房外部的设备，应采取加固防护等措施，必要时安排专人看管，以防止盗窃和破坏。

可见 C 是不对的。

参考答案

（32）C

试题（33）

应用系统运行中涉及的安全和保密层次包括系统级安全、资源访问安全、功能性安全和数据域安全。以下关于这 4 个层次安全+的论述，错误的是（33）。

（33）A．按粒度从粗到细排序为系统级安全、资源访问安全、功能性安全、数据域安全

B．系统级安全是应用系统的第一道防线

C．所有的应用系统都会涉及资源访问安全问题

D．数据域安全可以细分为记录级数据域安全和字段级数据域安全

试题（33）分析

应用系统运行中涉及的安全和保密层次包括系统级安全、资源访问安全、功能性安全和数据域安全。这 4 个层次的安全，按粒度从粗到细的排序是：系统级安全、资源访问安全、功能性安全、数据域安全。（可见 A 是正确的。）程序资源访问控制安全的粒度大小界于系统级安全和功能性安全两者之间，是最常见的应用系统安全问题，几乎所有的应用系统都会涉及这个安全问题。

（1）系统级安全

企业应用系统越来越复杂，因此制定得力的系统级安全策略才是从根本上解决问题的基础。应通过对现行系统安全技术的分析，制定系统级安全策略，策略包括敏感系统的隔离、访问 IP 地址段的限制、登录时间段的限制、会话时间的限制、连接数的限制、特定时间段内登录次数的限制以及远程访问控制等，系统级安全是应用系统的第一道防护大门。可见 B 是正确的。

（2）资源访问安全

对程序资源的访问进行安全控制，在客户端上，为用户提供和其权限相关的用户界面，仅出现和其权限相符的菜单和操作按钮；在服务端则对 URL 程序资源和业务服务类方法的调用进行访问控制。可见不是“所有的应用系统都会涉及资源访问安全问题”，C 是错误的。

（3）功能性安全

功能性安全会对程序流程产生影响，如用户在操作业务记录时是否需要审核、上传附件不能超过指定大小等。这些安全限制已经不是入口级的限制，而是程序流程内的限制，在一定程度上影响程序流程的运行。

（4）数据域安全

数据域安全包括两个层次，其一是行级数据域安全，即用户可以访问哪些业务记录，一般以用户所在单位为条件进行过滤；其二是字段级数据域安全，即用户可以访问业务记录的哪些字段。不同的应用系统数据域安全的需求存在很大的差别，业务相关性比较高。可见 D 是正确的。

参考答案

（33）C

试题（34）

某公司接到通知，上级领导要在下午对该公司机房进行安全检查，为此公司做了如下安排：

① 了解检查组人员数量及姓名，为其准备访客证件

② 安排专人陪同检查人员对机房安全进行检查

③ 为了体现检查的公正，下午为领导安排了一个小时的自由查看时间

④ 根据检查要求，在机房内临时设置一处吸烟区，明确规定检查期间机房内其他区域严禁烟火

上述安排符合《信息安全技术 信息系统安全管理要求 GB/T 20269—2006》的做法是<u>（34）</u>。

（34）A. ③④　　B. ②③　　C. ①②　　D. ②④

试题（34）分析

在《信息安全技术 信息系统安全管理要求 GB/T 20269—2006》物理安全管理中给出了技术控制方法：

（1）检测监视系统

应建立门禁控制手段，任何进出机房的人员应经过门禁设施的监控和记录，应有防止绕过门禁设施的手段（可见“③为了体现检查的公正，下午为领导安排了一个小时的自由查看时间”是错误的）；门禁系统的电子记录应妥善保存以备查；进入机房的人员应佩戴相应证件（可见“①了解检查组人员数量及姓名，为其准备访客证件”是正确的）；未经批准，禁止任何物理访问；未经批准，禁止任何人移动计算机相关设备或带离机房。

机房所在地应有专设警卫，通道和入口处应设置视频监控点。24 小时值班监视；所有来访人员的登记记录、门禁系统的电子记录以及监视录像记录应妥善保存以备查；禁止携带移动电话、电子记事本等具有移动互联功能的个人物品进入机房。

（2）人员进出机房和操作权限范围控制

应明确机房安全管理的责任人，机房出入应有指定人员负责，未经允许的人员不准进入机房；获准进入机房的来访人员，其活动范围应受限制，并有接待人员陪同（可见“②安排专人陪同检查人员对机房安全进行检查”是正确的）；机房钥匙由专人管理，未经批准，不准任何人私自复制机房钥匙或服务器开机钥匙；没有指定管理人员的明确准许，任何记录介质、文件材料及各种被保护品均不准带出机房，与工作无关的物品均不准带入机房；机房内严禁吸烟及带入火种和水源（可见“④根据检查要求，在机房内临时设置一处吸烟区，明确规定检查期间机房内其他区域严禁烟火”是错误的）。

应要求所有来访人员经过正式批准，登记记录应妥善保存以备查；获准进入机房的人员，一般应禁止携带个人计算机等电子设备进入机房，其活动范围和操作行为应受到限制，并有机房接待人员负责和陪同。

参考答案

（34）C

试题（35）、（36）

某工程建设项目中各工序历时如下表所示，则本项目最快完成时间为<u>（35）</u>周。同时，通过<u>（36）</u>可以缩短项目工期。

工序名称	紧前工序	持续时间（周）
A	—	1
B	A	2
C	A	3
D	B	2
E	B	2
F	C、D	4
G	E	4
H	B	5
I	G、H	4
J	F	3

（35）A．7　　B．9　　C．12　　D．13

①压缩 B 工序时间　②压缩 H 工序时间　③同时开展 H 工序与 A 工序

④压缩 F 工序时间　⑤压缩 G 工序时间

（36）A．①⑤　　B．①③　　C．②⑤　　D．③④

试题（35）、（36）分析

本题考查项目工期计算、压缩关键路径活动历时可缩短工期的知识。画网络图是解题的基础。本题的解题方法可有多种，下面给出了 3 种方法。

（1）画单代号网络图，如下图所示。

找出关键路径（最长路径），并计算关键路径上的总历时，即可算出本项目最快完成时间；压缩关键路径上的活动可以缩短项目工期。

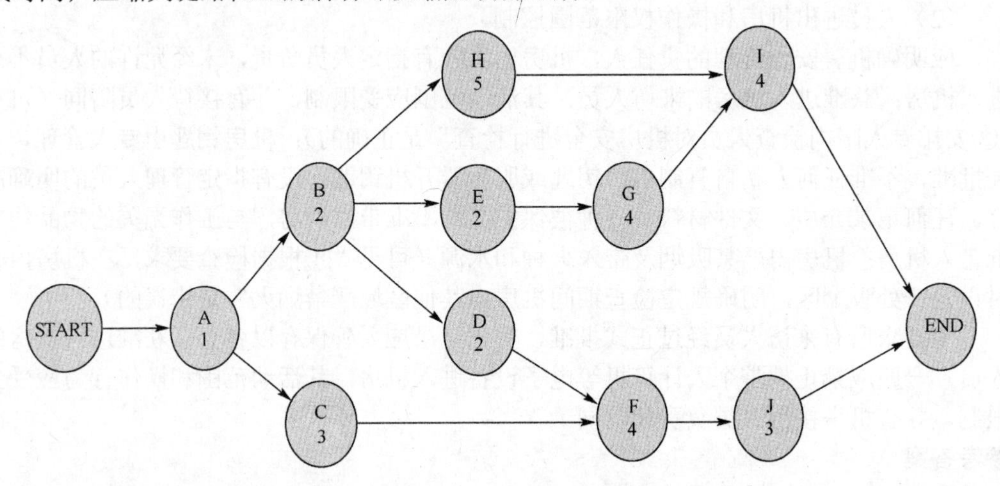

通过此图可直观看出，从开始到结束共有 4 条路径，ABEGI 为最长路径，历时为 13 周，即试题（35）D 是正确答案。

由于 B、G 在关键路径上，故压缩 B、G 可缩短项目工期；F、H 不在关键路径上，压缩它们不能缩短工期；由于 H 工序与 A 工序无并行关系，H 是 A 的紧后活动 B 的紧后活动，所以不能将 H 工序与 A 工序并行。即试题（36）A 是正确答案。

（2）计算该网络图六标时。

通过计算网络图的活动总时差找关键路径，总时差为 0 的活动一定在关键路径上。

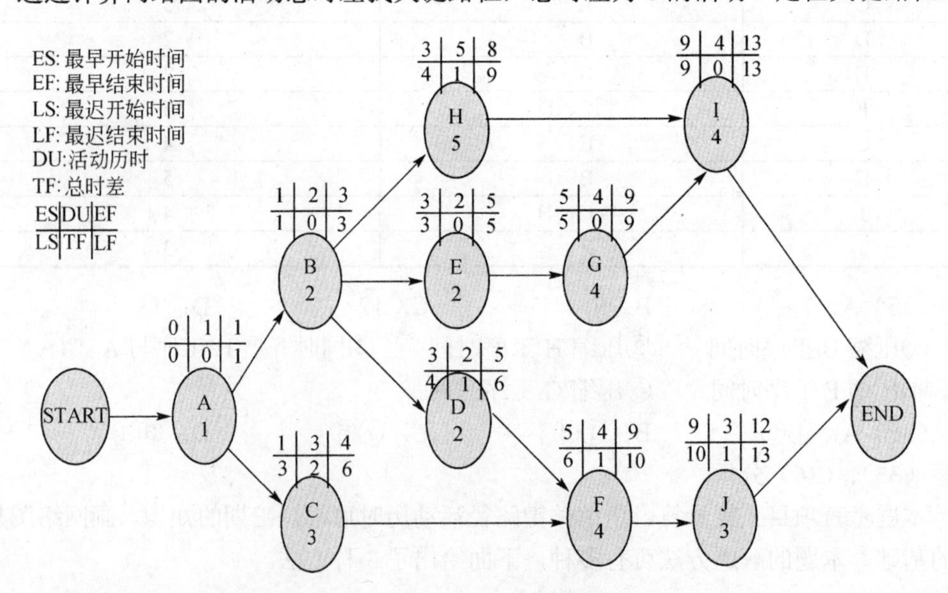

通过计算可知总时差为 0 的活动为 A、B、E、G、I，ABEGI 为关键路径，历时为 13 周，压缩 B、G 可缩短项目工期。

（3）画带时标的双代号网络图，如下图所示。

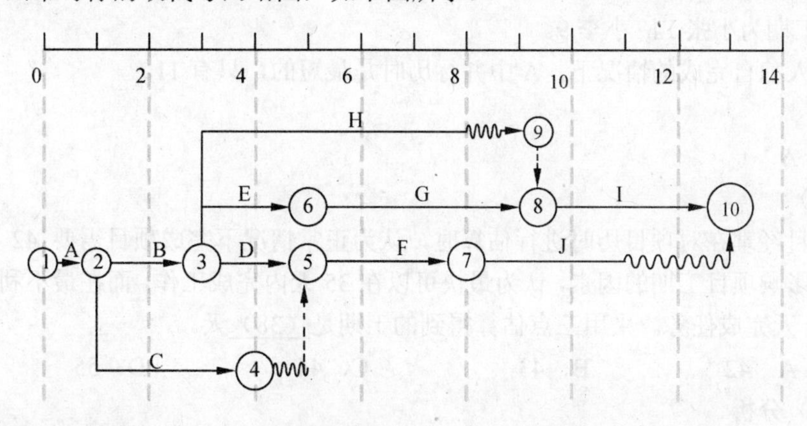

通过此图同样可识别出，ABEGI 为最长路径，历时为 13 周，压缩 B、G 可缩短项目工期。

参考答案

（35）D　（36）A

试题（37）

某项目有 5 个独立的子项目，小张和小李各自独立完成项目所需的时间如下表所示：

	小　张	小　李
甲	6	5
乙	4	8
丙	——	7
丁	4	2
戊	3	2

则如下 4 种安排中<u>（37）</u>的工期最短。

（37）A．小张做甲和乙，小李做丙、丁和戊

B．小张做乙，小李做甲、丙、丁和戊

C．小张做乙、丁和戊，小李做甲和丙

D．小张做甲、乙和丁，小李做丙和戊

试题（37）分析

此题为运筹学中非标准的指派问题。由于只有小张和小李两个人，所以直接针对给出的选项来进行计算，比较出最短工期就可以解出此题。

A：工期为小张 10，小李 11；

B：工期为小张 4，小李 16；

C：工期为小张 11，小李 12；

D：工期为小张 14，小李 9。

在两人独自完成的情况下，A 中并行历时是最短的，只有 11。

参考答案

（37）A

试题（38）

某项目经理在对项目历时进行估算时，认为正常情况下完成项目需要 42 天，同时也分析了影响项目工期的因素，认为最快可以在 35 天内完成工作，而在最不利的条件下则需要 55 天完成任务。采用三点估算得到的工期是<u>（38）</u>天。

（38）A．42　　B．43　　C．44　　D．55

试题（38）分析

三点估算得到的工期=（乐观估计时间+4×最可能估计时间+悲观估计时间）/6
=（35+42×4+55）/6=43

参考答案

（38）B

试题（39）

甲公司生产急需 5000 个零件，承包给乙工厂进行加工，每个零件的加工费预算为 20 元，计划 2 周（每周工作 5 天）完成。甲公司负责人在开工后第 9 天早上到乙工厂检查进度，发现已完成加工 3600 个零件，支付款项 81000 元。经计算，<u>（39）</u>。

（39）A．该项目的费用偏差为–18000 元

B．该项目的进度偏差为–18000 元

C．该项目的 CPI 为 0.80

D．该项目的 SPI 为 0.90

试题（39）分析

本题给定了总预算为 20×5000 元，总工期是 10 个工作日。要求运用挣值分析法，计算累计到第 8 个工作日的费用偏差、进度偏差、成本绩效指数、进度绩效指数情况。

费用偏差 CV=EV–AC=3600×20–81000= –9000

进度偏差 SV=EV–PV=3600×20–5000×20×8/10= –8000

CPI=EV/AC=3600×20/81000=0.9

SPI=EV/PV=3600×20/（5000×20×8/10）=0.9

经计算 D 是正确的。

参考答案

（39）D

试题（40）

某公司接到一栋大楼的布线任务，经过分析决定将大楼的 4 层布线任务分别交给甲、乙、丙、丁 4 个项目经理，每人负责一层布线任务，每层面积为 10000 m^2。布线任务由同一个施工队施工，该工程队有 5 个施工组。甲经过测算，预计每个施工组每天可以铺设完成 200 m^2，于是估计任务完成时间为 10 天，甲带领施工队最终经过 14 天完成任务；乙在施工前咨询了工程队中有经验的成员，经过分析之后估算时间为 12 天，乙带领施工队最终经过 13 天完成；丙参考了甲、乙施工时的情况，估算施工时间为 15 天，丙最终用了 21 天完成任务；丁将前三个施工队的工期代入三点估算公式计算得到估计值为 15 天，最终丁带领施工队用了 15 天完成任务。以下说法正确的是<u>（40）</u>。

（40）A．甲采用的是参数估算法，参数估计不准确导致实际工期与预期有较大偏差

B．乙采用的是专家判断法，实际工期偏差只有 1 天与专家的经验有很大关系

C．丙采用的是类比估算法，由于此类工程不适合采用该方法，因此偏差最大

D．丁采用的是三点估算法，工期零偏差是因为该方法是估算工期的最佳方法

试题（40）分析

本题考查的是活动历时估算方法问题。

活动历时估算是估算计划活动持续时间的过程。它利用计划活动对应的工作范围、需要的资源类型和资源数量，以及相关的资源日历（用于标明资源有无与多寡）信息。估算计划活动持续时间的依据来自项目团队最熟悉具体计划活动工作内容性质的个人或集体。历时估算是逐步细化与完善的，估算过程要考虑数据依据的有无与质量。例如，随着项目设计工作的逐步深入，可供使用的数据越来越详细，越来越准确，因而提高了历时估算的准确性。这样一来，就可以认为历时估算结果逐步准确，质量逐步提高。

活动历时估算所采用的主要方法和技术如下：

（1）专家判断

由于影响活动持续时间的因素太多，如资源的水平或生产率，所以常常难以估算。只要有可能，就可以利用以历史信息为根据的专家判断。各位项目团队成员也可以提供历时估算的信息，或根据以前的类似项目提出有关最长持续时间的建议。如果无法请到这种专家，则持续时间估计中的不确定性和风险就会增加。

B 是正确的。

（2）类比估算

持续时间类比估算就是以从前类似计划活动的实际持续时间为根据，估算将来的计划活动的持续时间。当有关项目的详细信息数量有限时，如在项目的早期阶段，就经常使用这种办法估算项目的持续时间。类比估算利用历史信息和专家判断。

当以前的活动事实上而不仅仅是表面上类似，而且准备这种估算的项目团队成员具备必要的专业知识时，类比估算最可靠。

C 是错误的。丙采用的是类比估算法，此类工程采用类比估算法没有不适合的问题，工期偏差的产生应该是源于施工队施工水平、质量、熟练程度、项目经理的控制能力等。

（3）参数估算

用欲完成工作的数量乘以生产率可作为估算活动持续时间的量化依据。例如，将图纸数量乘以每张图纸所需的人时数估算设计项目中的生产率；将电缆的长度（米）乘以安装每米电缆所需的人时数得到电缆安装项目的生产率。用计划的资源数目乘以每班次需要的工时或生产能力再除以可投入的资源数目，即可确定各工作班次的持续时间。例如，每班次的持续时间为 5 天，计划投入的资源为 4 人，而可以投入的资源为 2 人，则每班次的持续时间为 10 天（4×5/2=10）。

A 不对。甲采用的确实是参数估算法，但测算不准确，导致工期偏差很大。

（4）三点估算

考虑原有估算中风险的大小，可以提高活动历时估算的准确性。三点估算就是在确定三种估算的基础上做出的。

① 最有可能的历时估算 *T*m：在资源生产率、资源的可用性、对其他资源的依赖性和可能的中断都充分考虑的前提下，并且为计划活动已分配了资源的情况下，对计划活动的历时估算。

② 最乐观的历时估算 *T*o：基于各种条件组合在一起，形成最有利组合时，估算出来的活动历时就是最乐观的历时估算。

③ 最悲观的历时估算 *T*p：基于各种条件组合在一起，形成最不利组合时，估算出来的活动历时就是最悲观的历时估算。

活动历时的均值=（*T*o+ 4*T*m+ *T*p）/6。因为是估算，难免有误差。三点估算法估算出的历时符合正态分布曲线，其标准差如下：σ=（*T*p–*T*o）/6。

D 是不对的。工期虽然是零偏差，并不能说明此方法是最佳估算方法，只能说明三点估算法估算出的历时有偏差，但符合正态分布；项目经理进行了有效的控制，满足了工期要求。

（5）后备分析

项目团队可以在总的项目进度表中以“应急时间”、“时间储备”或“缓冲时间”为名称增加一些时间，这种做法是承认进度风险的表现。应急时间可取活动历时估算值的某一百分比，或某一固定长短的时间，或根据定量风险分析的结果确定。应急时间可能全部用完，也可能只使用一部分，还可能随着项目更准确的信息增加和积累而到后来减少或取消。这样的应急时间应当连同其他有关的数据和假设一起形成文件。

故 B 是正确答案。

参考答案

（40）B

试题（41）

围绕创建工作分解结构，关于下表的判断正确的是__（41）__。

编　号	任 务 名 称
1.	项目范围规划
1.1	确定项目范围
1.2	获得项目所需资金
1.3	定义预备资源
1.4	获得核心资源
1.5	项目范围规划完成
2.	分析/软件需求

（41）A．该表只是一个文件的目录，不能作为 WBS 的表示形式

B．该表如果再往下继续分解才能作为 WBS

C．该表是一个列表形式的 WBS

D．该表是一个树形的 OBS

试题（41）分析

当前较常用的工作分解结构表示形式主要有以下两种：

- 分级的树型结构类似于组织结构图。

树型结构图的层次清晰，非常直观，结构性很强，但不是很容易修改，对于大的、复杂的项目也很难表示出项目的全景。由于其直观性，一般在一些小的、适中的应用项目中用得较多。

- 表格形式类似于分级的图书目录。

该表能够反映出项目所有的工作要素，可是直观性较差。但在一些大的、复杂的项目中使用还是较多的，因为有些项目分解后内容分类较多，容量较大，用缩进图表的形式表示比较方便，也可以装订手册。

可见 A 是错误的，列表形式是可以作为工作分解结构表示形式的。

本题中给出的是列表形式的 WBS，即 C 是正确的。

工作结构分解应把握的原则如下：

- 在各层次上保持项目的完整性，避免遗漏必要的组成部分。
- 一个工作单元只能从属于某个上层单元，避免交叉从属。
- 相同层次的工作单元应用相同性质。
- 工作单元应能分开不同责任者和不同工作内容。
- 便于项目管理计划、控制的管理需要。
- 最低层工作应该具有可比性，是可管理的，可定量检查的。

- 应包括项目管理工作因为是项目具体工作的一部分，包括分包出去的工作。

从工作结构分解的原则可知，便于项目管理计划、控制的管理需要；最低层工作应该具有可比性，是可管理的，可定量检查的。该表不一定再往下继续分解才能作为 WBS，满足特定要求即可。可见 B 是错误的。

OBS 指的是组织分界结构，而本题中给出的列表体现了交付成果前需进行的任务，所以 D 是错误的。

参考答案

（41）C

试题（42）

在项目验收时，建设方代表要对项目范围进行确认。下列围绕范围确认的叙述正确的是__（42）__。

（42）A．范围确认是确定交付物是否齐全，确认齐全后再进行质量验收

B．范围确认时，承建方要向建设方提交项目成果文件，如竣工图纸等

C．范围确认只能在系统终验时进行

D．范围确认和检查不同，不会用到诸如审查、产品评审、审计和走查等方法

试题（42）分析

项目范围确认是指项目干系人对项目范围的正式承认，是客户等项目干系人正式验收并接受已完成的项目可交付物的过程，也称范围确认过程为范围核实过程。但实际上项目范围确认是贯穿整个项目生命周期的，从项目管理组织确认 WBS 的具体内容开始，到项目各个阶段的交付物检验，直至最后项目收尾文档验收，甚至是最后项目评价的总结。可见 C 是错误的。

范围确认与质量控制不同，范围确认是有关工作结果的接受问题，而质量控制是有关工作结果正确与否，质量控制一般在范围确认之前完成，当然也可并行进行。故 A 是错误的。

范围的工具与技术：检查包括诸如测量、测试和验证以确定工作和可交付物是否满足要求和产品的验收标准。检查有时被称为审查、产品评审、审计和走查（可见 D 是错误的）。在一些应用领域中，这些不同的条款有其具体的、特定的含意。

确认项目范围时，项目管理团队必须向客户方出示能够明确说明项目（或项目阶段）成果的文件，如项目管理文件（计划、控制、沟通等）、需求说明书、技术文件、竣工图纸等（可见 B 是正确的）。当然，提交的验收文件应该是客户已经认可了的该项目产品或某个阶段的文件，他们必须为完成这项工作准备条件，做出努力。

故 B 为正确答案。

参考答案

（42）B

试题（43）

在项目结项后的项目审计中，审计人员要求项目经理提交（43）作为该项目的范围确认证据。

（43）A．系统的终验报告　　　　B．该项目的第三方测试报告

　　　C．项目的监理报告　　　　D．该项目的项目总结报告

试题（43）分析

项目审计是对项目管理工作的全面检查，包括项目的文件记录、管理的方法和程序、财产情况、预算和费用支出情况以及项目工作的完成情况。项目结项后的项目审计应由项目管理部门与财务部门共同进行。

确认项目范围时，项目管理团队必须向客户方出示能够明确说明项目（或项目阶段）成果的文件，如项目管理文件（计划、控制、沟通等）、需求说明书、技术文件、竣工图纸等。当然，提交的验收文件应该是客户已经认可了的该项目产品或某个阶段的文件，他们必须为完成这项工作准备条件，做出努力。

故在项目结项后的项目审计中，项目经理应向审计人员提交系统的终验报告，作为该项目的范围确认证据。即 A 是正确答案。

参考答案

（43）A

试题（44）

（44）不是系统集成项目的直接成本。

（44）A．进口设备报关费　　　　B．第三方测试费用

　　　C．差旅费　　　　　　　　D．员工福利

试题（44）分析

直接成本：直接可以归属于项目工作的成本为直接成本，属于项目执行过程中直接投入并发生的费用。如项目团队差旅费、工资、项目使用的物料及设备使用费，以及资料费、咨询鉴定费、培训费等。

间接成本：来自一般管理费用科目或几个项目共同担负的项目成本所分摊给本项目的费用，就形成了项目的间接成本，如税金、额外福利和保卫费用等。

D 不属于为完成系统集成项目支付的直接费用，所以不属于直接成本。

参考答案

（44）D

试题（45）

项目经理创建了某软件开发项目的 WBS 工作包，其中一个工作包举例如下：130（注：

工作包编号，下同）需求阶段；131 需求调研；132 需求分析；133 需求定义。通过成本估算，131 预计花费 3 万元；132 预计花费 2 万元；133 预计花费 2.5 万元。根据各工作包的成本估算，采用__(45)__方法，能最终形成整个项目的预算。

（45）A．资金限制平衡　　B．准备金分析
　　C．成本参数估算　　D．成本汇总

试题（45）分析

成本预算指将单个活动或工作包的估算成本汇总，以确立衡量项目绩效情况的总体成本基准。

本题目中创建了 WBS 工作包，并给出了某工作包的估算结果，得到各工作包估算数据后，需要将这些详细成本汇总到更高层级，以最终形成整个项目的总体预算。故采用的方法为 D。

参考答案

（45）D

试题（46）

根据以下布线计划及完成进度表，在 2010 年 6 月 2 日完工后对工程进度和费用进行预测，按此进度，完成尚需估算（ETC）为__(46)__。

	计划开始时间	计划结束时间	计划费用	实际开始时间	实际结束时间	实际完成费用
1 号区域	2010 年 6 月 1 日	2010 年 6 月 1 日	10000 元	2010 年 6 月 1 日	2010 年 6 月 2 日	18000 元
2 号区域	2010 年 6 月 2 日	2010 年 6 月 2 日	10000 元			
3 号区域	2010 年 6 月 3 日	2010 年 6 月 3 日	10000 元			

（46）A．18000 元　　B．36000 元　　C．20000 元　　D．54000 元

试题（46）分析

ETC=（BAC–EV）/CPI
　=（BAC–EV）/（EV/AC）
　=（10000+10000+10000–10000）/（10000/18000）
　=36000

参考答案

（46）B

试题（47）

在信息系统试运行阶段，系统失效将对业务造成影响。针对该风险，如果采取“接

受”的方式进行应对，应该（47）。

（47）A. 签订一份保险合同，减轻中断带来的损失

B. 找出造成系统中断的各种因素，利用帕累托分析减轻和消除主要因素

C. 设置冗余系统

D. 建立相应的应急储备

试题（47）分析

应对风险的基本措施主要包括：规避、接受、减轻、转移。

通过对项目风险识别、估计和评价，把项目风险发生的概率、损失严重程度以及其他因素综合起来考虑，可得出项目发生各种风险的可能性及其危害程度，再与公认的安全指标相比较，就可确定项目的危险等级，从而决定应采取什么样的措施以及控制措施应采取到什么程度。风险应对就是对项目风险提出处置意见和办法。

（1）规避

规避风险是指改变项目计划，以排除风险或条件，或者保护项目目标，使其不受影响，或对受到威胁的一些目标放松要求。例如，延长进度或减少范围等。但是，这是相对保守的风险对策，在规避风险的同时，也就彻底放弃了项目带给我们的各种收益和发展机会。

规避风险的另一个重要的策略是排除风险的起源，即利用分隔将风险源隔离于项目进行的路径之外。事先评估或筛选适合于本身能力的风险环境进入经营，包括细分市场的选择、供货商的筛选等，或选择放弃某项环境领域，以准确预见并有效防范，完全消除风险的威胁。

我们经常听到的项目风险管理 20/80 规律告诉我们，项目所有风险中对项目产生 80%威胁的只是其中的 20%的风险，因此我们要集中力量去规避这 20%的最危险的风险。可见 B 为风险规避。

（2）转移

转移风险是指设法将风险的后果连同应对的责任转移到他方身上。转移风险实际只是把风险损失的部分或全部以正当理由让他方承担，而并非将其拔除。对于金融风险而言，风险转移策略最有效。风险转移策略几乎总需要向风险承担者支付风险费用。转移工具丰富多样，包括但不限于利用保险、履约保证书、担保书和保证书。通过出售或外包将自己不擅长的或自己开展风险较大的一部分业务委托他人帮助开展，集中力量在自己的核心业务上，从而有效地转移了风险。同时，可以利用合同将具体风险的责任转移给另一方。在多数情况下，使用费用加成合同可将费用风险转移给买方，如果项目的设计是稳定的，可以用固定总价合同把风险转移给卖方。有条件的企业可运用一些定量化的风险决策分析方法和工具，来粗算优化保险方案。可见 A 为风险转移。

（3）减轻

减轻是指设法把不利的风险事件的概率或后果降低到一个可接受的临界值。提前采取行动减少风险发生的概率或者减少其对项目所造成的影响，比在风险发生后进行的补救要有效得多。例如，采用不太复杂的工艺，实施更多的测试，或者选用比较稳定可靠的卖方都可减轻风险。它可能需要制作原型或者样机，以减少从实验室工作模型放大到实际产品中所包含的风险。如果不可能降低风险的概率，则减轻风险的应对措施是应设法减轻风险的影响，其着眼于决定影响的严重程度的连接点上。例如，设计时在子系统中设置冗余组件有可能减轻原有组件故障所造成的影响。可见 C 为风险减轻策略。

（4）接受

采取该策略的原因在于很少可以消除项目的所有风险。采取此项措施表明，已经决定不打算为处置某项风险而改变项目计划，无法找到任何其他应对良策的情况下，或者为应对风险而采取的对策所需要付出的代价太高（尤其是当该风险发生的概率很小时），往往采用"接受"这一措施。针对机会或威胁，均可采取该项策略。该策略可分为主动或被动方式。最常见的主动接受风险的方式就是建立应急储备，以应对已知或潜在的未知威胁或机会。被动地接受风险则不要求采取任何行动，将其留给项目团队，待风险发生时视情况进行处理。可见 D 为主动接受风险的方式。即 D 为正确答案。

参考答案

（47）D

试题（48）

围绕三点估算技术在风险评估中的应用，以下论述__（48）__是正确的。

（48）A．三点估算用于活动历时估算，不能用于风险评估

B．三点估算用于活动历时估算，不好判定能否用于风险评估

C．三点估算能评估时间与概率的关系，可以用于风险评估，不能用于活动历时估算

D．三点估算能评估时间与概率的关系，可以用于风险评估，属于定量分析

试题（48）分析

活动历时估算所采用的主要方法和技术包括：专家判断、类比估算、参数估算、三点估算、后备分析。

定量风险分析的工具与技术主要包括：期望货币值、计算分析因子、计划评审技术（三点估算）、蒙特卡罗（Monte Carlo）分析。

可见只有 D 是正确的。

参考答案

（48）D

试题（49）

下图是某项目成本风险的蒙特卡罗分析图。以下说法中不正确的是__（49）__。

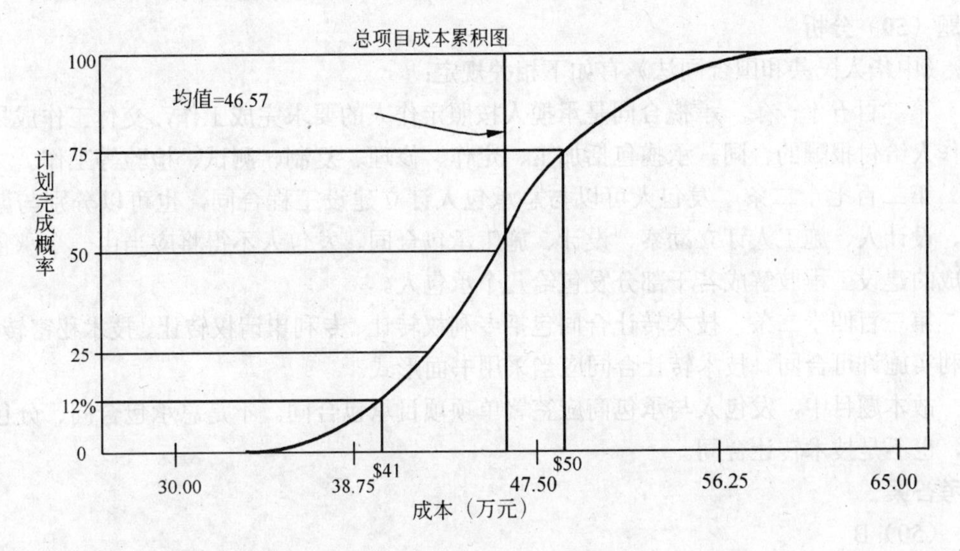

（49）A．蒙特卡罗分析法也叫随机模拟法

B．该图用于风险分析时，可以支持定量分析

C．根据该图，41 万元完成的概率是 12%，如果要达到 75%的概率，需要增加 5.57 万元作为应急储备

D．该图显示，用 45 万元的成本也可能完成计划

试题（49）分析

蒙特卡罗（Monte Carlo）分析也称为随机模拟法（A 是正确的），其基本思路是首先建立一个概率模型或随机过程，使它的参数等于问题的解，然后通过对模型或过程的观察计算所求参数的统计特征，最后给出所求问题的近似值，解的精度可以用估计值的标准误差表示。

该图为成本风险模拟结果图，可以支持风险的定量分析。故 B 是正确的。

从该图可以看出，项目在估算值 41 万元时完成的概率是 12%，如果要达到 75%的概率，需要 50 万元，即需要增加 9 万（41 万的 22%）。故 C 是不正确的。

用 45 万元的成本完成计划的概率应该在 25%～50%之间。故 D 是正确的。

参考答案

（49）C

试题（50）

某机构将一大型信息系统集成项目分成 3 个包进行招标，共有 3 家承包商中标，发包人与承包商应签署__（50）__。

（50）A．技术转让合同　　　　B．单项项目承包合同
　　　C．分包合同　　　　　　D．总承包合同

试题（50）分析

《中华人民共和国合同法》有如下相关规定：

第二百五十一条　承揽合同是承揽人按照定作人的要求完成工作，交付工作成果，定作人给付报酬的合同。承揽包括加工、定作、修理、复制、测试、检验等工作。

第二百七十二条　发包人可以与总承包人订立建设工程合同，也可以分别与勘察人、设计人、施工人订立勘察、设计、施工承包合同。发包人不得将应当由一个承包人完成的建设工程肢解成若干部分发包给几个承包人。

第三百四十二条　技术转让合同包括专利权转让、专利申请权转让、技术秘密转让、专利实施许可合同。技术转让合同应当采用书面形式。

故本题目中，发包人与承包商应签署单项项目承包合同。不是总承包合同、分包合同，也不是技术转让合同。

参考答案

（50）B

试题（51）

根据合同法规定，<u>（51）</u>不属于违约责任的承担方式。

（51）A．继续履行　　　　　　B．采取补救措施
　　　C．支付约定违约金或定金　D．终止合同

试题（51）分析

根据《中华人民共和国合同法》“第七章　违约责任”的规定：

第一百零七条　当事人一方不履行合同义务或者履行合同义务不符合约定的，应当承担继续履行、采取补救措施或者赔偿损失等违约责任。

第一百一十四条　当事人可以约定一方违约时应当根据违约情况向对方支付一定数额的违约金，也可以约定因违约产生的损失赔偿额的计算方法。

约定的违约金低于造成的损失的，当事人可以请求人民法院或者仲裁机构予以增加；约定的违约金过分高于造成的损失的，当事人可以请求人民法院或者仲裁机构予以适当减少。

当事人就迟延履行约定违约金的，违约方支付违约金后，还应当履行债务。

第一百一十五条　当事人可以依照《中华人民共和国担保法》约定一方向对方给付定金作为债权的担保。债务人履行债务后，定金应当抵作价款或者收回。给付定金的一方不履行约定的债务的，无权要求返还定金；收受定金的一方不履行约定的债务的，应当双倍返还定金。

第一百一十六条　当事人既约定违约金，又约定定金的，一方违约时，对方可以选

择适用违约金或者定金条款。

由此可知 D 不属于违约责任的承担方式。

参考答案

（51）D

试题（52）

小张草拟了一份信息系统定制开发合同，其中写明“合同签订后建设单位应在 7 个工作日内向承建单位支付 60%合同款；系统上线并运行稳定后，建设单位应在 7 个工作日内向承建单位支付 30%合同款”。上述条款中存在的主要问题为<u>（52）</u>。

（52）A．格式不符合行业标准的要求　　B．措辞不够书面化

C．条款描述不清晰、不准确　　D．名词术语不规范

试题（52）分析

信息系统定制开发合同属于技术合同。根据《中华人民共和国合同法》，技术合同的内容由当事人约定，一般包括以下条款：

（一）项目名称；

（二）标的的内容、范围和要求；

（三）履行的计划、进度、期限、地点、地域和方式；

（四）技术情报和资料的保密；

（五）风险责任的承担；

（六）技术成果的归属和收益的分成办法；

（七）验收标准和方法；

（八）价款、报酬或者使用费及其支付方式；

（九）违约金或者损失赔偿的计算方法；

（十）解决争议的方法；

（十一）名词和术语的解释。

本题目中合同条款的核心在于约定费用的分期支付，但此内容没有描述清楚分期支付的具体额度，“合同款”这种表述不清晰、不准确。故 C 是正确答案。

参考答案

（52）C

试题（53）

为保证合同订立的合法性，关于合同签订，以下说法不正确的是<u>（53）</u>。

（53）A．订立合同的当事人双方应当具有相应的民事权利能力和民事行为能力

B．为保障双方利益，应在合同正文部分或附件中清晰规定质量验收标准，并可在合同签署生效后协议补充

C．对于项目完成后发生技术性问题的处理与维护，如果合同中没有相关条到款，默认维护期限为一年

D．合同价款或者报酬等内容，在合同签署生效后，还可以进行协议补充

试题（53）分析

根据《中华人民共和国合同法》的规定：

第二条　本法所称合同是平等主体的自然人、法人、其他组织之间设立、变更、终止民事权利义务关系的协议。

第九条　当事人订立合同，应当具有相应的民事权利能力和民事行为能力。即A是正确的。

第六十一条　合同生效后，当事人就质量、价款或者报酬、履行地点等内容没有约定或者约定不明确的，可以协议补充；不能达成补充协议的，按照合同有关条款或者交易习惯确定。即D是正确的。

第三百二十四条　技术合同的内容由当事人约定，一般包括以下条款：

（一）项目名称；

（二）标的的内容、范围和要求；

（三）履行的计划、进度、期限、地点、地域和方式；

（四）技术情报和资料的保密；

（五）风险责任的承担；

（六）技术成果的归属和收益的分成办法；

（七）验收标准和方法；

（八）价款、报酬或者使用费及其支付方式；

（九）违约金或者损失赔偿的计算方法；

（十）解决争议的方法；

（十一）名词和术语的解释。

与履行合同有关的技术背景资料、可行性论证和技术评价报告、项目任务书和计划书、技术标准、技术规范、原始设计和工艺文件，以及其他技术文档，按照当事人的约定可以作为合同的组成部分。即B是正确的。

合同法没有对于项目完成后发生技术性问题的处理与维护问题、维护期限问题进行约定。故C是错误的。

参考答案

（53）C

试题（54）

下述关于项目合同索赔处理的叙述中，不正确的是<u>（54）</u>。

（54）A．按业务性质分类，索赔可分为工程索赔和商务索赔

B．项目实施中的会议纪要和来往文件等不能作为索赔依据

C. 建设单位向承建单位要求的赔偿称为反索赔

D. 项目发生索赔事件后一般先由监理工程师调解

试题（54）分析

索赔是在工程承包合同履行中，当事人一方由于另一方未履行合同所规定的义务而遭受损失时，向另一方提出赔偿要求的行为。在实际工作中，“索赔”是双向的，建设单位和承建单位都可能提出索赔要求。通常情况下，索赔是指承建单位在合同实施过程中，对非自身原因造成的工程延期、费用增加而要求建设单位给予补偿损失的一种权利要求。而建设单位对于属于承建单位应承担责任造成的，且实际发生了的损失，向承建单位要求赔偿，称为反索赔。索赔的性质属于经济补偿行为，而不是惩罚。索赔在一般情况下都可以通过协商方式友好解决，若双方无法达成妥协时，可通过仲裁解决。可见 C 是正确的。

索赔可以从不同的角度、按不同的标准进行以下分类，常见的分类方式有按索赔的目的分类、按索赔的依据分类、按索赔的业务性质分类和按索赔的处理方式分类等。

（1）按索赔的目的分类

可分为工期索赔和费用索赔。工期索赔就是要求业主延长施工时间，使原规定的工程竣工日期顺延，从而避免了违约罚金的发生；费用索赔就是要求业主或承包商双方补偿费用损失，进而调整合同价款。

（2）按索赔的依据分类

可分为合同规定的索赔和非合同规定的索赔。合同规定的索赔是指索赔涉及的内容在合同文件中能够找到依据，业主或承包商可以据此提出索赔要求。这种索赔不太容易发生争议；非合同规定的索赔是指索赔涉及的内容在合同文件中没有专门的文字叙述，但可以根据该合同某些条款的含义，推论出一定的索赔权。

（3）按索赔的业务性质分类

可分为工程索赔和商务索赔。工程索赔是指涉及工程项目建设中施工条件或施工技术、施工范围等变化引起的索赔，一般发生频率高，索赔费用大；商务索赔是指实施工程项目过程中的物资采购、运输和保管等方面引起的索赔事项。即 A 是正确的。

（4）按索赔的处理方式分类

可分为单项索赔和总索赔。单项索赔就是采取一事一索赔的方式，即每一件索赔事项发生后，报送索赔通知书，编报索赔报告，要求单项解决支付，不与其他的索赔事项混在一起：总索赔，又称综合索赔或一揽子索赔，即对整个工程（或某项工程）中所发生的数起索赔事项综合在一起进行索赔。

合同索赔依据：

索赔必须以合同为依据。根据我国有关规定，索赔应依据下面内容。

（1）国家有关的法律（如《合同法》）、法规和地方法规。

（2）国家、部门和地方有关信息系统工程的标准、规范和文件。

（3）本项目的实施合同文件，包括招标文件、合同文本及附件。

（4）有关的凭证，包括来往文件、签证及更改通知、会议纪要、进度表、产品采购单据等。

（5）其他相关文件，包括市场行情记录、各种会计核算资料等。

故项目实施中的会议纪要和来往文件等可以作为索赔依据，可见 B 是错误的。

索赔程序：

项目发生索赔事件后，一般先由监理工程师调解，若调解不成，由政府建设主管机构进行调解，若仍调解不成，由经济合同仲裁委员会进行调解或仲裁。在整个索赔过程中，遵循的原则是索赔的有理性、索赔依据的有效性、索赔计算的正确性。即 D 是正确的。

故 B 是正确答案。

参考答案

（54）B

试题（55）

某信息系统集成项目实施期间，因建设单位指定的系统部署地点所处的大楼进行线路改造，导致项目停工一个月，由于建设单位未提前通知承建单位，导致双方在项目启动阶段协商通过的项目计划无法如期履行。根据我国有关规定，承建单位<u>（55）</u>。

（55）A. 可申请延长工期补偿，也可申请费用补偿

B. 可申请延长工期补偿，不可申请费用补偿

C. 可申请费用补偿，不可申请延长工期补偿

D. 无法取得补偿

试题（55）分析

合同索赔的重要前提条件是合同一方或双方存在违约行为和事实，并且由此造成了损失，责任应由对方承担。对提出的合同索赔，凡属于客观原因造成的延期、属于业主也无法预见到的情况，如特殊反常天气，达到合同中特殊反常天气的约定条件，承包商可能得到延长工期，但得不到费用补偿。对于属于业主方面的原因造成拖延工期，不仅应给承包商延长工期，还应给予费用补偿。

本题目中由于建设单位的原因，导致项目停工一个月，双方在项目启动阶段协商通过的项目计划无法如期履行。承建单位不但可申请延长工期补偿，还可申请费用补偿，即 A 是正确的。

参考答案

（55）A

试题（56）

某机构信息系统集成项目进行到项目中期，建设单位单方面终止合作，承建单位于

2010 年 7 月 1 日发出索赔通知书，承建单位最迟应在<u>（56）</u>之前向监理方提出延长工期和（或）补偿经济损失的索赔报告及有关资料。

（56）A．2010 年 7 月 31 日　　B．2010 年 8 月 1 日

C．2010 年 7 月 29 日　　D．2010 年 7 月 16 日

试题（56）分析

项目发生索赔事件后，一般先由监理工程师调解，若调解不成，由政府建设主管机构进行调解，若仍调解不成，由经济合同仲裁委员会进行调解或仲裁。在整个索赔过程中，遵循的原则是索赔的有理性、索赔依据的有效性、索赔计算的正确性。

（1）提出索赔要求。

当出现索赔事项时，索赔方以书面的索赔通知书形式，在索赔事项发生后的 28 天以内，向监理工程师正式提出索赔意向通知。

（2）报送索赔资料。

在索赔通知书发出后的 28 天内，向监理工程师提出延长工期和（或）补偿经济损失的索赔报告及有关资料。索赔报告的内容主要有总论部分、根据部分、计算部分和证据部分。

索赔报告编写的一般要求如下。

① 索赔事件应该真实。

② 责任分析应清楚、准确、有根据。

③ 充分论证事件给索赔方造成的实际损失。

④ 索赔计算必须合理、正确。

⑤ 文字要精炼，条理要清楚，语气要中肯。

（3）监理工程师答复。

监理工程师在收到送交的索赔报告及有关资料后，于 28 天内给予答复，或要求索赔方进一步补充索赔理由和证据。

（4）监理工程师逾期答复后果。

监理工程师在收到承包人送交的索赔报告及有关资料后 28 天未予答复或未对承包人作进一步要求，视为该项索赔已经认可。

（5）持续索赔。

当索赔事件持续进行时，索赔方应当阶段性向监理工程师发出索赔意向，在索赔事件终了后 28 天内，向监理工程师送交索赔的有关资料和最终索赔报告，监理工程师应在 28 天内给予答复或要求索赔方进一步补充索赔理由和证据。逾期未答复，视为该项索赔成立。

（6）仲裁与诉讼。

监理工程师对索赔的答复，索赔方或发包人不能接受，即进入仲裁或诉讼程序。

由此可知 C 是正确答案。

参考答案

（56）C

试题（57）

小张最近被任命为公司某信息系统开发项目的项目经理，正着手制定沟通管理计划，下列选项中__(57)__属于小张应该采取的主要活动。

①找到业主，了解业主的沟通需求　　②明确文档的结构

③确定项目范围　　④明确发送信息的格式

（57）A．①②③④　　B．①②④　　C．①③④　　D．②③④

试题（57）分析

在日常实践中，沟通管理计划编制过程一般分为如下几个步骤：

（1）确定干系人的沟通信息需求，即哪些人需要沟通，谁需要什么信息，什么时候需要以及如何把信息发送出去。

（2）描述信息收集和文件归档的结构。

（3）信息交流的形式和方式，主要指创建信息发送的档案：获得信息的访问方法。

通常，沟通计划编制的第一步就是干系人分析，得出项目中沟通的需求和方式，进而形成较为准确的沟通需求表，然后再针对需求进行计划编制。

故B是正确答案。

参考答案

（57）B

试题（58）

在项目沟通管理过程中存在若干影响因素，其中潜在的技术影响因素包括__(58)__。

①对信息需求的迫切性　　②资金是否到位

③预期的项目人员配备　　④项目环境　　⑤项目时间的长短

（58）A．①③④⑤　　B．①②③④　　C．①②④⑤　　D．②③④⑤

试题（58）分析

沟通技术是项目管理者在沟通时需要采用的方式和需要考虑的限定条件。影响项目沟通的技术因素如下。

（1）对信息需求的紧迫性。项目的成败与否取决于能否即刻调出不断更新的信息？还是只要有定期发布的书面报告就已足够？

（2）技术是否到位。已有的沟通系统能否满足要求？还是项目需求足以证明有改进的必要？

（3）预期的项目人员配备。所建议的沟通系统是否适合项目参与者的经验与特长？还是需要大量的培训与学习？

（4）项目时间的长短。现有沟通技术在项目结束前是否有变化的可能？

（5）项目环境。项目团队是以面对面的方式进行工作和交流，还是在虚拟的环境下进行工作和交流？

由此可见 A 是正确答案。

参考答案

（58）A

试题（59）

某公司正在编制项目干系人沟通的计划，以下选项中<u>（59）</u>属于干系人沟通计划的内容。

①干系人需要哪些信息　　②各类项目文件的访问路径

③各类项目文件的内容　　④各类项目文件的接受格式　　⑤各类文件的访问权限

（59）A．①②③④⑤　　B．①②③④　　C．①②④⑤　　D．②③④⑤

试题（59）分析

在了解和调查干系人之后，就可以根据干系人的需求进行分析和应对，制定干系人沟通计划。其主要内容是：项目成员可以看到哪些信息，项目经理需要哪些信息，高层管理者需要哪些信息以及客户需要哪些信息等；文件的访问权限、访问路径以及文件的接受格式等。

根据项目团队组织结构确定内部人员的信息浏览权限，还需要考虑客户、客户的领导层和分包商等关键的干系人的沟通需求。

项目还应该在初期计划的时候规定好一些主要的沟通规则。例如，哪类事情是由谁来发布、哪些会议由谁来召集、由谁来发布正式的文档等。

以上内容都应反映到沟通管理计划中。

所以 C 是正确答案。

参考答案

（59）C

试题（60）

某项目建设方没有聘请监理，承建方项目组在编制采购计划时可包括的内容有<u>（60）</u>。

①第三方系统测试服务 ②设备租赁 ③建设方按照进度计划提供的货物

④外部聘请的项目培训

（60）A．①②③　　B．②③④　　C．①③④　　D．①②④

试题（60）分析

有些产品、服务和成果，项目团队不能自己提供，需要采购。或者即使项目团队能够自己提供，但有可能购买比由项目团队完成更合算。所以编制采购计划过程的第一步是要确定项目的某些产品、服务和成果是项目团队自己提供还是通过采购来满足，然后确定采购的方法和流程以及找出潜在的卖方，确定采购多少，确定何时采购，并把这些结果都写到项目采购计划中。

需要采购的内容应该包括由项目组之外的其他组织提供的产品、服务和成果。本题目中“①第三方系统测试服务、②设备租赁、④外部聘请的项目培训”都应属于采购计划中可以包括的内容。“③建设方按照进度计划提供的货物”不属于此范畴。故 D 是正确答案。

参考答案

（60）D

试题（61）

编制采购计划时，项目经理把一份“计算机的配置清单及相关的交付时间要求”提交给采购部。关于该文件与工作说明书的关系，以下表述<u>（61）</u>是正确的。

（61）A．虽然能满足采购需求，但它是物品清单不是工作说明书

B．该清单不能作为工作说明书，不能满足采购验收需要

C．与工作说明书主要内容相符

D．工作说明书由于很专业，应由供应商编制

试题（61）分析

对所购买的产品、成果或服务来说，采购工作说明书定义了与合同相关的部分项目范围。每个采购工作说明书来自项目范围基准。

采购工作说明书描述足够的细节，以允许预期的卖方确定他们是否有提供买方所需的产品、成果或服务的能力。这些细节将随采购物的性质、买方的需要或预期的合同形式而变化。采购工作说明书描述了由卖方提供的产品、服务或者成果。采购工作说明书中的信息有规格说明书、期望的数量和质量的等级、性能数据、履约期限、工作地以及其他要求。

采购工作说明书应写得清楚、完整和简单明了，包括附带的服务描述，例如与采购物品相关的绩效报告或者售后技术支持。在一些应用领域中，对于一份采购工作说明书有具体的内容和格式要求。每一个单独的采购项需要一个工作说明书。然而，多个产品或者服务也可以组成一个采购项，写在一个工作说明书里。

下表是一个工作说明书的样本。工作说明书应该清楚地描述工作的具体地点、完成的预定期限、具体的可交付成果、付款方式和期限、相关质量技术指标、验收标准等内容。一份优秀的工作说明书可以让供应商对买方的需求有较为清晰的了解，便于供应商提供相应产品和服务。

项目采购工作说明书

1．采购目标

详细描述采购目标。

2．采购工作范围

详细描述本次采购各个阶段要完成的工作。

详细说明所采用的软硬件以及功能、性能。

3．工作地点

工作进行的具体地点。

详细阐明软硬件所使用的地方。

员工必须在哪里和什么方式工作。

4．产品及服务的供货周期

详细说明每项工作的预计开始时间、结束时间和工作时间等。

相关的进度信息。

5．适用标准

6．验收标准

7．其他要求

由此可知，本题中的“计算机的配置清单及相关的交付时间要求”与项目采购工作说明书有本质的不同。它的内容与工作说明书主要内容不相符。它不能作为工作说明书，不能满足采购验收需要。它是由项目组出具，经项目管理团队批准的。即 A、C、D 都是错误的，B 是正确的。

参考答案

（61）B

试题（62）

某市经济管理部门规划经济监测信息系统，由于该领域的专业性和复杂性，拟采取竞争性谈判的方式进行招标。该部门自行编制谈判文件并在该市政府采购信息网发布采购信息，谈判文件要求自谈判文件发出 12 天内提交投标文档，第 15 天进行竞争性谈判。谈判小组由建设方代表 1 人、监察部门 1 人、技术专家 5 人共同组成，并邀请 3 家有行业经验的 IT 厂商参与谈判。在此次竞争性谈判中存在的问题是（62）。

（62）A．该部门不应自行编制谈判文件，应委托中介机构编制

B．谈判文件发布后 12 日提交投标文件违反了“招投标类采购自招标文件发出之日起至投标人提交投标文件截止之日止，不得少于 20 天”的要求。

C．应邀请 3 家以上（不含 3 家）IT 厂商参与谈判

D．谈判小组人员组成不合理

试题（62）分析

《中华人民共和国政府采购法》第三十五条规定：货物和服务项目实行招标方式采购的，自招标文件开始发出之日起至投标人提交投标文件截止之日止，不得少于二十日。采购法中只针对项目实行招标方式采购的提交投标文件截止时间有要求，本项目不属于招标类采购，故B是错误的。）

第三十八条规定：采用竞争性谈判方式采购的，应当遵循下列程序：

（一）成立谈判小组。谈判小组由采购人的代表和有关专家共三人以上的单数组成，其中专家的人数不得少于成员总数的2/3。（本题目中的谈判小组共5人，技术专家3人，技术专家不足2/3，故D是正确的。）

（二）制定谈判文件。谈判文件应当明确谈判程序、谈判内容、合同草案的条款以及评定成交的标准等事项。（采购法中没有规定谈判文件的制定方，故A是错误的。）

（三）确定邀请参加谈判的供应商名单。谈判小组从符合相应资格条件的供应商名单中确定不少于三家的供应商参加谈判，并向其提供谈判文件。（故C是错误的。）

（四）谈判。谈判小组所有成员集中与单一供应商分别进行谈判。在谈判中，谈判的任何一方不得透露与谈判有关的其他供应商的技术资料、价格和其他信息。谈判文件有实质性变动的，谈判小组应当以书面形式通知所有参加谈判的供应商。

（五）确定成交供应商。谈判结束后，谈判小组应当要求所有参加谈判的供应商在规定时间内进行最后报价，采购人从谈判小组提出的成交候选人中根据符合采购需求、质量和服务相等且报价最低的原则确定成交供应商，并将结果通知所有参加谈判的未成交的供应商。

因此本题目的正确答案是D。

参考答案

（62）D

试题（63）

某企业ERP项目拟采用公开招标方式选择系统集成商，2010年6月9日上午9时，企业向通过资格预审的甲、乙、丙、丁、戊5家企业发出了投标邀请书，规定投标截止时间为2010年7月19日下午5时。甲、乙、丙、戊4家企业在截止时间之前提交投标文件，但丁企业于2010年7月20日上午9时才送达投标文件。

在评标过程中，专家组确认：甲企业投标文件有项目经理签字并加盖公章，但无法定代表人签字；乙企业投标报价中的大写金额与小写金额不一致；丙企业投标报价低于标底和其他四家的报价较多。以下论述不正确的是<u>（63）</u>。

（63）A．丁企业投标文件逾期，应不予接受

B．甲企业无法定代表人签字，做废标处理

C．丙企业报价不合理，做废标处理

D．此次公开招标依然符合投标人不少于三个的要求

试题（63）分析

在《中华人民共和国招标投标法》中有如下规定：

第二十八条　投标人应当在招标文件要求提交投标文件的截止时间前，将投标文件送达投标地点。招标人收到投标文件后，应当签收保存，不得开启。投标人少于三个的，招标人应当依照本法重新招标。

在招标文件要求提交投标文件的截止时间后送达的投标文件，招标人应当拒收。

故 A 是正确的。

第二十七条　投标人应当按照招标文件的要求编制投标文件。投标文件应当对招标文件提出的实质性要求和条件作出响应。

通常，评标时对于有以下情况之一的投标书，按废标处理：（1）投标人或投标设备来自非指定区域或国度；（2）投标人未提交投标保证金或金额不足、保函有效期不足、投标保证金形式或出证银行不符合招标文件要求的；（3）无银行资信证明；（4）代理商投标，投标书中无货源证明，或无主要设备制造厂有效委托书的；（5）投标书无法人代表签字，或无法人代表有效委托书的；（6）投标有效期不足的。

由此可见 B 是正确的。

第三十三条　投标人不得以低于成本的报价竞标，也不得以他人名义投标或者以其他方式弄虚作假，骗取中标。

第四十一条　中标人的投标应当符合下列条件之一：

（一）能够最大限度地满足招标文件中规定的各项综合评价标准；

（二）能够满足招标文件的实质性要求，并且经评审的投标价格最低；但是投标价格低于成本的除外。

从第三十三条和第四十一条可以看出，对于投标价格与中标价格的规定与是否低于成本价相关，与是否低于标底无关。故 C 是错误的。

由上述分析可知，目前标书被废掉的有丁、甲，满足要求的有乙、丙、戊，故 D 是正确的。

所以本题的正确答案为 C。

参考答案

（63）C

试题（64）

甲公司承担了某市政府门户网站建设项目，与该市信息中心签订了合同。在设计页面的过程中，经过多轮讨论和修改，页面在两周前终于得到了信息中心的认可，项目进

入开发实施阶段。然而，信息中心本周提出，分管市领导看到页面设计后不是很满意，要求重新设计页面。但是，如果重新设计页面，可能会影响项目工期，无法保证网站按时上线。在这种情况下，项目经理最恰当的做法是（64）。

（64）A．坚持原设计方案，因为原页面已得到客户认可

B．让设计师加班加点，抓紧时间修改页面

C．向领导争取网站延期上线，重新设计页面

D．评估潜在的工期风险，再决定采取何种应对措施

试题（64）分析

项目是为达到特定的目的、使用一定资源、在确定的期间内、为特定发起人而提供独特的产品、服务或成果而进行的一次性努力。

项目目标包括成果性目标和约束性目标。项目的成果性目标有时也简称为项目目标，指通过项目开发出的满足客户要求的产品、系统、服务或成果。项目的约束性目标也叫管理性目标，是指完成项目成果性目标需要的时间、成本以及要求满足的质量。

项目经理的首要责任就是要满足项目目标。本题中给出了项目的核心目标：重新设计页面，网站按时上线。可见：

“坚持原设计方案，因为原页面已得到客户认可”不能满足项目目标，故 A 是错误的。

“让设计师加班加点，抓紧时间修改页面”没有计划，仍不一定满足进度要求，故B是不恰当的。

“向领导争取网站延期上线，重新设计页面”不能满足网站按时上线的要求，故 C 不是恰当做法。

题目中已说明，如果重新设计页面，可能会影响项目工期。那么为了确保满足工期目标应该对工期风险有充分的认识，做好应对计划，并严格按计划执行。“评估潜在的工期风险，再决定采取何种应对措施”是为了满足项目目标的妥善做法。故D是恰当的。

参考答案

（64）D

试题（65）、（66）

某公司最近承接了一个大型信息系统项目，项目整体压力较大，对这个项目中的变更，可以使用（65）等方式提高效率。

①分优先级处理　　②规范处理　　③整批处理　　④分批处理

（65）A．①②③　　B．①②④　　C．②③④　　D．①③④

合同变更控制系统规定合同修改的过程，包括（66）。

①文书工作　　②跟踪系统　　③争议解决程序　　④合同索赔处理

（66）A．①②③　　B．②③④　　C．①②④　　D．①③④

试题（65）、（66）分析

由于变更的实际情况千差万别，可能简单，也可能相当复杂。越是大型的项目，调整项目基准的边际成本越高，随意地调整可能带来的麻烦也越大越多，包括基准失效、项目干系人冲突、资源浪费和项目执行情况混乱等。

在项目整体压力较大的情况下，更需强调变更的提出、处理应当规范化，可以使用分批处理、分优先级等方式提高效率。

项目规模小、与其他项目的关联度小时，变更的提出与处理过程可在操作上力求简便、高效，但仍应注意以下几点。

（1）对变更产生的因素施加影响。防止不必要的变更，减少无谓的评估，提高必要变更的通过效率。

（2）对变更的确认应当正式化。

（3）变更的操作过程应当规范化。

由此可知，对于大型、项目整体压力较大的信息系统项目中的变更，要提高效率，强调变更的规范化、次序化，不能整批处理。故试题（65）中B是正确的。

合同变更控制系统规定合同修改的过程，包括文书工作、跟踪系统、争议解决程序以及批准变更所需的审批层次。合同变更控制系统应当与整体变更控制系统结合起来。

由此可知合同变更控制系统规定合同修改的过程不包括合同索赔处理，即试题（66）中A是正确的。

参考答案

（65）B　（66）A

试题（67）

甲公司承担的某系统开发项目，在进入开发阶段后，出现了一系列质量问题。为此，项目经理召集项目团队，列出问题，并分析问题产生的原因。结果发现，绝大多数的问题都是由几个原因造成的，项目组有针对性地采取了一些措施。这种方法属于<u>（67）</u>法。

（67）A．因果图　　B．控制图　　C．排列图　　D．矩阵图

试题（67）分析

因果图：又叫因果分析图、石川图或鱼刺图。因果图直观地反映了影响项目的各种潜在原因或结果及其构成因素同各种可能出现的问题之间的关系。

因果图法是全世界广泛采用的一项技术。该技术首先确定结果（质量问题），然后分析造成这种结果的原因。每个“刺”都代表着可能的差错原因，用于查明质量问题的可能所在和设立相应检验点。它可以帮助项目组事先估计可能会发生哪些质量问题，然后，制定解决这些问题的途径和方法。

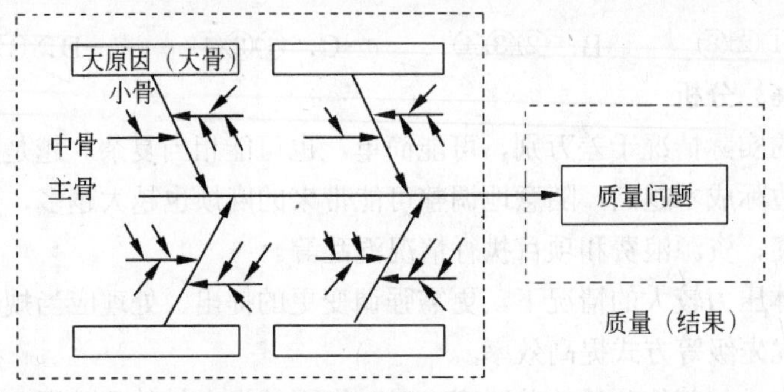

影响因素（原因）

控制图：又叫管理图、趋势图，它是一种带控制界限的质量管理图表。运用控制图的目的之一是，通过观察控制图上产品质量特性值的分布状况，分析和判断生产过程是否发生了异常，一旦发现异常就要及时采取必要的措施加以消除，使生产过程恢复稳定状态。也可以应用控制图来使生产过程达到统计控制的状态。产品质量特性值的分布是一种统计分布，因此，绘制控制图需要应用概率论的相关理论和知识。

控制图是对生产过程质量的一种记录图形，图上有中心线和上下控制界限，并有反映按时间顺序抽取的各样本统计量的数值点。中心线是所控制的统计量的平均值，上下控制界限与中心线相距数倍标准差。多数的制造业应用三倍标准差控制界限，如果有充分的证据也可以使用其他控制界限。

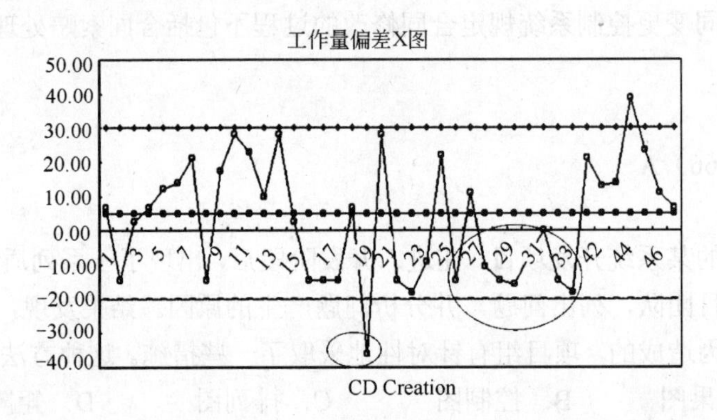

排列图：也被称为帕累托图，是按照发生频率大小顺序绘制的直方图，表示有多少结果是由已确认类型或范畴的原因所造成的。按等级排序的目的是指导如何采取主要纠正措施。项目团队应首先采取措施纠正造成最多数量缺陷的问题。从概念上说，帕累托图与帕累托法则一脉相承，该法则认为：相对来说数量较小的原因往往造成绝大多数的问题或者缺陷。此项法则往往称为二八原理，即80%的问题是20%的原因所造成的。也可使用帕累托图汇总各种类型的数据，进行二八分析。

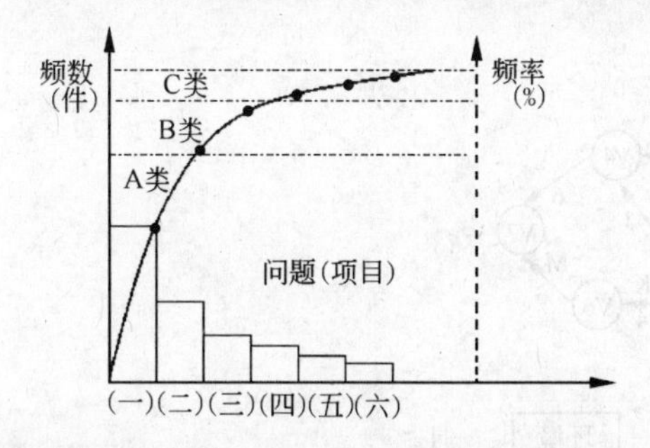

矩阵图：矩阵图是指借助数学的矩阵形式，把与问题有对应关系的各个因素列成一个矩阵；然后，根据矩阵图的特点进行分析，从中确定关键点（或着眼点）的方法。这种方法先把要分析问题的因素分为两大群(如 R 群和 L 群)，把属于因素群 R 的因素(R1、R2、…、Rm）和属于因素群 L 的因素（L1、L2、…、Ln）分别排列成行和列。在行和列的交点上表示着 R 和 L 的各因素之间的关系，这种关系可用不同的记号予以表示(如用“o”表示有关系等)。这种方法用于多因素分析时，可做到条理清楚、重点突出。它在质量管理中可用于寻找新产品研制和老产品改进的着眼点，寻找产品质量问题产生的原因等方面。

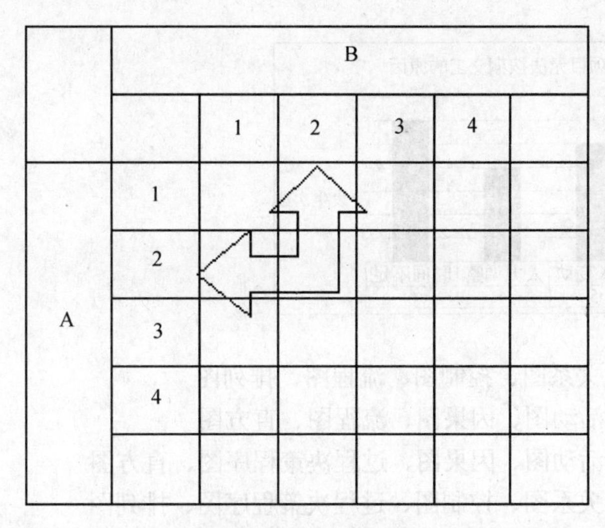

矩阵图的示意图（L型）

本题目中识别出了产生绝大多数问题的核心因素，此方法属于排列图法。即 C 是正确的。

参考答案

（67）C

试题（68）

在质量管理中可使用下列各图作为管理工具，这 4 种图按顺序号从小到大依次是<u>（68）</u>。

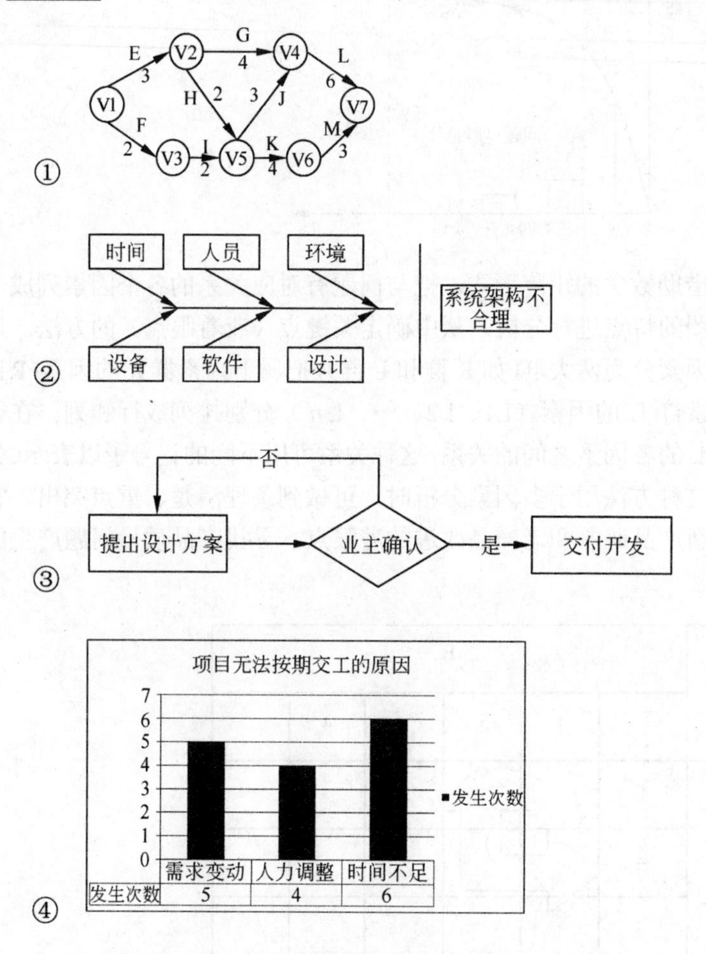

（68）A．相互关系图、控制图、流程图、排列图

B．网络活动图、因果图、流程图、直方图

C．网络活动图、因果图、过程决策程序图、直方图

D．相互关系图、控制图、过程决策程序图、排列图

试题（68）分析

图①为活动网络图法，又称箭条图法、矢线图法，是网络图在质量管理中的应用。活动网络图法用箭线表示活动，活动之间用节点（称作“事件”）连接，表示“结束——开始”关系，可以用虚工作线表示活动间的逻辑关系。每个活动必须用唯一的紧前事件和唯一的紧后事件描述；紧前事件编号要小于紧后事件编号：每一个事件必须有唯一的事件号。它是计划评审法在质量管理中的具体运用，使质量管理的计划安排具有时间进度内容的一种方法。它有利于从全局出发，统筹安排，抓住关键线路，集中力量，按时

或提前完成计划。

图②为因果图，又叫因果分析图、石川图或鱼刺图。因果图直观地反映了影响项目的各种潜在原因或结果及其构成因素同各种可能出现的问题之间的关系。

因果图法是全世界广泛采用的一项技术。该技术首先确定结果（质量问题），然后分析造成这种结果的原因。每个“刺”都代表着可能的差错原因，用于查明质量问题的可能所在和设立相应检验点。它可以帮助项目组事先估计可能会发生哪些质量问题，然后，制定解决这些问题的途径和方法。

图③展示了从设计到开发的流程，该流程图体现了设计评审需经业主确认，业主同意后才能交付开发。

图④是直方图。直方图 / 柱形图指一种横道图，可反映各变量的分布。每一栏代表一个问题或情况的一个特征或属性。每个栏的高度代表该种特征或属性出现的相对频率。

因此 B 是正确答案。

参考答案

（68）B

试题（69）

甲公司最近中标某市应急指挥系统建设，为保证项目质量，项目经理在明确系统功能和性能的过程中，以本省应急指挥系统为标杆，定期将该项目的功能和性能与之比较。这种方法属于<u>（69）</u>。

（69）A．实验设计法　B．相互关系图法　C．优先矩阵图法　D．基准比较法

试题（69）分析

实验设计法：实验设计法是一种统计方法，它帮助确定影响特定变量的因素。此项技术最常用于项目产品的分析，例如，计算机芯片设计者可能想确定材料与设备如何组合，才能以合理的成本生产最可靠的芯片。实验设计也能用于诸如成本与进度权衡的项目管理问题。例如，高级程序员的成本要比初级程序员高得多，但可以预期他们在较短时间内完成指派的工作。恰当地设计“实验”（高级程序员与初级程序员的不同组合计算项目成本与历时）往往可以从为数有限的方案中确定最优的解决方案。

相互关系图法：相互关系图法是指用连线图来表示事物相互关系的一种方法。它也叫关系图法。专家们将此绘制成一个表格。图表中各种因素 A，B，C，D，E，F，G 之间有一定的因果关系。其中因索 B 受到因素 A，C，E 的影响，它本身又影响到因素 F，而因素 F 又影响着因素 C 和 G，……，这样，找出因素之间的因果关系，便于统观全局，分析研究以及拟定出解决问题的措施和计划。

优先矩阵图法：优先矩阵图法也被认为是矩阵数据分析法，与矩阵图法类似，它能清楚地列出关键数据的格子，将大量数据排列成阵列，能够容易地看到和了解关键数据。将与达到目的最优先考虑的选择或二选一的抉择有关系的数据，用一个简略的、双轴的

相互关系图表示出来，相互关系的程度可以用符号或数值来代表。它区别于矩阵图法的是：不是在矩阵图上填符号，而是填数据，形成一个分析数据的矩阵。它是一种定量分析问题的方法。应用这种方法，往往要需要借助计算机来求解。

基准比较法：基准比较是指将项目的实际做法或计划做法与其他项目的实践相比较，从而产生改进的思路并提出度量绩效的标准。其他项目既可以是实施组织内部的，也可以是外部的，既可以来自同一应用领域，也可以来自其他领域。

故本题目中“以本省应急指挥系统为标杆，定期将该项目的功能和性能与之比较”的方法应该是 D。

参考答案

（69）D

试题（70）

关于项目质量审计的叙述中，__（70）__是不正确的。

（70）A．质量审计是对其他质量管理活动的结构化和独立的评审方法

B．质量审计可以内部完成，也可以委托第三方完成

C．质量审计应该是预先计划的，不应该是随机的

D．质量审计用于判断项目活动是否遵从于项目定义的过程

试题（70）分析

质量审计是对其他质量管理活动的结构化和独立的评审方法，用于判断项目活动的执行是否遵从于组织及项目定义的方针、过程和规程。质量审计的目标是：识别在项目中使用的低效率以及无效果的政策、过程和规程。后续对质量审计结果采取纠正措施的努力，将会达到降低质量成本和提高客户或（组织内的）发起人对产品和服务的满意度的目的。质量审计可以是预先计划的，也可以是随机的；可以是组织内部完成，也可以委托第三方（外部）组织来完成。质量审计还确认批准过的变更请求、纠正措施、缺陷修订以及预防措施的执行情况。

故选项 A，B 和 D 都是正确的。选项 C 是不对的。

参考答案

（70）C

试题（71）

OSI is a theoretical model that shows how any two different systems can communicate with each other. Router, as a networking device ,operate at the__（71）__layer of the OSI model.

（71）A．transport　　B．application　　C．network　　D．physical

试题（71）分析

OSI 是 Open System Interconnect 的缩写，意为开放式系统互联。国际标准组织制定

了OSI模型。这个模型把网络通信的工作分为7层，分别是物理层、数据链路层、网络层、传输层、会话层、表示层和应用层。

路由器（Router）是运行在OSI中网络层（network）上的网络通信设备，而不是传输层（transport layer）、应用层（application layer），或物理层（physical layer），因此选C。

参考答案

（71）C

试题（72）

Most of the host operating system provides a way for a system administrator to manually configure the IP information needed by a host. Automated configuration methods, such as __(72)__, are required to solve the problem.

（72）A．IPSec　　B．DHCP　　C．PPTP　　D．SOAP

试题（72）分析

动态主机设置协议（Dynamic Host Configuration Protocol，DHCP）是一个局域网的网络协议，使用UDP协议工作，主要用途是给内部网络或网络服务供应商自动分配IP地址给用户，给内部网络管理员作为对所有计算机作中央管理的手段。

Internet协议安全性（IPSec）是一种开放标准的框架结构，通过使用加密的安全服务以确保在Internet协议（IP）网络上进行保密而安全的通信。

PPTF协议是在PPP协议的基础上开发的一种新的增强型安全协议，支持多协议虚拟专用网（VPN），可以通过密码身份验证协议（PAP）、可扩展身份验证协议（EAP）等方法增强安全性。可以使远程用户通过拨入ISP、通过直接连接Internet或其他网络安全地访问企业网。

简单对象访问协议（SOAP）是一种轻量的、简单的、基于XML的协议，它被设计成在Web上交换结构化的和固化的信息。SOAP可以和现存的许多因特网协议和格式结合使用，包括超文本传输协议（HTTP），简单邮件传输协议（SMTP），多用途网际邮件扩充协议（MIME）。它还支持从消息系统到远程过程调用（RPC）等大量的应用程序。

用于配置IP信息的是DHCP协议，因此选B。

参考答案

（72）B

试题（73）

Business intelligence (BI) is the integrated application of data warehouse, data mining and __(73)__.

（73）A．OLAP　　B．OLTP　　C．MRPⅡ　　D．CMS.

试题（73）分析

商业智能（BI）是数据仓库、OLAP和数据挖掘等技术的综合应用。

联机分析处理（OLAP）是共享多维信息的、针对特定问题的联机数据访问和分析的快速软件技术。它通过对信息的多种可能的观察形式进行快速、稳定一致和交互性的存取，允许管理决策人员对数据进行深入观察。

On-Line Transaction Processing联机事务处理系统（OLTP），也称为面向交易的处理系统，其基本特征是顾客的原始数据可以立即传送到计算中心进行处理，并在很短的时间内给出处理结果。

MRPII 是制造资源计划 Manufacturing Resource Planning 的缩写；

CMS 是 Content Management System 的缩写，意为内容管理系统，它具有许多基于模板的优秀设计，可以加快网站开发的速度和减少开发的成本。CMS 的功能并不只限于文本处理，它也可以处理图片、Flash 动画、声像流、图像甚至电子邮件档案。

因此选 A。

参考答案

（73）A

试题（74）

Perform Quality Control is the process of monitoring and recording results of executing the Quality Plan activities to assess performance and recommend necessary changes. (74) are the techniques and tools in performing quality control.

① Statistical sampling　　② Run chart

③ Control charts　　④ Critical Path Method

⑤ Pareto chart　　⑥ Cause and effect diagrams

（74）A. ①②③④　　B. ②③④⑤　　C. ①②③⑤⑥　　D. ①③④⑤⑥

试题（74）分析

实现项目质量控制的方法、技术和工具包括统计抽样（Statistical sampling）、运行图（Run chart）、控制图（Control charts）、帕累托图（Pareto chart），以及因果图（Cause and effect diagrams）等。

关键路径法（Critical Path Method）是制定项目进度计划的方法，因此选 C。

参考答案

（74）C

试题（75）

Plan Quality is the process of identifying quality requirements and standards for the project and product, and documenting how the project will demonstrate compliance. (75) is a method that analyze all the costs incurred over the life of the product by investment in preventing nonconformance to requirements, appraising the product or service for conformance to requirement, and failing to meet requirements.

（75）A. Cost-Benefit analysis　　B. Control charts

C．Quality function deployment　　　D．Cost of quality analysis

试题（75）分析

质量分析成本（Cost of quality analysis）是对产品或服务进行需求一致性分析所产生的成本；

成本效益分析（Cost-Benefit analysis）是通过比较项目的全部成本和效益来评估项目价值的一种方法；

控制图（Control charts）是项目质量控制方法；

质量功能展开（Quality function deployment）是把顾客或市场的要求转化为设计要求、零部件特性、工艺要求、生产要求的多层次演绎分析方法。

因此选 D。

参考答案

（75）D

第 20 章　2010 下半年系统集成项目管理工程师下午试题分析与解答

试题一（15 分）

阅读下列说明，回答问题 1 至问题 3，将解答填入答题纸的对应栏内。

【说明】

某信息系统集成公司（承建方）成功中标当地政府某部门（建设方）办公场所的一项信息系统软件升级改造项目。项目自 2 月初开始，工期 1 年。承建方项目经理制定了相应的进度计划，将项目工期分为 4 个阶段：需求分析阶段计划 8 月底结束；设计阶段计划 9 月底结束；编码阶段计划 11 月底结束；安装、测试、调试和运行阶段计划次年 2 月初结束。

当年 2 月底，建设方通知承建方，6 月至 8 月这 3 个月期间因某种原因，无法配合项目实施。经双方沟通后达成一致，项目仍按原合同约定的工期执行。

由于该项目的按时完成对承建方非常重要，在双方就合同达成一致后，承建方领导立刻对项目经理做出指示：（1）招聘新人，加快需求分析的进度，赶在 6 月之前完成需求分析；（2）6 月至 8 月期间在本单位内部完成系统设计工作。

项目经理虽有不同意见，但还是根据领导的指示立即修改了进度管理计划并招募了新人，要求项目组按新计划执行，但项目进展缓慢。直到 11 月底项目组才刚刚完成需求分析和初步设计。

【问题 1】（3 分）

除案例中描写的具体事项外，承建方项目经理在进度管理方面可以采取哪些措施?

供选择答案（将正确选项的字母填入答题纸对应栏内）：

A．开发抛弃型原型　　B．绩效评估　　C．偏差分析

D．编写项目进度报告　　E．确认项目范围　　F．发布新版项目章程

【问题 2】（6 分）

（1）基于你的经验，请指出承建方领导的指示中可能存在的风险，并简要叙述进行变更的主要步骤。

（2）请简述承建方项目经理得到领导指示之后，如何控制相关变更。

【问题 3】（6 分）

针对项目现状，请简述项目经理可以采用的进度压缩技术，并分析利弊。

试题一分析

本题考查项目进度管理、变更管理、范围管理等相关理论与实践，并偏重于在进度控制中的应用。从题目的说明中，可以初步分析出以下一些信息。

（1）承建方领导对项目开发实际情况掌握不够，认为可以通过增加新人来缩短需求分析工作的时间，同时理想地认为只要需求分析阶段的工作完成之后便可以脱离承建方的配合而独立完成系统设计工作。承建方项目经理在没有准确及时地掌握当前的项目进度状态，没有进行适当的绩效评估和风险评估的情况下便按照领导的意图执行，这说明该项目的进度管理和风险管理存在一定的问题。

（2）在项目实施过程中，对于变更的处理存在问题。当领导提出变更要求时，项目经理根据领导的指示立即修改了进度管理计划并招募了新人，没有按照变更控制流程的要求对变更的影响进行评估，没有经过变更控制委员会的批准，缺乏相应的变更确认环节，这些做法不符合进度变更控制的要求。

从以上的分析可以看出，试题一主要考查进度管理、风险管理和范围管理的理论在项目实践中的应用，考生应结合案例的背景，综合运用理论知识和实践经验回答问题。

【问题 1】

这是一道选择题，要求考生仔细分析案例，在备选答案中选择属于项目经理职责范围之内、案例背景中没有明确提及并且属于进度管理主要工作的具体措施。

【问题 2】

（1）主要考查风险管理的基本方法和进度变更流程。

（2）主要考察进度变更控制的方法，参见《系统集成项目管理工程师教程》第 8.7 节“项目进度控制”中的有关内容。

【问题 3】

考查进度压缩的典型技术及其利弊。进度压缩指在不改变项目范围、进度制约条件、强加日期或其他进度目标的前提下缩短项目的进度时间，参见《系统集成项目管理工程师教程》第 8.6.2 节中“进度压缩”的有关内容。

参考答案

【问题 1】

正确选项为：B、C 和 D。

A 选项不适合案例所述的信息系统软件升级改造项目，通常新信息系统项目才考虑开发抛弃型原型。

E 选项不适合案例的背景。范围确认是客户等干系人正式验收并接受已完成的项目可交付物的过程。本案例中，建设方和承建方经过沟通后达成一致，项目仍按原合同约定的工期执行，未明确涉及项目范围的变化和客户验收交付物的相关问题。

F 选项不适合案例的背景。项目章程通常是由项目发起人发布，而不是由项目经理发布。此外，制定和发布项目章程不属于进度管理的主要工作。

【问题 2】

（1）解答要点：

a）盲目增加人力未必可以加快项目进度，尤其是增加没有经验的员工，反而可能会拖延进度。

b）项目的风险是否能够规避，需要按照风险管理的方法进行风险识别、风险分析和风险监控。

（2）解答要点：

a）根据领导指示的内容，向变更控制委员会提出相关变更申请；

b）推动变更控制委员会对变更进行评估，分析变更造成的影响及风险；

c）根据变更决策推动变更的实施，包括更新进度计划、招聘新人和相关活动；

d）执行或推动变更的确认，开展变更后的项目活动。

【问题 3】

进度压缩的技术有以下两种：

（1）赶进度：对费用和进度进行权衡，确定如何在尽量减少费用的前提下缩短项目所需时间。

利：有可能在尽量减少费用的前提下缩短项目所需的时间；

弊：赶进度并非总能产生可行的方案，有可能反而使费用增加；

（2）快速跟进：同时进行按先后顺序的阶段或活动。

利：适当增加费用，可以缩短项目所需的时间；

弊：以增加费用为代价换取时间，并因缩短项目进度时间而增加风险；

试题二（15 分）

阅读下列说明，回答问题 1 至问题 4，将解答填入答题纸的对应栏内。

【说明】

某项目经理将其负责的系统集成项目进行了工作分解，并对每个工作单元进行了成本估算，得到其计划成本。各任务同时开工，开工 5 天后项目经理对进度情况进行了考核，如下表所示：

任务	计划工期（天）	计划成本（元/天）	已发生费用	已完成工作量
甲	10	2000	16000	20%
乙	9	3000	13000	30%
丙	12	4000	27000	30%
丁	13	2000	19000	80%
戊	7	1800	10000	50%
合计				

【问题 1】（6 分）

请计算该项目在第 5 天末的 PV、EV 值，并写出计算过程。

【问题 2】（5 分）

请从进度和成本两方面评价此项目的执行绩效如何，并说明依据。

【问题 3】（2 分）

为了解决目前出现的问题，项目经理可以采取哪些措施？

【问题 4】（2 分）

如果要求任务戊按期完成，项目经理采取赶工措施，那么任务戊的剩余日平均工作量是原计划日平均工作量的多少倍？

试题二分析

本题主要考查考生对成本管理中挣值分析的计算方法的掌握情况。

挣值分析法的核心是将已完成的工作的预算成本（挣值）按其计划的预算值进行累加获得的累加值与计划工作的预算成本（计划值）和已经完成工作的实际成本（实际值）进行比较，根据比较的结果得到项目的绩效情况。

参考答案

【问题 1】

PV=2000×5+3000×5+4000×5+2000×5+1800×5=64000　（3 分）

EV=2000×10×20%+3000×9×30%+4000×12×30%+2000×13×80%+1800×7×50%=64400　（3 分）

【问题 2】

进度超前，成本超支。（1 分）

原因：

SV = EV – PV = 64400 – 64000 =400> 0

或 SPI = EV/PV = 64400/64000 = 1.006>1　（2 分）

CV = EV – AC = 64400 – 73000 =–86000< 0

或 CPI= EV/Ac = 64400/73000= 0.882 < 1（2 分）

【问题 3】

整个项目需要抽出部分人员以放慢工作进度；

整个项目存在成本超支现象，需要采取控制成本措施；

项目中区分不同的任务，采取不同的成本及进度措施；

必要时调整成本基准。

答对一条给 1 分，最高 2 分。

【问题 4】

任务戊计划的平均日工作量为 1/7=14.3%（0.5 分）

现在的平均日工作量为 50%/2=25%（0.5 分）

所以平均日工作量增加值为 25%/14.3%=1.75（1 分）

试题三（15 分）

阅读下列说明，回答问题 1 至问题 4，将解答或相应的编号填入答题纸的对应栏内。

【说明】

某市石油销售公司计划实施全市的加油卡联网收费系统项目。该石油销售公司选择了系统集成商 M 作为项目的承包方，M 公司经石油销售公司同意，将系统中加油机具改造控制模块的设计和生产分包给专业从事自动控制设备生产的 H 公司。同时，M 公司任命了有过项目管理经验的小刘作为此项目的项目经理。

小刘经过详细的需求调研，开始着手制定项目计划，在此过程中，他仔细考虑了项目中可能遇到的风险，整理出一张风险列表。经过分析整理，得到排在前三位的风险如下：

（1）项目进度要求严格，现有人员的技能可能无法实现进度要求；

（2）现有项目人员中有人员流动的风险；

（3）分包商可能不能按期交付机具控制模块，从而造成项目进度延误。

针对发现的风险，小刘在做进度计划的时候特意留出了 20%的提前量，以防上述风险发生，并且将风险管理作为一项内容写进了项目管理计划。项目管理计划制定完成后，小刘通知了项目组成员，召开了第一次项目会议，将任务布置给大家。随后，大家按分配给自己的任务开展了工作。

第 4 个月底，项目经理小刘发现 H 公司尚未生产出联调所需要的机具样品。H 公司于 10 天后提交了样品，但在联调测试过程中发现了较多的问题，H 公司不得不多次返工。项目还没有进入大规模的安装实施阶段，20%的进度提前量就已经被用掉了，此时，项目一旦发生任何问题就可能直接影响最终交工日期。

【问题 1】（4 分）

请从整体管理和风险管理的角度指出该项目的管理存在哪些问题。

【问题 2】（3 分）

项目经理小刘为了防范风险发生，预留了 20%的进度提前量，在风险管理中这叫做<u>（1）</u>。

在风险管理的各项活动中，头脑风暴法可以用来进行<u>（2）</u>，风险概率及影响矩阵可用来进行<u>（3）</u>。

【问题 3】（2 分）

针对“项目进度要求严格，现有人员的技能可能无法实现进度要求”这条风险，请提出你的应对措施。

【问题 4】（6 分）

针对“分包商可能不能按期交付机具控制模块，从而造成项目进度延误”这条风险，结合案例，分别按避免、转移、减轻和应急响应 4 种策略提出具体应对措施。

试题三分析

本题主要考查的是项目整体管理和风险管理的理论及应用。风险管理是一种综合性的管理活动，它的理论和实践涉及技术、系统科学和管理科学等多种学科的应用，在实际中还经常使用概率论、数理统计和随机过程的理论和方法。

项目的风险管理过程包括的内容有：风险管理计划、风险识别、定性风险分析、定量风险分析、风险应对计划和风险监控。本题目主要考查的是风险识别、风险分析和风险应对及风险监控的内容在本案例背景下的应用。

【问题 1】

从题干部分的说明出发，分析的步骤如下。

（1）第一段介绍的是案例的背景，从这部分的介绍可以看出：第一，这个项目是一个全市范围实施的项目，属于比较大型的项目，因此风险管理应该是很重要的；第二，M 公司经过了建设方的同意，将控制模块分包给了 H 公司，这是合乎合同和法律要求的，但由于分包的原因可能会对项目造成较大的风险；第三，M 公司任命了有项目管理经验的小刘作为项目经理，可以说明公司的任命是不存在问题的。

（2）第二部分中，提到"小刘开始着手制定项目计划"、"他仔细考虑了项目的风险"并"得到排在前三位的风险"，接下来"他将风险管理写进了项目管理计划"，并且在写完项目管理计划后，"召开了第一次项目会议，将任务布置给大家"。从上面的描述，我们可以得到的结论是：小刘不但是一个人做的项目管理计划，而且风险识别也是由他一个人来完成的。

制定项目管理计划是整体管理中的一个很重要的环节，这个过程中定义、准备、集成并协调所有的分计划，其中包括有项目的目标、进度、预算、变更、沟通、范围、质量、人力资源、风险等各项管理的内容。因此，让项目的干系人，尤其是项目组成员参与项目计划的制定是非常重要的，不仅能让他们了解计划的内容，提高对计划的把握和理解，更重要的是因为他们的参与包含了他们对计划的承诺，从而能提高执行计划的自觉性。风险识别的活动也是这样，我们经常说"人多力量大"，应该鼓励项目组成员参与风险识别活动。另外，风险识别也是一项反复的过程，随着项目的推进，旧的风险会发生变化，新的风险会不断地出现，应该在项目整个过程中定期地对风险进行识别。

通过对这部分的分析，我们可以找到此案例的项目管理中存在的问题是：项目管理计划不应该由项目经理一个人来完成；风险识别也不应该由项目经理一人进行；项目组成员参与项目太晚。

（3）最后一段中，首先提到"第 4 个月底，小刘发现 H 公司还没有生产出样品"，这说明小刘发现这一情况太晚了，因此可以得出结论，他没有定期地对这一识别出来的风险进行监控。另外，由于 H 公司多次返工也未拿出合格的产品，导致小刘预留的 20%的进度余量已经被用完了，项目今后会面临更大的风险。这说明小刘制定的风险应对措施并不够有效，起码应该把"定期了解 H 公司设计和生产的进度情况"作为其中一条风险应对措施。

（4）最后，整个案例中讲到的分包问题是属于项目管理的采购管理的范畴，因此，从这一点来说，项目的采购管理是不到位的。

【问题 2】

问题 2 是几个填空题，考生如果对《系统集成项目管理工程师教程》中“项目风险管理”一章的理论知识比较熟悉的话，应该很快能够得到正确答案。

【问题 3】

此问主要考查项目经理在实际项目中如果遇到此类问题会怎么处理。关于人员的技能不能达到项目的要求这样的问题在实际项目中是很常见的，项目经理都希望得到有一定技术水平的人员，但是往往公司的人力资源有限，不能保证所有项目都得到高水平的人才，项目经理首先应该想到的就是为项目组成员提供必要的培训。其次，项目中需要不同角色的人员，项目经理应该根据每个人擅长的技能来分配工作。最后如果现有人员实在不能满足项目的要求，应该考虑向公司建议从外部招聘有相应技能的人才。

【问题 4】

主要考查如何应用风险应对的 4 种策略来解决项目遇到的风险，这要求考生不但要理解这此种策略的含义，还要具有一定的项目管理经验。

风险应对策略有 4 种，规避、转移、减轻或接受。规避也可以叫做避免，就是指改变原定的计划，以排除风险使其不受影响。结合本题来说，因为把控制模块分包出去会带来一定的风险，项目组可以考虑不分包，由自己进行开发。但这种应对措施可能会带来新的问题需要解决，比如进度要求紧或自己的技术力量无法完成自主开发，需要招聘相应的人员，从而使项目成本增加等，在实际项目中需要权衡利弊。

转移的策略就是设法把风险的后果连同应对的责任转嫁到他方身上，这种策略只是把风险的损失以正当理由让他人承担而并非清除。结合本题来说，项目组可以考虑在与 H 公司的分包合同中加入比较严厉的惩罚措施，一旦 H 公司不能按期交付则要支付罚款，这样一方面可以对 H 公司施加压力，使其按时交工，另一方面在风险发生时可以降低项目组的损失。

减轻策略也叫缓解策略，就是把不利风险事件的后果降低到最小，提前采取行动减少风险发生的概率或降低对项目造成的影响，比风险发生后再采取补救措施要有效得多。在本题目中，项目经理小刘应该定期地了解 H 公司的任务完成情况，而不是到了第 4 个月才发现风险就要临近了。

有时候我们把接受策略认为是“没有办法的办法”，最常见的主动接受的策略就是建立应急储备或应急响应，针对本案例，项目经理应该建立应急计划，一旦风险发生马上采取行动。

参考答案

【问题 1】

1．项目计划不应该只由项目经理一个人完成；

2．项目组成员参与项目太晚，应该在项目早期（需求阶段或立项阶段）就让他们加入；

3. 风险识别不应该由项目经理一人进行；

4. 风险应对措施（或风险应对计划）不够有效；

5. 没有对风险的状态进行监控；

6. 没有定期地对风险进行再识别；

7. 项目的采购管理或合同管理工作没有做好；

【问题 2】

（1）风险储备（或风险预留、风险预存、管理储备）

（2）风险识别

（3）风险分析（或风险定性分析）

【问题 3】

1. 分析项目组人员的技能需求，在项目前期有针对性地提供培训；

2. 根据项目组人员的技能及特长分配工作；

3. 从公司外部引进具有相应技能的人才。

【问题 4】

1. 避免策略：此部分工作不分包，自主开发。

2. 转移策略：签订分包合同，在合同中作出明确的约束，必要时可加入惩罚条款。

3. 减轻策略：定期监控分包商的相关工作，增加后期项目预留。

4. 应急响应策略：制定应急计划，一旦目前的分包商无法完成任务，马上采取应急计划。

试题四（15 分）

阅读下列说明，回答问题 1 至问题 3，将解答或相应的编号填入答题纸的对应栏内。

【说明】

某公司为当地一家书店开发图书资料垂直搜索引擎产品，双方详细约定了合同条款，包括合同金额、产品验收标准等。此项目是该公司独立承担的一个小型项目，项目经理小张兼任项目技术负责人。项目进行到设计阶段后，由于小张从未参与过垂直搜索引擎的产品开发，产品设计方案经过两次评审后仍未能通过。公司决定将小张从该项目组调离，由小李接任该项目的项目经理兼技术负责人。

小李仔细查阅了小张组织撰写的项目范围说明书和产品设计方案后，进行了修改。小李将原定从头开发的方案修改为通过学习和重用开源代码来实现的方案。小李还相应地修改了小张组织编写的项目范围说明书，将其中按照项目生命周期分解得到的大型分级目录列表形式的 WBS 改为按照主要可交付物分解的树型结构图形式，减少了 WBS 的层次。小李提出的设计方案和项目范围说明书得到了项目干系人的认可，通过了评审。

【问题 1】（5 分）

结合本案例，判断下列选项的正误（填写在答题纸的对应栏内，正确的选项填写“√”，错误的选项填写“×”）

（1）项目范围控制需要按照项目整体变更控制过程来处理。（ ）

（2）项目范围说明书通过了评审，标志着完成了项目范围确认工作。（ ）

（3）小李修改了项目范围说明书，但原有的项目范围管理计划不需要变更。（ ）

（4）小李编写的项目范围说明书中应该包括产品验收标准等重要合同条款。（ ）

（5）通过评审后，新项目范围说明书将成为该项目的范围基准。（ ）

【问题2】（4分）

请简述小李组织编写的项目范围说明书中 WBS 的表示形式与小张组织编写的范围说明书中 WBS 的表示形式各自的优缺点及适用场合。

【问题3】（6分）

结合项目现状，请简述在项目后续工作中小李应如何做好范围控制工作。

试题四分析

本题考查项目范围管理的理论与实践，并偏重于在工作分解结构、范围控制和范围确认中的应用。考生应结合案例的背景，综合运用理论知识和实践经验回答问题。

【问题1】

这是一道判断题。要求考生准确理解项目范围、范围说明书、范围管理计划、范围控制和范围确认等相关概念。

【问题2】

主要考查 WBS 的基本概念和创建 WBS 的基本方法。

【问题3】

考查范围控制的基本概念和方法，要求考生结合案例背景，说明在项目范围发生变更时如何进行范围控制。

参考答案

【问题1】

正确答案为：（1）√ （2）× （3）× （4）√ （5）√

选项（1）正确，参见《系统集成项目管理工程师教程》第 7.6 节“范围控制”中的相关内容。控制项目范围以确保所有请求的变更和推荐的行动，都要通过整体变更控制过程处理。

选项（2）错误，参见《系统集成项目管理工程师教程》第 7.5 节“范围确认”中的相关内容。项目范围确认是客户等项目干系人正式验收并接受已完成的项目可交付物的过程。项目范围确认应该贯穿项目的始终。

选项（3）错误，参见《系统集成项目管理工程师教程》第 7.6.2 节“范围控制的输入、输出”的有关内容。新的项目管理计划（包括范围管理计划）是范围控制的输出。

选项（4）正确，参见《系统集成项目管理工程师教程》第 7.3.2 节“范围定义的输入、输出”中的有关内容。项目的验收标准和项目的约束条件是项目范围说明书（详细）中的组成部分。

选项（5）正确，参见《系统集成项目管理工程师教程》第 7.6.2 节“范围控制的输入、输出”中的有关内容。经过批准（含评审）后的项目范围说明书等将成为新的项目范围基准。

【问题 2】

小李编写的项目范围说明书中 WBS 的表示形式为分级的树型结构图。

（1）树型结构图的 WBS 层次清晰，非常直观，结构性很强，但是不易修改；对于大的、复杂的项目也很难表示出项目的全景，大型项目的 WBS 要首先分解为子项目，然后由各个子项目进一步分解出自己的 WBS；

（2）由于其直观性，一般在一些中小型的应用项目中用得比较多。

小张编写的项目范围说明书中 WBS 的表示形式为分级目录（列表形式）。

（1）该表格能够反映出项目所有的工作要素，但是直观性较差，有些项目分解后内容分类较多，容量较大；

（2）常用在一些大的、复杂的项目中。

【问题 3】

结合案例，简要叙述下列内容：

（1）小李首先要负责组织建立项目范围基准。

（2）小李其次要负责组织范围基准的维护，必要时按照公司变更流程变更项目范围。

（3）小李还要负责组织实施项目范围变更、确认变更结果，以及后续项目范围控制。

试题五（15 分）

阅读下列说明，回答问题 1 至问题 3，将解答或相应的编号填入答题纸的对应栏内。

【说明】

某公司的质量管理体系中的配置管理程序文件中有如下规定：

1．由变更控制委员会（CCB）制定项目的配置管理计划；

2．由配置管理员（CMO）创建配置管理环境；

3．由 CCB 审核变更计划；

4．项目中配置基线的变更经过变更申请、变更评估、变更实施后便可发布；

5．CCB 组成人员不少于一人，主席由项目经理担任。

公司的项目均严格按照程序文件的规定执行。在项目经理的一次例行检查中，发现项目软件产品的一个基线版本（版本号 V1.3）的两个相关联的源代码文件仍有遗留错误，便向 CMO 提出变更申请。CMO 批准后，项目经理指定上述源代码文件的开发人员甲、乙修改错误。甲修改第一个文件后将版本号定为 V1.4，直接在项目组内发布。次日，乙修改第二个文件后将版本号定为 V2.3，也在项目组内发布。

【问题 1】（6 分）

请结合案例，分析该公司的配置管理程序文件的规定及实际变更执行过程存在哪些问题？

【问题2】（3分）

请为案例中的每项工作职责指派一个你认为最合适的负责角色。（在答题纸相应的单元格中画“√”，每一列最多只能有一个单元格画“√”，多画、错画“√”不得分）

工作 负责人	编制配置管理计划	创建配置管理环境	审核变更计划	变更申请	变更实施	变更发布
CCB						
CMO						
项目经理						
开发人员						

【问题3】（6分）

请就配置管理，判断以下概念的正确性（在答题纸对应栏内，正确的画“√”，错误的画“×”）：

（1）配置识别、变更控制、状态报告、配置审计是软件配置管理包含的主要活动。（　）

（2）CCB必须是常设机构，实际工作中需要设定专职人员。（　）

（3）基线是软件生存期各个开发阶段末尾的特定点，不同于里程碑。（　）

（4）动态配置库用于管理基线和控制基线的变更。（　）

（5）版本管理是对项目中配置项基线的变更控制。（　）

（6）配置项审计包括功能配置审计和物理配置审计。（　）

试题五分析

本题考查配置管理的概念、方法、程序和实践，主要考察信息系统集成项目配置管理中的典型人员角色及其在配置管理中的作用。考生应结合案例的背景，综合运用理论知识和实践经验回答问题。

【问题1】

这是一道问答题。要求考生从两个方面回答问题。第一个方面是程序规定中的问题，主要体现在配置变更流程、人员职责权限、配置管理环境等方面。配置管理计划的主要内容包括配置管理软硬件资源、配置项计划、基线计划、交付计划、备份计划、配置审计和评审、变更管理等。变更控制委员会（CCB）审批该计划。配置识别是配置管理员（CMO）的职能。所有配置项的操作权限应由CMO严格管理。基线的变更需要经过变更申请、变更评估、变更实施、变更验证或确认、变更的发布等步骤。

【问题2】

这是一道填涂题。要求考生填涂配置管理主要活动中最合适的负责角色，需要说明的是，某些活动多个角色都可以承担，因此部分选项答案不唯一。本题考查配置管理理论与项目实践经验。

【问题 3】

本题为判断题，主要考查考生是否掌握了配置管理中最重要的基本概念。

参考答案

【问题 1】

规定中存在的问题：

（1）配置管理计划不应由 CCB 制定；

（2）基线变更流程缺少变更验证（或确认）环节；

（3）CCB 成员的要求不应以人数作为规定，而是以能否代表项目干系人利益为原则。

实际中存在的问题：

（1）甲乙修改完后应该由其他人完成单元测试和代码走查；

（2）该公司可能没有版本管理规定或甲乙没有统一执行版本规定；

（3）变更审查应该提交 CCB 审核；

（4）变更发布应交由 CMO 完成；

（5）甲乙两人不能同时修改错误，这样会导致 V2.3 只包含了乙的修改内容而没有甲的修改内容。

【问题 2】

（注：变更申请可以由 CMO、项目经理或开发人员提出，只要不选 CCB 即算正确，对于表格中的其他列，多选或错选均不得分）

工作 / 负责人	编制配置管理计划	创建配置管理环境	审核变更计划	变更申请	变更实施	变更发布
CCB			√			
CMO	√	√		√		√
项目经理				√		
开发人员				√	√	

【问题 3】

正确答案为：（1）√　（2）×　（3）×　（4）×　（5）×　（6）√

选项（1）正确。参见《系统集成项目管理工程师教程》第 15.2 节“配置管理”中的相关内容。配置管理包括 4 个主要活动：配置识别、变更控制、状态报告和配置审计。

选项（2）错误。CCB 是由企业或项目组的主要成员组成的，根据实际需要的不同，既可以设置组织的变更控制委员会，也可以设置项目的变更控制委员会，还可以设置其他形式的变更控制委员会，某些情况下不需要常设。

选项（3）错误。一组拥有唯一标识号的需求、设计、源代码文卷及相应的可执行代码、构造问卷和用户文档等构成一条基线。在建立基线之前，工作产品的所有者能快速、非正式地对工作产品作出变更。但基线建立之后，变更要通过评价和验证变更的正式程序来控制。因此，基线不一定是软件生存期各个开发阶段末尾的特定点。基线主要用于控制变更，里程碑主要用于控制时间进度，两者并非一个概念。

选项（4）错误。配置库可以分为动态库、受控库、静态库和备份库 4 种类型。动态库也称为开发库、程序库或工作库，用于保存开发人员当前正在开发的配置实体。动态库是软件工程师的工作区，由工程师控制。受控库也称为主库或系统库，是用于管理当前基线和控制对基线的变更。

选项（5）错误。版本管理包括配置项状态变迁规则、配置项版本号标识和配置项版本控制，并非等同于对项目中配置项基线的变更控制。

选项（6）正确。参见《系统集成项目管理工程师教程》第 15.2.8 节“配置审计”中的相关内容。